KB144672

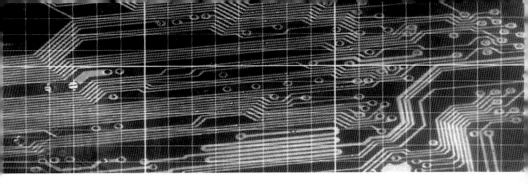

PCB / SMT / PACKAGE / DIGITAL

용어해설집

장동규 · 신영의 · 최명기 · 남원기 · 홍태환 공저

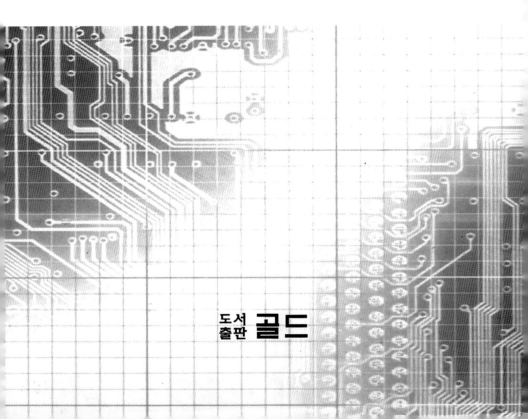

도서출판 골드

발 간 사

　금번 본 협회의 편찬위원회 및 많은 분들의 헌신적인 노력에 힘입어 국내최초 PCB, SMT, PACKAGE, DIGITAL 용어 해설집을 발간하게 된 것을 이 분야 관련 산·학·연·관 관계자 모든 분들과 함께 참으로 기쁘게 생각합니다.

　최근 국내외의 전자산업이나 정밀전자기기시스템 분야의 환경은 그 중요성이 날로 부각되면서 반도체 전자산업의 핵심인 PCB(Print Circuit Board), Micro-joining 및 Micro-Packaging의 시스템 통합의 기술력 확보는 우리 산업의 생존과 직결된다고 해도 과언이 아닐 것입니다.

　특히, 국내외에서 전자산업을 중심으로 핫 이슈가 되고 있는 EU, 미국, 일본 등 선진국에서 전기전자제품의 납(Pb) 사용 금지에 따라 국내 대기업 및 중소전자업체는 향후 수출에 많은 지장을 받게 되어 대응방안 마련이 시급한 실정입니다.

　Micro Joining 기술과 시스템 통합기술을 구축하기 위한 기반기술 중 하나인 PCB(Print Circuit Boad), SMT, PACKAGE, DIGITAL 기술은 그 중요성이 날로 더해가고 있으나 지금까지 국내 관련서적이 거의 없어 이 분야의 관련기술자 및 연구개발 실무자, 현장 실무자들에게 조금이나마 기술적인 도움을 주기 위해 본 PCB, SMT, PACKAGE, DIGITAL 용어 해설집을 발간하게 되었습니다.

　본 용어 해설집을 통하여 전자산업 관련업무를 수행하는 연구개발 기술자 및 현장 실무자들에게 조금이나 기술적인 보탬이 되어줄 것을 기대하면서 금후 지속적인 수정보완과 현장 실무적 기술적인 업그레이드를 통하여 연구개발 및 현장 기술자는 물론 이 분야의 이론과 기술을 습득하고자 하는 대학생들에게 미력이나마 지침서가 되어주길 바라겠습니다. 독자 여러분의 채찍과 지도 편달을 바라면서 발간사에 가름합니다.

끝으로 PCB, SMT, PACKAGE, DIGITAL 용어 해설집이 완성되기까지 한국산업기술협회 PSP 기술연구소장 이시고, 한국마이크로조이닝협회 부회장이신 장 동규 소장을 비롯하여 한국산업기술협회 최 명기 박사, 충주대학교 홍 태환 박사 및 선진하이엠(주)의 남 원기 대표이사께 다시 한 번 감사의 말씀을 드리며 아울러 출판을 맡아주신 도서출판 골드 관계자 여러분께도 깊이 감사드립니다.

한구마이크로조이닝협회
회장 신영의

머 리 말

PCB, SMT, PACKAGE, DIGITAL 실무 용어 해설 발간에 즈음하여

PCB 지식을 널리 보급하고자 노력해온 저자는 2004년 2권의 PCB 전문서적(핵심기술핸드북/실무공정관리기술)에 이어서 세 번째로 PCB 및 관련된 용어집을 발간하게 되어 자부심을 갖고 큰 영광으로 생각합니다.

작년에 출간된 2권의 PCB 전문서적은 PCB 종사자들로 하여금 많은 호응으로 당초 계획보다는 많이 보급됐다고 생각합니다.

PCB 관련자 여러분들께 다시 한번 감사드리며 PCB를 공부하던 중 책의 내용이 미흡했다던지 질문사항이 있으시면 언제든지 저자의 E-MAIL로 보내주시면 성심성의껏 회신해 드리도록 하겠습니다.

저자는 한국산업기술협회내 PSP 경영/기술연구소를 설립하여 PCB 및 SMT에 대하여 많은 연구를 진행 중이며 보급된 기술서적으로 국내에서 유일하게 직접 매월 1~2회 강의를 하고 있습니다.

PCB/SMT 관련자 여러분들의 많은 관심과 성원을 부탁드립니다.

2005년도에 발행한 용어집은 PCB 뿐만이 아니고 SMT, PACKAGE 관련 용어 및 설명 내용을 수록하여 공부하는데 쉽게 구성을 했습니다.

또한 최근에 많이 접하는 DIGITAL 용어도 별도로 구성을 하여 우리나라의 제일 IT 정책의 핵심사업인 IT839 내용에 대한 용어를 쉽게 이해하도록 했습니다.

용어해설집의 구성을 보면 약 2000EA 정도의 내용을 수록하였으며, 중요한 사항 및 실제로 현장에서 많이 접하는 용어는 COLOR 사진으로 구성을 했습니다.

SMT 및 PACKAGE 분야에 대해서는 KMJA 운영위원이신 SMT KOREA 이어화 사장님, 단양 솔택 전주선 사장님, 신동아전자 고민관 이사님의 도움으로 기술자료를 내용 그대로 편집 구성했습니다.

이번에 출간되는 용어해설집의 특징을 소개하자면 다음과 같습니다.

NO	구 분	특 징
1	PCB	1. 분야별로 구분해서 작성(13분야) 2. PCB 종류에 대해서 세부적으로 해설 3. 신기술, 신제품 및 기술 동향 작성 4. 2004년 JPCA SHOW에 참가한 일본 PCB 업체 기술 동향 작성 5. 중요 용어집에 대하여 사진 작성
2	SMT	1. SMT에 대해서 세부적으로 해설 2. SMD 항목 작성 3. IC PACKAGE SUBSTRATE 부품 작성 4. BGA, CSP 구분 작성 5. 불량 항목에 대한 원인 대책 작성
3	PACKAGE	1. 핵심항목 정리 2. IMT형, SMT용, ARRAY용 구분 정리
4	DIGITAL	1. 최근 많이 통용되고 있는 용어 작성 2. IT 중심으로 기술 동향 해설

모든 기술업무는 각 분야별로 사용하는 용어에 특징이 있어 전문적으로 기술분야를 알고자 할려면 최우선으로 해당되는 기술분야의 용어를 이해해야 한다고 생각합니다.

이번에 출간되는 용어집을 이해한다면 PCB, SMT 분야에 약 70% 이상은 입문을 했다고 생각합니다.

PCB, SMT 관련 여러분!

현장업무를 수행하면서 PCB 기술서적이 많은 도움이 되길 간절히 바라며 저자는 앞으로도 계속해서 PCB 관련 기술서적을 발간하여 여러분에게 보급하고자 합니다. 앞으로도 계속 많은 관심을 갖아주시기 바라며 문의사항이 있으면 다음의 E-MAIL과 핸드폰으로 연락주시면 감사하겠습니다.

끝으로 훌륭한 기술용어해설집이 발간되도록 공동참여해 주신 KMJA (한국 마이크로 조이닝협회) 회장이신 신영의 박사님, 한국산업기술협회 최명기 박사님, 충주대학 홍태환 박사님, 선진하이엠 남원기 사장님 및 각종 자료를 제출해 주신 SMT KOREA, 단양 솔택, 신동아 전자 사장님들께 감사드리며, 도서출판 골드의 박승합 사장님께도 깊은 감사를 드립니다.

감사합니다.

저자 장동규 배상

E-MAIL : douglas@KITANET.or.kr

H.P : 010-5558-2922

목   차

1. PCB 종류별 용어해설

1. PCB 정의

일반적으로 PCB 또는 PWB 두 가지를 혼용해서 사용하고 있음

PCB → PRINTED CIRCUIT BOARD(인쇄 회로 기판)

PWB → PRINTED WIRING BOARD(인쇄 배선 기판)

2. PCB란?

1. 회로 설계를 근거로 회로부품을 접속하는 전기배선을 배선 도형으로 표현, 이에 합당한 방법을 통하여 절연물 상에 전기도체를 재현하는 것
2. 회로 설계를 근거로 부품을 접속하기 위해 도체회로를 절연 기판의 표면 또는 내부에 형성하는 기판
3. 여러 개의 COMPONENT를 장착해서 연속하여 동작할 수 있게 회로를 동선으로 만들어 개별 COMPONENT끼리 연결시켜 놓은 것
4. 별개의 전자부품들을 배치하고 지지시키는 바탕이 됨은 물론 부품들을 서로 전기적으로 연결해 주는 역할을 하는 것
5. 전기부품을 탑재하고 이들을 회로적으로 연결하는 배선을 형성하여 놓은 회로판
6. COMPUTER 등의 전자제품의 내부에서 흔히 볼 수 있는 부품들이 꽂혀 있는 녹색의 회로판
7. 부품의 전기적 연결기능 외의 부품들을 기계적으로 공정시켜 주는 역할도 함

3. PCB 구분 및 역할

3.1 구분

IC PACKAGE SUBSTRATE와 전통적인 반도체 전자부품을 탑재하는 MOTHER BOARD 용도로 구분

3.2 역할

1) 다수의 전자부품을 유지
2) 탑재된 전자부품 상호간의 전기적 접속
3) 인접하는 회로간을 절연

4. PCB 구분에 의한 특징, 용도, 사양, ROADMAP 해설

4. PCB 구분에 의한 특징, 용도, 사양, ROADMAP

4.1 SINGLE SIDED PCB

1) 특징

- 종이 페놀 기재를 사용하여, 단면에 도체 패턴을 형성한 프린트 기판
  의 Mother technology

2) 용도

- TV, Video, 음향기기 등의 각종 AV기기
- 냉장고, 전기밥솥, 전자레인지, 세탁기 등 각종 home electronics 기
  기
- 키보드, 마우스, FDD 등의 각종 컴퓨터 주변기기
- 카오디오, 자동차 미터기 등 각종 차재용 기기

3) 기본 사양

Items	Min.thickness, mm(finished)	Line/space, μm	Hole dia/land dia., mm
Standard	1.6~0.8	250/250	0.7/1.4
Fine	1.6~0.8	150/150	0.7/1.4
R & D	0.3	120/150	0.35/0.85

4) ROADMAP

	2004	2005	2006	2007	2008
Min. thickness, mm (only base material)	0.3	→	→	→	→
Line/space, μm	150/150	120/150	→	→	→
Land/resist clearance or overlap, μm	100	→	→	→	→
E-spec(environmental friendly PCB spec.)	applicable	→	→	→	→

4.2 SILVER PASTE TH PCB

1) 특징
- 양면에 도체 패턴을 형성, 그 사이에 은 paste를 이용한 TH로 접속한 양면 TH 기판.
- 양면판에서는 집적화가 곤란하며, 양면 도금 TH 기판은 cost가 높아 민생 기기를 중심으로 많이 사용되고 있음.
- 도금 공정이 필요 없고, 종이페놀 기재도 사용 가능, 높은 cost performance를 보여줌.

2) 용도
- Codeless 전화기, TV, Video, 콤퍼넌트 시스템등의 리모콘
- 카 네비게이션, 카오디오, 미터기, FAX, Printer, 마우스, CD-ROM, DVD-ROM, Game 기기, 전자수첩

3) 기본 사양

Items	Line/space, ㎛		Land dia. mm		
	Screen printing method	Photo- lithography	Thickness 1.6t	1.2t	≤1.0t
Ag-1	150/150	100/100	1.5	1.5	1.2
Ag-2	150/150	100/100	1.2	1.2	1.0
Ag-3	150/150	100/100	1.0	1.0	0.8

4) ROADMAP

	2004	2005	2006	2007	2008
Line/space, ㎛	150/150	120/150	→	→	→
Land dia. ㎛	0.8	0.7	→	→	→
E-spec(environmental friendly PCB spec.)	applicable	→	→	→	→

4.3 DOUBLE SIDE TH PCB

1) 특징
- 양면에 도체 패턴을 형성, 그 사이에 동도금 through hole로 접속한 양면 TH 기판
- 기재에 CEM-3, FR-4 등을 채용, 내열성과 전기제특성에 우수함.

2) 용도
- 엔진 콘트롤러를 비롯하여 각종 차재 기기
- 복사기, FAX 등 각종 사무기기
- HDD, 프린터 등 각종 컴퓨터 주변기기
- TFT LCD, STN LCD

3) 기본 사양

Items	Thickness, mm	Line/space, μm	Hole dia/land dia, μm
Standard	0.2(min)~1.6(max)	150/150	400/700
Fine	0.2(min)~1.2(max)	60/60	250/500
R & D	0.15(min)~0.8(max)	40/40	200/300

4.4 MULTI LAYER TH PCB(다층기판)

1) 특징
- 양면판에서 다시 고밀도화를 겨냥하여, 4층 이상의 패턴층을 형성한 프린트 기판이며 Multi layer화에 의한 실드 효과나 GND 보강 등으로 부가가치를 높인 제품입니다. BGA, CSP 실장에도 최적입니다.
- 기재에 FR-4를 채용. 내열성과 전기특성이 뛰어남.
- 컴퓨터, 휴대전화, 차재용 외에도 고기능 기기에 널리 사용되고 있음.

2) 용도
- 엔진 콘트롤러를 비롯하여 각종 차재 기기
- 복사기, FAX 등 각종 사무기기
- 컴퓨터 Mother B/D, HDD, 프린터 등 각종 컴퓨터 주변기기
- TFT LCD, STN LCD

3) 기본 사양

Items	Thickness, mm	Line/space, μm	Hole dia/land dia., μm
Standard	0.4(min)~1.6(max)	150/150	400/700
Fine	0.25(min)~1.2(max)	60/60	250/500
R & D	0.2(min)~0.8(max)	40/40	200/300

4) ROADMAP

	2004			2005			2006			2007			2008		
No. of layers	4	6	8	4	6	8	4	6	8	4	6	8	4	6	8
Min. thickness,mm (only base material)	0.25	0.40	0.55	0.25	0.40	0.55	0.20	0.30	0.45	0.15	0.25	0.35	0.15	0.25	0.35
Line/space, μm	60/60			→			50/50			→			40/40		
Hole dia./Land dia., μm	250/500			→			200/300			→			150/250		
Land/resist clearance or overlap, μm	50			40			→			30			→		
E-εpoc(environmental friendly PWB spec.)	APPLICABLE			→			→			→			→		

4.5 IVH MULTI LAYER TH PCB

1) 특징
- 임의의 층간에 비관통 via를 배치한, 관통 TH 다층판과 비교하여, 더욱 고밀도화를 실현한 다층 프린트 기판
- 노트북, 휴대전화, 차재용 외에, 보다 고기능, 고부가가치의 기기에 많은 사용

2) 용도
- 엔진 콘트롤러를 비롯하여 각종 차재 기기
- 휴대전화, PDA 등 정보 통신 단말기기
- 복사기, FAX 등 각종 사무기기
- 컴퓨터(Desktop, Notebook), HDD, 프린터 등 각종 컴퓨터 주변기기

3) 기본 사양

Items		Min. thickness, mm(finished)	Line/space, μm	Hole dia/land dia.,(External) μm	Hole dia/land dia.,(Internal) μm
Standard	IVH	0.4	100/100	200/500	200/500
	PTH	0.4	100/100	300/600	300/600
Fine	IVH	0.4	80/100	150/400	150/400
	PTH	0.4	100/100	200/450	200/450
R & D	IVH	0.4	75/75	100/350	100/350
	PTH	0.4	75/75	200/450	200/450

4) ROADMAP

	2004	2005	2006	2007	2008
Min. thickness, mm (only base material)	0.4	0.4	0.4	0.4	0.4
Max. No. of layers	≤18	≤20	≤24	→	→
Line/space, μm	75/75	50/50	→	→	→
Hole dia./Land dia., μm(PTH)	250/450	200/400	→	→	→
Hole dia./Land dia., μm(IVH)	150/400	100/350	→	→	→
Land/resist clearance or overlap, μm	37.5	25	→	→	→
E-spec(environmental friendly PWB spec.)	applicable	→	→	→	→

4.6 FLEXIBLE PCB
4.6.1 FPC(FLEXIBLE PRINTED CIRCUIT)란

연성회로기판이라고 부르며 유럽이나 미주등지역에서는 FW(FLEXI-BLE WIRE) 또는 FC(FLEXIBLE CIRCUITRY)라고도 함.

절연성과 내열성이 뛰어난 POLYIMIDE BASE와 COVER LAY 사이에 정밀 부식한 미세회로를 형성하여 유연성 및 굴곡성을 갖춘 구조의 배선기관

4.6.2 FPC의 시장동향

최근 10여년 동안 전기, 전자 산업은 눈부신 발전을 이룩해 다양한 전자기기가 사무실과 가정에까지 보급되고 있는 가운데 그중에서도 특히 민생시장에서의 발전을 주목할만하다. 현재 전자기기 분야에 있어서 프린트 배선판을 필요 불가결한 것으로 전기, 전자 사업의 발달과 함께 성장해 왔다.

이전의 민생용 PCB는 저렴한 종이 패놀 BASE의 편면판이 압도적이었다. 이후 일렉트로닉스화가 진정됨에 따라 회로는 더욱 복잡해지고 그라스액포시 BASE의 양면판이 많아졌으며 4층, 6층 이상의 다층판에도 쓰이게 되었다.

전체적으로 매년 PCB 산업은 성장세를 보이고 있는데 최근 5년 사이 FPC의 성장은 두드러진다. 패놀 BASE PCB 성장률은 둔화되고 있으며 양면 다층 기판의 성장률은 10% 정도의 성장률인데 반해 FPCB는 25% 이상의 성장률을 기록하고 있다. 특히 한국 FPC의 시장은 주목할 만큼 큰 성장률을 기록하고 있다.

FPC가 어떻게 이처럼 성장할 수 있을까.

FPC는 우선 비싸다고 인식되어 있다.

　유럽 → 최초로 군사용과 항공 우주용으로 사용

　미국 → 최초로 군사용과 산업기기용 사용

　일본 → 민생용 분야에서 먼저 FPCB의 주도권으로 장악했는데 그 첨

병이 카메라이다. 마침 카메라의 일렉트로닉스화 되어 마치 전신에 갑옷을 입고 있는 듯한 모양이다.

FPC의 내 굴곡성을 이용한 것으로 프린터헤드와 자기헤드의 배선이 있다. 10년 전에는 이러한 배선은 대부분 전선이었고 소형의 PRINTER에 FPC를 약간 사용하는 정도였다. 최근에는 핸드폰, 디지털카메라, PRINTER 등 소형, 대형 가릴 것 없이 대부분이 FPC로 배선되어 있다. FPC용 컨넥터와 접속장치가 다수 판매되고 있어 FPC의 사용이 편리하여 시장이 확대되고 있다.

4.6.3 FPCB의 종류

1. SINGLE SIDE FLEX
2. BACK-BARED(DOUBLE ACCESS) FLEX
3. DOUBLE SIDE FLEX
4. MULTI-LAYER FLEX
5. BUILD-UP FLEX
6. RIGID FLEX
7. SCULPTURE FLEX

4.6.4 FPC의 주된 용도

NO	목 적	용 도
1	3차원 입체배선(소형화)	핸드폰, 카메라, 카세트TAPE, 레코더, 트랜시버, 미사일
2	굴곡사용	프린터, 하드 디스크 드라이브, 플로피 디스크 드라이브, 레코더, CD플레이어
3	고밀도 배선	팩시밀리, 의료기기
4	박형화 조립의 합리화	전자식 탁상 계산기 소형계측기, 로케트, 자동차의 DASH BOARD

4.6.5 FPCB BASE 재료의 비교

NO 항목 \ 재료	POLYIMIDE(PI)	POLYESTER(PET)	GLASS EPOXY(GE)
1 표준두께(Um)	12.5, 25, 50, 75, 125	25, 50, 100, 125	100, 200
2 내열성	납접 가능	조건에 따라 납접가능	납접가능
3 난연성	UL94V-0가 가능	UL94HB가 가능	UL97V-0가 가능
4 기계적 강도	균열되기 쉽다	온실에서는 양호하다	우수하다
5 흡습성	흡수성이 크다	작다	작다
6 굴곡성	우수	우수	불량
7 내결성	180°굴곡가능	180°굴곡가능	180°굴곡가능
8 가격	비싸다	저렴하다	PI와 PET의 중간

4.6.6 도체의 특성 비교

종류	ELECTRO DEPOSITED COPPER (ED CU → 전해동박)	ROLLED ANNEALED COPPER (RA CU → 압연동박)
생산방식	전해도금(SUS 도금 후 분리)	용융사출(ROLLER 서냉)
구조	VERTICAL GRAIN STRUCTURE	HORIZONTAL GRAIN STRUCTURE
장점	1. 도금 표면의 용적율이 커서 BASE 의 접착력이 매우 높다. 2. 생산방식이 도금이므로 두께 조절 이 용이하다. 3. 가격이 저렴	1. 생산방식과 구조상의 특성으로 내굴곡 성이 대단히 우수하다. 2. 입자가 ED CU보다 치밀하다. 3. 밀도가 높다.
단점	1. 구조상 굴곡성이 매우 떨어진다. 2. 굴곡부위에는 사용할 수 없다.	1. 가격이 비싸다. 2. 양면이 모두 매끄럽기 때문에 특별한 표면처리가 필요하다. 3. 1/2OZ의 생산이 비교적 어려우며 가 격이 비싸다.
생산두께	1/2mm, 2mm, 3mm, 5mm	

4.6.7 보강판 (STIFFENER) 비교

NO / 항목 \ 보강판	GLASS EPOXY(GE)	PAPER PHENOL(PP)	POLYIMIDE (PI)	POLYSTER (PET)
1 두께(mm)	0.1-0.6, 0.8, 1.0 1.2, 1.4, 1.6, 2.0, 2.4	0.8, 1.0, 1.2, 1.4, 1.6, 2.4	0.025, 0.05, 0.075, 0.125	0.025, 0.05, 0.075, 0.10, 0.125, 0.188, 0.25
2 내열성	납접가능	납접가능	납접가능	납접불가
3 난열성	UL94V-0 가능	UL94V-0 가능	UL94V-0 가능	난연성 없음
4 기계적 강도	RPC와 동등	RPC와 동등	낮음	낮음
5 유연성	두께 0.3mm 이상은 유연성 없음	유연성 없음	우수	우수
6 접착성 감압형 접착제	적용가능	적용가능	적용가능	적용가능
6 열경화형 접착제		적용곤란		적용불능
7 가격	비싸다	저렴	고가	염가
비고	1. 두께는 표준적인 것을 나타냄. 2. 보강판용 소재로는 이외에도 여러 가지 사용되고 있으나 여기에서는 일반적인 것만 기술			

4.6.8 접착제(ADHESIVE) 비교

NO / 항목 \ 종류	ACRYLIC TYPE	EPOXY TYPE	PHENOLIC TYPE
1 물성	THERMO PLASTIC에 가깝다.	THERMO PLASTIC	NOTE
2 장점	1. 접착력 우수 2. 치수 안정성 뛰어남. 3. 굴곡성 우수	1. 흡수율이 낮다. 2. 오랜시간 고온에 노출되어도 제품에 이상이 없다. 3. POST BAKING이 필요없다.	1. 내화학성이 뛰어남. 2. 내굴곡성이 좋다. 3. 흡습율이 가장 낮다.
3 단점	1. 높은 온도에 장시간 노출되면 성질이 매우 약해진다. 2. CURING TIME이 필요	1. 내굴곡성이 떨어짐. 2. 일단 작업이 완료되면 수정 불가	1. 접착력이 떨어짐. 2. THERMAL SHOCK 에 대단히 약하다.
4 MAKER	DUPONT ROGERS SHELDAHL TORAY	SHELDAHL NIKKAN TORAY SONY	ROGERS OAK
5 기타	ADHESIVE 두께는 MAKER별, 그리고 BASE와 COVERLAY별로 차이가 있다.		

4.6.9 양면 TAPE 비교

※ 가격은 93년 1월 현찰 가격임.

종 류		MAKER	두 께	내열성(℃)	접착력 (kg/cm²)	가격(m²)
감압성	467	3M	50	204	2.47	4345
	468	3M	130	204	3.12	5950
	9460	3M	50	260	1.21	
	9469	3M	130	260	1.43	8872
	NP303	SONYCHEM	120	-	1.50	2950
	T4000	SONYCHEM	150	-	1.40	70.000
	T4100	SONYCHEM	50	260	0.90	11.146
	N0500	NITTOden	160	-	1.20	4000
열경화성	NP101	SONYCHEM	50	N/A	1.70	
	D3160	SONYCHEM	150	N/A	1.60	7080

4.6.10 TOOLING(금형) 비교

	GLASS EPOXY (GE)	POLYIMIDE(PI)	POLYESTER(PET)
제작 형태	1. 목판에 원하는 LAY-OUT을 LASER BEAM으로 가공한 후 그 부위에 칼날을 삽입 2. 칼날 두께 : 0.45, 0.5, 0.71mm	1. 동판을 원하는 형태로 파내어 전극을 만든다. 2. 전극으로 금속에 칼날을 가공한다. 3. 금속재질 : SKDII	1. 원하는 형태의 LAY-OUT대로 상판과 하판의 금형을 만들어 어긋나는 부위에서 CUTTING 되도록 한다. 2. WIRE CUTTER : 0.25~0.1
공 차	±0.3~0.5mm	±0.2~0.3mm	±0.05mm까지 가능
납 기	발주후 4~5일	발주후 7~8일	발주후 12~14일
수명(타발)	1500~2000	2000	500,000
가격(5연기준)	120,000~140,000	600,000~1,200,000	350,000~5,000,000
특 징	1. 복잡하고 작은 제품은 불가 2. 3mm 이하 R 및 f는 신뢰성 거의 없음. 3. GE 3.0T 이상은 작업 불가능 4. 칼날이 끊어지는 부위에 흠집 및 BURR가 생긴다.	1. 열처리 및 전극상태에 따라 칼날의 수평유지가 대단히 까다롭다. 2. 각 홀이 많은 경우에 유리	1. 연배열시 제품가격은 최소한 4mm 유지 필요 2. DIE SET를 사용해야 함으로 연배가 작을 경우에는 PANEL을 잘라야 한다. 3. 보강판 및 접착제를 HOLE로 PUNCH-ING할 때 잘 빠지지 않고 PIN이 부러지는 현상이 나타난다.

4.6.11 FPC 검사 항목(JIS-C-6491)

형식 검사 항목	수집 검사 항목
1. 외관 치수 2. 도체 및 PTH 도금부의 저항 3. 내전압 4. 절연저항(상온, 상습) 5. 도체의 박리강도(상온, 상습) 6. LAND의 인장강도 7. 도금밀착성 8. 땜납 내열성 9. 납땜성 10. 열충격(저, 고온) 11. 열충격(고온 침적) 12. 내습성(온습도 사이클) 13. 내습성(정상상태)	1. 외관, 치수(휨과 꼬임을 제외) 2. 도체 및 PTH 도금부의 저항 3. 내전압 4. 절연저항(상온, 상습) 5. 도체의 박리강도(상온, 상습) 6. LAND의 인장 강도 7. 도금 밀착성 8. 땜납 내열성
일반 검사 항목	특유 검사 항목
1. 도체폭 간격 2. 솔더레지스트 밀착성 3. 심볼마크 밀착성 4. 전류용량 5. 정전용량 6. 난연성 7. 내약품성, 내용제성 8. 휨, 꼬임(구부러짐)	1. 커버레이 필름에 관한 항목 2. 보강판에 관한 항목 3. 내굴곡성, 내절성 4. 흡수율 5. 치수안정성

4.6.12 UL 인정 FPC에 대해 확인해야 할 항목

1. 구조(편면, 양면, 기타)
2. CCL 재료
3. 커버레이 필름 재료
4. 레지스트 잉크 재료
5. 보강판 재료
6. 보강판용 접착제
7. 도금
8. 부가가공
9. 트레이드마크
10. TYPE DESIGNATION
11. UL 인정품 MARK

4.6.13 FPC의 장점과 단점

NO	장 점	단 점
1	구부릴 수 있다.	도체에 응력이 작용하기 쉽다.
2	내굴곡성이 좋다.	홈이 나기 쉽고 취급이 불편하다.
3	얇고 가볍다.	부분적으로 응력이 집중되며 오히려 수명이 짧아진다.
4	설계의 자유도가 크고 3차원 배선이 가능하다.	기계적 강도가 작다.
5	커넥터, 전선, 납땜을 생략할 수 있다.	무거운 제품을 탑재할 수 없다.
6	고밀도 오류가 없다.	동박의 접착 강도가 낮다.
7	배선이 오류가 없다.	구조가 복잡한 편으로 가공공정이 길어 가격이 비싸진다.
8	조립이 용이하다.	설계가 어렵다.
9	신뢰성이 높다.	설계상 실수가 있으면 수리가 곤란하다.
10	연속 생산 방식이 가능하다.	일반적인 납땜 장치는 사용할 수 없다.
		부분적인 고장이라도 전체가 문제시된다.
		보강판 등은 수작업으로만 가능하다.
		크기의 안정성이 나쁘다(회로에 의존한다).
		검사가 어렵다.
		비싸다.

4.6.14 HALOGEN FREE

1. FPC도 전통적인 PCB와 마찬가지로 환경오염이 대표적인 산업으로 환경 규제에 대응한 그린시트 등 신제품 연구개발 강화가 필요

2. HALOGEN FREE 동박 적층 원판(CCL)과 INK(PSR) 원자재를 채택한 친환경 개념의 GREEN PCB 대응 필요

3. FPC는 내열성 강화를 위해 할로겐계 화합물질(PBBS, PBDES)을 사용 할로겐계 나연제를 사용할 경우 연소할 때 다이옥신(고엽제) 등의 유독 가스를 발생. 할로겐계 난연제의 함유량을 억제한 FPC를 HALOGEN FREE FPC라고 함.

4.6.15 SINGLE SIDE

FPC란 FLEXIBLE PRINTED CIRCUIT(연성회로 기판) 동박의 정밀에칭으로 형성된 회로를 절연특성이나 내열성이 뛰어나는 폴리이미드 필름으로 샌드위치 구조의 유연성 및 굴곡성이 있는 배선기판

① 단면, 양면, 다층 FPC

   DIGITAL CAMERA나 게임기 등에 사용하는 MOTEHR BOARD

② COF(CHIP ON FILM)

   액정드라이버 등에 사용

③ FFC(FLEXIBLE FLAT CABLE)

   컴퓨터 등에 사용

단면 FPC
〈구성〉

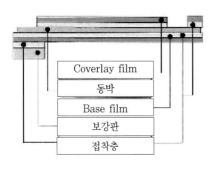

- 표준적인 구성으로 Flexible의 특징을 최대한 살린 고경제성 FPC
- 일반 산업용, 사무기기용 등 compact한 굴곡, 굴절이 가능 (Connector harness 대채등)

Free punch FPC
〈구성〉

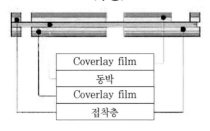

- 1층의 도체에서 양면 실장 기능을 가진, 굴곡, 굴절성이 뛰어난 FPC
- 계측 제어, 의료용 등 각종 고성능 센서류에 사용

2층 FPC
〈구성〉

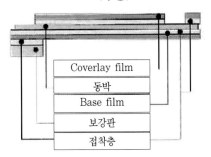

- Base polyimide film에 접착제를 사용하지 않고 직접 동박을 입힘으로써, 고내열, 세밀 pattern 형성이 가능
- 계측 제어, 의료용 등의 각종 고성능 센서류에 사용

4.6.16 DOUBLE SIDE

양면 FPC
〈구성〉

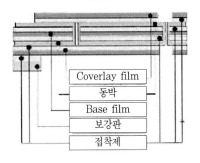

- TH도금에 의해 양면 pattern을 도통시키는 FPC
- 일반 산업용, 민생용으로 폭넓게 사용

* 자료 : YAMASHITA MATERIALS(주) CATALOG

단면 동도금 FPC
〈구성〉

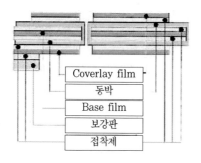

- 이형 TH에서 FPC 단면에 동면을 형성하여 면접합시 solder film을 가능하게 한 FPC
- 특수 산업용 기기에 사용

Double decor FPC
〈구성〉

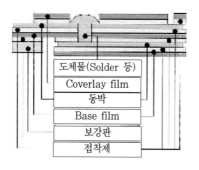

- TH도금을 하지 않고 단면 type을 부분적으로 solder 등의 도전물로 표리 도통을 시키는 구조의 FPC
- 표리 동박에 도금을 하지 않으므로 미세 pattern을 형성

STC FPC
(Sputtering Through Hole Connection)
〈구성〉

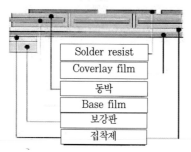

- Polyimide & 스퍼터 동박재에 수μm의 동도금을 한 극박동박 양면재를 사용한 100μm pitch 이하의 배선을 가능하게 한 FPC
- 계측 제어, 의료용 등의 각종 고성능 센서류에 사용

4.6.17 MULTI LAYER

HML FPC

(Hybrid Multi Layer)
〈구성〉

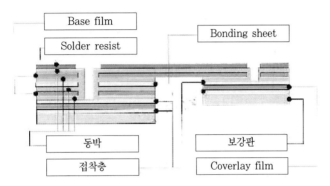

- 다층판의 기능과 굴곡, 굴절성을 함께 가진 FPC
- 경박단소화의 요구 중에 수요가 증가하는 경향
- 의료용, AV기기 등에 사용

다층 FPC
(4층판)
〈구성〉

All polyimide FPC
〈구성〉

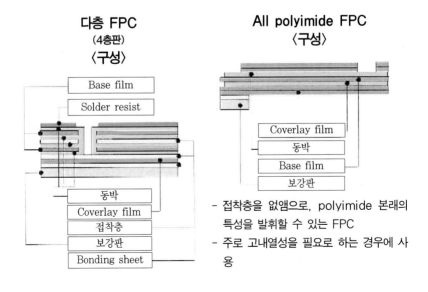

- 접착층을 없앰으로, polyimide 본래의 특성을 발휘할 수 있는 FPC
- 주로 고내열성을 필요로 하는 경우에 사용

1) 추천 층구성(단위 μm)

소재구성		3층 Type 재료				2층 Type 재료(접착제 less Type)							
종류		단면FPC		양면FPC		단면 FPC				양면 FPC			
동박두께		18	35	(33)	(50)	9	12	18	35	5	(27)	(33)	(50)
Base 두께	12.5	◎	◎	◎	◎	△	◎	◎	◎	△	×	×	×
	25	◎	◎	◎	◎	△	◎	◎	◎	◎	◎	◎	◎
	50	◎	◎	◎	◎	△	◎	◎	◎	×	×	×	×
Coverlay 두께 (Polyimide두께/ 접착체두께)	12.5/15	○	×	△	×	◎	◎	○	×	◎	△	×	×
	12.5/20	◎	△	△	×	○	○	◎	×	○	◎	○	×
	25/20	◎	△	△	×	○	○	○	×	○	○	○	×
	25/35	○	◎	◎	△	△	△	○	◎	△	△	◎	△
내migration성 대응 Coverlay	25/25	◎	△	△	×	○	○	○	△	○	○	○	×
	25/35	○	◎	◎	△	△	△	○	◎	△	△	◎	△
Solder resist		○	○	○	×	○	○	○	○	○	○	○	○
동 paste		○	○	○	○	○	○	○	○	○	○	○	○
표면처리	전해 Solder 도금	○	○	○	○	△	○	○	○	△	○	○	○
	무전해금도금	○	○	○	○	×	○	○	○	×	○	○	○
	전해금도금	○	○	○	○	○	○	○	○	○	○	○	○
	이미다졸	○	○	○	○	○	○	○	○	○	○	○	○
보강판		Glass epoxy, Phenol, Poly ester, Polyimide											
접착제		아크릴계 감압 type, EpoxyrP 감열 type(Bonding sheet)											

◎ : 추천   ○ : 권장   △ : 가능   × : 상담 요   ( )안의 숫자는 도금두께 포함

2) 최소 Line/Space 정도

- 단면

동두께	최소 L/S	공차
5	25/25	± 6
12	50/50	±10
18	60/60	±12
35	75/75	±15

- 양면

동두께	최소 L/S	공차
5	25/25	±6
28	70/70	±15
33	100/100	±20
50	125/125	±25

3) 기타 가공 표

Drill 가공			Laser hole 가공			외형가공 정도			OL 맞춤 정도
THP 최소경	최소 land경	최소 pitch	THP 최소경	최소 land경	최소 pitch	본형	톰슨형	간이형	
ø0.2	ø0.4	0.5	ø0.05	ø0.2	0.3	±0.1	±0.1	±0.2	±0.2
ø0.1	ø0.3	0.4	ø0.025	ø0.07	0.1	±0.05	±0.07	±0.15	±0.08

4) 신뢰성 평가 항목
- 내굴성 시험
- 내곡성 시험
- 내전압 시험(선간, 층간)
- 냉열 cycle 시험
- 내migration성 시험
- 밀착성 시험
- 내열시험
- TH신뢰성 시험

4.6.18 GF 기판

1) GF 기판(Glass Flex기판)은
Polyimide Flexible 기판에
비해 큰 폭으로 코스트 다운이
실현 가능한 제품임.

2) 특징
- 소재는 안정된 품질, Cost merit를 고려하여, FR-4 0.1t, 0.2t를
채용
- 회로부는 스크린 인쇄법을 기준이며 밀도에 따라 사진법도 가능
- Coverlay는 cover coat로서 스크린 인쇄법을 기본으로 하고, 밀도에
따라 사진법도 가능
- Coverlay는 Solder resist로 하고, 경화병법은 열, 자외선의 어느 쪽
도 가능
- 표면처리는 도금 또는 방청처리를 기본으로 한다.
- 내곡성은 JIS C 6471에 근거

① 회로폭 1.5mm

② 곡율반경 0.8mm

③ 하중 500g으로 3회까지 굴절 가능

- 내굴곡성에 대해서는 별도 상담 요망

3) 왜 Glass Flex인가?

- 큰폭의 코스트다운이 가능 : 종래의 폴리이미드 플렉스 기판과 비교하여 약 30%~50%의 코스트 다운 가능
- Flexible기판과의 사용 구분의 메리트 : 반복하여 굴절을 필요로 하는 용도를 제외하고 거의 대응할 수 있음.
- 보강판, 접착가공도 가능 : 종래의 polyimide flexible기판과 마찬가지로, 접착 tape가공, 보강판의 가공 등이 가능
- Push back으로 집합판 가공이 가능 : 종래 곤란했던 push back 가공이 가능해져, 자동화 대응 기판으로 높이 평가받습니다.

4) 사용 사례

① R1.0mm 이상으로 connector에 고정.

② 1.0mm 이상 단차가 있는 부분 접착 고정

③ 양끝을 콘넥터로 고정하고, 중간부를 접착 고정

④ 회로 기판상에 부품 탑재
(Reflow, Soldering 가능)

5) 용도

전원부품, Camera, 시계부품, 통신기기, 방화기기, 의료기기, 음향기기

4.6.19 SUPER 극박 FLEXIBLE

동장판, 카바레이

1) 가중을 더하는 간격

휘어졌을 때의 반발이 적으므로, 반복된 굴절에서의 소전력화가 가능함.

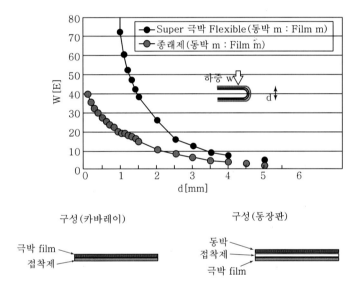

구성 (카바레이)   구성 (동장판)

2) 내굴곡성이 뛰어남

Sample		종래품(총두께75㎛)	Super 극박 flex
Cycle (MD/TD)	곡률반경 =0.38mm	1500~2500	3517/2523
	곡률반경 =0.20mm	5~50	391/330
	곡률반경 =0.10mm	1~10	53/49

3) 얇은 다층 FPC, Flex-rigid를 설계할 수 있다.

〈예〉 단면 × 4의 다층 FPC

종래의 재료 : 0.32mm

Super Flex : 0.24mm

4.6.20 SUPER FLEX

Glass cloth가 들어간 flex 동장판

1) 특징
- Rigid에 가까운 치수 안정성을 가진 Flex의 굴곡성이 있음.
- 타발 가공시에 분진이 떨어지지 않음.
- 폴리이미드 film을 사용하지 않는 새로운 FPC재료임.

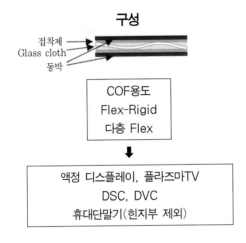

구성

접착제
Glass cloth
동박

COF용도
Flex-Rigid
다층 Flex

↓

액정 디스플레이, 플라즈마TV
DSC, DVC
휴대단말기(힌지부 제외)

품명				Super Flex	
절연층 두께		mm	0.030	0.045	0.060
동박두께		μm	5~18	5~18	5~18
Size	Sheet	mm	340×510,510×510		
	Role	mm	250폭, 500폭, 길이 50		
치수변화율	MD	%	<0.02	<0.02	<0.02
	TD	%	<0.02	<0.01	<0.01
내굴곡성(MIT법)		회	>150	>100	>20
Tg(DMA)		℃	130		

4.6.21 SUPER BONDING SHEET

1) 공정단축, 폐기물 감소가 가능(Bonding sheet 비교)

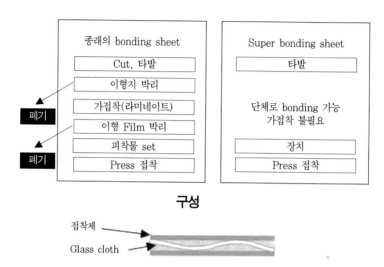

구성

2) 타발시 분진이 떨어지지 않고, 보류가 개선(기존 non flow pre-preg 비교

종래품 Glass prepreg

Super bonding sheet

3) 접착성, 내열성이 뛰어남(종래 nonflow prepreg 비교)

Item	Structure	Condition	Current Prepreg	TFA-990
Peel Strength (KN/m)	Copper Clad (Shine-side)	A*	0.91	1.77
		S4**	0.28	1.65
	Polyimide Film	A*	0.18	2.21
		S4**	0.11	2.08
Heat Resistance	Copper Clad (Shine-side)	260C/1min	Delamination	No Change
		288C/1min	Delamination	No Change
	Polyimide Film	260C/1min	No Change	No Change
		288C/1min	Delamination	No Change

4.6.22 SUPER 보강판

① 새로운 타입의 보강판으로서, 모든 application에 사용 가능함.
② Glass cloth 보강 타입의 접착 sheet와 범용의 polyimide film을
라미네이트 한 상태로 공급, 각종 두께에 대응 가능함.

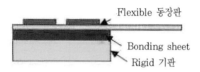

종래의 보강판(Rigid type)
- Rigid type의 타발 가공시에 수지
가루가 발생, 제품에 부착되는 문제
가 있다.

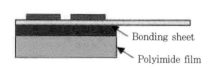

종래의 보강판
(Polyimide film type)
- 두꺼운 Polyimide film의 입수가
곤란, 가접의 공정도 필요하여 cost
가 높다.

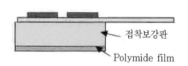

Super 보강판
- 가공시의 분진이 없고, 가접공정도
불필요하여, 생산성이 좋다.

4.6.23　감광성 액상 COVERLAY

1) 해상성

밀착성, 해상성, 요철 추종성에 뛰어나고, 고정밀도 회로 기판의 Fine 화에 대응

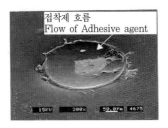

일반 Coverlay
- Polyimide coverlay film ø300㎛ drill open and hot press

감광성 액상 Coverlay
- Liquid photosensitive coverlay ø150㎛ opening

2) 특징
- 뛰어난 가소성을 가지며, 제조공정에서의 크랙 발생은 거의 없음.
- 금형 타발 가공이 필요없음.
- 내무전해 니켈/금도금성이 양호함.
- Halogen, 안티몬 free로 난연화를 실현

3) 용도
- LCD driver, COF, TAB 등의 고정도 회로 기판에 사용이 가능함.
- FPC용 Solder resist로서 사용이 가능함.

4) 내 Ion migration성

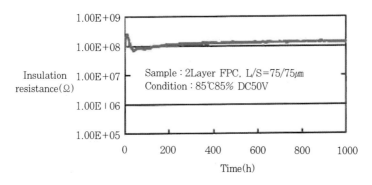

5) 사양

Items	Characteristic Value	Test Method
Viscosity	200dPa's	VT-04 Viscometer(25℃)
UV Energy	400mJ/㎠	High-pressure Mercury Lamp

6) 일반 특성(대표값)

Items	Characteristic Value	Test Method
Soldering Resistance	Pass	260℃20s solder float
Chemical Resistance	Pass	10%H_2SO_4, 10% NaOH, MeOH, IPA, MEK 20±5℃ 15min. Dipping
Electroless Ni/Au Plating Resistance	Pass	Ni : 3㎛, Au : 0.03㎛
Non-combustibility	VTM-0	UL94
Flexiblity	No Crack	4.9N 180도 Bending

4.6.24 고내열 HALOGEN FREE FPC 재료

1) 특징

- High Tg 설계
- 절연신뢰성이 뛰어남.
- 내굴곡성이 우수함.
- 가공성이 우수함.

2) 용도

전자기기의 소형화, 고밀도화에 최적입니다.

- HDD, DVD 피크업
- COF(LCD, PDP 등)
- Flex-Rigid용 재료
- 다층 FPC

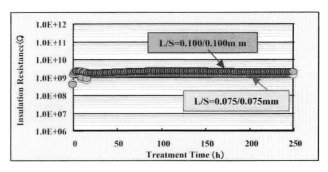

〔전처리〕 C-96/30/85 ÐO250C Reflow 2Cycle
〔조건〕 85℃×85%RH DC=50V
        (내migration test 됨)

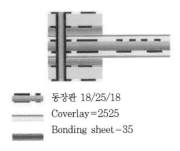

동장판 18/25/18
Coverlay=2525
Bonding sheet-35

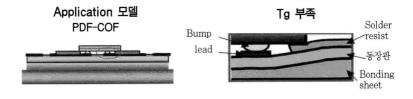

Bonding sheet의 Tg에 의한 접속 신뢰성
High Tg 설계에 의해, 실장시의 요철이 적고, 신뢰성이 높은 접속이 가능합니다.

Application 모델
PDF-COF

Tg 부족

Bump
lead

Solder resist
동장판
Bonding sheet

높은 Tg

항목	A사	B사
Tg	109℃	40℃
접합시의 요철	소	대
접속신뢰성	○	×

4.6.25 2층 CCL의 제조법

1) CASTING법

폴리이미드 수지를 합성하여 동박위에 일정두께로 Coating후 건조과
정을 거쳐 만든 CCL

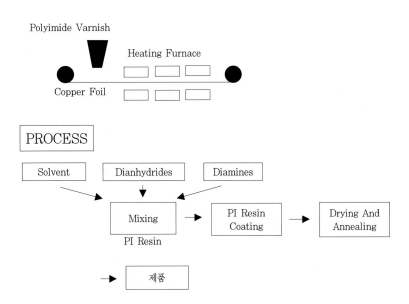

2) Sputtering법

폴리이미드 필름 위에 Ni-Cr Seed Layer를 붙이고 얇게 Cu를 증착
하여 도금법으로 원하는 두께를 만듦.

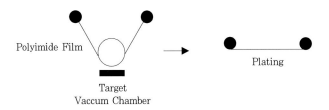

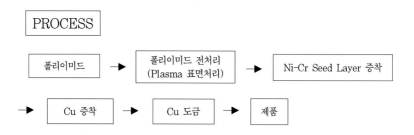

3) Lamination법

폴리이미드 필름 위에 PI계열의 접착제를 도포한 후 롤라미네이터로 압착하여 융착시킨 제품

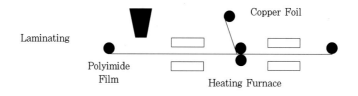

4) CCL 제조법 비교

	Sputtering	Laminating	Casting
Choice of Dielectric	Wide	Wide	Small
Choice of conductor	Small	Wide	Wide
Conductor thickness(um)	1~18	12, 18, 35, 70	12, 18, 35, 70
Bond strength As received After soldering	Not good Bad	Good Good	Good Good
Micro pinhole	possible	Impossibility	Impossibility
Fine pitch	Good	Not good	Not good
Arc resistance	Not good	Good	Good
Flexural endurance	Bad	Not good	Good

4.7 RIGID FLEXIBLE

1) 특징

- 부품을 탑재하는 Rigid와 굴절이 가능한 Flex부를 가진 다층기판
- Connector, Wire harnessless에 의해 배선판 면적이 축소, 접촉 저항의 loss가 없고, 배선 길이도 짧아져, 고속신호에 대해 유효.
- 3차원적 설계가 가능하여, 제품의 소형화가 가능
- One set One board화에 의해 Connector, Cable 등의 부품대, 검사대를 포함한 Total cost의 감소 가능
- Flex부의 실드 구성에도 대응
- Solder resist 정밀도 ±25μm로의 대응을 진행중
- 접속의 신뢰성이 높아짐.
- Space를 줄일 수 있음.

2) 구조

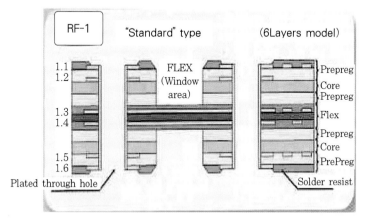

RF-3(Build-up PWBs)

〈R&D〉 2-(1-2-1)-2 "Via on Via" type   (8Layers model)

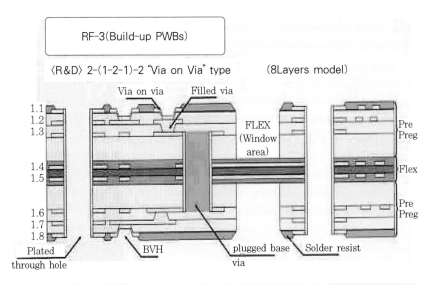

1-(1-2-1)-1 "SB" type   (6Layers model)

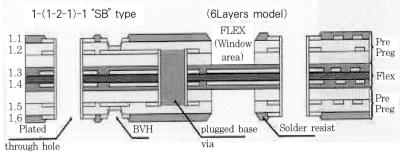

2-(2)-2 "EMI shield" type   (6Layers model)

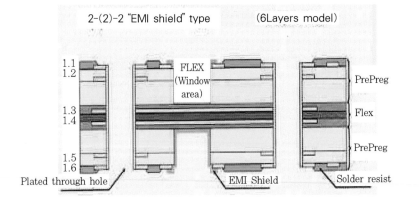

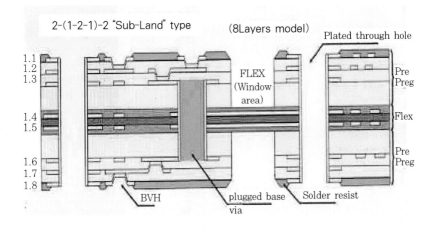

2-(1-2-1)-2 "Sub-Land" type   (8Layers model)

3) 구조

Items				Confrmal via Land dia./Via top dia (㎛)	Plugged base Via Land dia./Hole dia(㎛)	Build-up layer			
	Line/Space(㎛)					Tg (TMA) (℃)	Dielectric Constant (1MHz)	Dissipation factor (1MHz)	Peel Strength (kN/m)
	(Rigid) Ext. Layer	(Rigid) Int. Layer	Flex.						
RF-1	100/100	100/100	100/100	–	–	135	3.3	0.010	1.0
RF-3 (Build-up)	1-(1-2-1)-1 type	100/100	100/100	100/100	350/130	550/300	135	3.3	0.010	1.0
	2-(1-2-1)-2 type	75/75	75/75 (50.50)	100/100	350/130 (300/120)	550/300	125	4.7	0.018	1.0
	⟨R&D⟩ Stacked via 2-(1-2-1)-2 type	75/75	75/75 (50/50)	100/100	350/130 (300/120)	550/300	125	4.7	0.018	1.0
	1-2-1 type	75/75	–	100/100	350/180	–	125	4.7	0.018	1.0

4) ROAD MAP

ITEMS	2004	2005	2006
Line/space, ㎛	75/75	50/50	30/40
Solder resist clearance, ㎛	±50	±25	←
E-spec(Environment friendly PWB spec.)	–	applicable	←
Pb free soldering	applicable	←	←

4.8 고밀도 RIGID-FLEX 기판

1) 특징

- Rigid Flex와 M-VIA 기술을 융합한 고밀도 Rigid Flex 기판.
- Total Design의 자유도 up에 공헌.

2) 용도

- 휴대전화, 카메라 module, Digital camera, Digital Video, PDA 등에 적합합니다.

3) 단면 image

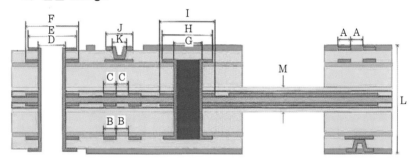

Design rule

항 목		기호	표준사양
패턴폭/간격	Build-up층	A	75/75
	Core층	B	75/75
	Flex층	C	75/75
TH, IVH	최소 TH경(Drill구경)	D	250
	최소 TH 라인경(외층)	E	500
	최소 TH 라인경(내층)	F	600
	최소 IVH경(Drill경)	G	250
	최소 IVH 라인경(외층)	H	500
	최소 IVH 라인경(내층)	I	600
LVH	Laser via 경	J	250
	Laser via land경	K	100
기판두께	총 두께(SR-SR)	L	70(min)
	Flex층	M	160

4) 층 구성 예

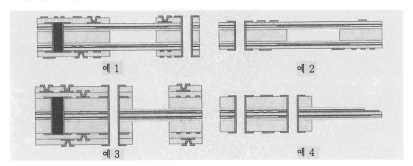

예 1

예 2

예 3

예 4

4.9 IMPEDANCE CONTROL 기판

1) IMPEDANCE란

① 전파지연이 없는 균일 전송선로상의 일정 위치에서의 전류대 전압 비를 말하며, 구체적으로는 직류 및 교류의 신호에 의해 회로에 발생하는 저항치의 총계

② 임피던스는 z0로 표시하며 저항에 의한 Resistance 케패시터에 의한 용량성 리액턴스, 인덕터(코일)에 의한 유도형 리액턴스의 조합으로 이루어지며, 단위는 옴(Ω)이다.

2) PCB에서의 임피던스

신호와 기준면 사이의 배선형상, 유전간격, 그리고 층을 분리하는 절연물질의 유전상수의 함수이다.

기준면은 MLB의 경우 Ground나 Power층이다.

3) 용도

고속화상처리 장치, 반도체 개발 장치, Micro wave장치

4) 특징

- 프린트기판상의 패턴에서, 이 특성 임피던스를 균일하게 하기 위해 제조공정중에 도체폭, 도체두께, 절연체 두께, 비유전율, 선로구조 등을 제어함.

- 기판의 패턴 설계에 있어, 고객의 요구에 대응하기 위해, 각 요소에 대해 정확히 계산하여, 프린트기판을 제작. 또한, 실제로 제조한 기판의 특성 임피던스의 실측 데이터를 첨부해야 함.

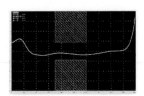  

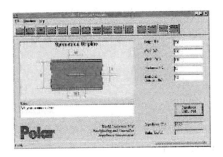

- 임피던스 콘트롤 설계(Polar CTS 25) 설계단계에서의 임피던스를 계산하여, 이에 맞게 구조의 변경 (동박두께, 라인폭의 변경 등)을 할 수 있음.

↓

- 전송경로 시뮬레이션에 의한 디지털 회로 해석 (HyperLynxBoard SIM/LineSIM) 설계상에서의 파형 표시에 따라, 유저의 요구 특성 회로 디자인이 가능함.

↓

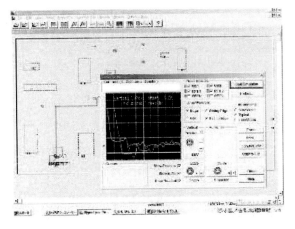

- 임피던스 측정기로 파형 측정
- PLOLAR CIT500S에 의해 제작 기판의 임피던스 측정과 data sheet의 출력이 가능함.

↓

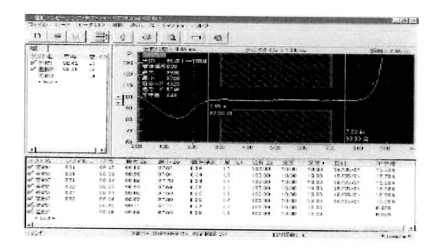

- 설계시에 시뮬레이션 툴을 이용하여 신호 특성을 고객에게 제시하며, 임피던스 정합의 기판을 만들어서 설계값에 가까운 파형의 프린트 기판을 제작

4.10 EMBEDDED PCB

1) Embedded PCB의 정의

- 기존 표면 실장 기술로 기판 표면 위에 접합시키던 Capacitor, register, inductor 등의 수동 부품을 PCB 내층에 삽입시켜 PCB 내부 자체에서 이와 같은 역할을 수행할 수 있도록 고안된 것.
- BC(buried capacitance)의 경우 EDC(Embedded Decoupling Capacitance) 재료를 사용해 BC층을 구성, PCB 내부에서 커패시터 역할을 하도록 제작된 PCB.

2) Embedded PCB의 장점

- PCB 기판 위에 수동 소자가 차지하던 면적을 줄일 수 있어 상대적으로 많은 양의 칩을 실장할 수 있다.
- Capacitor 어셈블리의 불필요에 의해 pad 및 via가 필요없고, PCB 크기를 축소할 수 있다.
- 제품의 고부가가치로 효용성 증대와 원가 절감을 꾀할 수 있다.
- 능동 소자와 수동 소자간의 접속 길이가 짧아져 인덕턴스 성분의 감소에 따른 전기적 성능 향상을 기할 수 있다.
- 납땜수의 감소에 의해 PCB 기판 실장 신뢰성의 향상 기대
- 전자 제품의 고속화와 초소형화, 다기능화를 가능하게 함.

3) Embedded PCB의 주요 기술

① 전도성 Paste를 사용해 printing 기법으로 저항을 형성하는 방법
② sheet type(Cu 전극 사이에 유전성 물질 또는 저항성 물질의 sheet 삽입)의 재료를 일반적인 etching 공정을 통해 형성하는 방법
③ 전기 도금을 이용하는 방법
④ ink-jet printing 방법

4) Embedded PCB의 일반 다층 MLB와의 차별성

① EDC의 내부 커패시턴스 보호 기술 등 PCB 설계 디자인의 특수성

② EDC 자재 자체의 약한 성질 및 박판으로 인한 조작과 취급의 문제 극복 필요.

③ EDC 지재의 유전체 파괴 전압 측정 및 딘릭 김출을 위한 Hi-pot-test의 필요.

5) Embedded PCB의 수동 소자 재료 연구의 필요 증대

- 수동 소자 중 그 쓰임과 수가 많은 Capacitor에 임베디드 기술의 적용이 가장 활발하며 register 재료 기술도 진행되고 있으나 상대적으로 inductor는 개발이 더딘 상태다.

① capacitor

- 미국 산미나의 경우 [ZBC-2000]이라는 Laminate 사용시 가장 손쉽게 적용 가능(but, 라이센스 취득해야만 가능)

- copper foil 위에 screen print법으로 ceramic paste를 적용해 형성하는 기술(but, 상용화 단계까지는 어려움이 있음)

- 3M(C-Ply), dupont(Hik), sanmina(EmCap) : 아직 재료의 안정성과 공정의 적합성이 떨어지는 실정.

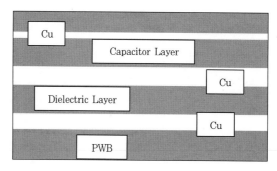

그림 1 임베디드 커페시터

② Register
  - 박막(Tin film)을 이용하는 방법
  - 도금 방법
  - Ceramic paste를 이용하는 방법
  - ohmega, Electra, Minco : 그라파이트 epoxy 후막 용액, Ni-P 막 등의 상용화 제품이 출시돼 있지만 안정성이 매우 불량해 이의 개선 활동이 활발하다.

③ Inductor
  - PCB 기판 위에 금속 층을 나선으로 구현하는 기술(알려진 기술)
  - 다층 나선 inductor 내부에 페라이트 core를 삽입해 Q(자기에너지 저장 정도)값을 높이는 연구가 한창임.
  - 개수가 많지 않을 뿐 아니라, PCB 상에 구현하기가 Capacitor, register에 비해 어려워 개발이 가장 미흡한 상태.

6) Embedded PCB의 상용화 전망

- 향후 제품 크기의 축소 한계 및 개별 부품의 SMT 실장의 기술적 한계 부딪혀 임베디드의 도입은 불가피하다.
- 임베디드 PCB가 지닌 여러 가지 장점 때문에 세계적으로 이에 대한 연구가 활발하다.
- 96년에 미국에서 선보인 기술이며 최근 2000년 본격화되어 다시 이슈화 되고 있다. 최근 네트워크를 비롯한 IT 기술의 발전으로 개발 속도가 빨라지고 있고, 재료 회사, 장비 회사 및 PCB 제조 업체 등이 컨소시엄을 구성해 개발 진행 중(죠지아 공대, 코넬대 등을 중심으로 관련 재료, 공정, 전기적 성능 측정, 신뢰성에 대한 연구가 본격화)

4.11 광 PCB

1) 서론

① 일반 PCB는 정보의 고속화와 대용량화됨에 따라 일반 기능에 한
   계가 있다.

② PCB의 전기 배선 SYSTEM은

   ㉠ 진송속도의 한계(전송속도 : ~2.5Gbps)

   ㉡ 전기 선로간의 누화 특성(CROSSTALK)

   ㉢ 실장 밀도의 제약(50 Signal Line/inch)

   ㉣ EMI/EMC 등 영향으로 대용량 고속 전송의 한계가 있다.

③ 인터넷 사용에 따른

   ㉠ 전송 및 교환 SYSTEM의 대용량화

   ㉡ 고속화

   ㉢ 고밀도화의 추세에 대응하기 어렵다.

위와 같은 문제를 해결하기 위한 방법으로 PCB에 광 기술을 접목하
여 전송 속도와 전송 용량을 높이는 기술이 대두되고 있다.

2) 필요성

① 정보의 고속화와 대용량화되어짐에 따라 PCB 일반기능에 한계점
   에 직면하고 있다.

② 인터넷 사용에 따른 전송 및 교환 SYSTEM의 대용량화 고속화
   및 고밀도화의 추세에 대응하기 위함이다.

③ 전송용량이 2.5 Gbps 이상인 SYSTEM에서는 광회로의 적용이
   바람직하다.

④ 향후 Tbps 이상 수준에서는 Embedded 광회로 SYSTEM이 필연
   적으로 요구된다.

⑤ 광을 이용한 FEPCB와 WEPCB가 주목 대상임.

FEPCB : Fiber Embedded PCB

WEPCB : Waveguide Embedded PCB

⑥ 광기술을 기존의 PCB에 접목시킴으로써 PCB의 크기 집적도와 전송속도 및 용량의 기능을 높일 수 있다.

3) 기술동향

① Waveguide Embedded PCB

- 고분자 평면 광도파로를 사용했으며 주로 유럽에서 연구 개발 중임.
- 대부분의 연구는 VCSEC를 사용한 Multi Mode 광도파로 기술에 초점을 맞춤
- 고분자 광도파로에 사용되는 재료로는 저손실이며 열안정성이 우수한 고분자 재료의 개발 진행중.

② FEPCB와 WEPCB에 대한 연구는 MLB PCB 사이에 Polymeric Waveguide Array를 적층하는 구조를 대부분 채택 중.

③ 광 PCB는 POINT(미국), F-IZM(독일), NTT(일본), CHEETAB (미국) 등에서 컨소시엄을 구성해서 개발 중임.

④ 국내에서는 삼성전기가 광 Fiber와 광도파로를 이용한 광 PCB 연구 중.

4) 광 PCB 발전방향

① 제1세대(1st Generation) 광 PCB는 광섬유를 사용하여 Mother-board와 Daughtercard를 링크시키는 시스템을 말하며 제2세대 (2nd Generation)은 광섬유를 고분자 필름에 결합한 flexfoil을 이용한 시스템을 말한다. 제1세대와 제2세대로 불리우는 기술은 국내 및 국외에서 이미 생산현장에서 양산체제까지 진행이 되고 있는 수준이며, 최근에는 광섬유와 광도파로를 PCB 기판 내에 내장

된 embedding 시스템으로 전기적 신호를 광신호로 변환하여 전송하는 hybrid 시스템인 제3세대(3rd Generation) 광 PCB에 대한 연구가 활발히 진행되고 있다. 향후 대부분의 PCB 시장은 제 2세대 기술인 FEPCB와 WEPCB가 점유할 것으로 예상된다.

② Embedded 광회로 시스템의 제1, 2세대는 광섬유와 커넥터로 구성된 Point-to-Point 연결로서 실장 밀도가 낮고, 각종 광소자를 실장시키고 광섬유를 수동으로 진행시켜야 하기 때문에 상당히 높은 제조비용이 소모되었다. 그리하여 광도파로를 내장한 제3세대 Embedded 광회로 시스템이 제안되어 현재 많은 연구가 진행되고 있다. 이러한 Embedded 광회로 시스템은 순수한 Optical Layer 로 이루어 진 것이 아닌 Optical Layer와 Electrical Layer가 적층으로 구성된 Hybrid 구조가 주류를 이루고 있다.

③ 초고속, 대용량 광통신 시스템에 대한 시대적인 요구가 폭발적으로 증가하고 있고, 이에 따라 초고속 대용량 전송이 가능한 광접속을 통한 Embedded 광회로 시스템 기술의 수요가 급증할 것으로 예상된다. 현재 광배전회로 시스템은 군수, 우주/항공 통신과 같은 특수분야에서만 적용되고 있지만 2005년경부터는 통신, 정보통신, 컴퓨터 등에 적용이 시작될 것으로 예측됨.

④ 광컴퓨터에서 마이크로, 나노 전자 산업의 발전으로 급속히 빨라지는 칩 속도를 기반으로 한 CPU 프로세서의 속도는 현재 2GHz 대에서 수십 GHz 이상으로 증가하게 될 것이며, Computer System 내의 다중 프로세서 상에 CPU 간 또는 CPU와 Memory간 접속 장애 및 병목 현상이 발생, 새로운 개념의 인터페이스 기술이 요구됨에 따라 병렬 광 인터페이스를 통해 프로세서와 주변기기간을 연결하게 되면, 프로세서의 클럭 속도와 데이터 전송속도 차이에 따른 성능한계를 극복할 수 있기 때문에 광배선 기술을 이용한 광컴퓨팅 기술이 급속도로 발전할 것이다.

⑤ 현재 전기적으로 처리되고 있는 대용량 광신호의 라우팅, 스위칭 등의 기능을 처리하기 위해서는 광기능 소자를 광회로 시스템에 Embedded 시켜야 하고, 광컴퓨터에서도 고밀도 병렬 광 접속 뿐 아니라 다중 파장 기술을 이용한 다파장 병렬 광접속이 요구될 것으로 예상됨에 따라 평면형 광기능 소자를 PCB 적층공정에서 광회로 시스템에 직접 Embedded 시켜야 하는 4제대 광회로 시스템으로 발전할 것이다.

4.12 GREEN PCB

1) 정의

① 제품 및 제조 공정의 환경 부하를 고려하여, 자기평가 기준과 고객의 자주 관리 기준을 clear한 프린트기판

② HALOGEN FREE 자재를 선택해서 만든 PCB

2) GREEN PCB SPEC 기준

① 필수기준

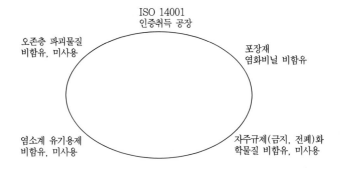

ISO 14001
인증취득 공장

오존층 파괴물질
비함유, 미사용

포장재
염화비닐 비함유

염소계 유기용제
비함유, 미사용

자주규제(금지, 전폐)화
학물질 비함유, 미사용

② 선택기준

다이옥신의 발생 없음

프린트기판이 소각처리된 경우에 염려되는 다이옥신류 발생을 억제

Pb-free화

폐기된 납 사용 기판

프린트기판이 소각된 경우에 우려되는 Pb 용출에 의한
토양/수질의 환경 오염을 방지

Halogen-free &
Pb-free화

Halogen free화 및 Pb free화 E-spec은 가장 환경에 뛰어난 제품임.

3) 구주 환경법 규제와 그 대응 현황

구주환경규제	대 상 물 질						대상제품	시기	규제대응제품
	카드뮴	납	6가 크롬	수은	PBBs	PBDEs			
RoHS지령[1]	○	○	○	○	○	○	구주로 수출하는 전기, 전자 기기	2006년 7월 1일~	HASL품을 제외한 전제품
폐자동차세 (ELV지령)[2]	○	○[3]	○	○	—	—	구주로 수출하는 차량	2003년 7월 1일~	전제품

[1]. RoHS : The restriction of certain hazardous substrances in electrical and electric
     equipment
[2]. ELV : End of Life Vehicles
[3]. 프린트배선판의 납은 적용 제외

4) 자주 규제 대상 물질과 그 관리

자주규제대상 물질			당사의 관리 현황
금지물질	카드뮴/화합물*4	납/화합물*4	그린 조달기준에 근거하여, 비함유재료를 채용 *4 : ICP, AES법에 비함유 확인
	수은/화합물	6가크롬/화합물	
	PBBs(폴리질화비닐류)	PBDEs(폴리질화비닐에틸류)	
	염소화 파라핀	PCB(폴리염화비페닐)	
	유기주석화합물	폴리염화나프탈렌	
	아조화합물 (특정아민을 발생시키는 물질만 금지)	석면(아스베스트)	
	마이렉스	디트러브로모비스페놀,A.비스	
	폴리염화비닐/화합물 (포장재로 사용을 금지)		
관리물질	PBBs/PBDEs 이외의 질속 난연제		Halogen free기재 채용
	납(HASL에 사용)		Preflux, 금도금에 의한 표면처리를 채용

5) 포장재의 환경 배려

포장재에 대해서는 구주의 포장 및 포장 폐기물에 관한 지령에서 규제 대상으로 지정된 중금속(납, 카드뮴, 수은, 6가크롬)이 중량화로 100ppm 이하만 사용하고, 폴리염화비페닐(PVC)에 대해서도 사용하지 않아야 함.

6) Halogen free Print 시판 평가 시험(기판 사양 : 6층 관통홀 기판)

항 목	처리조건		평가결과
Hot oil test	260℃/10s ↔ 20℃.20s	40cycle	양호
Pb 내열성	260℃/20s	상태	양호
		30℃/90%/24h 후	양호
층간 절연특성	500V, 1 min		양호
내전압	1000V, 1 min		양호
마이그레이션 시험	85℃/85%, 60V, 1000h		양호
플랫샤커 시험	127℃/100%/2h → 납 내열 260℃, 20s		양호

4.13 Pb FREE 대응 PCB 표면처리

알파레벨 처리(무전해 은도금 처리)

현재 매립 처분된 전화제품에서 용출된 납(Pb)에 의해 인체에 미치는 영향이 문제가 되고 있으며, 유럽, 일본을 시작으로 세계 각국에서 Pb free화가 진행되고 있습니다. 프린트기판의 표면 처리로서, 납을 사용하지 않는 알파레벨 처리를 소개함.

*알파레벨 처리는 유럽에서 개발된 저가의 고품질 무전해 은도금임.

프린트기판 표면처리의 Pb-free화

알파레벨 처리 → 무전해은도금 + 유기방청막
(0.10μm 이상) ($1\times10^{-5}\mu$m)

○ 무전해 도금 처리에서 은을 부착시키므로, 평활성에 뛰어나고 협pitch 표면 실장부품의 실장에 최적!

○ 종래의 무전해 도금과 비교하여, 납 젖음성, 볼셰어 강도에 탁월함. 더욱이 가격이 저렴!!

○ 납을 사용하지 않으므로 환경에 우수함.

표면처리에 의한 특성 비교

◎ : 극히 양호 ○ : 양호 △ : 실사용상 문제 없음

	Pb 함유 표면처리	Pb-less 표면처리		
표면처리	HASL 처리	프레쉬 금	Preflux 처리	알파레벨 처리
표면상태	납	무전해금도금	Flux	무전해은도금
평탄도	요철 있음	플렛	플렛	플렛
납 젖음성	◎	△	◎	○
납 부착성	◎	○	◎	◎
볼셰어 강도	−	△	○	◎
환경성	△	○	○	◎
Cost	◎	△	◎	○

Halogen free재, 알파레벨 처리는 Build-up print기판(B2it)에도 대응 가능함.

4.14 환경대응 차세대 기판 기술

종래의 절연 재료인 취소를 부가한 에폭시는 난연시에 독성이 높은 취화수소가 발생하며, 저온에서 소각할 경우에는 취소화 다이옥신의 발생이 우려되어, 환경 배려의 관점에서 Halogen free화가 요구됩니다.

또한, 납에 대해서도 print기판이 폐기될 경우에 우려되는 납용출에 의한 토양 오염/수계의 환경 오염을 방지하기 위해 제품의 Pb-free화가 강력히 요구되고 있습니다.

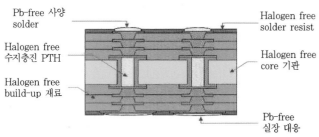

Pb-free 사양 solder — Halogen free solder resist
Halogen free 수지충진 PTH — Halogen free core 기판
Halogen free build-up 재료 — Pb-free 실장 대응

Item	Stess Condition	Result	
Thermal Cycle Shock	55/125 degC	PASS	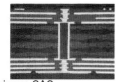
Hot Oil Test	Room/260 degC	PASS	
PCB Test	110 degC/85% RH/5.5V	PASS	Thinner SAC Solder(Pb free) for BGA bed Solder height below S/R surface
THB Test	85 degC/85% RH/5.5V	PASS	
Reflow	260 degC × 3 Times	PASS	

• Halogen계 난연제 함유 금지 물질의 전폐활동의 추진

요소 기술

고속전송설계 기술	Stack via 기술	미세배선 기술

2.5GHz 전송 시뮬레이션 사례	4단 stack via 사례	L/S = 20㎛/20㎛ 사례

5. BUILD-UP PCB 해설

5. BUILD-UP PCB 해설

5.1 정 의

◉ Build-up?

- 1967년말 문헌에 용어가 등장한 이후 1996년 Laser via, paste에 의한 공법 등 많은 기술들이 발전하게 된다.

- build-up 법은 도체 층,절연 층을 한 층씩 형성하여 도체 층을 쌓아 가는 방식으로 많은 경우 양면 기판에 차례로 적층을 하며 층간마다 필요한 VIA층을 구성할 수 있어 고속의 신호대응이 가능해 현대처럼 고밀도 고집적 기기의 적용에 유리하다.

- Micro via를 구성하는 방법으로는 주로 RCC를 사용한 절연층을 CO_2 Laser drill을 이용하는 기술이 약 70%를 차지하고는 있으나, 3mil 이하의 via 구성에는 한계점이 있는바 향후의 주종으로는 UV laser를 이용한 가공 기술과 laser drill 및 laser hole속 신뢰성이 중요한 도금 기술이 필요 없는 bump 형성 기술이 build-up을 선도하리라 예상된다.

- build-up법은 향후 거의 모든 PCB에 복합적으로 적용이 가능한 기술로써 Fine pitch BGA 등 SMD 기술과 발맞춰 경박 단소화를 주도할 매우 중요한 기술임에 틀림없다.

5.2 기술 방향

- 현재 laser 공법에서 Bump 공법으로의 기술 이전이 진행 중인 단계이지만 bump 형성에 따른 고가의 라이센스 문제 등으로 일본 개발 업체로부터의 이전이 쉽지만은 않다. 현재 RCC를 이용한 laser drill 공법이 약 42%의 시장 점유를 보이고 있다.

- 호름으로는 photo via 공법 → laser drill 공법 → bump 공법으로 진행으로 보면 된다.

항 목		개발자	시장 점유	Via 형성	접속 방법	절연재	제조업체
Photo		IBM	12.8%	Photo	도금	Ink	IBM, IBIDEN
Laser	RCC	Hitachi	42.0%	Laser	도금	RCC	대덕, 삼성 등..
	P.P	–	4.8%	Laser	도금	–	At&s
	FILM	–	25.6%	Laser	도금	Dry film	Shinko, IBIDEN..
Bump	B^{2}IT	도시바	2.8%	Bump	은 paste bump	p.p	도시바
	ALIVH	마츠시타	12.0%	Laser	Cu paste의 hole 충진	Aramid	마츠시다, CMK
	NMBI	north	0%	Bump	Etched bump	p.p	LG

5.3 RCC(RESIN COATED COPPER)

1) 개요

- BUILD-UP층의 층간 절연층으로 Resin이 가미된 copper foil을 소재로 laser 가공성이 용이하게 구성된 특수 재료를 사용해 층을 쌓아 올리는 기술로 현재 대부분의 build-up 기술에 보급되고 있다.
- 양면 PCB위에 RCC원판을 압축, 가열하여 붙인 후 via hole이 뚫릴 부분을 에칭하고(conformal) laser drill로 관통하여 via hole을 만든다. Via hole에 동 도금을 실시하고 회로 형성을 위한 에칭을 실시하면 1층이 완성된다. 이를 반복하여 적층하는 방법으로서 반대쪽면도 같은 방법으로 적층한다.
- Build-up PCB의 핵심소재인 RCC는 Mobile 기기의 소형화, 경량화, 고집적화, 다기능화 추세에 맞추어 향후에도 꾸준한 성장이 예상되지만 RCC가 불필요한 build-up 신규 공법들이 등장하고 있어 향방이 주목되고 있기도 하는 소재
- RCC는 동박 위에 열경화성수지 조성물을 코팅한 Prepreg상태의 제품으로 제품의 취급성, 유변학적 특성, 레이저홀 가공성 등이 중요한 특성이다.

참고) RCC 공법으로 작업할 수 있는 제품군들.

TYPE	A TYPE	B TYPE	C TYPE
그림			
Via 종류	① BVH ② PTH	① BVH ② PTH ③ IVH	① BVH ② PTH ③ IVH ④ 3L BVH
TYPE	D TYPE	E TYPE	F TYPE
그림			
Via 종류	① BVH ② PTH ③ IVH ④ 3L BVH ⑤ IBVH	① BVH ② PTH ③ IVH ④ IBVH	① BVH ② PTH ③ IVH ④ 3L BVH ⑤ IBVH

2) CLLAVIS

① 특징

- 고밀도화를 철저하게 추구한 Laser build-up 다층기판(RCC type)
- build-up 제품군 중에서 탁월한 박형화를 실현하여 탑재 기기의 모든 경박단소화를 강력하게 서포트 가능
- 구조면 바리에이션도 풍부하여, 폭넓은 용도로 대응 가능함.
- Solder resist 정도 ±25μm으로의 대응을 진행중(R&D)

② 구조

◆ 8층(2-4-2)예

Via filling 기술에 의해 Via on Via구조가 가능

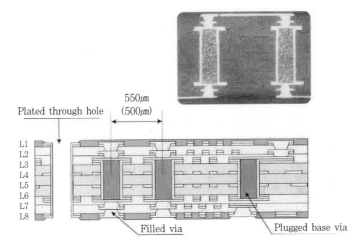

(R&D)◆ 6층(2-2-2)예

Via filling 기술에 의해 진층 Filled via 구조를 개발 중

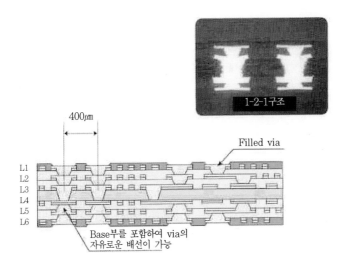

③ 기본사양 특성

Items		CLAVIS-1&2	UT-CLLAVIS	⟨R&D⟩All layer filled via structure(2-2-2)
Thickness (mm)	1-2-1	0.6~1.6	0.3	←
	1-4-1(2-2-2)	0.6~1.6	0.4	←
	2-4-2	0.8~1.6	0.55	←
Line/Space (㎛)	Build-up layer	50/50	50/50	←
	Base layer	75/75	←	65/65
⟨Conformal via⟩Via top land dia./Via top dia.(㎛)		300/125	250/85 (via on via)	200/85
Land dia./ Hole dia.(㎛)	Plugged base via	450(400)/200	400/200	300/150(filled via)
	Conformal via on plugged base via	500/250(CLLAVIS-1)	N/A	←
	Conformal via on IVH	400/150(CLLAVIS-2)	N/A	←
Halogen-free		Available	←	←
Pb-free sordering		Available	←	←

④ Roadmap

Items		2004	2005	2006
Thickness(mm)	1-2-1	0.3	0.26	←
	1-4-1(2-2-2)	0.4	0.34	←
	2-4-2	0.55	0.5	←
⟨Build-up layer⟩Line/Space(㎛)		50/50	30/30	←
⟨Conformal via⟩Via top land dia./ Via top dia.(㎛)		200/80	←	←
Solder resist clearance		±40	±25	←
Structure		All layer filled via structure	←	←
Improvement for mechanical stress		Available	←	←

3) UT-CLLAVIS

① 특징

- 고밀도화를 철저하게 추구한 Laser build-up 다층기판.(RCC type)
- build-up 제품군 중에서 탁월한 박형화를 실현하여 탑재 기기의 모든 경박단소화를 강력하게 서포트 가능.
- 구조면 바리에이션도 풍부하여, 폭넓은 용도로 대응 가능.
- Solder resist 정도 ±25μm으로의 대응을 진행중(R&D)
- Flexible의 대체

② 용도

- Memory용 기판, Module용 기판

③ 구조

- 전층 stacked구조의 실현으로 박판과 더불어 0.4mm pitch CSP 실장에 대응

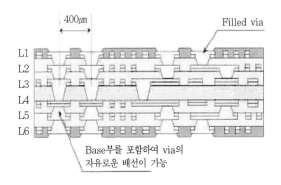
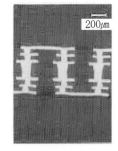

- 얇기와 강성력 강화의 연구.

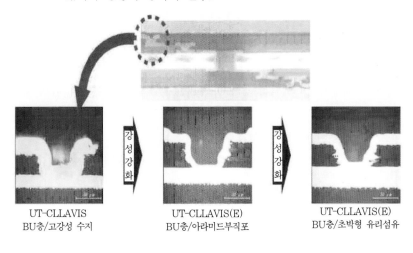

| UT-CLLAVIS | UT-CLLAVIS(E) | UT-CLLAVIS(E) |
| BU층/고강성 수지 | BU층/아라미드부직포 | BU층/초박형 유리섬유 |

④ 기본사양, 특성

Items		UT-CLLAVIS BU층/고강성수지	UT-CLLAVIS(E) BU층/아라미드부직포	UT-CLLAVIS(E) BU층/초박형 유리섬유
Thickness(mm)	1-2-1	0.27	0.3	←
	1-4-1(2-2-2)	0.35	0.4	←
	2-4-2	0.5	0.55	←
Line/Space(㎛)	Build-up layer	50/50	50/50	30/30
	Base layer	65/65	65/65	40/40
〈Conformal via〉Via top land dia./ Via top dia.(㎛)		250/80(*200/80)	250/85(*200/80)	200/80(*50/70)
Solder resist clearance(㎛)		±40	±40	±25
Improvement for mechanical stress		available	←	←
Hologen-free		–	Available	←
Pb-free soldering		Available	←	←
Trial manufacture		Available	←	←
Mass Production		available	←	←

⑤ Laser란…

ⓐ • Light
  • Amplification by
  • Stimulated
  • Emission of
  • Radiaton

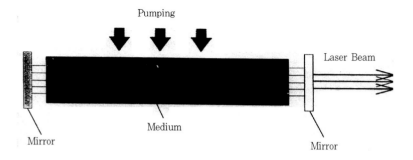

ⓑ Laser Type

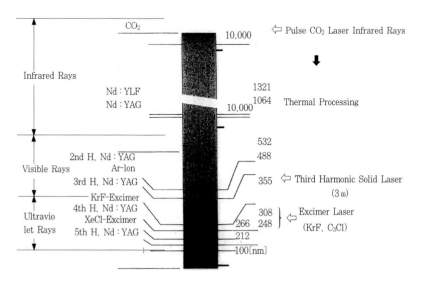

ⓒ Laser Drilling Productivity

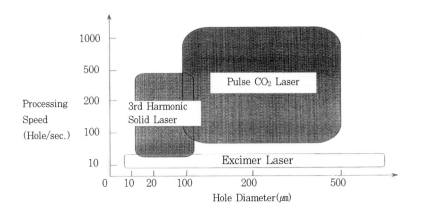

ⓓ LASER DRILL

• 기판의 부품실장 밀도를 향상시키는 수단으로는 내층의 배선 밀도를 늘려서 내층과 외층과의 BH(BLIND VIA HOLE)로 접촉하는 방법이 효과적이다. 그러나 기존의 기계적인 드릴가공에 의한 BH 접속법에서는 절연층 두께의 오차에 의한 내층깊이의 오차가 크기 때문에, 내층 미관통과 절삭 과다로 인한 HOLE 하부와 다음 도체층과의 거리 부족으로 인해 접속의 신뢰성이 저하된다(즉 가공깊이 조절이 용이하지 못하다).

이런 문제점을 해결하기 위해서 개발된 방법이 CO_2 LASER DRILL을 이용한 가공법이다.

드릴 가공에 의해 1차적으로 유리 섬유층을 제거하고 2차로 LASER DRILL을 이용하여 나머지 수지층을 제거해 준다.

현재는 1차 유리 섬유층 제거 공정 없이 처음부터 유리 섬유층이 없는 RCC를 이용하여 LASER DRILL 공정만으로 BH를 가공하는 경우도 있다.

ⓔ LASER 가공기기의 종류

항 목	CO_2 Laser	UV/YAG Laser	Eximer Laser
가공 재료	유기재료 Glass Cloth 유기재료	유기재료 Glass Cloth 유기재료 FR-4	유기재료
가공 내용	Blind Via Through Hole	Blind Via Through Hole	Blind Via
Via 직경(μm)	50~	25~	~10
가공 Speed	◎	○	△
특 징	실적 다수	동박과 유기재료의 Via 동시 가공	미세가공 Via 잔류막의 제거

ⓕ LASER DRILL PROCESS

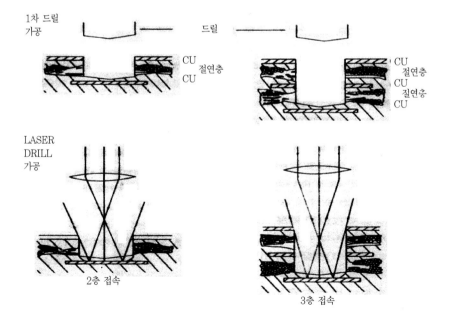

1차 드릴 가공

드릴

CU 절연층
CU

CU 절연층
CU 질연층
CU

LASER DRILL 가공

2층 접속

3층 접속

ⓖ Solution for Problems of Via hole by LASER

◉ Problems

    ① Under Cut

    ② Void

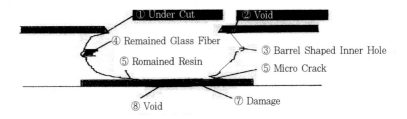

◉ Cause and Effect

    a. Heat accumulation from RCC copper surface

    b. Impact to the RCC surface by LASER Beam

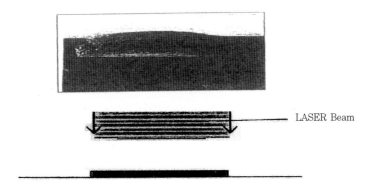

◉ Solution

    Ⅰ. Short Pulse

    Ⅱ. Reduce the pulse energy

◉ Problems

③ Barrel Shaped Inner Hole

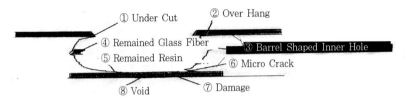

① Under Cut   ② Over Hang

④ Remained Glass Fiber   ③ Barrel Shaped Inner Hole

⑤ Remained Resin   ⑥ Micro Crack

⑧ Void   ⑦ Damage

◉ Cause and Effect

a. Reflection from hole bottom

b. Incorrect position of Lazer mode(single mode) to the hole

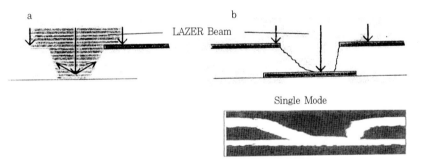

a   b

LAZER Beam

Single Mode

◉ Solution

Ⅰ. Short Pulse(less than less)

Ⅱ. The best suited number of shots

Ⅲ. Multi-mode Beam

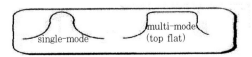

single-mode   multi-mode (top flat)

◉ Problems

④ Remained Glass Fiber

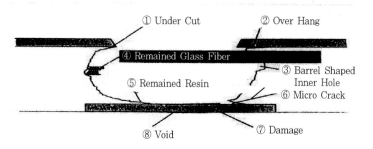

◉ Cause and Effect

a. Difference Nature against heat between resin and glass

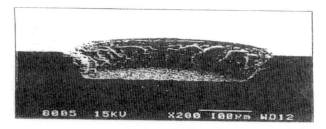

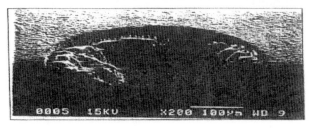

◉ Solution

  I. High peak power processing

  > About 20 J/cm²

  II. Cycle-mode processing

  > Less than 50 Hz

◉ Problems

  ⑤ Remained Resir

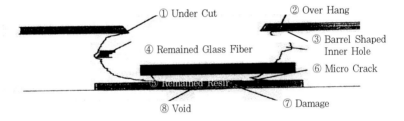

◉ Cause and Effect

  a. Very thin smeared resin on the bottom of hole not
     reach sublimation point

  b. Unstability of resin thickness

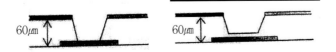

c. Single-mode processing

d. Unstability of LASER pulse energy

e. Incorrect postion of Laser Beam

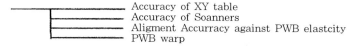

Accuracy of XY table
Accuracy of Soanners
Aligment Accurracy against PWB elastcity
PWB warp

◉ Problems

⑤ Remained Resir

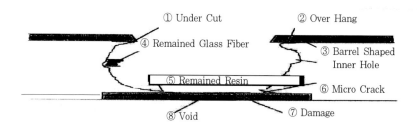

① Under Cut   ② Over Hang
④ Remained Glass Fiber
③ Barrel Shaped Inner Hole
⑤ Remained Resin
⑥ Micro Crack
⑧ Void   ⑦ Damage

◉ Cause and Effect

Ⅰ. High Peak power, Short pulse

Ⅱ. Consideration of unstability of resin thickness

Ⅲ. Multi-mode processing

Ⅳ. Monitoring of Pulse energy and feed back

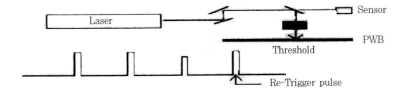

V. Full-closed position of scanners and temperature control of scannner box

VI. Real time hole checking system

VII. Development for new processing of no-remained resin by LASER

● Problems
   ⑥ Micro Clack

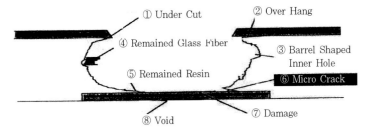

● Cause and Effect
   a. The pressure from resin sublimation by LASER

◉ ution

  I. Short pulse width(Less than 1μs)

  II. The best suited shape of LASER wave

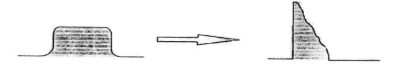

  III. The best pulse energy adapt to nature of material

◉ Problems

  ⑦ Damage

  ⑧ Void

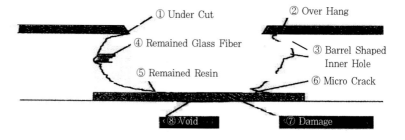

◉ Cause and Effect

  a. If the pulse width(irradiation time) is long the temperature of substrate surface is risen up

b. Center portion of Cupper foil have damage due to single Beam

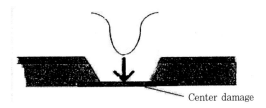

Center damage

◉ Solution
   Ⅰ. Short Pulse
   Ⅱ. Multi-Mode Beam

ⓗ Check Points of The Laser Drilled Via Hole Quality
◉ Conformal Processing

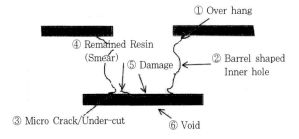

① Over hang
④ Remained Resin (Smear)
⑤ Damage
② Barrel shaped Inner hole
③ Micro Crack/Under-cut
⑥ Void

◉ Direct Processing

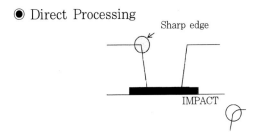

Sharp edge

IMPACT

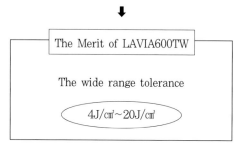

The Key to Laser
Processing Conditions

The choice of the energy density and
number of shorts the latitude to
insulation resin

↓

The Merit of LAVIA600TW

The wide range tolerance

$4J/cm^2 \sim 20J/cm^2$

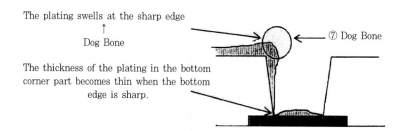

The plating swells at the sharp edge

Dog Bone

⑦ Dog Bone

The thickness of the plating in the bottom
corner part becomes thin when the bottom
edge is sharp.

5.4 NMBI(NEO Manhattan Bump Interconnection)

1) B^2it 공법을 변형한 공법

2) 전자제품의 경박단소화에 따른 MICRO VIA-Hole과 Fine pattern 형성에 있어서 기술적인 측면과 가격적인 측면에서 새로운 한계를 나타내고 있다.

　　이러한 한계를 극복하기 위해서 Build-up process 중 혁신적인 기술개발과 이를 수용하기 위한 대규모의 설비투자가 병행되어야만 했다. 이와 같은 두 가지 고민을 동시에 해결할 수 있는 유일한 Solution으로 등장한 것이 "Manhattan Bonding" 공법을 채택한 것이 NMBI process이다.

3) 동으로 BUMP가 형성된 COPPER FOIL을 이용하며 기존공법인 Mechanical 또는 Laser Drill로 가공하고 도금하여 층간신호를 연결하던 부분을 COPPER BUMP로서 그 가능을 대체하는 Inter Connection 기술.

4) 특징

　① 균일한 PUMP의 높이 유지

　② 극소경(40~200㎛)의 BUMP 제작

　③ 균일한 CU FOIL 두께 유지

　④ BUMP와 CU FOIL과의 우수한 접착력

　⑤ BUMP가 SOLID METAL로 구성되어 있어 기존의 전도성 PASTE 또는 Cu plating에 비해 우수한 열전도성 및 저 저항치 실현

· NMBI의 Bump 형성은

① Cu-Ni-Cu 층으로 이루어진 3층 재의 Foil에 Photo Resist Film을 이용하여 Bump Pattern을 형성하고 Etching액으로 부식시켜 Bump Foil을 제작한다.

② Bump의 형성 상태, 즉 Bump의 직경, 진원도, 및 Bump의 손상 유무를 확인하는 AOI 검사를 한 후,

③ 'B' Stage 상태의 Prepreg를 이미 형성된 Bump Foil에 부착시키고 Prepreg 상층부로 돌출된 Bump를 제거한다.

별도의 Process로 이미 pattern이 형성된 Core층에 자동 Alignment 방식을 이용하여 내층 Core와 Prepreg가 부착된 Bump Foil을 Lay up 한 후 적층 Hot press로 일치화 시킨다. 위와 같은 방식을 거쳐 다층의 Staggered Bump 접속 층을 제작한다. 이때 Bump Foil층과 내층, 패턴 층을 수평적으로 작업할 수 있으므로 설비의 가동률을 극대화할 수 있으며 제조 Lead Time도 단축할 수가 있다.

Press 전

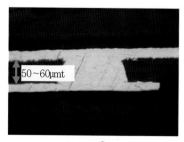

Press 후

5.5 SLC(Photo Via)
(SLC → SURFACE LAMINAR CIRCUIT)

- 액상 또는 필름상으로 공급되며 이것을 Core 기판에 도포 또는 lamination하여 절연층을 형성한다. 표면 평탄성을 주기 위해 연마를 하고, pattern mask를 한 후 자외선광으로 노광, 현상을 하여 via를 형성한다.(비교적 도입이 용이하다.)

- 포토비아(Photo Via)는 미, 일 선진 PCB업체를 중심으로 도입되고 있는 첨단 PCB 제조기술 중 하나로 휴대폰 등 첨단 정보통신기기에 일부 적용되고 있는 Build-Up 기법의 아류 공법을 말한다.

- 포토비아 공법은 일본 NEC가 시바가이기社의 잉크를 이용해 세계 처음으로 개발, 노트북에 적용하고 있는 기법이다.

- 포토비아는 RCC 기법보다 앞선 차세대 기술로 빌드업 기판제작에 필수적인 레이저 드릴과 RCC원판이 필요 없어 설비투자비가 줄어들고 수율도 크게 향상시킬 수 있다.

이 공법은 절연수지가 가미된 특수 현상잉크를 절연층으로 사용·적층하는 기법으로, 기술만 축적하면 신규 설비투자 없이 빌드업 기판을 제작할 수 있다.

5.6 B²IT

1) B²IT 공법(Buried Bump Interconnection Technology 공법)

• 절연층을 관통하는 도전성 bump에 의해 층간 접속을 하는 Build-up 제조기술로서, 동박상에 은paste를 인쇄하여 원추형의 Bump를 형성하고, Prepreg를 관통시킨 후 동박과 적층 Press함으로써 층간 접속을 한다.

• 현재 널리 통용되는 LASER DRILL을 이용한 BUILD-UP 공법은 계속되는 소비자들의 편리를 추구하는 수요 성향에 대처하기 위해 LVH 신뢰성에 보다 안전하고, 원가 절감이라는 가치에 부응할 만한 대체 공법 개발에 나서고 있다. RCC 재료를 통한 Laser Drill 공법에서 laser Drill과 도금 공정이 필요 없는 일련의 공정 축소를 통한 단납기 대응과 각종 화학 약품 소모 및 원자재 절약을 통한 원가 절하의 장점이 부각되는 BUMP 공법으로의 변화 기세가 거세게 일고 있다.

• 그러나, B²IT는 BUMP를 형성하는 PASTE 인쇄 과정에서의 비능률성으로 인해 그 사용이 제한적이다.

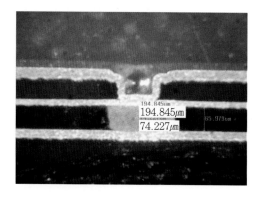

이니셜 Stocker

인쇄회류라인

P.P 관통라인

분류장치

투입장치

2) B²it Bump 형성 System flow

System Flow of Bumping and Piercing Process

기 기 구 성

P.P 관통기

Bump 인쇄기

P.P 투입기

1. 동박 Stock
2. 동박 투입
3. Paste 인쇄
4. 건조
5. 높이 측정
6. Prepreg 투입
7. Prepreg 관통
8. 분류 Stock

추출장치

20단 Stock Conveyer

Bump 가건조기

Bump 완전건조기

Traverse Conveyer

높이 검사기

통합 Conveyer

Centering Conveyer

셔터 Conveyer

20단 Stock Conveyer 높이 검사기 자동투입장치

3) B²it 양면판을 Base로 한 Shield 기판의 전개 사례

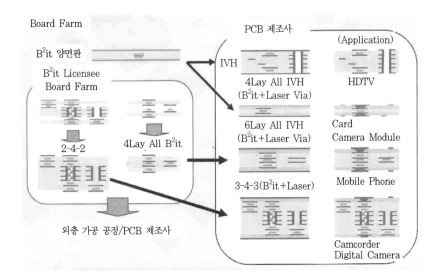

All B²it 프린트기판 라인업

4층 All B²it 구조   8층 All B²it 구조

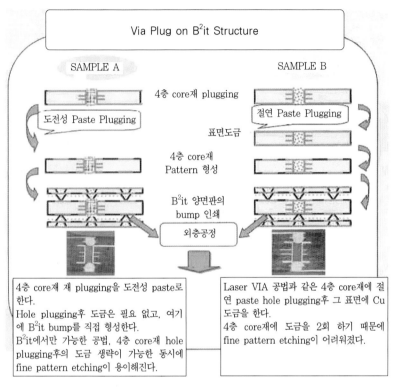

Via Plug on B²it Structure

SAMPLE A　　　　　　　　SAMPLE B

4층 core재 plugging

도전성 Paste Plugging　　　　절연 Paste Plugging

표면도금

4층 core재
Pattern 형성

B²it 양면판의
bump 인쇄

외층공정

4층 core재 재 plugging을 도전성 paste로 한다. Hole plugging후 도금은 필요 없고, 여기에 B²it bump를 직접 형성한다. B²it에서만 가능한 공법, 4층 core재 hole plugging후의 도금 생략이 가능한 동시에 fine pattern etching이 용이해진다.	Laser VIA 공법과 같은 4층 core재에 절연 paste hole plugging후 그 표면에 Cu 도금을 한다. 4층 core재에 도금을 2회 하기 때문에 fine pattern etching이 어려워졌다.

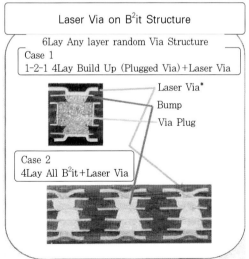

Laser Via on B²it Structure

6Lay Any layer random Via Structure

Case 1
1-2-1 4Lay Build Up (Plugged Via)+Laser Via

Laser Via*
Bump
Via Plug

Case 2
4Lay All B²it+Laser Via

4) B²it print기판 PCB

4-1) 심플한 기본 구조(드릴, 도금공정 없음)

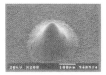  

| Bump 인쇄 | Prepreg 관통 | 적층후 단면 |

좋아하는 구조에 맞추어!!

보다 얇게 : 박형 양면 type

보다 자유로운 IVH :
Any Layer IVH type

OMPAC
Card Module
Mobile Phone
DVC, DC
PDA

보다 두껍게 : Combination type

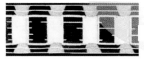

보다 심플하게 : Simple type

좋아하는 재료에 맞추어!!

강성과 Peel강도를 확보
하고 싶다.

고주파 Device를
쓰고 싶다.

FR-4
BT, PI, BN300
PPE

발열량이 많아서
걱정이다.

HALOGEN FREE, Pb FREE

환경을 배려하고 싶다

4-2) B²it™ PROCESS

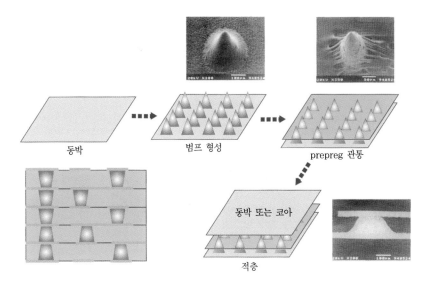

동박 범프 형성 prepreg 관통

동박 또는 코아

적층

4-3) B²it print기판 일반 사양

Bump land 크기	Φ0.5mm	Φ0.4mm	Φ0.3mm
Bump 크기	Φ0.3mm	Φ0.2mm	Φ0.15mm
Bump pitch	0.6mm	0.5mm	0.4mm
L/S	100/100, 75/75㎛, (60/60㎛ 일부분)		
기판두께	0.2mm~1.6mm(2mm 이상도 가능)		
표면처리	플래쉬금, Flux, 알파레벨, SJ, 본딩금도금 등		

5) Hyper B^{2}it 프린트 기판

| ~ All B^{2}it의 진화계
 　더욱 얇게, Useful하게~ | *Hyper B^{2}it^{TM}* |

| 특 징
Feature | 초극박판, 소형경량
8층에서 0.5mm의 두께 실현, 중량도 종래의 All B^{2}it에 비해 18% 경량화! |

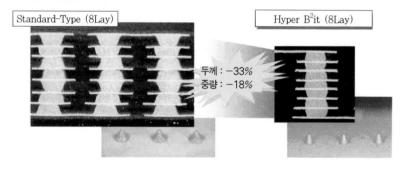

Standard-Type (8Lay)　　　　Hyper B^{2}it (8Lay)

두께 : −33%
중량 : −18%

기본사양 Specifications

동박 : 0.014mm　　P.P : 0.050mm

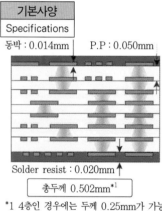

Solder resist : 0.020mm

총두께 0.502mm^{*1}

*1 4층인 경우에는 두께 0.25mm가 가능.
　설계 Rule은 오른쪽 그림과 같음.

구 조	8층 All B^{2}it
Land	$\Phi 250 \mu m$
Hole	$\Phi 130 \mu m$
CSP단자 pitch	$400 \mu m$
L/S	$50/50 \mu m$
절연층 두께	$40 \mu m$(P.P)
Bump 재질	Ag Paste

* 설계, 사양에 대한 예고없이 변경될 수 있음.

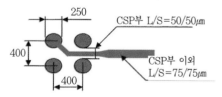

CSP부 L/S=50/50μm

CSP부 이외
L/S=75/75μm

신뢰성
Reliability

항 목	평가조건	판정기준	결 과	판 정
Hot oil test	260℃10sec ↔ 20℃20sec×20cyc	저항변화율+10% 이하	Max. 0.14%	PASS
내납성 시험	260℃20sec×1time	저항변화율+10% 이하	Max. 0.22%	PASS
TCT(기상)	-65℃30min ↔ 125℃30min×500cyc	저항변화율+10% 이하	Max. -0.93%	PASS
HTS	260℃500H	저항변화율+10% 이하	Max. 0.35%	PASS
THB	80℃80%RH1000H12V	Min. 1.0E+8Ω	Min. 1.78E+10Ω	PASS

주요용도
Applications

디지털 캠코더

휴대전화

SD카드 etc.

각종 모듈기판 etc.

6) 수동 부품 내장 B^2it 프린트 기판

B^2it^{TM} PWB with Embedded Passive Components

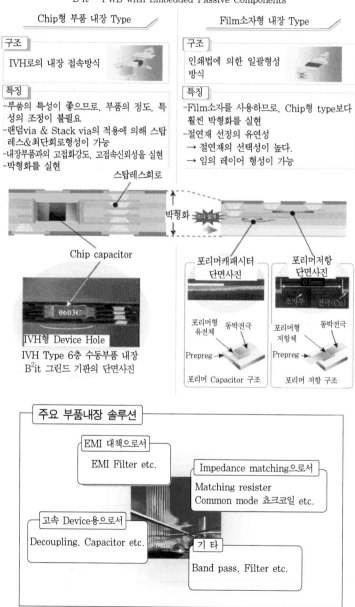

Chip형 부품 내장 Type

구조

IVH로의 내장 접속방식

특징

-부품의 특성이 좋으므로, 부품의 정도, 특성의 조정이 불필요
-랜덤via & Stack via의 적용에 의해 스탑레스&최단회로형성이 가능
-내장부품과의 고접화강도, 고접속신뢰성을 실현
-박형화를 실현

스탑레스회로

박형화 보다 얇게

Chip capacitor

0603C

IVH형 Device Hole

IVH Type 6층 수동부품 내장
B^2it 그린드 기판의 단면사진

Film소자형 내장 Type

구조

인쇄법에 의한 일괄형성 방식

특징

-Film소자를 사용하므로, Chip형 type보다 훨씬 박형화를 실현
-절연재 선정의 유연성
→ 절연재의 선택성이 높다.
→ 임의 레이어 형성이 가능

포리머캐패시터 단면사진

포리머저항 단면사진

0.5mm

소자부 전극(Cu)

포리머형 유전체   동박전극

Prepreg →

포리머 Capacitor 구조

포리머형 저항체   동박전극

Prepreg →

포리머 저항 구조

주요 부품내장 솔루션

EMI 대책으로서

EMI Filter etc.

Impedance matching으로서

Matching resister
Common mode 쵸크코일 etc.

고속 Device용으로서

Decoupling, Capacitor etc.

기 타

Band pass, Filter etc.

7) 전층 Random build-up 프린트 기판

박형 고밀도 실장을 실현하는   *All B²it^TM*

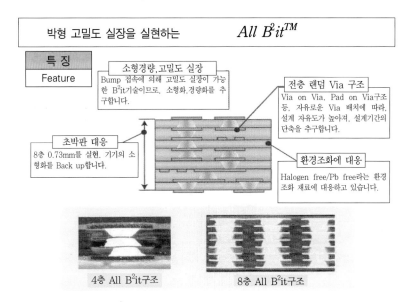

특 징
Feature

소형경량,고밀도 실장
Bump 접속에 의해 고밀도 실장이 가능한 B²it기술이므로, 소형화,경량화를 추구합니다.

전층 랜덤 Via 구조
Via on Via, Pad on Via구조 등, 자유로운 Via 배치에 따라, 설계 자유도가 높아져, 설계기간의 단축을 추구합니다.

초박판 대응
8층 0.73mm를 실현. 기기의 소형화를 Back up합니다.

환경조화에 대응
Halogen free/Pb free라는 환경조화 재료에 대응하고 있습니다.

4층 All B²it구조   8층 All B²it구조

기본사양
Specifications

A	Land	0.72mm(8층)
B	Hole	50/50μm
C	CSP단자pitch	275μm
D	L/S	150μm
E	절연층두께	400μm

* 설계·사양에 대해서는 예고없이 변경될 수 있습니다.

신뢰성
Reliability

항 목	전처리 조건	시험 조건	판정 기준	판 정
상기충격시험	260℃24H+30℃ 70%216H+reflow 3회	-55℃30min ↔ 125℃30min×300cycle	저항변화율+10% 이하	PASS
납 내열시험	-	260℃sec	저항변화율+10% 이하	PASS
Hot oil test	-	260℃10sec ↔ 20℃20sec	저항변화율+10% 이하	PASS
내reflow성	125℃24H+30℃ 90%72H	Reflow 3회	들뜸 벗겨짐 없음	PASS
고온 고습 바이어스시험	125℃24H+30℃ 70%216H+reflow 3회	85℃85%DC12V 바이어스 500H	절연저항 10^8Ω 이상	
Peel 강도	-	동박 18μm	1kN/m 이상	PASS

주요용도
Applications

디지털 캠코더

휴대전화

각종 모듈기판 etc.

5.7 AGSP

1) AGSP란

"AGSP"란 Advanced Grade Solid-bump Process의 약자로, ㈜다
이우공업이 독자적으로 개발한 금속 동에 의해 층간 배선층을 접속시키
는 고밀도, 고신뢰성 Build-up 기판입니다.

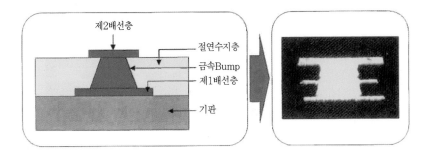

"AGSP"는 ㈜다이우공업과 ㈜케미트론이 제휴하여, 양사의 기술을 융
합한 저코스트, 고밀도, 고신뢰성 Build-up 기판 제조기술입니다.

2) AGSP의 응용전개

"AGSP"는 임의의 형상, 사이즈의 Bump 형성이 가능한 특징을 활용하여, 아래와 같이 고기능 Build-up 기판을 만들 수 있습니다.

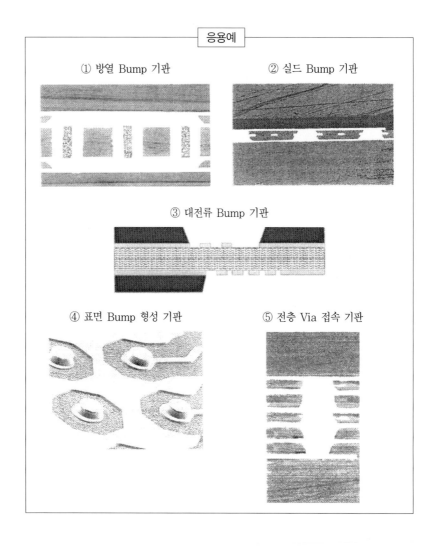

응용예

① 방열 Bump 기판　　　　② 실드 Bump 기판

③ 대전류 Bump 기판

④ 표면 Bump 형성 기판　　　　⑤ 전층 Via 접속 기판

3) 개발의 배경과 목적

① 전자기기의 동향과 Build-up 기판의 needs

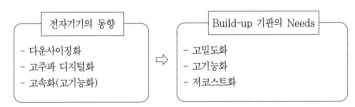

② Build-up 기판의 고밀도화로의 대응과 과제 및 목적

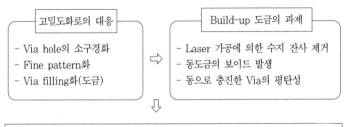

• Laser 가공시의 수지 잔사

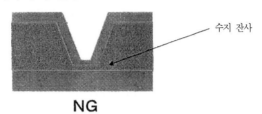

수지 잔사

NG

• 동도금 보이드

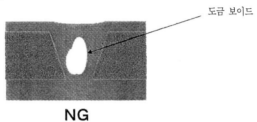

도금 보이드

NG

• 표면의 요철

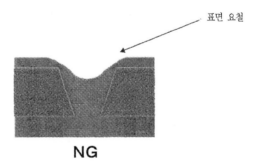

표면 요철

NG

4) 금속 동 Bump에 의한 Build-up 배선판 기본 제조 Process

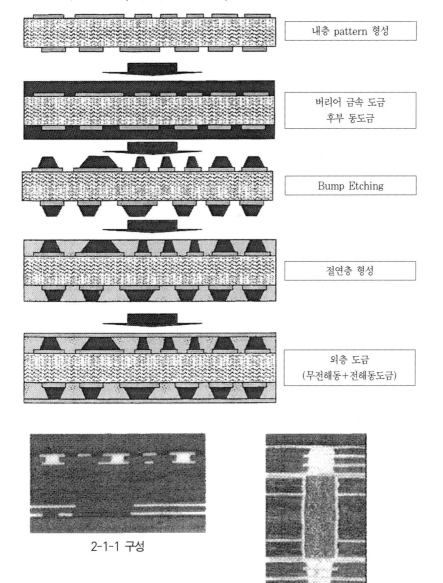

	내층 pattern 형성
	버리어 금속 도금 후부 동도금
	Bump Etching
	절연층 형성
	외층 도금 (무전해동+전해동도금)

2-1-1 구성

Via on Via 10층 구성

5) 개별품의 특징(Via fill 도금과의 비교)

항 목	AGSP	Via fill 도금법
Via 접속구조		
Via 형성 방법	동도금 + Etching	Laser Hole 가공 + 동도금
Via 형성(Bump형성)	형성, 사이즈 자유설계	원추형
최소Via크기 (당면 목표값)	80㎛Φ (40㎛Φ)	100㎛Φ (50㎛Φ)
필요기술	— / — / 고속 균막 동도금액이 필요	Laser Hole가공 / Desmear / Via fill 전용 동도금액이 필요
접속신뢰성	— / — / 도금전 검사 용이	Desmear 의존 / 동도금 보이드 / 도금전 검사 곤란
접속 양품율	100%	?
Total cost	저가	고가

6) 개발품의 신뢰성

<시험샘플>

1) 열충격 평가 샘플 :
- Bump 수(Bump 접속 포인트 →600개
- 층구성 : 8층판(2-4-2)

2) 내온, 내전압 평가 샘플 :
- 절연수지층 : 각층=50μm
- L/S : 75/75μm

항목	조건	기준	결과
열충격(기상)	-65℃/30분⇔125℃/30분×1000cycles	도통저항 변화율≤10%	0.50%
열충격(Hot oil)	260℃/5초⇔20℃/15초×300cycles	도통저항 변화율≤10%	1.00%
Reflow 내열	260℃/10초×3회	도통저항 변화율≤10%	1.00%
고온고습부하	85℃/85%RH/30V×1000Hr	절연저항≥1×10^{8}Ω	2×10^{11}Ω
PCT	121℃/2atm/100RH×100Hr	절연저항≥1×10^{8}Ω	3×10^{11}Ω
내전압	5초에서 500V까지 상승 1초 유지	절연저항≥1×10^{8}Ω	2×10^{12}Ω

7) 개발품의 응용 전개

① 방열 Bump 기판

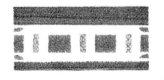

② 대전류 Bump 기판

③ 전층 Bump 접속 기판(core less)
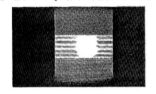

④ Bump 접속 기판

⑤ 실드 Bump 기판
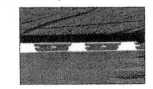

8) 결론

① 종래의 Via fill 도금법의 층간 접속에 수반되는 과제를 해결한 금속동 Bump 접속에 의한 Build-up 기판을 개발하였다.

② 이 Build-up 기판은 층간 접속의 신뢰성 향상과 동시에 고밀도화나 고기능화로의 대응이 가능해, 차세대의 고밀도 실장에 큰 역할을 할 것으로 기대된다.

5.8 VFT

1) VIA FILLING TECHNOLOGY

① 특징

- 모든 build-up 제품군(4종류)에서 via stack 구조가 가능 : 단면구조예(참조)
- 종래의 conformal via에서 문제가 되었던 CSP 실장시의 납이 홀로 스미는 현상이 없어져, 0.5mm pitch 뿐만 아니라 더욱 고밀도 실장이 가능 : Filled via의 메리트 Case ①(참조)
- Via filling에 의해 Sub land가 불필요합니다. : Filled via의 메리트 Case ②(참조)
- 동도금에 의한 Via filling에 의해 방열 효과를 얻을 수 있습니다. : 방열효과(참조)

② Filled via의 메리트

◆ Case ①(실장신뢰성의 향상)

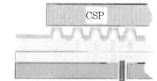

종래 : CSP가 협pitch화 되면, 종래의 build-up 기판에서는 실장 신뢰성을 확보할 수 없게 된다.

Filled via : 납이 스미지 않고, 협pitch CSP 실장이 가능해진다.

◆ Case ②(보다 고밀도의 실장이 가능)

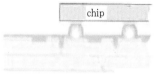
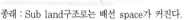
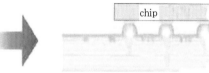

종래 : Sub land구조로는 배선 space가 커진다.

Filled via : Ball pad 위에서 배선이 가능해져, 고밀도 실장이 실현 가능하다.(0.3~0.4mm pitch 인 CSP 실장에도 차후 대응)

③ Filled via의 메리트

◆ Module 기판의 구조예

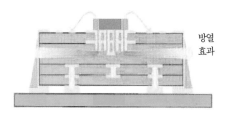

방열
효과

◆ 전열해석 결과(온도 분포도)

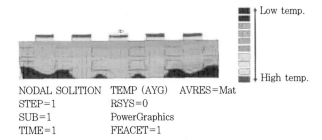

Low temp.

High temp.

NODAL SOLITION   TEMP (AYG)   AVRES＝Mat
STEP＝1   RSYS＝0
SUB＝1   PowerGraphics
TIME＝1   FEACET＝1

④ 각종 Build-up 제품에서의 단면 구조 예

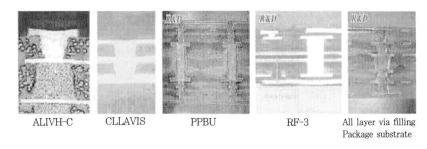

ALIVH-C   CLLAVIS   PPBU   RF-3   All layer via filling
Package substrate

2) VIA FILLED PROCESS

  - 긴 수명으로 용이한 관리

◎ MicroFill^{TM} VF

  ■ Process 특징

   ◆ Stacked via가 가능

   ◆ 금속 paste에 비해 뛰어난 전기 특성

   ◆ T/H, Via 혼재 기판에 대응 가능

   ◆ 고주파 대응 기판 설계가 가능

   ◆ 뛰어난 방열성

   ◆ 안정된 Filling 특성

우수한 Filled via 성능

  ■ 종래 System의 문제점

   ◆ T/H 코너부의 도금 석출 부족

   ◆ 가동에 의한 Via 충진성능의 불안정화

Stacked via에 의한
고밀도 배선

  ■ 신기술의 제안

   ◆ 새로운 타입 첨가제의 개발

   ◆ 고성능 도금욕 재생 System 구축

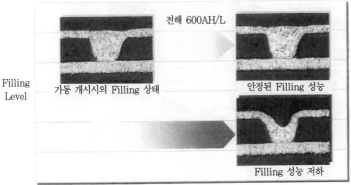

전해 600AH/L

Filling Level

가동 개시시의 Filling 상태

안정된 Filling 성능

Filling 성능 저하

Working Time

5.9 ALIVH

1) ALIVH 공법(Any Layer Interstitial Via Hole 공법)

① 개발 배경

반도체 Package의 다핀화, Fine pitch화에 따라 1991년경부터 Build-up 기판이 개발되어 양산화 되었다. Build-up 기판의 구조는 「Base 기판 + Build-up층」, 「전층 Build-up」으로 크게 구분되는데 「ALIVH」는 전층 Build-up에 속한다.

② ALIVH의 구조

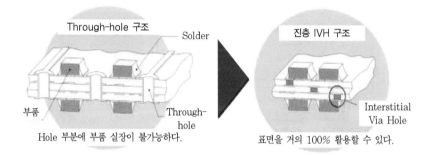

2) ALIVH의 개발 포인트

① 층간 절연 재료로서, Laser 가공이 용이하고 고 내열성을 가진 아라미드 부직포 Epoxy수지 Prepreg를 사용하였다.

② CO_2 Laser에 의한 미세 Via hole 가공을 실현할 수 있다.

③ 층간 접속 재료로서 도전성 Paste를 신규 개발하였다.

※ 개발 효과

: 기판 면적이 반으로 줄었고, 배선 설계에서의 CAD 자동 배선화율도 향상되어 설계 기간이 단축되었다.

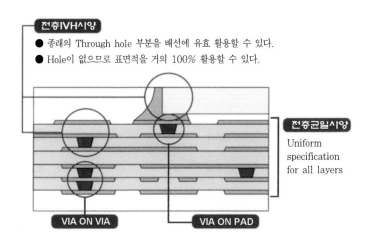

3) 특징

- Via가 전층에 배선 가능하여, 설계의 자유도가 증대되었으며, 설계 기간이 대폭 단축되었고, 소형화가 가능. 또한 배선 길이도 짧아져 고속회로에도 유효.
- Aramid 부직포의 채용, 동도금 less에 의해 경량화에 기인
- 전기특성에 뛰어나며, 고주파 회로와 디지털 회로와의 일체화가 가능
- Solder resist 정도±25μm의 대응을 진행중(R&D)

◆ ALIVH-C Ver.2

(강성화의 연구) : 표층에 Glass epoxy재를 조합함으로써, 종래의 ALLIVH-C(6층구조)와 비교하여 1.2배의 강성 Up을 실현

◆ 박형화의 연구(R&D) : ALLIVH-C(4층구조)에서 두께 0.3t 이하를 실현(다음 그림 참조)

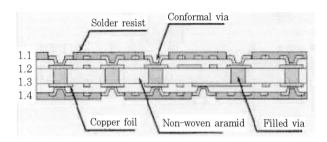

4) 구조

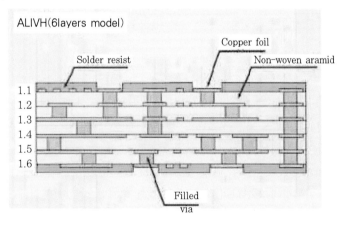

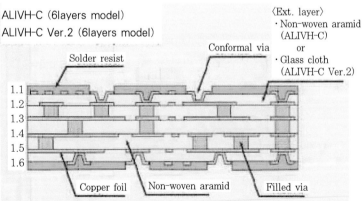

5) 기본사양, 특성

Items		L/S(㎛)	Land dia (㎛)	Thickness of Dielectric layer(㎛)	Tg(TMA) (℃)	Dielectric Constant (1MHz)	Dissipation factor (1MHz)
ALIVH	Ext. Layer	100/100 (min. 60/70)	300	100 (min.80)	160℃	3.6	0.026
	Int. Layer	100/100 (min. 50/50)	300	100 (min.80)			
ALIVH-C	Ext. Layer	100/100 (min. 60/70)	275 (min.250)	60	160℃	3.6	0.026
	Int. Layer	100/100 (min. 50/50)	350 (min.300)	100 (min.80)			
ALIVH-C Ver.2	Ext. Layer	100/100 (min. 60/70)	275 (min.250)	60	185℃	4.8	0.022
	Int. Layer	100/100 (min. 50/50)	350 (min.300)	100 (min.80)	160℃	3.6	0.026

6) Roadmap

ITEMS			2005	2006
ALIVH	Ext. Layer	Line / Space	50 / 50	←
		Land diameter	250	200
		Via top diameter	130	100
	Int. Layer	Line / Space	40 / 140	←
		Land diameter	250	200
		Via top diameter	130	100
ALIVH-C ALIVH-C Ver.2	Ext. Layer	Line / Space	50 / 50	←
		Land diameter	200	←
		Via top diameter	75	←
	Int. Layer	Line / Space	40 / 40	←
		Land diameter	250	200
		Via top diameter	130	100

5.10 PPBU(PRE-PREG BUILD-UP)

1) 특징

- Build-up층에 prepreg를 채용, 박형에서도 높은 강성을 실현.
  (얇은 core를 이용한 다단 build-up에도 최적입니다.)
- 뛰어난 절연신뢰성, 치수 안정성, 실장 안정성(변형 적음)
- 0.5mm의 협pitch BGA/CSP실장에 대응(Land경 : 275㎛)
- Impedance control에도 대응
- Engine control을 비롯하여 각종 차재기기에도 적용

2) 구조

Standard (8layers model)

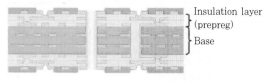

Insulation layer (prepreg)
Base

R&D (8layers model)

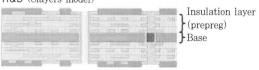

Insulation layer (prepreg)
Base

R&D Via filling기술을 응용한 전층 Stacked via 구조

R&D (12layers model)

Insulation layer (prepreg)
Base

3) 기본사양, 특성

Max. no. of Build-up layers	Min. Line/Space (μm)	Confrmal via Land dia./Via top dia(μm)	Plugged base Via Land dia./Hole dia(μm)	PTH Land dia./hole dil(μm)
2(R&D:3)	75/75	275/100(thickness of build-up layer. 60μm) 350/100(thickness of build-up layer. 100μm)	450/200 (base≤0.6t) 550/300 (base>0.6t)	450/200(Total thickness≤0.8t) 550/300 (Total thickness>0.8t)

Min. thickness (mm)(1-2-1)	Tg (TMA) (℃)	Coefficient of thermal expansion(ppm/℃)	Flexural Strength(GPa)	Dielectric constant(1GHz)	Dissipation factor(1GHz)
0.4 build-up layer : 60μm	140	65(z direction)	21~23	4.2	0.025

4) 개발계획

- Solder resist 정도 ±25μm의 대응, Conformal via의 land경 200μm을 진행중
- Stack 구조(Via on Via)의 상품화
- 고기능화로서, 고Tg재에 의한 고다층, 고신뢰성화의 실현과, 저유전 율재를 이용한 고주파기기 대응

5.11 FVSS(FREE VIA STACKED UP STRUCTURE)

1) 특징

FVSS는 Laser via를 동도금으로 매꾼 전층 stack up 구조에 의해 자유로운 via의 배선을 가능하게 한 차세대형 build-up 기판.

0.4mm Full grit CSP에 대응 가능하며, 설계 자유도가 높아서, Fine pattern 형성, 소구경 land화에 의해 기판 size의 소형, 박형화가 가능하며, 뛰어난 전기특성과 높은 신뢰성을 갖춤.

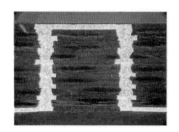

2) 용도

- 휴대전화   - Digital video camera   - Digital still camera
- 차세대 소형 모듈   - 기타 소형 모듈 기기

3) 특성

- 설계=자유도의 비약적인 향상이 가능하며, 단납기 개발에 공헌
- 협pitch CSP 대응=0.4mm CSP의 배선이 가능
- 기판 size=대폭 소형화, 박형화가 가능
- 특성=뛰어난 전기특성, 방열성을 실현
- 신뢰성=높은 접속신뢰성, 낙하특성을 확보

4) 제조사양

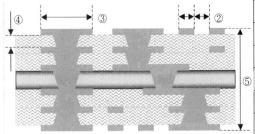

항목	제조사양
① 층수	6층~
② 선폭/선간	75/75(50/50)µm
③ Land경	150~275µm
④ 층간두께	60~80µm
⑤ 기판두께	0.5mm~

5) Roadmap

항목	2003	2004	2005	2006~2007
Layer Structure		FVSS	Embedded LCR	Embedded IC
Halogen free	Against drop impact	Low CTE		Low DK
L/S	75/75	50/75	50/50(35/35)	
Laser via/Land via	100/250	70/150	50/100	
HDI Dielectric 두께	60 - 80		40 - 100	
PSR 쏠림 공차	±37.5		±25	
CSP design min.pitch	0.5	0.4	0.4	0.3

5.12 CLBS 초박형 고밀도 BUILD-UP 기판(CORE-LESS BUILD-UP SUBSTRATE)

반도체 산업을 대표하는 휴대기기, Digital 정보 가전은 박형 경량화, 고속 대용량화, 저코스트화를 실현할 수 있는 package 기판을 필요로 하고 있습니다. 〔CLBS〕는 이들 과제에 대응하는 솔루션을 제공합니다.

1) CLBS란?
   - Electro-forming Technology
   - Etching Technology
   - Build-up Technology

   의 융합에 의해 창출된 core-less build-up 기판입니다.

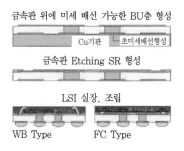

금속판 위에 미세 배선 가능한 BU층 형성

Cu기판 초미세배선형성

금속판 Etching SR 형성

LSI 실장, 조립

WB Type   FC Type

2) CLBS의 특징

   4Layer-BU의 2Layer 감소에 의한 박형 경량화, 고속 대용량화, 저코스트화

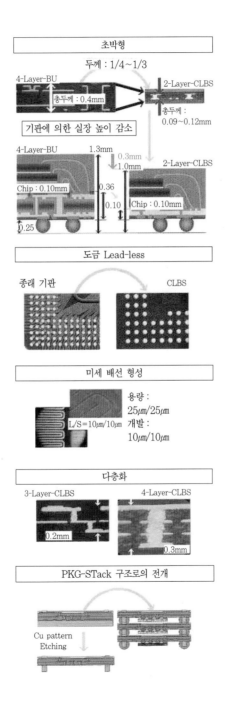

초박형

두께 : 1/4~1/3

4-Layer-BU
총두께 : 0.4mm

2-Layer-CLBS
총두께 :
0.09~0.12mm

기판에 의한 실장 높이 감소

4-Layer-BU   1.3mm
0.3mm
1.0mm
2-Layer-CLBS
Chip : 0.10mm   0.36
0.10   Chip : 0.10mm
0.25

도금 Lead-less

종래 기판   CLBS

미세 배선 형성

용량 :
25μm/25μm
L/S=10μm/10μm   개발 :
10μm/10μm

다층화

3-Layer-CLBS   4-Layer-CLBS
0.2mm
0.3mm

PKG-STack 구조로의 전개

Cu pattern
Etching

5.13 SAVIA^{TM}

- SAVIA stands for Samsung Any Via.
- Advanced Interconnection Technology which is applied the Stacked Via filled with plating.

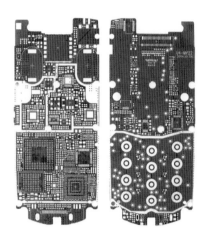

1) Features
   • Circuit density increased.
   • 0.5 pitch design compatible.
   • Electrical function improved.

2) Applications
   • Mobile Phone
   • PDA, DVC, DSC

3) Specifications

Layer	6~10L
Thickness	Min. 0.8mm(8Layer)
Pitch	0.5mm
Impedance	±10%
Material	RCC, Prepreg
Line/Space	75/75um
ViaLand	110/300um

4) Micro Section

Filled Via

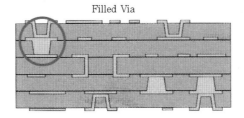

5) Technical Roadmap

Year		2004	2006	2008
Materials		FR-4/RCC	FR-4/High Tg	Low Dk/Df
Process		Stacked Via/Sequential	All Layer Parallel Process Conductive paste	Embedded LRC+IC+ Optics Thin film process
HDI	Ball pitch(L/S)	0.5mm(75/75um)	0.4mm(50/50um)	TBD
	Aspect Ratio	0.8	1.0	1.2
	Via/Land	110/300um	110/250um	TBD
Layer Structure				

5.14 다중 층간 접속법

NO	구 분	그 림
1	STAGGERED VIA (일반적인 접속)	Blind Via
2	Filled Via 법	Blind Via
3	Plated Pillar 법	주상도금
4	수지 충진법	Blind Via / 절연수지 or 도전 PASTE
5	SKIPED VIA (층간 관통 VIA 법)	

5.15 BUILD-UP DESIGN RULE

출처 : JPCA REPORT(2004)

구분		2003				2006			
		일반제품		첨단제품		일반제품		첨단제품	
		MIN	MAX	MIN	MAX	MIN	MAX	MIN	MAX
PATTERN	L/S	75/75	120/130	50/50	100/120	50/50	100/120	25/25	80/100
PTH	VIA	150	300	100	200	100	200	75	140
	LAND	300	500	200	400	200	450	150	300
LASER VIA	VIA	70	125	50	100	50	100	45	80
	LAND	140	350	90	350	75	350	50	250
PHOTO VIA	VIA	100	250	100	150	100	150	100	100
	LAN	300	550	300	450	300	450	200	400

6. METAL PCB 해설

6. METAL PCB 해설

6.1 METAL PCB란?(Insulated) Metal Printed Circuit Board

일반적으로 방열 금속 기판이라 말하며 Base Material이 금속으로 제작된 PCB를 말한다.

■ Metal PCB의 주요 원자재

1. Al(알루미늄) : 방열기능을 주 목적한다.(방열성능이 우수하고 열전도율이 좋다.)

2. T-preg(절연층) : 열전도율이 5W/m℃이며(일반 Prepreg에 비해 약 10배 우수), 높은 절연강도(800V/mil)를 가지고 있다.

3. Copper foil : 1oz(35㎛)~6oz(210㎛)가 사용되고 있으며 주로 3oz, 4oz가 많이 사용되고, 이와 같이 Heavy copper가 사용되는 이유는 대용량의 전기적 성능을 수용하기 위함이다.

▶ T-preg의 주요 3기능

1. 열전도

2. 전기적 절연(층간 전기적 분리)

3. 접착(adhesive)

※ Metal PCB 제품의 기본 3가지 size

· Quart Brick : 36.80mm×57.93mm

· Half Brick : 60.83mm×57.79mm

· Full Brick : 116.84mm×60.96mm

6.2 METAL PCB(A사)

Metal 기판은 사용 목적에 대응하여 알루미늄과 동이 선택 가능함. 또한, base type과 core 타입의 조합도 선택할 수 있어서, 어떤 요구에도 대응할 수 있다는 것이 강점.

1) Metal base 기판

  A. Base금속의 종류

    ① 알루미늄 1.0t~2.0t(기타 두께는 옵션)

    ② 동합금 0.5t~1.0t

  B. 적층구조

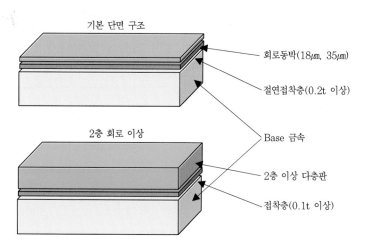

  C. 기본 성능

항 목	단 위	처리조건	기본단면회로	다층회로
Solder 내열		260℃/10s	이상없음	이상없음
Peel 강도	N/cm	JISC5012	28.0	19.8
유전율		1MHz	3.6	2.5~4.5
유전정접		1MHz	0.0035	0.002~0.004

D. 주의비고

① 기본 단면회로인 경우, 동박이 접착층만으로 base금속에 적층되어 열효율이 대단히 좋으나, 2층회로 이상을 설계할 경우, 접착층과 각 회로층간의 절연층 두께를 고려할 필요가 있다.(mim 0.4t)

② 기본 단면 회로인 경우, 동박만으로 적층하므로 고내열 수지로 절연층을 형성할 수 있으나, 2층 회로 이상을 적층할 경우 수지 기판을 붙이는 공법이 되므로, 고내열 절연체는 사용할 수 없다.(에폭시재로 max 150℃ Solder 내열은 가능)

③ 회로측에서 base 금속을 없앰으로, GND로서 사용할 수 있다. (점퍼 또는 와이어 B 접속)

④ 메탈 base도 일부 deep 부품의 탑재가 가능하다. 단, base의 clearance를 크게 잡을 필요가 있으므로, 설계시에 검토가 필요하다.

2) Metal core 기판

A. Core금속의 종류

① 알루미늄 1.0t, 1.2t (기타 두께는 옵션)

② 동합금, 니켈 1.0t

B. 적층구조

기본 단면 구조

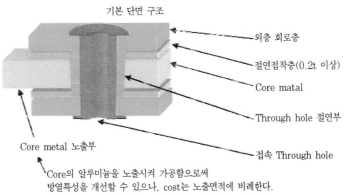

외층 회로층

절연접착층(0.2t 이상)

Core matal

Through hole 절연부

Core metal 노출부

접속 Through hole

Core의 알루미늄을 노출시켜 가공함으로써 방열특성을 개선할 수 있으나, cost는 노출면적에 비례한다.

C. 기본 성능

항 목	단 위	처리조건	기본단면회로	다층회로
Solder 내열		260℃/10s	이상없음	이상없음
Peel 강도	N/cm	JISC5012	28.0	19.8
유전율		1MHz	3.6	2.5~4.5
유전정접		1MHz	0.0035	0.002~0.004

D. 주의비고

① 회로인 경우 동박이 접착층만으로 base 금속에 적층되는 열효율이 매우 좋으나, 4층 회로 이상을 설계할 경우, 접착층과 각 회로층 사이의 절연층의 두께를 고려할 필요가 있다.(min 0.3 이상)

② 타르코어기판의 외층부 접속에 Through hole을 사용한 경우, TH의 절연부 형성에 편측 0.5mm 이상의 clearance를 확보할 필요가 있다.

③ TH경은 일반 기판과 동등하게 생각하면 되지만, 밀집된 부분 및 협pitch의 TH에 둘러쌓인 부분은 core metal 형성이 불가능할 수 있으므로 주의할 것.

④ 회로의 설계 사양은 일반 기판과 동등하지만, 관통하는 모든 hole에 대해서는 ②와 ③의 조건을 고려할 필요가 있다.

⑤ 양면 실장에 있어서 발열 부품이 표리 동일 개소에 위치하지 않을 수 없는 경우 상호 열간섭을 피해 각각의 열을 확산하기 위해 core metal은 수지층을 샌드위치 한 복수층에 할 것을 권장한다.

⑥ 기본적으로 core metal은 중심층이 되도록 설계해야 하지만, 편면 실장 혹은 발열부품이 편측면에 쏠리는 경우, 그 면측에 core metal층을 붙일 수도 있다.

3) 재료 Spec

최대 재료 치수 : 340×510(호로 유효 치수 : 296×466)

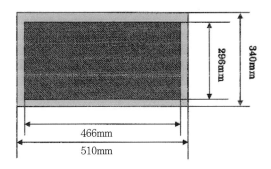

Metal core 적층은 주변의 유출 수지 처리의 관계로 재료 work에 대해 유효 면적이 적어진다. Metal base type도 마찬가지이다.

6.3 METAL PCB(B사)

1) 특징, 용도

종 류			
MB (Metal base 기판)	① 우수한 방열특성 ② 샤시 등의 구조물로서 사 용가능 ③ 단면 실장만(표면실장)	MB-1(고주파대응)	정보단말기기, 통신기기 등
		MB-2(고방열용도)	전원기판, LED 조명 기판, 모터기판 등
		MB-1(차재용 저탄성)	차재기기(EPS) EG룸 내부 대응 등
MC (Metal core 기판)	① 기판면 열의 균일성 ② 금속core를 전원, grand 로 사용가능 ③ lead 삽입부품 실장 가능 ④ 양면 실장 가능	MC-1(1층core type)	완성기판 단면에 메탈코어가 노출 구조로서, 방열 콘넥션 으로서 사용 가능
		MC-2(2층core type)	독립회로가 가능. 방열 블록 의 분할 설계가 가능

2) 구조

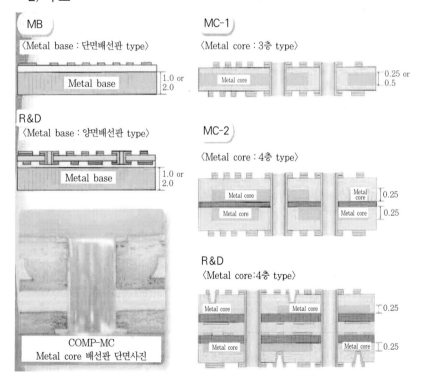

MB
〈Metal base : 단면배선판 type〉
Metal base　1.0 or 2.0

R&D
〈Metal base : 양면배선판 type〉
Metal base　1.0 or 2.0

COMP-MC
Metal core 배선판 단면사진

MC-1
〈Metal core : 3층 type〉
Metal core　0.25 or 0.5

MC-2
〈Metal core : 4층 type〉
Metal core / Metal core　0.25 / 0.25

R&D
〈Metal core:4층 type〉
Metal core / Metal core　0.25 / 0.25

3) 구조

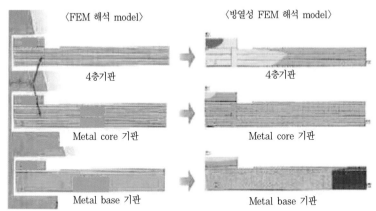

〈FEM 해석 model〉　　　〈방열성 FEM 해석 model〉

4층기판　　　　　　　　4층기판

Metal core 기판　　　　Metal core 기판

Metal base 기판　　　　Metal base 기판

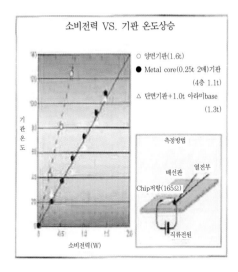

소비전력 VS. 기판 온도상승

○ 양면기판(1.6t)
● Metal core(0.25t 2매)기판
　　　　　　　(4층 1.1t)
△ 단면기판+1.0t 아라미base
　　　　　　　(1.3t)

기판온도

소비전력(W)

측정방법

배선판　　열전부
Chip저항(165Ω)
직류전원

6.4 METAL BASE PCB

일반 기판 재료의 내층 혹은 외층에 금속 Plate를 배치하여 방열효과나 기계적 강도를 높이는 용도나 대전류에 대응 가능한 기판.

〈특징〉

- 부품에서 발생하는 열이 금속 plate에 전달됨으로써 그 열이 확산, 방열 됩니다.
- 기계적 강도가 강하므로, 탑재부품을 늘여 설계할 수 있습니다.
- 동판을 전원으로 사용한 경우, 대전류에 대응 가능합니다.
- 금속 plate의 전자연폐성에 의해 노이즈 실드 효과를 가질 수 있습니 다.(단, 금속 plate에 전기적으로 접속이 없는 경우에는 이론적으로는 실드효과가 없음)

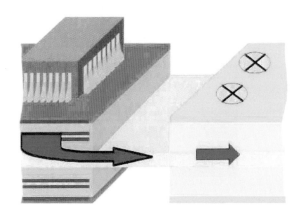

6.5 METAL BASE RIGID FLEX PCB

Rigid flex 기판과 금속 base 기판을 복합하여 두가지 특징을 모두 가진 획기적인 기판입니다.

〈특징〉

- 기판 사이를 Flex로 접속하므로, connector가 필요없습니다.
- 접속의 신뢰성이 높아집니다.
- Space를 줄일 수 있습니다.
- 부품에서 발생하는 열이 금속 plate에 전달됨으로써, 그 열이 확산, 방열됩니다.
- 기계적 강도가 강하므로, 탑재부품을 늘여 설계할 수 있습니다.

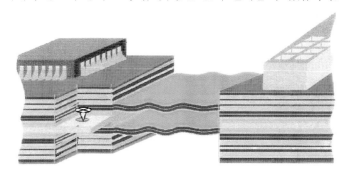

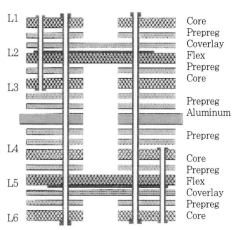

6.6 METAL SUBSTRATE

Metal Substrate

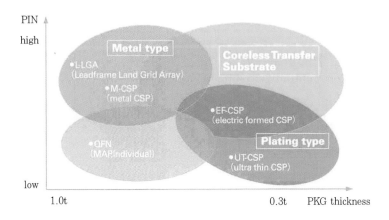

1) Metal type

Standard품으로서 LSI부터 디스크리트용까지 넓게 대응 가능

2) Plating type

Core-less 구조에 의해, 디스크리트용 초박형 Package에 최적

3) Coreless Transfer Substrate(개발품)

QFN으로 커버가 불가능했던 다핀 영역 및, 일괄 봉지형 QFN의 조립 과제를 모두 해결하는 기판을 개발

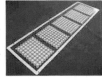

7. HEAVY COPPER 해설
(대전류 기판)

7. HEAVY COPPER 해설 (대전류 기판)

7.1 대전류 기판(A사)

1) 용도

대용량을 필요로 하는 단면 기판, 양면 기판, 다층 기판용에 최적입니다. 대용량을 필요로 하는 패턴부에는 150μm~400μm의 동판을 사용하여, 에칭으로 패턴형성이 가능합니다.

2) 특징

① 특수 공법(특허)에 의해, bridge 등의 고정 접속체가 없고, 동시에 패턴의 위치정도가 좋고 패턴 밀도도 높게 설계할 수 있습니다.

② 다층판인 경우, 내외층 모두 대용량 패턴의 제작도 가능하지만, 외층 동박을 18μm~70μm 등 얇은 두께의 동박을 사용한 경우에는 통상 미세 신호 패턴의 제작도 가능합니다.

③ 필요에 따라 고내열재 등도 사용 가능합니다.(기재의 재질을 자유롭게 선정할 수 있습니다.)

④ 단면 기판, 양면 기판에 따라, 외층부에 대용량 패턴을 배치한 경우에는 패턴을 반정도 수지부에 넣을 수 있으므로, 패턴과 수지부와의 밀착 강도도 좋고, 단 차이도 적습니다.

3) 층구성 예

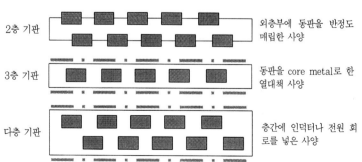

2층 기판		외층부에 동판을 반정도 매립한 사양
3층 기판		동판을 core metal로 한 열대책 사양
다층 기판		층간에 인덕터나 전원 회로를 넣은 사양

7.2 대용량 회로 다층 기판

1) 내외층 회로의 동판 두께를 400μm 이내라면 자유롭게 설정할 수 있슴.

회로에 Heavy copper를 사용하여, 다종류의 전원 분리가 간단히 설계 가능합니다. 0.3mm 이상의 L/S라면 200μm 두께 이상의 동판으로 인덕터의 회로 형성도 가능합니다. 또한, 조건에 따라 고다층화도 가능합니다.

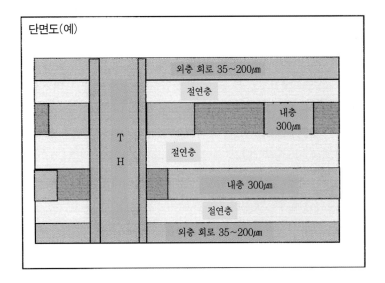

단면도(예)

외층 회로 35~200μm
절연층
내층 300μm
절연층
내층 300μm
절연층
외층 회로 35~200μm

T H

2) 용도로서는 전기자동차 등의 대용량 제어 회로나 High power 전원, 고전압이나 고전류등 부하가 큰 측정장치의 소형화에는 대단히 효과적입니다. 평면 코일을 응용하여, 이론적으로는 모터나 트랜스 등을 기판상에 형성할 수 있습니다.

또한, 열특성이 좋기 때문에, 열 확산과 방열에 뛰어난 Metal core 기판으로 사용할 수 있고, 심지어 GND 기능을 보유할 수 있습니다.

① 제특성

도전율 : 97% 이상(IACS)

열전도율 : 0.93(CGS)

허용전류값 온도상승 10℃ 이내(MIL-STD-275A)

200µt 상용 5A/mm 최대 6A/mm

300µt 상용 8A/mm 최대 10A/mm

400µt 상용 10A/mm 최대 12A/mm

순동에 가까운 압연동을 사용하므로, 일반 프린트 기판에 사용되고 있는 전해 도금 동박보다 도전율, 열전도율이 높다.

② 재료 spec

최대 재료 치수 330×500(유효치수 300×470)

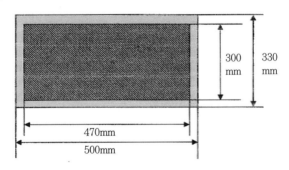

동판두께 100µm~400µm (공차 10%)

동판재질 무산소압연동

절연재료 Glass포 epoxy 수지

테프론포 epoxy 수지

Glass포 epoxy는 FR-4 또는 FR-5 상당품을 선택할 수 있습니다. 테프론포 epoxy는 고어텍스재에 epoxy를 혼입한 것으로, 각각이 단체는 아니다.

기본적으로는 대부분의 수지 재료가 사용 가능하지만, 적층시에 수지와 동판의 사이에 air void가 발생하기 쉬움. 작업시 주의요망.

③ 제조 spec

총 두께 1.0t~3.2t (3층 최대 동두께인 경우)

1.6t~3.2t (4층 최대 동두께인 경우)

총두께는 사용 동판의 두께와 절연층의 두께의 합계가 되는데, 일반 프린트 기판과 비교하여 약간 이론값보다도 얇게 완성되는 경향이 있다.

이론값=(동박+core재+pp)×층수+도금두께+resist두께

최소 도체폭 : 동두께의 1.5배 (공차 ±10%)

최소도체간격 : 동두께의 1.5배 (공차 ±10%)

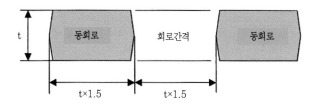

최소 Land경 : 0.6mmΦ 이상

최소 Drill경 : 0.3mmΦ 이상

Land경은 Drill경에 의존하고, 언제나 Drill경 플러스 0.3mm 이상 필요.

소구경 TH은 aspect ratio가 최대 8.0까지 대응.

④ 층 구성 예

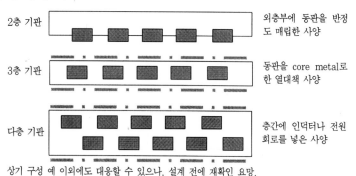

상기 구성 예 이외에도 대응할 수 있으나, 설계 전에 재확인 요망.

⑤ 용도

시험 장치, 측정 장치, 공업 기계 등 Power unit

전기 자동차, Solar 발전, 소형 발전기 등의 제어 unit

인버터, 소형 전원 회로 등

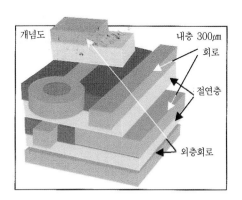

⑥ 참고자료

* 전압에 따른 최소 도체 간격

DC. AC 전압(V)(피크치)	보호피막 있음	보호피막 없음
	최소도체간격(mm)	최소도체간격(mm)
0~30	0.25	0.65
31~50	0.4	0.65
51~130	0.5	0.65
151~330	0.75	1.3
301~530	1.5	2.5
500 이상	0.003mm/V	0.005mm/V

주 1) 500V 이상인 전압은 1V마다 0.003mm(보호피막 있음)으로 한다.
　　　　　　　　　　　　0.005mm(보호피막 없음)으로 한다.
주 2) AC전압은 피크치($\sqrt{2}E$)로 한다.
주 3) 각 전압은 인가된 최대 전압으로 한다(예-AC100V ±10%인 경우 최대전압은 156V)

* 패턴폭과 허용 전류

전류 100mA마다 pattern폭 0.1mm로 한다.

* 패턴폭과 허용전류(MIL-STD-275A표에 의함)

Pattern폭(mm)	전류(A)
0.4	1.0
0.6	1.4
0.8	1.8
1.0	2.2
1.5	3.0
2.0	3.4
3.0	3.8

Final 동박두께 35μm
온도 상승 10℃

* TH경에 따른 패턴폭

Hole경(Φmm)	패턴폭
0.3	0.94
0.4	1.26
0.5	1.57
0.6	1.88
0.7	2.20
0.8	2.51
0.9	2.83
1.0	3.14

동도금 두께 15μm~35μm 지정 가능

7.3 대전류 기판(B사)

1) 특징

통상의 프린트기판 도체 폭을 두껍게 하여, 전류 용량을 크게 할 수 있는 power 회로와 제어 회로를 wireless로 일체화 함.

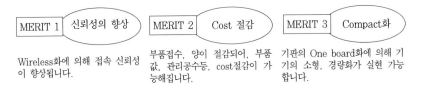

MERIT 1 신뢰성의 향상	MERIT 2 Cost 절감	MERIT 3 Compact화
Wireless화에 의해 접속 신뢰성이 향상됩니다.	부품접수, 양이 절감되어, 부품값, 관리공수등, cost절감이 가능해집니다.	기판의 One board화에 의해 기기의 소형, 경량화가 실현 가능합니다.

2) 용도

Power module, Power transistor, condenser, magnet switch 등을 포함한 power 회로

3) 대전류기판의 표준사양

양면판				4층판		
기재의 동박두께	$35\mu m$	$70\mu m$	$175\mu m$	$400\mu m$	도체두께(내층)	$35\mu m$	$70\mu m$
허용전류	10A	14A	22A	33A	도체두께(외층)	$175\mu m$	$175\mu m$
최소도체폭	0.20mm	0.30mm	0.60mm	1.00mm	총두께	1.1~3.2mm	1.6~3.2mm
최소도체간격	0.20mm	0.30mm	0.60mm	1.00mm	외층최소도체폭	0.60mm	0.60mm
사용재료	FR-4, CEM-3	FR-4, CEM-3	FR-4	FR-4, CEM-3	외층최소도체간격	0.60mm	0.60mm
최소hole경	Φ0.30mm	Φ0.50mm	Φ0.60mm	Φ1.00mm	사용재료	FR-4	FR-4
					최소hole경	Φ0.30mm	Φ0.30mm

· 대전류 대응 Heavy copper PCB

동박 두께를 두껍게 함으로써(Max. 210㎛) 대전류, 고전압에 대응할
수 있는 기판.

동두께 210㎛

① Top	223.9㎛
② Bottom	404.6㎛
③ E. F	2.23
④ ②-①	180.7㎛
⑤ 동두께	201.6㎛

동두께 175㎛

① Top	220.0㎛
② Bottom	320.2㎛
③ E. F	3.45
④ ②-①	100.2㎛
⑤ 동두께	172.8㎛

동두께 140㎛

① Top	157.1㎛
② Bottom	259.8㎛
③ E. F	2.81
④ ②-①	102.7㎛
⑤ 동두께	144.3㎛

동두께 105㎛

① Top	151.2㎛
② Bottom	253.4㎛
③ E. F	2.09
④ ②-①	102.2㎛
⑤ 동두께	106.7㎛

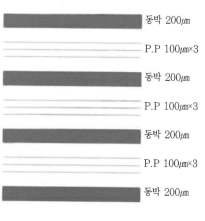

동박 200㎛

P.P 100㎛×3

동박 200㎛

P.P 100㎛×3

동박 200㎛

P.P 100㎛×3

동박 200㎛

7.4 복합동두께 기판

1) 특징

① 대전류회로와 제어회로의 일체화가 가능.

② 패턴마다에 Heavy copper인지 통상 두께인지의 지정이 자유로움

③ 후동 pattern과 통상 pattern은 임의의 위치에서 접속 가능

④ 후동 pattern과 통상 pattern을 지나가는 부품실장이 가능

⑤ Solder resist 및 실크인쇄의 외관, 신뢰성의 향상

⑥ 전원 module 및 전원 회로를 포함한 기기의 제어기판

⑦ Heater, cooler 등의 온도 제어 기판

⑧ Heater, magnet switch등의 제어기판

⑨ Lamp 등의 제어기판

⑩ Power transistor, Power-FET, Driver IC 등을 탑재한 각종 제어기판

⑪ Low impedance 특성이 요구되는 아날로그 회로 기판

2) 표준사양

층 수	2 층	최소도체폭	후동부 : 0.4mm
후동도체두께	175μm(175~200μm)		통상부 : 0.2mm
통상도체두께	70μm(50~90μm)	최소도체간격	후동부 : 0.4mm
기 재	FR-4		통상부 : 0.2mm
총두께	1.0~1.6mm(±20%)	TH 최소Hole경	후동부 : Φ0.6mm
			통상부 : Φ0.3mm

후동회로　　통상회로　　TH : ø0.3

TH : ø0.6

7.5 고주파용 기판

1) 고주파 회로에 요구되는 기판 특성

① 재료의 비유전율의 편차가 적을 것.

② 절연층 부분의 두께 편차가 적을 것.

③ 회로폭의 편차가 적을 것.

④ 유전징집(tanδ)가 적을 것.

　　유전정접이 크면, 신호를 고효율로 전송할 수 없습니다. 이 현상은 주파수가 높아지는 만큼 커집니다.

2) 용도

위성통신, 네비게이션 시스템, 휴대전화, 자동차 전화, 무선전화, 무선 LAN, MCA(육상이동통신), 레이더, 고속연산처리가 필요한 제어기기 등

3) 재료의 종류

수지계	Grade	제조사	유전율	유전정접	Tg
열경화PPE계	PPE(U시리즈)	旭화성공업㈜	3.0~3.4	0.0020~0.0030	230~250
	TLC-W-598	도시바케미컬	3.6	0.0020	160
	CS-3373	이창공업㈜	3.5	0.003	195
열경화PPO계	R4726	마쓰시타전공㈜	3.5~3.7	0.003	175~185
	R4728	마쓰시타전공㈜	10.5	0.0055	175~185
PTFE계	R4737K	마쓰시타전공㈜	2.2	0.0007	
	R4737	마쓰시타전공㈜	2.6	0.0007	
	MCL-T-68	히타치화성공업㈜	2.7	0.0025	
	DICLAD522	ARLON. Inc.	2.50	0.0025	
	DICLAD880	ARLON. Inc.	2.17	0.00085	
	RT/5880	Rogers	2.20	0.0005	
	GGS-500	중흥화성	2.15	0.0010	
	NPC-F260A	니혼필러공업㈜	2.60	0.0015	
세라믹PTFE계	RT/duroid 6010	Rogers	10.2	0.0023	
	RT/duroid 6010	Rogers	6.15	0.0019	
	RO3006	Rogers	6.15	0.0025	
	AR1000	ARLON. Inc.	9.7	0.0030	
	CGC-500	중흥화성	10.00	0.0050	
통상FR-4	MCL-E-67	히타치화성공업㈜	4.8	0.015	132

8. IC PACKAGE SUBSTRATE 해설

8. IC PACKAGE SUBSTRATE 해설

8.1 PACKAGE SUBSTRATE 일반사항

PCB의 제품은 반도체 PACKAGE용 SUBSTRATE와 전통적인 반도체 전자부품을 탑재하는 MOTHER BOARD 용도로 구분한다.

1) 전자패키지(Electro packaging)란

전자제품에서 사용되는 DEVICE를 효율적으로 포장하는 기술

1단계 → 낱개로 잘려진 WAFER 조각을 BT SUBSTRATE에 접착

2단계 → WAFER와 BOARD를 연결하는 WIRE BONDING 단계
(GOLD WIRE 사용)

3단계 → CHIP을 PCB에 장착하여 연관되는 다른 소자들과 연결

4단계 → MODULE화 된 CARD를 전체 MAIN BOARD에 연결

5단계 → 최종적으로 제품을 완성 조립

2) 전자 패키지의 발전 현황

① 21세기는 환경적인 시대와 동시에 소비자의 다양한 요구에 따른 전자제품의 LIFE cycle이 짧은 시대다.

② 전자부품과 기기의 경박 단소화 및 다핀, 미세 피치화의 방향으로 가고 있다.

③ 전자 패키지에서 칩 접속 기술의 당면과제는 접속밀도-단위면적당 접속수를 증가시키는 것.

④ 발전추이

NO	유 형	내 용
1	DIP(DUAL INLINE PACKAGE) PGA(PIN GRID ARRAY)	삽입형 PACKAGE
2	QFP(QUAD FLAT PACKAGE)	SMT용 PACKAGE 크기가 작고 전기적 성능이 우수
3	BGA(BALL GRID ARRAY) CSP(CHIP SCALE PACKAGE) FC (FLIP CHIP)	QFP와 같은 주변 실장 (PERIPHERAL ARRAY) 에서 면 실장형태임

3) BGA & CSP

3-1) BGA & CSP란

① 이차원적 평면에 격자형식으로 분포된 SOLDER-BALL을 통하여
PACKAGE와 PCB 등과 전기적, 기계적으로 연결하는 것

② 주변 실장형태보다 단위 PACKAGE 면적당 많은 I/O 수를 가질
수 있으므로 논리소자(LOGIC DEVICE)와 같은 고성능
PACKAGE에 적합

3-2) 장점

① SOLDER-BALL을 사용하여 전기적 접속.

② QFP보다 짧은 접속거리에 의해 낮은 인덕턴스와 캐페시턴스를 갖
음.

③ CHIP 바로 아래에 있는 SOLDER-BALL이 발생하는 열을 방출
하는 역할.

④ 열 특성이 우수.

⑤ QFP에 비해 적은 PACKAGE 면적 및 비교적 넓은 피치 및
SOLDER의 표면장력에 의한 SELF-ALIGNMENT 등에 의한
생산성이 높음.

3-3) 단점

① SOLDER-BALL 연결부위에서 응력 발생에 따른 접합부 신뢰성
문제

② 접합부의 결함 검사 및 재작업이 어려움.

3-4) BGA PROCESS

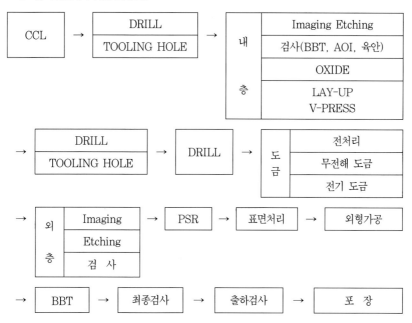

4) FC(FLIP CHIP)

4-1) 정의

반도체 CHIP을 뒤집어 실장하는 FACE DOWN 형상 CHIP 표면에 0.5m/m 이하의 PITCH를 ARRAY 상에 납볼을 형성하여 이것에 따라 기판에 접속한다.

4-2) FC BGA 구조

① CHIP 상에 BUMP를 격자상(Area array)으로 재배선하여 BUMP를 형성하고 FC 형식으로 접합한 BGA.

② CHIP 중앙부로부터 직접적으로 전기공급 가능.

③ 요구되는 PIN 수가 1000 PIN을 넘는 경우에는 FC-BGA의 대응 이 적절.

④ CHIP 설계상 PAD를 격자상으로 배치하지 않으면 CHIP 크기가 불필요하게 크게 되어버리는 경우 FC-BGA 사용 권장.

⑤ 성능면에서 대단히 우수(초곡속화 및 초다핀화)

4-3) PROCESS

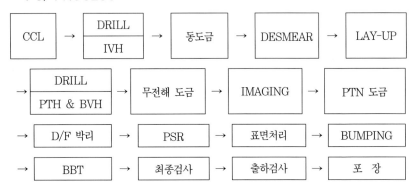

5) SIP(System in packaging)

① 하나 또는 그 이상의 WIRE BONDING 혹은 FC BONDING된 직접회로와 저항, 콘덴서, 인덕터 등의 수동소자들과 또 다른 필요한 부품들이 하나의 정형화된 PACKAGE 속에 들어 있는 것.

② 일반적인 크기는 3×3 m/m에서 50×50 m/m임.

③ 이 기술은 R. C. L 등의 수동소자들이 CHIP 속에 함께 PACKAGE 되어 있어 "EMBEDDED PASSIVE"라고도 한다.

　　적용 : MULTI-Media Card, 휴대폰(RF Module),

　　　　　DIGITAL CAMER(Image Sensor)

6) SOC(System on CHIP)

① RF, Analog, Flash, Digital CMOS and embedded DRAM PROCESS 등 여러 개의 소자들을 하나의 특별하게 설계된 DIE

위에 실장하여 하나의 CHIP으로 PACKAGE 하는 방식.

② 미국의 INTEL사에서 처음 개발.

③ 처음 개발 당시 높은 집적도에 따른 소형화, 낮은 전력소비, 경제적 측면 등에 주목받음.

④ DIE 크기가 너무 크고 용도에 따라서 개발과정이 복잡하며, 제조과정에서 수율 저하로 문제점 발생.

⑤ SOC의 단점을 보완한 것이 SIP 기술임.

7) MCM(MULTI CHIP Module)

① 초소형 전자제품이나 기존 대형제품을 휴대용으로 사용하기 위하여 부피를 최소화시키는 과정에서 하나의 package 속에 다수의 CHIP을 내장시키는 기술.

② SOC 및 SIP가 MCM에 해당된 기술임.

8) COB(CHIP ON BOARD)

PCB 위에 DIE(BARE CHIP)을 WIRE BONDING하여 연결하고 난 후 MOLDING 하는 공정으로 이루어져 있음.

최근 Bare Chip 위에 또 하나의 BARE CHIP을 MOUNT 한 상태에서 WIRE BONDING 하는 기술이 개발됨.

9) MCP(MULTI CHIP PACKAGE)

9-1) MCP

여러 개의 CHIP을 하나에 PACKAGING 하는 것

9-2) 적용

① 휴대폰 등 소형기기 시장이 최근에 들어 급성장에 따른 시장의 급성장

8.2 RIGID SUBSTRATE

1) 양면 Rigid substrate

① 특징

- Core 기재에 경질기판을 사용한 CSP Substrate.
- Core기재의 두께는 0.06mm(총 두께 0.13mm)
- RVH 구조, Build-up 구조도 대응
- 고주파 특성을 고려한 재료 선정도 가능
- 신형 Solder resist의 채용으로 경이로운 평탄성±2㎛을 실현
  → 플립칩 실장에 최적

② 용도

- ASIC 및 memory package
- Multi chip package(MCP)
- Stacked CSP

2) Build-up substrate

① 특징

- Build-up 기술의 채용에 의해 via on via 구조가 가능
- 1-2-1 총 기판두께 0.23mm, 2-2-2는 0.37mm를 실현
- 신형 Solder resist의 채용으로 평탄성(±2㎛)을 실현 → 플립칩
  실장에 최적

② 용도

- 플립칩 실장 대응 Substrate
- BGA, CSP용 Substrate
- 각종 Module용 Substrate

3) 구조

다핀 CSP(Filled via)   ]0.11mm

Stacked CSP(1-2-1/Filled via)   ]0.23mm

신형 Solder resist(Dry film type)를 채용함으로써,
경이로운 평탄성을 실현(±2㎛). 모든 플립칩 실장에 최적입니다.

종래공법 ±10㎛

신공법 ±2㎛

Conformal via의 채움성 양호

다양한 Via 구조의 공급에 따라, 고객의 package design 자유도 향상과 cost 절감에 대응해 갑니다.

양면BVH(Conformal via)

양면BVH(Filled via)

1-2-1 (Filled via)

4) 기본 사양

사 양	Line/space(㎛)	관통TH(㎛)	BVH(㎛)	최소기판두께(mm)
양 면	40/40	100	125(Filled via 가능)	0.11
1-2-1	40/40	100	85(Stack via 가능)	0.23
2-2-2	40/40	100	85(Stack via 가능)	0.37

8.3 FC-BGA 기판

SLC (Surface Laminar Circuitry®) / HDBU® (High Density Build Up) Package

① 특징
- 업계 최첨단 디자인 role(20μm L/S, 50μm Via)
- 특성임피던스 콘트롤에도 대응
- 실장 요구에 부합된 표면처리에 대응(Ni/Au, SAC Soldering, etc.)
- 다층 build-up품도 대응 가능

② 제품단면사진

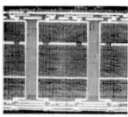

층구성 4-4-4의 사례

③ 단면구조도

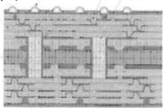

Thermosetting Epoxy
Solder Pre-coat Laser Via
PTH
PWB Core
Substrate

④ Application
- High-end ASIC

- Graphic device
- Chipset
- PLD/FPGA

SHDBU™ (Super-HDBU) Package

① 특징
- 고밀도 core기판(CPCore)에 의한 Z축의 배선자유도 상향
- 표리면의 배선율 향상에 의한 Build-up층의 감소
- 고속매크로 내장ASIC에 대응한 고속신호층의 확보
- 차세대 0.8mm pitch이하 Full area array BGA에도 대응 가능

② 제품단면사진

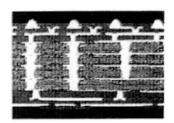

층구성 2-5-2의 사례

③ 단면구조도

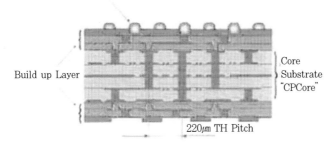

④ Application
- High-end ASIC
- SerDes Chip

8.4 SiP 기판

SLC 기술은 '보다 얇게', '보다 고밀도로'를 실현

① 특징
  - 고객의 사양 요구에 유연하게 대응 가능
  - 48㎛ 소구경 laser via 형성
  - 0.3mm, 0.4mm 두께의 박판에도 대응
  - 고밀도, 고신뢰성의 세계 최첨단 SiP용 기판

② 제품단면사진

층구성 2-2-2의 사례

③ 단면구조도

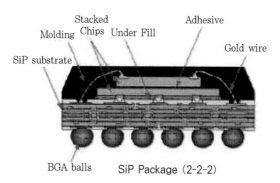

SiP Package (2-2-2)

④ Application
  - 휴대전화
  - Digital still camera

8.5 Micro Card

Flip chip을 그대로 작고, 가볍게!
Micro Card concept를 SLC 기술이 support

① 특징
  - 오랜 실적과 경험에 의한 고도의 회로 설계 기술
  - 고객의 design요청에 유연하게 대응 가능
  - 고밀도, 고신뢰성의 최첨단 technology 고밀도 SLC board
  - Degital 가전에서 High-end server까지 폭넓게 대응

② 단면구조도

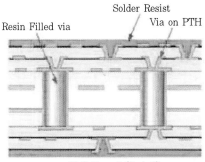

SLC Board (2-4-2)

③ Application
  - CPU Module
  - HDD Controller
  - Base Band Module

8.6 Semi-additive 공법 고밀도 package 기판

WSL(W-Sided Laser Through Hole & Semi-additive Substrate)
LVSS(Laser Via & Semi-additive Substrate)

① WSL이란?

Semi-additive Technology, Laser Through Hole Technology, Through Hole Plugging Technology를 구사한 0.18~0.28mm의 고밀도 박형 2층 기판

② 특징

4Layer 일반 기판의 2Layer 감소에 의한 박형 경량화, 저코스트화

Design Rule

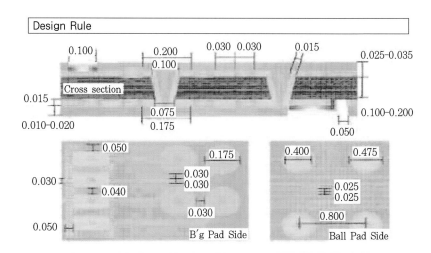

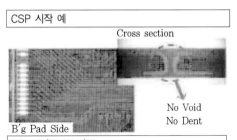

CSP 시작 예

Cross section

No Void
No Dent

B′g Pad Side

Min. L/S : 25㎛/25㎛
WR pad pitch : 180㎛
(Pad width, 140㎛ ; Space, 40㎛)
Board thickness : 180㎛

③ LVSS란?

Core 기판상에 ABF를 적층하여, Laser Via Technology, Semi-additive Technology로 제조한 Conventional BU기판

Design Rule

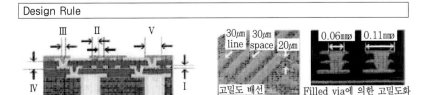

30㎛ 30㎛
line space 20㎛

고밀도 배선

0.06㎜ø　0.11㎜ø

Filled via에 의한 고밀도화

Item	Standard	High density
Ⅰ. Typical signal line thickness	15㎛	15㎛
Ⅱ. Signal line/space(min.)	30㎛/30㎛	25㎛/25㎛
Ⅲ. Blind via min. diameter	50㎛ for top layer 70㎛ for int. layer	50㎛ for top layer 50㎛for int. layer
Ⅳ. Insulating layer thick.	40㎛ from metal surface	40㎛ from metal surface
Ⅴ. Blind via min. pad diameter	120㎛	110㎛

8.7 CP Core

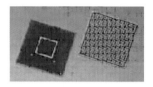

① 특징
  - 고주파 특성에 뛰어난 유기 재료 APPE를 채용
  - Full area array에도 대응 가능한 220μm pitch, 전층 stack via
  - 이상적인 마이크로스트립 구조가 가능
  - 전층 stack via + 미세 pitch로 고주파 설계가 용이

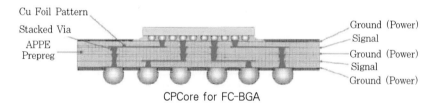

CPCore for FC-BGA

② 제품단면사진

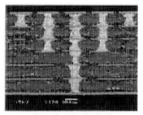

층구성 7층의 사례

③ 배선 구조

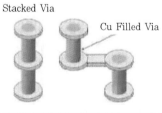

Via/Land Dia.	100μm/200μm
Min. Line/Space	40μm/40μm

④ 재료 물성값

Item	Value
유전율 Dielectric Constant	4.2 (@3.3GHz)
유전정접 Dissipation Factor	61×10^{-4} (@3.3GHz)
Glass 전이점 Glass Transition(Tg)	225℃ (DMA)
흡수율 Water Absorption	0.39% 50℃/24H+23℃/24H

⑤ Via부 시뮬레이션 특성 비교

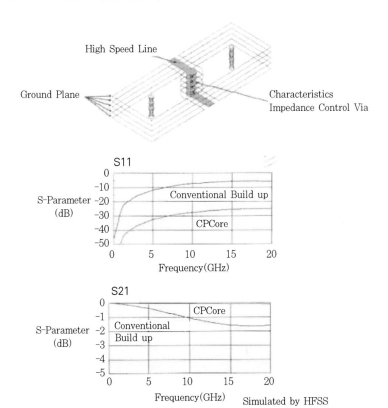

Simulated by HFSS

8.8 SiP(System in Package)

1) Stack SiP

Stack SiP substrate is based on build-up technology which enables the integration of various semi-conductors as a single package. Typical application is integrated package of processors and memory.

① Features

Structure	1-2-1, 2-2-2 Build-Up
Surface Finish	Electrolytic Ni/Au+Etchback
Line/Space	50/50um
Laser Drill/Pad	100/250um

② Applications

- Integration of Mobile CPU and Memory
- Integration of various ICs.

2) RF-SiP

RF-SiP substrate is widely adapted in RF(Radio Frequency) Applications.

Several chips and passive components are integrated on the same RF-SiP substrate.

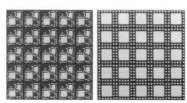

① Features

Structure	1-2-1 Build-Up
Surface Finish	Electrolytic Ni/Au+Etchback Electroless Ni/Au
Thermal Via	min. 15~35um Cu in PTH
Surface Cu Thickness	18~37um

② Applications
- PAM(Power Amplifier Module)
- FEM(Front End Module)
- Transceiver Module
- Full Integration Module

③ SiP Technical Roadmap

Year	2004	2006	2008
Via	Stacked Via	Cu Filled Via	PTH Filled Via
Tolerance	±13um	±10um	±7um
Meterial	BT/FR-5/PPO	BT/FR-5	PTFE or others
Surface Finish	ENIG, Electrolytic Ni/Au	Mixed(WB+FC)	→

8.9 CSP(Chip Scale Package)

1) UT-CSP(Ultra Thin-CSP)

MCP(multi-chip package) technology requires thinner substrate to stack more chips in a single package.

UT-CSP substrate is advanced substrate with very thin core material.

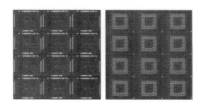

① Features

Structure	2Layer, 4Layer
Core Thickness	60um
Total Thickness	130um or below(2L) 260um or below(4L)

② Applications

　　　• Memory for Mobile Products : Flash Memory

　　　• Package Stacking : Mobile CPU+Memory

③ Section View

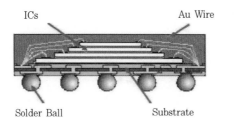

ICs　　　　　　　　　　　　Au Wire

Solder Ball　　　　　　Substrate

2) FC-CSP(Flip Chip-CSP)

Flip Chip offers the robust and reliable package solutions for high speed packaging applications.

Particularly, FC-CSP has very small outlines.

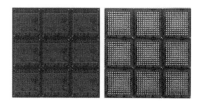

① Features

Structure	2Layer, 4Layer
Bump Pad Pitch	200um~250um
Line/Space	40/40um
SR Alignment	±25um

② Applications

- ASIC, Graphic Chip
- High Speed Memory

③ Section View

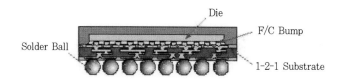

④ SCP Technical Roadmap

Year	2004	2006	2008
Line/Space	20/50um	30/30um	25/25um
Via/Land	100/250um	100/200um	75/175um
Process	Tenting	MASP	→
Total Thickness(2L)	130±30um	110±30um	100±20um
Total Thickness(4L)	260±40um	160±30um	140±20um

8.10 MMC(Multi Media Card)

 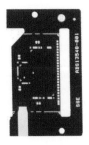 

① Features

Structure	2Layer, 4Layer
Line/Space	50/50um
SR Alignment	±50um
Black Ink	EH 842, EG 23
Hard Gold	Ni(Min.5um), Au(Min.0.6um)

② Applications

Memory for Mobile Products : Flash Memory

③ Section View

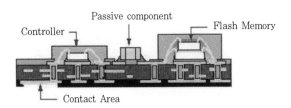

8.11 BOC(Board On Chip)

Conventional LOC(Lead on Chip) limited to support more than 400MHz clock speed of DDR DRAM due to parastic capacitance. BOC substrate enables high speed of DDR DRAM to overcome signal delays by short electrical paths.

① Features

Structure	1Metal Layer, 2Metal Layer
Core Thickness	100um~200um
Line/Space	40/40um
Bond Channel Shift	Max 50um
Bump Pad Pitch	200um~250um
SR Alignment	±25um

② Applications
- DDR DRAM
    - Desk Top PC, Note PC, Workstation, Server.
    - Mobile Devices

③ Section View

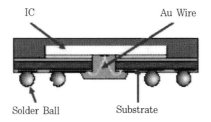

8.12 FC-BGA(Flip Chip-Ball Grid Array)

1) FCBGA

Flip Chip substrate is a package carrier Interconnecting semiconductor die to mother board with fine solder bumps. It can provide better mechanical and thermal performance than the substrate for wire bonded package.

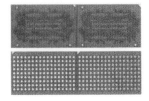

① Features

Structure	2-2-2
Bump	Pb/Sn Eutectic solder
Bump Pitch	180um
Bump #	1000~4000
Dielectric thickness	30~70um
Via/Land/Capture pad	67/138/132um
Line/Space	20/20um

② Applications

- PC Chipset, Graphic Chipset
- ASIC, CPU/MPU/DSP etc.

③ FCBGA Technical Roadmap

Year	2004	2006	2008
Line/Space	20/20um	15/15um	10/10um
Hole Size	60um	50um	40um
Material	Pb-Free	Pb-Free, Halogen-Free	→
Bump Pitch	180um	150um	130um

8.13 PSR INK 용어

1) PSR-4000 Series의 제품별 특징 표면 광택성(한국 TAIYO 기준)

NO	제품명	특 징	표면 광택성	비 고
1	G800	1. PSR Type의 잉크를 사용하기 시작한 초기 개발 제품. 2. 표면 광택 및 색상이 우수. 3. HASL MODEL에만 적용 가능.	Glossy Type	일반용 (D/S, MLB)
2	Z24	1. PSR Type의 잉크를 사용하기 시작한 초기 개발 제품. 2. 금도금 전용 잉크로 개발됨.	Glossy Type	〃
3	KT22	1. 반광택 표면의 개발 의뢰에 따라 개발되었음. 2. HASL MODEL에만 적용 가능.	Semi-Glossy	〃
4	G25	1. Z24의 저해상성의 개선 요청에 따라 고해상성, 금도금 및 HASL MODEL에 모두 적용할 수 있는 제품. 2. Z24에서 G25로 완전 전환하여 사용하고 있는 고객도 있으며 여전히 Z24를 사용하는 고객도 있음.	Glossy Type	HDI용
5	G25K	1. G25의 Milky Face(표면이 뿌옇게 보이는 현상), 해상성, Levelling성을 개선한 제품.	Glossy Type	일반용 (D/S, MLB)
6	KT33	1. 고해상성. 2. 각종 표면처리에 적합(무전해 금도금, 전해 금도금, Tin 도금)	Glossy Type	HDI용
7	MP	1. 무광택 표면 요청에 따라 개발되었고 다이요 아메리카에서 개발 및 생산된 제품. 2. 현재는 국내 제조 및 공급.	Matte Type	UV INK
8	AUS-5	1. BGA용으로 개발되었고 Intel의 승인을 얻은 수입상품. 2. 주요고객 : LG전자, 삼성전기, 심텍	Glossy Type	Package BGA용
9	AUS-303	1. BGA용으로 개발되었고 AUS-5의 개량품으로 사용량의 증가추세를 이루고 있음. 2. 주요고객 : LG전자, 삼성전기	Glossy Type	〃
10	BL01	환경대응 수입상품(Non Halogen alkaline developable type)-청색	Glossy Type	Halogen Free용
11	GR01	환경대응 수입상품(Non Halogen alkaline developable type)-녹색	Glossy Type	〃
12	BEC50	환경대응 수입상품(Non Halogen alkaline developable type & Low mist emission in post cure process)-청색	Glossy Type	〃
13	GEC50	환경대응 수입상품(Non Halogen alkaline developable type & Low mist emission in post cure process)-녹색	Glossy Type	〃

NO	제품명	특 징	표면 광택성	비 고
14	EFB10	환경대응 국내개발품(BLUE)	Glossy Type	Halogen Free용
15	G23HF	환경대응 국내개발품(GREEN)	Glossy Type	〃
16	PFR800 AUS402 AUS410	Dry Film Type		〃
17	FLX101 PSR9000 A01	Flexible Liquid용		

2) VIA-HOLE 메꿈방법 용어

NO	용 어	그 림	설 명
1	TENTING	INK 충전 20%	1. 일반적인 작업 2. SOLDERING시 RISK 많음. ① SOLDER-BALL ② HOLE 속 도금 감소(재처리시) ③ BRIDGE 등
2	WET-TO-WET	INK 충전 60~70%	1. 일반 BOARD에 CALSON PIN을 사용한 JIG 필요 2. 동시인쇄로 SIME-CURE 1회 실시 3. INK BALL 방지 가능 4. 생산성 효율 증가 5. SOLDERING시 RISK 약 40~50% 6. 가능한 동일한 SIZE의 VIA-HOLE 사양 요구
3	MULTI-PRINT	INK 충전 80~90%	1. GLASS EPOXY 2.0T 이상의 JIG 필요 2. 생산성 저하 3. SOLDERING시 RISK 약 10~20% 4. 각 회사에서 많은 적용
4	PLUGGING	INK 충전 100%	1. 일명 아나우매 공법 2. 생산성 저하(공수 추가) 3. COST-UP 4. SOLDERING시 RISK 0
5	SOLDER STOP		1. 표면처리 완료후 BOTTON SIDE만 PSR INK 처리 2. 현실적인 DESIGN 3. TOP SIDE는 OPEN됨. 4. 고객의 선택사항

3) 기타

① 국내 옵셋 인쇄 INK의 최대 생산 회사인 동양 INK에서 PSR INK 국산화 시험개발 및 양산

② 국내 업체 현황 → 서울화학, PRC

③ 해외업체현황 → TAMURA, T.O.K., GOO Chemical, 포토켐 등

9. NEW PRODUCT / NEW PROCESS 해설

9. NEW PRODUCT / NEW PROCESS 해설

9.1 Fine pattern 대응 수지 밀착 처리

- 저etching량으로 고밀착

■ CIRCUBOND

● Process 특징

균일한 농갈색 피막

Fine pattern에 적당한 저etching량 및 저凹凸

높은 동농도로 안정된 생산성

Cost면의 개선

높은 밀착강도

환경의 배려

수평 수직 쌍방의 처리에 대응

● 외관과 미세 구조

외관

처리조건
35℃ - 1.5min
흑환원처리에 가까운 색조

미세구조

배율
× 5000
미세한 기하학적 표면 형성

9.2 Build-up용 DFR 색상 수지

- Ra=0.4㎛으로 높은 Peel 강도

■ InterVia™ Dielectric Dry Film

Inter Via™ Dielectric Dry Film은 저도가 적은 표면에서 높은 peel 강도를 얻을 수 있습니다.

물리적, 전기적으로 뛰어나며, 차세대 build-up 수지로서 최적입니다.

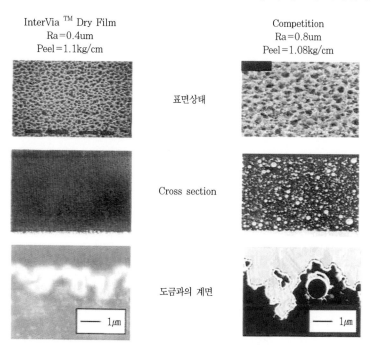

InterVia ™ Dry Film
Ra=0.4um
Peel=1.1kg/cm

Competition
Ra=0.8um
Peel=1.08kg/cm

표면상태

Cross section

도금과의 계면

— 1㎛

— 1㎛

Property	Condition	Value
Tg	TMA	150℃
CTE	TMA	53ppm/℃
Youngs Modulus	Gpa	4GPa
Elongation	%	7%
Tensile Strength	MPa	95MPa
Water Absorbency	85℃85% 24hr	0.40%
Volume Resistivity	100V	1.00E+17Ω
Surface Resistivity	100V	2.00E+15Ω
Dielectric Constant	1GHz	2.9
Dielectric Loss	1GHz	0.013

9.3 수평 반송식 유사동 도금 공정

- 8A/dm2 가능!

■ COPPER GLEAM PPR-H

   ■ Process 특징

     ◆ Puls 전해 전용 유산동 도금 첨가제

     ◆ 수평 라인에 의한 일관 process의 구축이 가능

     ◆ Handling이 곤란한 박판 기판에 대응

     ◆ 처리 시간의 단축에 의해 생산성 Up

     ◆ 밀폐식 장치에 의한 작업 환경의 개선이 가능

     ◆ 수평 라인에 의한 작업 효율의 향상

     ◆ Maintenance가 용이한 불용성 양극에도 대응 가능

     ◆ 래크 및 치구가 불요

High Performance Plating !

9.4 불용성 양극 대응 유산동 도금 공정
- 불용성 양극을 사용한다.

■ COPPER GLEAM HS-201

■ Process 특징

◆ 불용성 양극 대응 유산동 도금 첨가제

◆ 안정된 석출 막두께 분포

◆ 양극에서의 슬러지 발생이 없음.

◆ 동이온 농도의 안정화가 가능

◆ 아노드볼을 보급할 필요 없음

◆ 우수한 양극 maintenance성

High Stability Plating !

9.5 자기 촉매형 무전해 동도금 공정
- 래킹 불필요!!

■ 서큐포지트 4000 수평식 무전해 동도금 Process

■ Process 특징

◆ 박판재를 효율적으로 반송하여 성력화가 가능, 전후 장치와의 통합화가 용이

◆ Micro via, 초소형 T/H에 대해 확실히 처리 가능

◆ 밀폐식 장치에 의해, 화학약품의 폭로를 방지

◆ 자기촉매형 무전해 동도금 시스템에 의해, $0.4 \sim 0.6 \mu m$의 석출 속도와 치밀한 석출을 제공

C4000 : Horizontal   Conventional : Vertical

- High cost performance

■ 서큐포지트 800 Process

■ Process 특징

◆ 공정의 단축, 약품 농축화, 저농도 캐터리스트욕에 의한 러닝코
스트 감소

◆ Non T/H의 무전해 니켈 금도금의 석출 방지

◆ 엑셀러레이터에 기인한 문제점을 극복

◆ 자기촉매형 무전해 동도금 System에 의한 초기 석출의 향상과
우수한 내층 밀착성을 실현

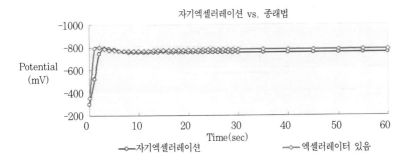

9.6 Flexible 기판용 EDTA 포르말린 free 환경 대응형 공정

- 10분 이내의 처리 시간

■ 서큐포지트 123 고속박부 무전해 동도금 Process

■ Process 특징

◆ Rule to rule에 의한 수평 대응 가능한 Process

◆ 환경에 유해한 EDTA, 포름알데히드를 포함하지 않음

◆ 쓸데없는 더미 도금이 필요없어, 성력화가 가능

◆ 수평형 1분으로 전기도금의 커버링 가능한 석출이 가능해져 공
정 시간의 단축화가 가능

■ 수평Process

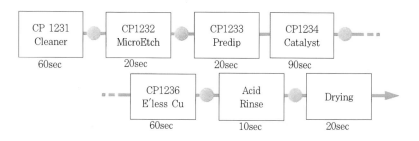

```
┌──────────┐   ┌──────────┐   ┌──────────┐   ┌──────────┐
│ CP 1231  │   │ CP1232   │   │ CP1233   │   │ CP1234   │
│ Cleaner  │   │ MicroEtch│   │ Predip   │   │ Catalyst │
└──────────┘   └──────────┘   └──────────┘   └──────────┘
   60sec          20sec          20sec          90sec

           ┌──────────┐   ┌──────────┐   ┌──────────┐
           │ CP1236   │   │ Acid     │   │ Drying   │
           │ E'less Cu│   │ Rinse    │   │          │
           └──────────┘   └──────────┘   └──────────┘
              60sec          10sec          20sec
```

■ 백라이트 관찰

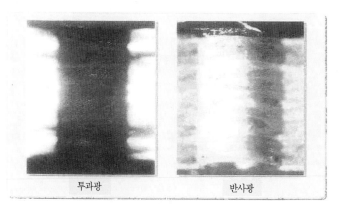

투과광   반사광

9.7 Rigid Flexible 기판용 무전해 동도금 공정

■ 2차도금 처리가 필요없다!

　■ Process 특징

　　◆ 각종 알카리 크리너, 컨디셔너를 모두 갖추어 각종 imid, 접착
제, 커버레이에 대응

　　◆ 환경을 배려한 럿셀염 base의 착화제 사용에 의해 우수한 피복
성을 제공

　　◆ Ni계 첨가제를 배합하여 초미세 석출 입자에 저정, 커버레이상
의 프리스타 프리를 실현

　　◆ 0.4~0.6μm의 안정된 석출 속도와 저응력 피막에 의해 용융된
glass로의 우수한 부착을 실현

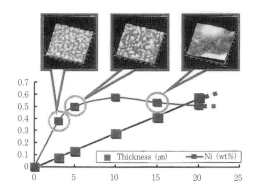

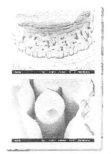

PPBU glass 용융부분 커버링

9.8 Semi Additive Process용 무전해 동도금 공정

■ EDTA free 후부 화학동!

  ■ Process 특징

   ◆ 환경을 배려한 생분해성 킬렛트제 사용(OECD 가이드라인)

   ◆ 저농도 타입 캐터리스트 사용에 의해 저cost화, 뛰어난 절연신
     뢰성을 실현(L/S=15/15μm)

   ◆ SAP용 Conditioner, Execrator 사용에 따라, 뛰어난 부착을
     실현

   ◆ 1.0~1.5μm의 안정된 석출 속도와 미세한 석출 입자에 의해
     높은 밀착 강도를 실현

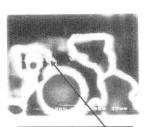

절연수지 : ABF-CK9F   무전해 동도금 : EDTA free

9.9 무전해 파라듐도금 공정

- 입계 부식의 문제를 해결

■ PAUROBOND

■ Process 특징

◆ 자기촉매형 무전해 파라듐 도금을 개발, 응용

◆ 치환금도금에 의한 니켈층으로의 어택을 제어

◆ 도체로의 높은 석출 선택성 → 고신뢰성

◆ 균일하고 결함이 없는 금속 피막 형성 가능

◆ 박부 치환금도금 처리로서, 볼본딩, 와이어본딩이 가능

결함이 없는 균일한 Ni/Pd/Au도금

■ Process flow

```
PAUROBOND CLEANER
      ▼
PAUROBOND SOFTETCH
      ▼
   ACID RINSE
      ▼
PAUROBOND CATALYST
      ▼
  PAUROBOND EN
      ▼
  PAUROBOND EP
      ▼
  PAUROBOND EG
      ▼
      DRY
```

■ ENIG Process와의 비교

PAUROBOND
결함이 없는 균일한 표면상태

Au : 0.03μm
Pd : 0.2μm
Ni : 3~5μm
Cu

ENIG
입계 부식에 의한 pit 발생

Au : 0.03μm
Ni : 3~5μm
Cu

■ 특성 비교

◆ 일반적인 Ni/Au Process에 의한 반응

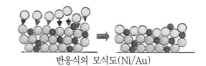

반응식의 모식도(Ni/Au)

Ni/Au Depth vs. Composition

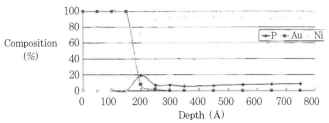

오제분석에 의한 계면 분석(Ni/Au)

* 일반적인 Ni/Au Process인 경우, 하지의 Ni와의 치환 반응으로 Au가 석출되므로, 계면에서 P농도가 높아집니다.

◆ PAUROBOND Process에 의한 반응

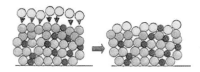

반응식의 모식도(Ni/Pd/Au)

* Paurobond Process인 경우, 환원에 의한 Pd가 Au와 치환되므로, 하지의 Ni나 Cu의 부식을 최소
한으로 할 수 있고, 계면에서의 P농도 상승을 억제할 수 있습니다.

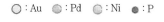

Ni/Pd/Au Depth vs. Composition

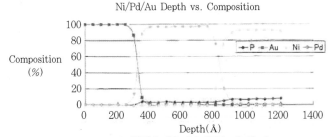

오제분석에 의한 계면 분석(Ni/Pd/Au)

9.10 고성능 ENIG

- 입계 부식의 문제를 해결

■ Ronamax SMT-115/Aurolectroless SMT-250 공정(Ni/Au)

■ Process 특징

◆ 반치환, 반환원치환금도금이므로 니켈의 어텍을 최소한으로 할 수 있다.

◆ 금 농도가 1g/L로 낮으므로, 지출 cost를 절감

◆ Ni의 석출 속도가 빠르다(14~17μm/Hr)

◆ S제계 안정제의 농도 관리가 가능

◆ 석출의 선택성이 양호하여 패턴 밖으로의 석출이 적어져서, 패턴간 short 문제 감소

◆ Ball bonding성 등 신뢰성이 높다.

■ 일반적인 Ni/Au Process에 있어서 입계부식

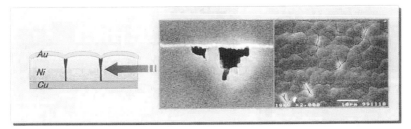

■ Ronamax SMT-115/Aurolectroless SMT-250 Process의 원리

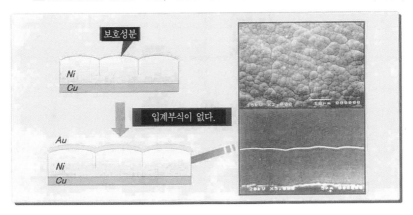

9.11 저유전 기판으로서 우수한 가공성을 꾀하는 고주파 Package 대응 PPE 프린트 기판 재료

■ 특징
- GHz 영역의 전기 특성이 Glass/PTFE 기판에 적합합니다.
- 테프론(Glass/PTFE)기판에 비해 가공성이 뛰어납니다.
- 전기 특성의 Drift가 적고 양호합니다.
- High Tg, 저흡수이므로, 높은 신뢰성을 갖고 있습니다.

■ 용도
- 안테나(휴대전화기지국, ETC, 무선LAN 등)
- 고주파 Filter, 기지국 Power amp, Digital 방송 수신기, 위성 방송용도
- 반도체 Package 등

| 항 목 | | 측정조건 | 단위 | 금회 개발 PPE | | 기존 PPE | | 테프론 | FR-4 |
				TLC-593 (Halogen free)	TLC-593GM (Halogen free)	TLC-598	TLC-598 GM	Glass /PTFE	
유전율[1GHz]		C-96/20/65	-	3.6	3.4	3.3	3.1	2.6	4.4
유전정접[1GHz]		C-96/20/65	-	0.0022	0.0016	0.0025	0.0019	0.0014	0.0180
Glass전이온도 [TMA]		TMA	℃	160-180	160-180	150-170	150-170	-	120-125
흡수율		PCT-2/121	%	0.18	0.18	0.18	0.18	0.08	0.8
열팽창 계수	X,Y방향	(<Tg)		13	13	18	18	-	15
	Z방향	(<Tg)	ppm/℃	30	30	70	70	85	65
		(>Tg)		200	200	480	480	-	260
내연성[UL94]		E-168/70	-	V-0(Rating)	V0-(Rating)	V-0	V-0	V-0	V-0

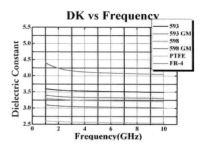

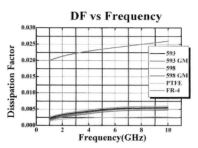

9.12 진동과 열 복리에 강한 열공정 전극 접속 공법에 최적인 NCP

■ 특징

- 공정 온도 영역에서의 전극 접합이 가능합니다.(종래품에서는 void 발생하여 사용 불가)
- 이 결과, 공정(합금화)에 의한 전극 접속이 가능해져, 신뢰성이 향상됩니다.
- 합금화 process와 수지 봉지 process가 동시에 이루어지므로, 생산 cost가 다운됩니다.

■ 용도

- COF, LCD-Driver의 열공정에 의한 Flip chip 실장(전극 접합과 under fill층 형성)
- 선도포 underfill 공법
  (본건은 주식회사 미스즈공업과 공동개발한 것입니다.)

■ 접합 특성값

Characteristic Item		New NCP	Test Condition
Liquid Property	Viscosity(pa·s)	40	25℃
	Tixotropic	1.0	0.5/2.5rpm
	Gelation Time(sec)	50	150℃
	Ash content(wt%)	3.0	600℃
Cured Property	Tg(℃)	30	TMA
	Modulus(MPa)	500	DMA
	CTE(ppm)	60	TMA
	Impurity(ppm)	2.0	Cl ion
	Impurity(ppm)	1.2	Na ion

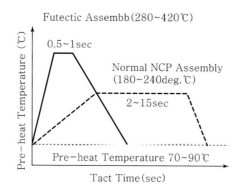

■ 접합부분의 단면도

열압접접합

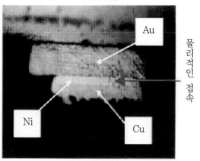

열공정접합

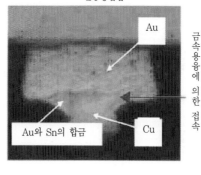

2. PCB 주요공정 용어

Cutting(재단)

제품 사양에 따라 CCL 또는 내층 원자재(TIN CORE)를 Standard Working Size(사내 작업표준치수)로 절단하는 공정
* CCL : Copper Clad Laminate(원판)

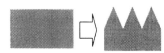

Inner Layer Scrubbing(내층정면)

TIN CORE 표면에 발생된 산화막이나 지문 등을 제거하고, LPR INK 또는 DF이 잘 접착되도록 동박 표면을 거칠게 해주는 공정.

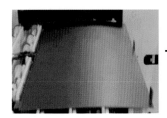

Inner Layer LPR Lamination (내층 라미네이션)

정면된 TIN CORE 표면에 패턴 형성을 위한 준비공정으로 감광성 LPR INK를 Roller Coater를 이용하여 도포하는 공정

Inner Layer Exposing(내층노광)

회로 형성을 위한 공정으로 코어 표면의 코팅된 LPR INK에 노광용 FILM을 씌운 후, UV를 조사하여 필요한 부분(UV를 받은 LPR INK)을 광경화 시키는 공정.

Developing(현상)

노광(exposure)후 LPR INK의 비 경화부위를 현상액으로 용해, 제거시키고 경화부위의 LPR을 남게 하여 기본회로를 형성시키는 것.

Etching(부식)

TIN CORE상의 동박 중 LPR INK으로 덮혀진 부분이외 즉, 회로 Pattern이 아닌 부분의 노출된 동박을 약품(Acid Etchant : 산성 부식액)으로 제거하는 공정

Stripping(박리)

회로가 형성된 기판 위에 남아있는 LPR INK를 알칼리 약품으로 제거시키는 것.

A.O.I

Auto Optical inspection(자동광학검사) : 내층 image 및 Acid Etching(염화동 부식) 공정에서 발생할 수 있는 결함 즉, 내층회로의 open & short, slit, pinhole, 동박 잔사, 이물질 등을 AOI를 사용하여 검사하는 것 (Scanning 기능).
표면상에 결점부위 발생시 VRS 또는 VT로 확인해서 수정이 가능한 부위는 수정해서 후공정 연결

OXIDE

회로 Pattern이 형성된 내층을 외층과 접착 시
키기 전에 접착력 강화처리를 하는 공정으로 화
학적인 방법을 사용하여 동박이 브라운 색이 될
때까지 강제로 산화시켜서 표면을 Rough하게
만든다.

LAY-UP

회로가 만들어진 내층기판과 Prepreg
(Bonding Material : 접착제) 그리고 외층이
가공될 동박을 겹쳐서 쌓는 작업을 하는 공정으
로 mass Lamination(6층 이상의 경우는
Rivet을 사용)방법과 pin Lamination방법이
있다.

LAMINATE(적층)

1) 접착제에 의해 둘 이상의 자재를 접합하는
   공정
2) PCB 제조에 사용되는 기자재로써 통산 동
   박과 PAPER 또는 GLASS CLOTH(유리
   섬유)를 RESIN(수지)과 함께 적층 성형하
   는 것.
3) EPOXY GLASS FIBER 대신 CERAMIC
   PAPER, COATED STEEL, MOLDED
   PLASTIC, STEEL GLASS 등의 다른 기
   본 자재를 사용하는 경우 LAMINATE 대
   신 SUBSTRATE라고 칭함.

MASS LAMINATION

회로형성된 TIN CORE를 Prepreg, Copper Foil을 이용, SPEC에 따라 동시에 적층하는 MLB의 대량 생산 공정

PRESS

OXIDE 완료된 내층과 층간 절연물 그리고 외층용 동박 등을 하나로 접착시키는 작업으로, 고온 진공상태에서 일정시간 가압한 후, 실온까지 Cooling하여 완료하는 공정. Press의 진공도, 평행도와 압력, 열전달 방법과 효율 그리고 특히 사용되는 Prepreg의 Glass Weave Type, Resin Flow Rate, Resin Content, Gel Time, Tg Point 등이 품질에 영향을 미친다.

DRILL

고객의 Hole 정보를 기초로 사내에서 Edit(편집)한 CNC(Computer Numerical Control) Data로 Working Panel상에 구멍을 가공하는 공정

DEBURRING(이물질 제거)

High Pressure Water

Drilling시에 발생한 burr(이바리)와 홀 속의 chip, particle 및 산화막이나 지문 등을 기계적인 연마방법(buffer brush)으로 제거하고 후공정의 무전해 동도금이 잘 접착되도록 동박 표면을 거칠게 해주는 공정

Desmear(스미어 제거)

Drilling시 Drill Bit와의 마찰열로 발생한 Hole속 내벽의 Epoxy Smear 현상을 화학적으로 제거하여 제품의 전기적 특성을 강화하는 공정으로 홀 내벽 수지 층에 Roughness(조도)를 형성하여 화학동 도금의 밀착력을 강화하기도 한다.

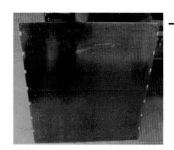

Panel Copper Plating(전해 판넬 동도금)

Plated Through Hole :
Hole 내벽에 부여된 전도성을 이용하여 전기석출법(Electro Deposition)으로 1차 동을 규정두께 20~25㎛만큼 Hole내벽에 추가 도금하여 전기적 특성을 강화하는 공정 Panel 전체에 전기동을 입히기 때문에 Panel plating이라고 한다.

Outer Layer Scrubbing(외층 정면)

도금된 동박 상에 발생된 산화막이나 지문 등을 제거하고, Dry Film이 잘 접착되도록 동박면을 거칠게 해주는 공정

Outer Layer Dry Film Lamination (외층 사진 인쇄막 도포)

정면된 Panel상에 Dry Film(Photo Sensitive: 감광성 사진인쇄막)을 정해진 열과 압력으로 압착도포하는 공정

Outer Layer Exposing(외층 노광)

작업 Panel상에 Lamination된 Dry Film위에 Working Film을 정합하고 정해진 Intensity와 Time의 빛 Energy를 공급하여 Monomer(단량체)를 Polymer(중합체)로 변경시켜 필요한 Pattern image를 재현해 내는 공정

Outer Layer Developing(외층현상)

노광에서 Polymer(광경화 중합체)로 변하지 않은 즉, 빛을 받지 않은 부분인Monomer(미경화 단량체)부분을 Chemical (Na2CO3)을 이용해 벗겨내는 공정

Solder Resist Mask Printing (솔더마스크/땜납방지막 인쇄)

물리, 화학적 환경하에서 내구성을 갖는 불변성(석유)화합물인 Permanent ink를 도금된 동박 회로상에 Coating함으로써, 회로를 보호하고 동시에 차공정인 HSAL과 부품실장시 실시하는 Wave Soldering 공정에서 회로와 회로 사이에 Solder Bridge(땜납 걸침)현상이 발생하는 것을 방지하기 위해 실시하는 공정

Legend Mark(Symbol) Printing (기호식자 인쇄)

고객의 요구나 고객이 필요한 자료를 공급했을 때, 업체명(logo), 최종 제품 code, Part Number(부품번호)나 부품의 위치(좌표)부품의 종류, 정격용량 등 PCB상에 표기되어야 할 Symbol(기호)이나 Lettering(식자)를 불변성 잉크로 기판상에 인쇄하는 공정

Hot Air Solder Leveling(땜납도포)

고온의 땜납 용융 Tank에 기판을 침적한 후, 고온, 고압의 열풍으로 불어줌으로써, Solder Mask(땜납방지막)이 Coating되지 않은 부위 (주로, Hole주변과 내벽 및 부품 실장용 Pad)에 균일한 두께로 땜납을 입혀주는 공정. 이는 땜납방지막이 미도포된 즉, 동으로 노출된 부위의 회로를 보호하고, 부품 실장시 납땜이 잘 되도록 해주기 위함이다.

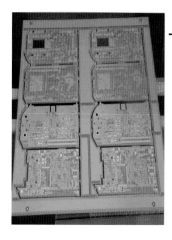

무전해 금도금

일반적으로 Immersion Gold라고 하며 니켈도금의 산화방지를 위해 실시하며 Soldering성의 향상, 접촉저항의 강화를 목적으로 한다. 전기적 특성이 아닌 촉매로 순수화학 반응에 의해 금도금 하는 방식으로 전해금도금과 비교해 고립된 회로에도 도금이 되는 것이 큰 이점이며, 전류분포의 영향이 전혀 없기 때문에 도금이 균일하게 되고, 순도가 높다.
1. 내마모성은 떨어지나 Wetting이 우수
2. 무선통신용에 주로 사용되며 noise가 적다.

Routing(외형가공)

PCB 생산의 품질 및 생산성 향상을 위해 사용한 Working Panel (작업배열)을 고객이 요구한 최종의 제품 사이즈의 모양으로 만들기 위해 외형을 가공하는 공정으로 Drill 공정과 유사하게 CNC Router M/C 과 Router Bit 및 Program Data를 사용하여 작업이 이루어진다.

V-CUT

Panel이나 PCB를 분할하기 위해 가공하는 V 형의 홈

단자면취

단자부위의 Socket 삽입을 원활히 하기 위해 단자부위 단면 양쪽에 경사각을 주는 공정

Final Cleaning(최종수세)

순수한 증류수로 기판을 세정하는 공정으로 연속되었던 앞 공정과 외형가공 공정에서 발생한 Chip(부스러기)과 이물질, 지문 등의 오염물들을 제거하여 뒤 공정 즉, Electrical Test (전기적 성능시험)을 준비하며 동시에 고객에게 깨끗한 제품을 인도하기 위해 실시하는 공정이다.

B.B.T(Bare Board Test)

제품의 solder mask open 회로에 동일한 위치로 배열된 도전금속 핀들을 접점 시킨 상태에서 각각의 핀에 전류를 통하여 각 제품의 회로 결손 여부를 테스트하여 기판의 전기적 신뢰성을 확인하는 공정

Final Visual Inspection(최종 육안검사)

전기적 성능시험이 완료된 후, 기판상에 발생한 기타 결함(외관)에 대한 적합성을 중심으로 확대경 검사 및 육안검사로 확인한다.
(육안검사 항목 : PSR, 마킹, 표면처리, 외형가공· 등)

Outgoing Inspection(출하검사)

전수검사를 기본으로 하는 최종검사가 완료된 LOT를 대상으로 출하직전에 최종검사 항목 전부와 추가로 Reliability TEST(신뢰성시험)까지를 전문검사자가 소량의 표본제품을 Random Sampling하여 검사하고 그 결과에 따라 출하의 가/부를 판정하고 합격품인 경우 고객이 요구하는 COC(Compliance of Conformance = 출하보증성적서)를 작성/첨부하는 품질보증 차원의 검사를 실시하는 공정, 자동계측기 (Vernier Calipers, Dial Gauge, Pin gauge, 3차원 측정기)

BOW(휨)

제품의 휘어진 정도를 측정하여 차공정인 SMT (부품실장)를 원활하게 진행시키기 위하여 정밀정반 위에서 제품의 휨을 제거 시키기 위한 공정

Vacuum Packaging(진공포장)

고객에게 제품을 납품하기 위해, 낱개 및 단위로 포장하는 공정, 낱개 PCB를 단위별로 진공포장 후 Cushion(완충제)와 함께 다시 box포장을 하며, 장거리 운송이나 고객의 요구시는 Banding M/C을 이용한 포장도 하며, 고객별의 요청에 따라 BOX상에 필요한 표기를 하고, 출하검사시 작성된 검사 성적서를 첨부하기도 한다.

3. 원판 용어

1. 유기계 재료

NO	용 어	구 분	비 고
1	종이 기재 동장 적층판	종이, 페놀, 동박 적층판	
		종이, 폴리에스테르, 동박 적층판	
		종이, 에폭시, 동박 적층판	
2	GLASS 기재 동장 적층판	GLASS포, EPOXY, 동박 적층판	
		GLASS포, 폴리이미드, 동박 적층판	
		GLASS포, TEFLON, 동박 적층판	
3	COMPOSITE 동장 적층판	GLASS포, EPOXY, 동박 적층판	
		GLASS포, 폴리이미드, 동박 적층판	
		GLASS포, TEFLON, 동박 적층판	
4	내열 열가소성 기판	폴리사프론계 수지	
		폴리에테르이미드 수지	
		폴리에테르케톤 수지	
5	FLEXIBLE 기판	POLYESTER FILM	
		GLASS포, EPOXY 동장 적층판	
		POLYIMIDE FILM	

2. 무기계 재료

NO	용 어	구 분	비 고
1	CERAMIC 기판	알루미나 기판	
		AIN (질화 알루미늄 기판)	
		SIC (탄화 규소 기판)	
		지온 소성 기판	
2	금속 계기판	금속 베이스 기판	
		METAL CORE	
		보론 기판	
3	기 타	GLASS 기판	
		보론 나이트 라이트	

3. 상품별 구분(두산전자 기준)

CLASSIFICATION	ANSI Grade	DESIGNATION	PROPERTIES
PACKAGE SUBSTRATE	FR-4	DS-7409(H) DS-7409(HB) DS-7409(HF) DS-7409(HFB)	▶Super for moisture resistance(Tg 185℃) ▶High Elastic Modulus(Tg 180℃)
BUILD-UP MATERIAL	FR-4	DSF-400 DSF-400G DSF-500 DS-7408(GP) DS-8402(GP) DS-7408(LD) DS-7409(LD)	▶Resin coated copper foil(Tg 145℃) ▶Green RCC(Tg 145℃) ▶High Tg RCC(Tg 185℃) ▶Resin Impregnated Glass Paper(Tg 160℃) ▶High Tg Green Glass Paper(Tg 175℃) ▶Laser Drillable Bonding Prepreg(Tg 140℃) ▶High Tg Laser Drillable Bonding Prepreg(Tg 180℃)
FR-4 GENERAL	FR-4	DS-7405 DS-7405(UV) DS-7405A DS-7405(MS) DS-7408 DS-7402	▶Excellent dimensional stability ▶UV blocking ▶High CTI value(above 400V) ▶Anti-measling product ▶Tetra-functional(Tg 140℃) ▶Green laminate(Tg 150℃)
High Tg	FR-4	DS-7408(LT) DS-7409 DS-7409(S) DS-7402(H)	▶Lead free & Anti-CAF(Tg 155℃) ▶Multi-functional(Tg 170℃) ▶Superior for heat resistance(Tg 180℃) ▶High Tg green laminate(Tg 175℃)
LOW Dk	FR-4	DS-8405	▶Low Dk laminate for high speed(Tg 200℃)
MASS LAMINATE	FR-4	DS-7405MM DS-7408MM DS-7409MM	▶4-14 Layers mass laminate ▶4-14 Layers mass laminate ▶4-14 Layers mass laminate
BONDING SHEET	FR-4	DS-7405BS DS-7408BS DS-7409BS	(Bonding Prepregs for multi-layer board) ▶Tetra-functional ▶Multi-functional
PAPER PHENOLIC LAMINATE	FR-1	DS-1107	▶Good punchability & Flame resistance ▶Excellent mechanical property
	FR-1	DS-1107A	▶High CTI value(above 600V) ▶Excellent electrical property
	FR-1	DS-1107(S)	▶Anti-silver migration(For STH PCB) ▶Excellent heat & Water resistance
	FR-1	DS-1108	▶Green laminate(Halogen & Antimony free) ▶High CTI value(above 600V)
	FR-1	DS-1108(S)	▶Anti-silver migration(For STH PCB) ▶Green laminate(Halogen & Antimony free)
	FR-2	DS-1202	▶High CTI value(above 600V) ▶Excellent electrical property ▶Excellent humidity resistance
	FR-2	DS-1202G	▶Green laminate(Halogen & Antimony free) ▶Satisfaction of environmental regulation
	XPC	DS-1125	▶Excellent punchability ▶Excellent dimensional stability
COMPOSITE	CEM-1	DS-7106 DS-7106A DS-7106A(G) DS-7106(HC)	▶Excellent punchability ▶High CTI value (above 600V) ▶Green laminate (Halogen & Antimony free) ▶Copper foil thickness 400㎛
	CEM-3	DS-7209 DS-7209A DS-7209A(G) DS-7209(P) DS-7209(S) DS-7209(HC)	▶Excellent mechanical & Electrical properties ▶High CTI value (above 600V) ▶Green lanlinate (Halogen & Antimony free) ▶Low CTE(X, Y axis 20ppm max.) ▶Excellent punchability ▶Copper foil thickness 400㎛
DRILL BACK BOARD		DSLITE-1021 DSLITE-1022	▶Good property of drilling ▶Minimize burrs and resin smear
HEAVY COPPER CLAD LAMINATE	FR-4	DS-7405HC	COPPER FOIL THICKNESS 400㎛
FLEXIBLE COPPER CLAD LAMINATE		DS FLEX-600(S)	
		DS FLEX-600(D)	

CLASSIFICATION	LOGO		THICKNESS		SIZE & TOLERANCE
	Mark	Color	THICKNESS	TOLERANCE	SIZE
PACKAGE SUBSTRATE	NO LOGO			※	SIZE ON REQUEST
BUILD-UP MATERIAL	NO LOGO			※	SIZE ON REQUEST
FR-4 GENERAL	DS	RED		0.05-0.79 IPC-4101 CLASS C/M (MIL CLASS Ⅲ) OVER 0.8	915×1220 970×1220 1020×1020 1020×1220 1070×1220
High Tg	No Logo for multilayer board			IPC-4101 CLASS B/L (MIL CLASS Ⅱ)	
LOW Dk				Other Thickness are available upon request	
MASS LAMINATE			0.4-3.2 0.4-3.2 0.4-3.2	※	
BONDING SHEET					※
PAPER PHENOLIC LAMINATE	DS	VIOLET	0.5, 0.6	±0.08(one side) ±0.09(both side)	1020×1020 1020×1220 1070×1160
	DS	ORANGE	0.8	±0.10(one side) ±0.11(both side)	
	NO LOGO		1.0	±0.12(one side) ±0.13(both side)	
	DS	RED	1.2	±0.13(one side) ±0.14(both side)	
	NO LOGO		1.6	±0.14(one side) ±0.15(both side)	
	DS	RED	2.0	±0.16(one side) ±0.17(both side)	
	DS	ORANGE	2.4	±0.18(one side) ±0.19(both side)	
	DS	GREEN	3.2	±0.22(one side) ±0.23(both side)	
COMPOSITE	DS DS DS DS DS	RED ORANGE RED RED RED	0.8-3.2	IPC-4101 CLASS B/L (MIL CLASS Ⅱ)	915×1220 970×1220 1020×1020 1020×1220 1070×1220
DRILL BACK BOARD	NO LOGO				1020×1020

※ BONDING PREPREGS TYPE FOR MULTI-LAYER BOARD
· 106TYPE : 1260mm×200mm
· 1080TYPE : 1260mm×200mm
· 3313TYPE : 1260mm×200mm
· 2116TYPE : 1260mm×200mm
· 1506TYPE : 1260mm×200mm
· 7628TYPE : 1260mm×200mm

4. 일반용어

ARAMID

수치 변화율이 적고 전기적 특성이 좋은 새로운
타입의 원판 재질로 LASER 가공성이 좋아
ALIVH 등 BUILD-UP 기판에 사용

BT(Bismaleimide Triazine)

IMIDE GROUP

Bismaleimide 종류와 Triazine 수지를 주성
분으로 하는 분자내에 Imide기를 갖는 고내열
성 부가 중합형 열경화성 Ployimide 수지의
총칭. 내열성이 무척 크기 때문에 반도체 Chip
을 직접 탑재하는 실장 방법에 많이 사용. Tg
는 약 210℃임.

CAF(Conductive Anodic Filaments)

Glass 수지면을 따라 발생하는 동 Migration
을 말함. Glass 수지(Fila- ment)에 따라 동
이 Filament 상태로 석출되는 현상. HOLE과
HOLE 간격이 좁아짐에 따라 문제가 되고 이
를 방지하기 위해 수지 내 염소 등 불순물의 농
도를 줄인 원판이 사용된다.

CCL(COPPER CLAD LAMINATE)

수지 위에 회로기판을 사용할 수 있도록 동박을
입혀 놓은 적층판(원판)

CEM-1

에폭시 레진을 함침시킨 종이코어를 가진 합성
체이다. 같은 레진으로 함침되어 조직된 유리섬
유는 두 표면으로 덮혀 있다. 이러한 구조는
FR-2, FR-3와 같은 드릴 가공성과 FR-4와
비슷한 전기적, 물리적 특성을 가지게 한다.

CEM-3

표면에는 직조된 유리섬유가 에폭시레진이 함침되어 있고, 코어는 직조되지 않는 유리 섬유에 에폭시 레진이 함침되어 있다. 이것은 CEM-1보다 비용이 더 비싸지만, PTH에는 더욱 효과적이다.

COMPOSITE LAMINATE

복합적층판 → 연속된 FILAMENT GLASS 층과 또 다른 재료의 CORE층을 적절한 결합체에 함침시켜 만들어내는 적층판

COMPOSITE TYPE

CEM-3와 같이 WEAVING TYPE의 GLASS를 사용하지 않고 GLASS FIBER를 잘게 부수어 보강제로 만든 원판

COPPER FOIL

동박 절연기판의 단면 또는 양면을 덮어 도체 패턴을 형성하기 위한 동박

EPOXY RESIN

에틸렌 산화물과 그 파생물 및 동족체를 BASE로 열경화성 물질 FR-4등 PCB 원판으로 가장 많이 사용되며, 접착성, 내열성, 전기적 특성이 우수한 수지

FR-2

불에 타지 않는 페놀계 레진을 함침한 여러겹의 종이로 이루어져 있다. 주요한 장점은 상대적으로 낮은 비용과 좋은 전기적 특성 및 가공 품질이다. 그다지 크기 안정성이 필요하지 않은 라디오, 계산기, 장난감 등의 기판에 사용한다.

FR-3

에폭시 레진 접합제를 함침시킨 여러 겹의 종이
로 이루어져 있다. 이것은 FR-2보다는 나은 전
기적 물리적 특성을 가졌지만, 보강제로서 직조
된 유리 섬유에 에폭시 레진을 함침한 것보다는
못하다. 소비재, 컴퓨터, TV, 통신기기 등의
제조에 사용.

FR-4

에폭시 레진이 함침된 유리 섬유가 여러겹으로
쌓여 있는 것이다. 치수변화나 흡수성이 적으며
주파수 특성 및 열과 강도 등이 기타 다른 재질
과 비교할 때, 가장 평균치에 가까운 재질임.
가격 대비 성능이 우수하여, 일반적으로 사용하
는 재질임.

FR-5

다기능 에폭시 레진을 함침시킨 직조 유리 섬유
를 여러겹 쌓은 것. FR-4의 유리전이 온도가
125~135℃인데 반해, 150~160℃의 유리전
이 온도를 가지고 있다. 이것은 GI형태보다는
못하지만, FR-4보다는 높은 유리온도 때문에
열저항성이 좋다.

GEL TIME

반경화 상태인 Resin을 가열하여 액체 상태로
되었다가 굳어지는데 걸리는 시간(sec)
적층시 Press Cycle Profile을 설정하는데 있
어 Gel Time/Heat Rate/Molding Time/
Cold Time/Pressure 등이 적절하게 고려되
어야만 적층 후 품질이 우수한 기판을 얻을 수
있음.

GI

폴리이미드 레진을 함침시킨 여러겹의 직조된 유리섬유로 이루어져 있다. 이 물질은 200℃가 넘는 유리전이온도를 가지고 있어서 드릴 작업이 이루어지는 동안 발생한 열로 인한 드릴 SMEAR가 발생하지 않는다. 게다가 높은 온도에서 뛰어난 기계적 특성과 Z축 크기 안정성을 보여주고 있다. 하지만 에폭시 레진보다는 층간 접착 강도가 약하기 때문에 드릴이나 ROUTING 시에 주의를 요한다.

GLASS

106.108.2116.7628 등 원판 보강재로 사용되는 것

MIGRATION(전이, 이동)

절연물질의 표면과 접촉되어 있는 금속(주로 은)이 습한 환경 조건하에서 전기적인 전위 변화를 일으켜 금속의 일부가 이온화되고 그 초기 위치로부터 이탈하여 다른 새로운 곳에서 금속으로 재 석출되는 공정.
또, 이러한 금속전이 현상을 금속의 표면에서 수지상 결정을 전이하는 Lateral Migration과 절연층 속까지 파고드는 전이인 Through Migration 등이 있으며 절연 저항치를 떨어뜨리고 절연 특성을 파괴한다.

PHENOL RESIN

원판의 유리 섬유를 결합시키기 위해 사용하는 강화 재료

POLYIMIDE

주파수 특성 및 임피던스 특성 등의 문제를 고려할 경우 고려해 볼 수 있는 재질임. 고단가이며 특성을 요구하는 PCB에 사용.

PPE(Polyphenylene Ether)

Impedance Matching 등의 반도체 Device Test시 사용하는 Interface Card 등에 소량 사용. 고단가 재질임.

PREPREG

유리천 등의 바탕재에 열경화성 수지를 함침시켜 B STAGE까지 경화시킨 SHEET 모양 재료 (B STAGE란 : 수지의 반경화 상태)

RCC

RESIN COATED COPPER FOIL로 FR-4와는 달리 GLASS FIBER가 없어 LASER DRILL의 가공성이 좋은 재료. 동박에 60~80μm 두께의 EPOXY 수지 코팅됨.

TEFLON

$-(CF2-CF2)n-$

고강도 재질이며 유전율이 낮아 고주파 특성이 우수함.
그러나 강도가 높아 가공하기가 어려운 단점이 있음. 고강도의 특성을 지녀 반도체소자 Burn-in Test용으로도 사용함.

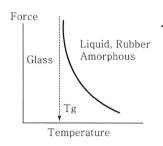

Tg

Glass Transition Temperature
(유리전이온도)
Tg가 높다는 것은 내열성이 향상된다는 의미임.
FR-4 : 135℃
High Tg FR-4 : 170℃
Polyimide : 250℃

TIN-CORE

다층 적층시 내층에 들어가는 ETCHING된 기판으로 두께가 얇다.

DI-FUNCTIONAL

Tg(유리전이온도)가 135℃인 FR-4 원판

TETRA-FUNCTIONAL
MULTI-FUNCTIONAL

Tg가 140℃인 FR-4 원판

HIGH Tg
HIGH PERFORMANCE

Tg가 170℃ 이상인 일반고다층원판
경화제는 DICY

HIGH RELIABILITY

경화제가 PHENOLIC NOVOLAC TYPE으로 내열성을 강화해 LEAD FREE 제품에 대응하고 또한 ANTI CAF 특성을 만족시키기에 FINE PITCH 전장제품에도 사용

LOW CTE

상기 제품에 FILLER를 넣어 Z-AXIS CTE
(COEFFICIENT OF THERMAL EXPANSION)
를 40ppm(알파1) 이하로 낮춰 초고다층 제품
에 사용

GETEK EQUIVALENT

유전율이 3.8 되는 HIGH SPEED 제품용 원
판으로 가장 많이 사용됨. 점점 사용이 증가될
것임.
큰 차원에서 3.6인 PPE도 이 범주에 속한다
할 수 있으나 PPE는 다층간의 접착강도가 약
하고 가격도 비싸 사양의 길을 걷고 있다.

RF용

세라믹 FILLER를 넣어 유전율과 유전정접을
조정하거나 PTFE 계열을 사용해 RF나
MICROWAVE에 적합하게 설계한 원판

5. CCL PRODUCTION PROCESS(1/2)

5.1 PRODUCTION PROCESS(PHENOLIC/EPOXY)

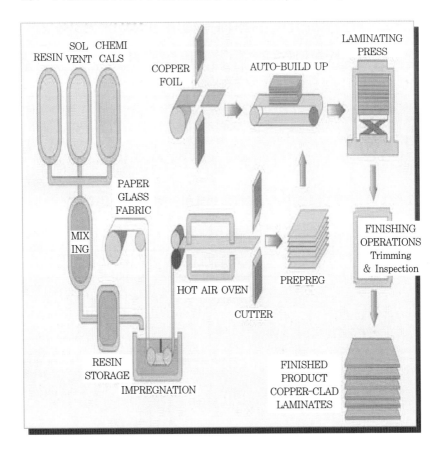

5. CCL PRODUCTION PROCESS(2/2)

5.2 FLOW OF MATERIAL FOR MULTI LAYER

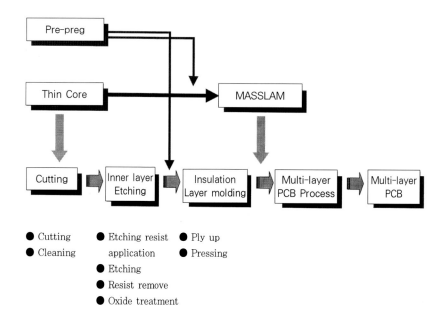

● Cutting   ● Etching resist   ● Ply up
● Cleaning   application   ● Pressing
               ● Etching
               ● Resist remove
               ● Oxide treatment

6. 플랙시블 PCB용 폴리이미드 연성기판재료((주)상아프론테크 자료)

Polyimide Copper Clad Laminates For Printer Circuit Board

연성기판재료는 접착제를 사용하지 않고, 폴리이미드 필름과 동박을 라미네이팅한 2LAYER 제품으로 새로운 공법을 적용하여 개발된 플렉시블 프린터 기판용 핵심소재임.

1) 2LAYER CCL의 기본구조(Structure of 2LAYER CCL)

단면구조 Single-sided CCL

Copper
Polyimide Film

양면구조 Double-sided CCL

Copper
Polyimide Film
Copper

2) 표준 ROLL 규격(Standard Roll Size)

동박 Copper Foil	폭 Width(mm)	길이 Length(M)	지관둘레 Paper Core Diameter
Single-Sided	500, 250	50, 100	3inch
Double-Sided	500, 250	50	3inch, 6inch

*상기 규격은 표준 포장규격이며 고객의 요청사양에 따른 특수포장(길이, 폭조절)단위도 가능.

3) 특징(Primary Features)

1. 우수한 굴곡강도와 유연성	1. Excellent flexible endurance
2. 칫수안정성	2. Dimensional stablity
3. 높은 내열온도	3. Thermal resistance
4. 우수한 전기적 특성 및 절연특성	4. Excellent in insulation reliablity
5. 화학적 안정성	5. Chemical resistance

4) 적용용도(Essential Application)

Mobile phone, LCD, PDP, HDD, Digital TV(AV), DVD, CD-ROM, Printer, IC card, etc.

Polyimide COPPER CLAD LAMINATES
SFL-S(D) SERIES SAFLEX®

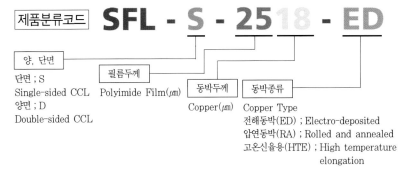

5) 표준제품 규격(Standard Specification)

동박 Copper Foil	종류 Type		전해동박(ED)/압연동박(RA)/HTE
	두께 Thickness(㎛)		18, 35
필름 Film	종류 Type		폴리이미드 필름(Polylmide Film)
	두께 Thickness(㎛)		12.5, 25, 38, 50, 75
제품규격 Product Size	폭 Width(mm)		250, 500
	길이 Length(M)		50, 100

6) 제품특성표(Typical Properties of Products)

시험항목 Test Items	시험조건 Test Conditions					Value
	狀態(Condition)		폭(mm)	Method	Unit	
동박박리강도 Peel Strength	常 態		3.2	90°	Kgf/cm	1.1
	열간 Soldering Resistance	As received	10	90°	Kgf/cm	1.4
		250°	10	90°	Kgf/cm	1.3
		300°	10	90°	Kgf/cm	0.7
	Thermal Resistance		10	90°	Kgf/cm	1.1
	Chemical Resistance	2N-HCl	3.2	90°	%	100
		2N-NaOH	3.2	90°	%	100
치수안정성 Dimensional Stability	After Cu etching			MD	%	0.060
				TD	%	0.025
	After soldering at 150℃×30분			MD	%	0.080
				TD	%	0.035
내굴곡성 Folding Endurance				MD	Cycle	110,000
				TD	Cycle	150,000
Soldering Resistance 300℃ for 1min(납땜 내열성)						Pass
체적저항(Volume Resistance)					Ω·cm	16 Order
표면저항(Surface Resistance)					Ω	14 Order
유전율(Dielectric Constant)					–	3.5
유전정접(Dissipation)					–	
절연파괴강도(Dielectric Strength)					KV/25μm	5
인장신율(Tensile Elongation)					%	54
인장탄성율(Tensile Modules)					Kgf/cm²	68,000
흡수율(Water Absorption)					%	1.0

4. DRILL BIT 용어

1. PCB Drill Bit 일반

NO	항 목	내 용
1	MAKER	· 일본 : MITSUBISHI, SUMITOMO, UNION, TOSHIBA · 대만 : TCT, KEY, TOP · 유럽 : HAM, KEMMA, HP · 한국 : 인곡산업, NEOTIS
2	RESHARPENING (재연마)	가공 말단의 접촉면(LIP)을 재 연마하여 다시 사용하는 재생 기술 가공 업체에 따라 3회 이상 사용하나 품질적으로 저하됨.
3	BIT 소재	초경합금으로 텅스텐 카바이드(WC)를 주성분으로서 코발트(Co)를 결합재로 하고 재종에 의해서는 WC이외의 탄화물 즉 티탄 카바이드(TiC), 탈탄 카바이드(TaC)등을 첨가하여, 분말 치금법에 의해 제조함.
4	규 격	국제 규격을 준수하며 SPINDLE에 물리는 몸체부분을 Shank라 하고 3.175¢이다. 전장은 38.1에 Maker별 기준공차를 적용한다. Hole을 가공하는 선단부 직경은 0.10¢~6.50¢까지 다양하다.
5	TYPE	PCB가 고다층화, 고밀집화 되면서 BIT 또한 대응하여 발전하여, MAKER별 다양한 Type으로 고객사양에 맞추고 있다. 일반적인 분류는 · ST-Type : 선단부가 Shank까지 일정 ¢를 유지하며 3.15¢ 이하 · UC-Type : 선단부에서 Shank까지 일정하게 외경이 감소하며, 1.20¢ 이하 · ID/RD-Type : 선단부가 Shank(3.175¢)보다 큰 3.20¢ 이상 · SLOT-Type : 장공홀 가공용으로 0.50¢~1.85¢까지

2. PCB Drill Bit Product Range

NO	Drill Series	PRODUCT
1	ST (Straight Drill)	일반적인 형태로 범용적이며 0.10¢~3.15¢까지 사용한다. MLB보다는 D/S에 적합하며 Roughness보다는 DTP에 강점.
2	UC (Undercut Drill)	MLB작업에 우수하며 Hole내벽과의 마찰을 극소화한 BIT로서 0.25¢~1.20¢까지 소구경 위주로 사용한다.
3	RD (Reverse Drill)	3.2¢~6.5¢를 지칭하며 대구경으로 소구경과 형태면에서 많은 점이 틀리다.
4	SD (Slot Drill)	일반 BIT로 가공이 불가능한 장공홀 전용으로 항절성에 주안점을 두어 Chip배출은 미약하나 절손은 않된다.

3. Drill Principle Dimension Tolerance

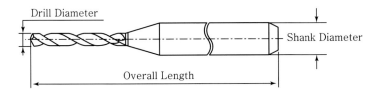

Shank Diameter : 3.175mm	−0.001mm −0.008mm
Drill Diameter :	+0 −0.01mm
Overall Length : 38.1mm	+0.2mm −0.1mm

4. BIT의 외관검사 기준(1/2)

NO	불 량 명	불량 내용	불량 모양	외 관 설 명
1	양 품		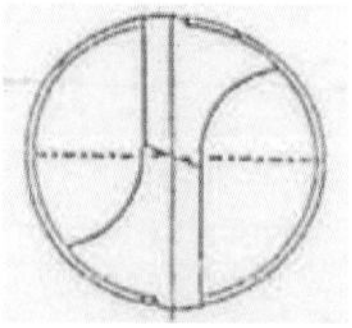	왼쪽의 그림이 양품이고 2~10의 그림은 불량으로 함. 불량품의 그림에서 불량 개소를 ←(화살표)로 나타낸다.
2	LAYBACK (Critical)	· Roughness 거침 · Smear	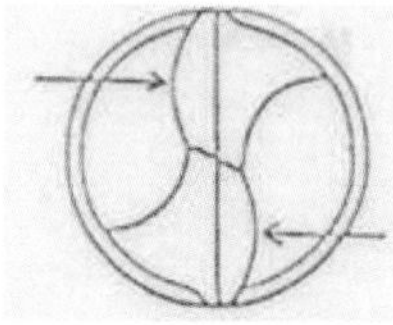	날몸통 둥글어짐 드릴 ¢ 수의 0.5% 최대 0.01㎜
3	CHIP (Critical)	· 가공 중 절손 · Roughness 거침	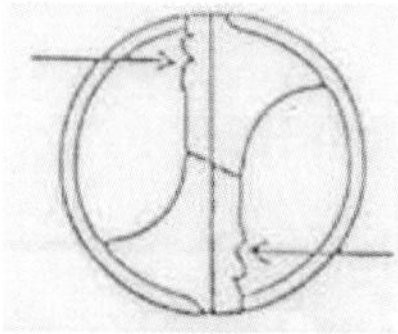	날빠짐 현미경으로 보이지 않음 ¢0.3 ~¢0.8(40X), ¢0.85~¢3.175(30X)
4	CHIP EDGE (Critical)	· Roughness 거침	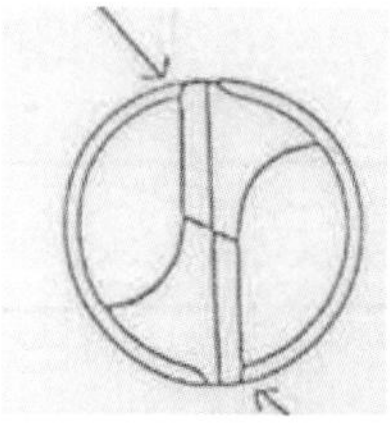	날끝 둥글어짐 현미경으로 보이지 않음 ¢0.3 ~¢0.8(40X), ¢0.85~¢3.175(31X)
5	OVERLAP (Major)	· Roughness 거침 · DTP 저하		날겹침 드릴 ¢ 수의 1.5% 최대 0.018㎜
6	OFFSET (Major)	· Roughness 거침 · DTP 저하 · ¢ 확대		편연마 드릴 ¢ 수의 1.5% 최대 0.018㎜

4. BIT의 외관검사 기준(2/2)

NO	불 량 명	불량 내용	불량 모양	외 관 설 명
7	GAP (Minor)	· BIT 수명 감소 · Smear		날 벌어짐 드릴 ℄ 수의 1.5% 최대 0.018㎜
8	NEGATIVE (Minor)	· BIT 수명 감소 · DTP저하		날칼 좁아짐 최대 0°
9	FLAIR (Minor)	· BIT 수명 감소 · DTP 저하		날끝 커짐 최대 4°
10	HOOK (Minor)	· BIT 수명 감소		날꺼짐 드릴 ℄ 수의 1.5% 최대 0.019㎜

5. 미크론 드릴 표준 절삭조건
(STANDARD DRILLING CONDITIONS FOR MICRON DRILL)

인곡산업(주) 자료

TYPE	DIEMETER (m/m) 외경	REVOLUTION (RPM) 회전수	FEED RATE (m/MIN) 이송속도	용 도	특 징
RRM	0.10~0.15	130,000~160,000	1.0~2.25	BGA 기판 MLB 기판	뛰어난 홀 내벽 품질 향상과 홀 위치 정도
	0.20~0.25	80,000~150,000	0.8~3.75		
PRM	0.10~0.15	120,000~160,000	1.0~2.25	일반 기판 다층 기판	홀 내벽 품질향상, 내벽조도, 층간박리, 핑크링, 스미어 감소
	0.20~0.25	100,000~150,000	0.8~3.75		
PDF	0.30~0.35	90,000~140,000	1.4~3.2	양면 기판 MLB, BGA BUILD-UP	홀 위치 정도 향상 및 고강성에 의해 종래의 가공조건보다 고이송 가공이 가능
PXF	0.40~0.45	70,000~90,000	1.4~2.4	다층기판 1.6T 3PNL 겹침 소경 가공	홀 품질 홀 위치와 함께 균형 잡힌 TYPE
	0.50~0.55	70,000~90,000	1.4~2.8		
PH	0.60~0.65	60,000~70,000	1.8~3.2	다층 기판 일반 기판	0.60ø 이상의 일반 가공 HOLE 위치 HOLE 품질과 함께 우수한 만능 타입
	0.70~0.85	60,000~70,000	1.8~3.5		
	0.90~1.15	40,000~50,000	2.0~3.6		
	1.20~1.45	40,000~50,000	1.9~3.4		
	1.50~1.65	40,000~50,000	1.6~3.0		
	1.70~3.15	25,000~30,000	1.7~3.2		
PHG	0.50~0.85	60,000~80,000	2.40~4.20	다층 기판 일반 기판의 장HOLE 가공	드릴 가성이 높고 HOLE의 휨이 적음. 고정도의 장HOLE 가공이 고능률로 가능
	0.90~1.15	40,000~70,000	2.00~3.60		
	1.20~1.65	45,000~55,000	1.80~3.30		
RH	0.20~0.60			양면 기판 FLEXIBLE 기판	ST TYPE으로 가장 범용성이 있음. 구형상은 CHIP 배출성과 드릴 강도를 고려하여 설계
RD	3.20~6.50			MLB 양면 기판	정교한 홀 품질 월등한 공구수명 역단 DRILL

TYPE	DIEMETER (m/m) 외경	REVOLUTION (RPM) 회전수	FEED RATE (m/MIN) 이송속도	용 도	특 징
TRRM	0.10~2.0			BGA 기판 MLB 기판	초고속 가공용으로 개발된 신제품 뛰어난 홀 위치 정도 및 홀 품질 높은 생산성 SHANK 2ø
TID	2.05~4.5			〃	〃
IRD	0.5~3.175				절삭침을 상향배출
IDD	0.8~2.0			ROUTER BIT	하향배출
IDL	0.8~1.6				왼쪽방향으로 회전하며 가공
IRC	0.5~3.175			〃	절삭저항을 최소화한 제품
ICD	0.8~2.0				
IRM	0.5~3.175			MULTI FLUTE ENDMILL ROUTER BIT	BURR 제거시에 좋은 성능
IMD	0.5~3.175				
IRE	0.4~3.175			SLOT 가공 TEFLON 기판 FLEXIBLE 기판	최소한의 날수(2날, 3날) 적용 방열과 가공면조도 중시

5. PSR INK 용어

1) PSR-4000 Series의 제품별 특징 표면 광택성(한국 TAIYO 기준)

NO	제품명	특 징	표면 광택성	비 고
1	G800	1. PSR Type의 잉크를 사용하기 시작한 초기 개발 제품. 2. 표면 광택 및 색상이 우수. 3. HASL MODEL에만 적용 가능.	Glossy Type	일반용 (D/S, MLB)
2	Z24	1. PSR Type의 잉크를 사용하기 시작한 초기 개발 제품. 2. 금도금 전용 잉크로 개발됨.	Glossy Type	〃
3	KT22	1. 반광택 표면의 개발 의뢰에 따라 개발되었음. 2. HASL MODEL에만 적용 가능.	Semi-Glossy	〃
4	G25	1. Z24의 저해상성의 개선 요청에 따라 고해상성, 금도금 및 HASL MODEL에 모두 적용할 수 있는 제품. 2. Z24에서 G25로 완전 전환하여 사용하고 있는 고객도 있으며 여전히 Z24를 사용하는 고객도 있음.	Glossy Type	HDI용
5	G25K	1. G25의 Milky Face(표면이 뿌옇게 보이는 현상), 해상성, Levelling성을 개선한 제품.	Glossy Type	일반용 (D/S, MLB)
6	KT33	1. 고해상성. 2. 각종 표면처리에 적합(무전해 금도금, 전해 금도금, Tin 도금)	Glossy Type	HDI용
7	MP	1. 무광택 표면 요청에 따라 개발되었고 다이요 아메리카에서 개발 및 생산된 제품. 2. 현재는 국내 제조 및 공급.	Matte Type	UV INK
8	AUS-5	1. BGA용으로 개발되었고 Intel의 승인을 얻은 수입상품. 2. 주요고객 : LG전자, 삼성전기, 심텍	Glossy Type	Package BGA용
9	AUS-303	1. BGA용으로 개발되었고 AUS-5의 개량품으로 사용량의 증가추세를 이루고 있음. 2. 주요고객 : LG전자, 삼성전기	Glossy Type	〃
10	BL01	환경대응 수입상품(Non Halogen alkaline developable type)-청색	Glossy Type	Halogen Free용
11	GR01	환경대응 수입상품(Non Halogen alkaline developable type)-녹색	Glossy Type	〃
12	BEC50	환경대응 수입상품(Non Halogen alkaline developable type & Low mist emission in post cure process)-청색	Glossy Type	〃
13	GEC50	환경대응 수입상품(Non Halogen alkaline developable type & Low mist emission in post cure process)-녹색	Glossy Type	〃
14	EFB10	환경대응 국내개발품(BLUE)	Glossy Type	Halogen Free용
15	G23HF	환경대응 국내개발품(GREEN)	Glossy Type	〃
16	PFR800 AUS402 AUS410	Dry Film Type	·	〃
17	FLX101 PSR9000 A01	Flexible Liquid용		

2) VIA-HOLE 메꿈방법 용어

NO	용 어	그 림	설 명
1	TENTING	INK 충전 20%	1. 일반적인 작업 2. SOLDERING시 RISK 많음. ① SOLDER-BALL ② HOLE 속 도금 감소(재처리시) ③ BRIDGE 등
2	WET-TO-WET	INK 충전 60~70%	1. 일반 BOARD에 CALSON PIN을 사용한 JIG 필요 2. 동시인쇄로 SEMI-CURE 1회 실시 3. INK BALL 방지 가능 4. 생산성 효율 증가 5. SOLDERING시 RISK 약 40~50% 6. 가능한 동일한 SIZE의 VIA-HOLE 사양 요구
3	MULTI-PRINT	INK 충전 80~90%	1. GLASS EPOXY 2.0T 이상의 JIG 필요 2. 생산성 저하 3. SOLDERING시 RISK 약 10~20% 4. 각 회사에서 많은 적용
4	PLUGGING	INK 충전 100%	1. 일명 아나우매 공법 2. 생산성 저하(공수 추가) 3. COST-UP 4. SOLDERING시 RISK 0
5	SOLDER STOP		1. 표면처리 완료후 BOTTON SIDE만 PSR INK 처리 2. 현실적인 DESIGN 3. TOP SIDE는 OPEN됨. 4. 고객의 선택사항

3) 기타

① 국내 옵셋 인쇄 INK의 최대 생산 회사인 동양 INK에서 PSR INK 국산화 시험개발 및 양산

② 국내 업체 현황 → 서울화학, PRC

③ 해외업체현황 → TAMURA, T.O.K., GOO Chemical, 포토켐 등

6. 기본용어

면취(Beveller, Chamfer)

Connector에 원활한 삽입을 위해 사전에 면취(Chamfer)를 해주는 것(주로 단자 도금용)

미현상

현상 공정에서 D/F나 LPR의 자외선(노광)을 받지 않은 부분이 완전히 제거되지 않아서 에칭 공정에서 동박이 완전히 제거되지 않은 것

잔류동

미부식으로 EPOXY 부위에 미세하게 동이 남아 있는 상태

연배열

생산성 향상을 목적으로 동일한 형태의 PCB를 배열시켜서 작업하는 것

이물질

먼지 또는 Film 잔사, 잉크 잔류물 등이 PCB 제조공정 중에 침투하여 불량을 유발시키는 것

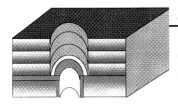

ACCESS HOLE

MLB의 내층에 도통 HOLE과 전기적 접속이 되도록 도금 도통 HOLE을 감싸는 부분에 도체 패턴을 형성한 HOLE

ANNULAR RING

환상형 고리. Land에서 Hole의 부분을 제외한 나머지 도체 부분. LAND와 회로가 연결된 형태

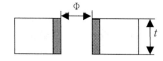

ASPECT RATIO

이미 도금된 HOLE의 직경에 대한 HOLE의 길이와의 비율
(원판의 두께 대비 홀 크기 : t/Φ)

A-STAGE

미경화→ 액체상태를 말하며 RESIN이 녹아 흐르기 쉬운 상태 즉, RESIN POLYMER(수지 중합체)의 분자량이 매우 낮은 상태

ART WORK

CAD에 의해 그려진 PCB의 각종 도면을 LASER PHOTO PLOTTER에 의해 그려 놓은 FILM

A/W COMPENSATION

FILM 보정이라고 하며 원판은 그 재질과 회로를 형성하는 COPPER의 양에 따라 수축팽창이 다르기 때문에 A/W 상태에서 수축 팽창율을 미리 예측하여 치수를 보정해 주는 작업

BACK LIGHT TEST

역광 TEST : Hole 속 무전해 동도금의 Coverage를 검사하기 위해 Hole을 반으로 절단한 후 뒤에서 빛을 투과시켜 도금상태를 검사하는 방법

BACK PLANE

(주검사 내용 : VOID)

일반적으로 Back PNL이라고 부르며 Ass´y시 후면판 역할을 주로 한다. 주기판과 후면판 사이 Connector에 의한 연결을 하며 Soldering의 2가지 형태로 Ass´y한다.

BARREL CRACK

도통 홀 내벽부에 도통 홀 도금 금속의 균열

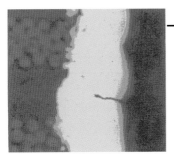

BLEEDING

번짐을 말하며 인쇄된 각종 INK가 경화 도중 불필요한 부위로 번져가는 현상

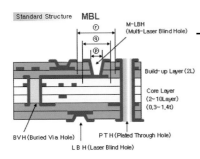

BLIND & BURIED HOLE

완전히 관통하지 않고 필요한 층들간에만 도통의 목적으로 가공된 VIA HOLE

BLISTER

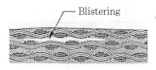

기판의 회로 표면과 Resist Coating 사이가 분리 또는 박리된 상태를 말하며 Coating 층이 깨지지 않은 상태로 색깔이 하얗게 보인다.

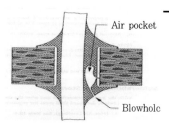

BLOW HOLE

납 THROUGH HOLE 내부에 부품을 투입하여 WAVE SOLDERING 할 때 홀 속의 납 도금층 사이에 잔재한 공기나 수분 등이 열에 의해 급격히 GEL화 되어 홀 속의 납이 남아 있거나 납을 뚫고 외부로 토출이 되면서 발생되는 공동현상(SOLDER COATING시 발생하는 가스 홀)

BOND STRENGTH(접착 강도)

인접된 층을 분리하는데 필요한 단위 면적당의 수직 인장력(Peel Strength와 같이 사용됨)

B-STAGE

반경화→가열되면 기자재가 말랑말랑한 반경화 상태가 되는 즉, 열경화성 수지의 경화 반응 과정 중간상태(PREPREG)

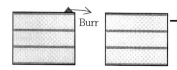

BURR

Drill 작업시 발생하는 부적합 내용으로서 Hole 주위의 동박이 연성에 의해 깨끗하게 절단되지 않고 늘어나 띠 모양으로 돌출된 형태

BUS BAR

전기적 에너지를 전달하기 위해 PCB 상에서 전도체와 같은 역할을 하는 전기 공급선

CAM(Computer Aided Manufacturing)

Computer를 이용하여 제조 공정을 지원하는 것. 규격관리에서 정의된 공정 Data의 수정 내용에 근거하여 Gerber File을 수정하고 이를 토대로 각 공정에서 필요로 하는 Data를 생성

CAD(Computer Aided Design)

PCB를 설계하기 위해서는 PCB의 PTN 배선의 기본이 되는 회로도의 작성 작업이 선행되어야 하며 이를 토대로 PTN 배선의 설계가 이루어져야 된다. 초기의 회로도의 작성은 수작업에 의해 이루어졌으나 Computer를 이용하여 회로 설계도를 작성하는 것.

CARBON TREATMENT
(카본 처리 / 활성탄 처리)

도금 용액 내에 축적된 유기 오염물질을 제거하기 위해 정기적으로 Carbon Powder를 넣어 유기물을 흡착시킨 뒤 Filter로 걸러내는 작업

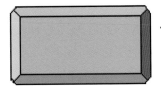

CHAMFERRING

재단 완료 후 4각의 모서리에 발생하는 동박, 유리섬유, EPOXY RESIN의 거친 부분을 다듬어 주는 공정

CLEAN ROOM

먼지나 오염으로부터 아직 미완성된 회로가 Photo Tool을 보호하기 위하여 몇 가지 공기 정화 및 통제 조치가 취하여진 구역(Yellow 형광등 사용)
100 class / 1,000 class / 10,000 class

CLEARANCE HOLE

MLB의 PTH와 전기적 접속을 하지 않기 위하여 PTH를 통과하는 도체 패턴의 도전 재료가 없는 영역

COMPONENT SIDE

부품 삽입면 (TOP면)

CONDUCTOR SPACE(도체 간격)

PCB를 위에서 봤을 때 동일 층에 있는 도체 끝과 그것에 대항하는 도체 끝과의 거리(회로간격)

CONDUCTOR WIDTH(도체 폭)

PCB 도체의 실측 폭 (회로 폭)

CORNER CRACK

도통 HOLE CORNER 부분에서 도통 HOLE 금속의 균열

C-STAGE

Resin POLYMER(수지 중합체)가 완전 경화되었을 때의 상태

TYPE 1

TYPE 2

DATE CODE(날자 코드 / 작업주기)

PCB 제조일자를 말하며 표기 방법은 업체 요구, 자체 SPEC, 공정 구분 등 다양하다.

DATUM HOLE(제조기준점 좌표)

일반적으로 Manufacturing Hole이라고도 하며 PCB 제조나 검사시 회로 PTN이나 각 층의 위치 정렬을 쉽게 할 수 있도록 미리 정해진 기준점

DEDICAED TYPE

BBT시 치구의 일종으로 PCB 규격에 맞게끔 전용으로 제작된 Fixture
※ 다량 소품종에 적합

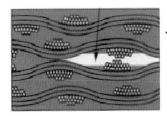

DELAMINATION

GLASS EPOXY 의 층과 층 사이가 분리되고 부풀린 상태. 동박과 수지가 들뜨는 현상 (층간 박리)

DENSITY(밀집도)

① 어떤 물질의 단위 체적 당 중량 또는 농도
② 사진 인쇄용 Film의 선명도
③ 기판 면적 당 회로 수

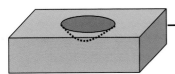

DENT

동박 부위가 타 물체로 인하여 눌려진 상태로 동박의 명암차이로 검사한다.(동박두께를 손상시키지 않으면서 약간 짖눌려 있는 상태)

DESMEAR

드릴 가공시 드릴 BIT와의 마찰열로 인하여 발생한 홀 속 내벽의 SMEAR를 화학적 약품에 의해 제거. 내층 회로의 홀과 외층 회로 간의 접속을 갖게 하기 위한 공정으로 홀 내벽 수지층에 조도를 형성하여 화학 동도금의 밀착력을 강화하게 한다.

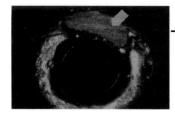

DEWETTING(땜납 휘어짐 또는 떨어짐)

Fusing Solder가 균일하지 못한 상태,용해된 Solder가 표면에 도포되어 움푹 들어가거나 불쑥 튀어 나온 상태
원 금속 표면은 노출되지 않은 것

DISCOLORATION

변색 : 원판, PSR, MK의 색깔이 본색에서 벗어난 상태

D/S PCB(DOUBLE SIDED PCB)

양면도체 패턴이 있는 배선판

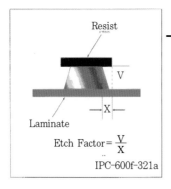

ETCH FACTOR

회로의 측면이 부식되었을 때 부식된 깊이의 비율로써 1.3보다 커야 하고 통상적으로 2.5~3.6의 값을 보인다.

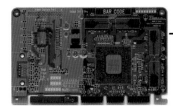

EXTERNAL LAYER

PCB의 외층
(TOP면, BOTTOM면)

FAI(FIRST ARTICLE INSPECTION)

초도품검사

FIDUCIAL MARK

SMT장비로 표면실장(SURFACING MOUTING)
시 제품이 기계작동 위치를 확인하기 위해 기판
4귀퉁이에 만들어 주는 표시(인식부호)

FLUX

납땜 작업이 잘 되도록 금속 표면에 발생한 산
화막을 제거하고 활성화 시키는 화학적 활성제

FLYING PROBE

PCB의 전기적 OPEN, SHOET 검사시 Test
Probe가 이동하며 이는 Test Fixture 가 필요
없기 때문에 Sample B/D 또는 소량 다품종
검사에 주로 사용

FPCB(연성 기판)

FLEXIBLE PCB
유연성있는 절연기판을 사용한 배선판

GROUND PATTERN

PCB의 표면 또는 내부에 공통으로 접속되어 전원 공급 또는 HEAT 목적으로 사용되는 도체층

GRID

PCB 상의 접속 부분의 위치를 결정하기 위헤 직교하는 같은 간격의 평행성군에 의해 생기는 격자 (격자 간격은 2.54mm)

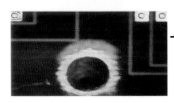

HALOING

기계적이나 화학적인 원인으로 GLASS EPOXY 절연기판, 표면 또는 내부가 파괴되어 층간 분리 또는 흰색의 백화현상

HARD GOLD

주로 단자에 사용되는 금도금으로 내마모성을 올리기 위해 Cobalt를 첨가하여 경도를 높힌 금도금

HOLE

PCB에 부품의 삽입 또는 전기 접속용 랜드선을 삽입하거나 앞뒤 배선 상호간의 접속용으로 뚫어 놓은 구멍

IMMERSION PLATING

기저금속(예 : 동)의 부분적 치환법을 이용하여 Base Metal 표면에 얇은 금속막을 화학적으로 석출시켜 Coating하는 방법

INK PEEL-OFF

PSR 또는 M/K Ink와 PCB와의 접착력 약화로 INK 떨어짐

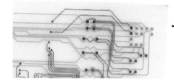

INTERNAL LAYER

내층
MLB PCB 내부 도체 패턴층 표면

IPC(세계 인쇄 회로 기판 협회)

Institute For Interconnecting And Packaging Electronic Circuits의 약어
PCB 산업에 관련된 구격이나 기준 등을 국제적으로 통일하기 위해 1957년 미국에서 설립된 비영리 국제 교류 협회

ISO

International Organization For Standardization의 약어. 국제 표준화 기구

Buried Via Hole   Blind Via Hole

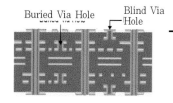

IVH(Interstitial VIA-HOLE)

MLB에 있어서 외층에만 형성된 Blind Via Hole과 내층에만 형성되는 Inner Via Hole의 총칭. MLB PCB 표면을 관통하지 않고 접속에 필요한 층만 Via를 형성한 것.

KEY SLOT

인쇄기판이 해당 장비에만 사용될 수 있도록 설계된 HOLE

KOVAR RIBBON

Repair(Open)시 사용되는 KOVAR 재질의 Ribbon

LAMINATE VOID(적층 VOID)

정상적으로 Resin이 있어야 할 곳에 Resin이 없는 상태

LAND

부품류를 접속 또는 고정하기 위해 구멍 주위에 동그란 모양으로 형성된 도체(Via Hole을 둘러싸고 있는 원형)

LANDLESS HOLE

양쪽에 LAND가 없는 PLATED THOUGH HOLE

LAYER(층)

PCB를 구성하는 각종 층의 총칭어
기능적으로 도체층, 절연층 구성상으로 내층, 외층, COVER 등

LEGEND

부품의 조립 및 수리시 관리를 위해 부품별 식별 기호

LIFTED PAD

열 충격을 가했을 때 PTH의 Land가 수지 위에서 떨어져 위로 들리는 불량

MANUFACTURING HOLE
(TOOLING HOLE)

제조 공정 즉 인쇄 구멍 가공 및 맞추기 작업시 기판을 정확하게 바른 위치로 정열하기 위해 PCB 상에 가공하는 세 개 또는 그 이상의 Hole

MASTER DRAWING

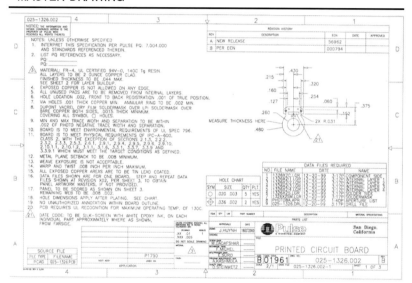

PCB설계의 전 사양을 포함하여 기판상의 모든 부품의 위치 및 기판의 크기를 나타내고 제조와 가공, 검사에 필요한 모든 정보를 제공하는 문서

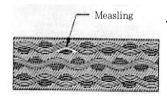

MEASLING

PCB와 절연 보호 코팅간에 백색 입자 모양의 반점이 생기는 현상. 열 충격에 의한 백색의 십자모양의 형태(PP 접착 불량 원인) 열에 의한 동박과 수지 들뜸

MICRO-SECTION

파괴검사의 방법으로 현미경 관측을 위해 시편
을 준비하는 것.
시편 채취→Cutting→Molding→Polishing→
Etching→Staining(착색)
(주요검사내용 : Hole Roughness/Void)

MISREGISTRATION(편심)

정위치에 안되 있고 밀림. 쏠림 등으로 인하여
벗어난 상태(MLB의 경우 각 층간 벗겨남,
IDF, ODF, PSR 등 쏠림)

MISSING HOLE(MACHINE HOLE)

연배열(ARREY) 제품을 ASS'Y 후 절단하기
위해서 가공한 EXTRA HOLE을 말함.

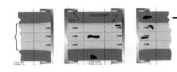

MLB(MUTILAYER PCB)

각 층간 절연 재질로 분리 접착되어진 표면 도
체층을 포함하여 4층 이상에 도체 패턴이 있는
배선판

MOTHER BOARD

프린트판 조립품을 부착하고 또 접속할 수 있는
배선판.
PCB 사용 SET의 주기판

MOUNTING HOLE

Frame에 PCB를 기계적으로 탑재하기 위해
사용하는 Hole
(Ass'y 업체에서 사용하는 기본 Hole)

NAIL HEAD

MLB에서 내층 회로의 드릴링 홀 부분에 못의
머리 모양인 부분

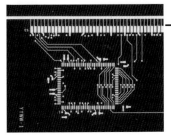

NEGATIVE[PATTERN FILM]

불투명한 배경에 불투명하게 재현된 PATTERN.
도체 부분이 투명한 FILM의 PATTERN. 회로
가 없는 부분이 검게 나타나는 형태

NICK

외부적인 힘에 의해서 Glass Cloth Fiber는
손상되지 않고 Laminate(적층판) 표면이 조금
떨어져 나간 상태

NODULE

홀 벽이나 회로의 표면에 발생된 돌출

NON-THROUGH HOLE

도금되지 않은 홀

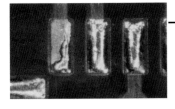

NONWETTING(동노출)

PSR 잉크가 벗겨지거나 도금시 도금을 방해하
여 PCB의 동부분이 보이는 것

OPEN

연결되어야 할 회로가 단락된 상태

OSP

Organic Solderability Preservative
표면 처리의 일종으로 Cu 표면에 Benzimi-
dazole과 같은 방청막을 Coating 처리하는
것.(일명 : Flux 작업과 동일)

OVER-ETCHING

Etching 과잉으로 지시된 도체 폭 보다 좁아
진 상태

OVER-HANG

Outgrowth에서의 (+)된 도체폭과 Under-
cut에서 (-)된 폭을 더한 전체 폭

PANEL PLATING

회로가 없는 부분까지(홀 내벽 포함) PNL 전
체를 도금하여 전기적 특성 강화 및 화학 동도
금층을 보호하는 것. 사전에 홀 내벽에 원활한
도금을 위해 촉매제를 이용하여 무전해 동도금
을 실시한 후 전해 동도금을 실시하는 방식

PATTERN PLATING

Hole을 포함하는 전도체 PTN 상에 선택적으
로 금속을 석출시키는 도금법

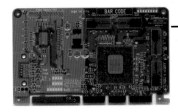

P.C.B(PRINTED CIRCUIT BOARD)
P.W.B(PRINTED WIRING BOARD)

인쇄회로기판

회로 설계에 근거하여 부품을 접속하기 위해 도
체 패턴을 절연기판의 표면 또는 내부에 형성한
기판으로 경질, 연질, 연질로 된 단면, 양면,
다층 기판을 총칭

PEEL STRENGTH(벗김 강도)

기자재층으로부터 도체 회로를 벗겨내기 위해
도체의 단위 폭당 가한 힘(인장력)의 세기. 즉,
회로의 접착 강도

PIN-HOLE

Art Work Film 상의 패턴 또는 LAND의 현
상 조건 및 촬영조건의 부적합으로 인해 생긴
작은 구멍. EPOXY가 드러나도록 뚫린 작은
구멍

PINK RING

각종 약품처리나 도금시 Hole 속을 통해 약품
이 침투하여 Annular-Ring 위의 Oxide를 용
해시켜 Ring 모양으로 빨간 동박을 드러내는
불량

PIT

도체 회로층이 완전히 관통되지 않을 정도로 회
로에 발생하는 아주 작은 구멍이다. 찍힘현상.

PITCH

인접한 도체 회로의 Center에서 Center까지
의 거리

PIXEL

AOI검사시 화상 시스템에서 읽을 수 있는 최소
한의 화상소자. 이 픽셀을 조절하여 검사의 정
밀도를 조사한다.

PLASMA

초고온에서 양전하를 띤 이온과 음전하를 가진
전자가 혼재해 있으면서 음(-)과 양(+)의 전하
수가 같아 중성을 띠고 있는 기체

PLOTTER

상하좌우를 움직이는 펜을 사용하여 단순한 문
자에서부터 그림 그리고 복잡한 설계 도면에 이
르기 까지의 모든 정보를 인쇄할 수 있는 출력
장치.
① 펜 플로터   ② 정전기 플로터
③ 사진 플로터   ④ 잉크 플로터
⑤ 레이져 플로터

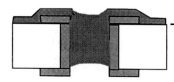

PLUGGING HOLE

일명 : 아나우메 공법
Solder Ball이 생기지 않도록 Via Hole을
100% 메꾸는 것

POROSITY

기공성 : 단위 면적당 발생한 기공의 수

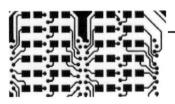

POSITIVE〔PATTERN FILM〕

투명한 배경에 불투명하게 재현된 PATTERN.
도체 부분이 불투명한 FILM의 PATTERN. 회
로가 되어야 할 부분이 검게 나타나는 형태

PTH

PLATED THOUGH HOLE
부품 HOLE 또는 도통 HOLE의 내벽에 화학
도금 또는 전기 도금을 하여 도체층 상호간 전
기가 흐를 수 있도록 하는 HOLE

RECTIFIER

정류기 : 교류 전류를 직류 전류로 변환하는 장치

REFLOW

PNL상의 땜납을 용융시키는 공정

REFLOW SOLDERING

접합 부분(납땜하고자 하는 부분)에 SOLDER
를 용융시켜 작업하는 것

REGISTRATION

위치 정밀도(Registration)
지정된 위치에 대한 패턴 위치의 벗어난 정도

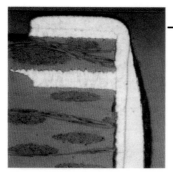

RESIN RECESSION

수지 밀림(Resin Recession)
기판이 가열될 때 수지 성분이 수축되어 도통홀의 각 층과 벽이 밀린 것처럼 보이는 형태

REVISION(재발행, 변경)

Film이나 Artwork, CAD Data 및 관련 규격상의 모든 변경을 말함.

SCRATCH

기스, 표면에 다른 물체 및 마찰로 인한 흠집

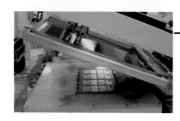

SCREEN PRINTING

스퀴지로 INK 등의 매체를 STENCIL SCREEN을 통과시켜서 패널 표면상에 패턴을 전사하는 방법

SEC(Solvent Extraction Conductivity)

PCB의 표면 오염도를 측정하는 방법. 오염물질은 알코올로 세척한 뒤 알코올의 전기 전도도를 측정 오염도를 간접적으로 평가하는 방법

SIR(Surface Insulation Resistance)

표면절연저항치
PCB 도체회로에 관한 가장 기본적인 전기적 특성
Test 조건 : 90% RH, 37.5℃, 24~96Hours

SINGLE PLY

한장의 Glass Fabric으로 이루어진 Prepreg
나 Laminate

SKIP

회로와 회로 사이에 PSR INK가 안 빠진 형태

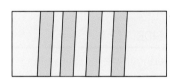

SLANT

홀의 기울어짐
BACK BOARD 제품 중에서 강제 압입(PRESS)
으로 부품을 삽입시 홀이 기울어져있으면 삽입
불가능

SLOT

외형가공시 기판 위에 가공되는 U또는 V자 모
양의 홈

SLIT

결손, 회로의 일부분이 파여 있는 상태

smear

SMEAR

MLB 중 Hole 가공시 홀 내벽의 Epoxy가 녹
아 붙어 일어나는 현상. PCB에 있어서 Hole
가공 후 PTH에 의해 노출되는 도체 Land의
표면에 수지가 덮여 있는 현상

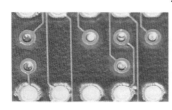

SOLDER-BALL

S/R 작업 후 생긴 공간이 HAL 작업시의 고온
으로 인해 공기가 팽창하여 잉크가 터지는 현상
으로 인해 터진 홀 속으로 SOLDER가 홀 속에
뭉쳐있다가 USER I.R REFLOWER시나
SOLDERING시 열에 의해 제품 밖으로 나와
다른 PAD에 붙어 SHORT를 유발시키는 것으
로 VIA-HOLE 속에 묻은 작은 납볼

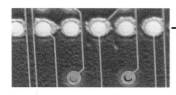

SOLDERING SIDE

PCB에서 Soldering이 되는 면(Bottom면)

SOLDER MASK(얼룩)

Ink Coating시 Ink의 고유 색상을 띄지 않고
다른 색상으로 나타나는 형태.
(주로 동박 표면에 나타남)

SOFT ECHING

동 표면에 묻은 이물질을 제거하기 위해 약품처
리로 동박을 약 1~2μm 정도 부식 처리하는 것.

SOFT GOLD

Package에서 Wire Bonding을 위해 기판의
Bonding Pad에 도금하는 전기금도금을 말함.
순도가 높아 Soft하기 때문에 Soft Gold라고
함.

도체

절연체

S/S PCB(SINGLE SIDED PCB)

단면에만 도체 패턴이 있는 배선판

STEP TABLET(WEDGE)

D/F공정에서 노광량 및 현상 Speed의 최적화를 위해 농암을 17~21단계로 Strip를 만들어 Test함. 노광 작업 전 필수적인 Test 방법(보통 0.5μm 도금)

Subtractive Process ↔ Additive Process

금속 절연 기판상에 도체이외의 불필요한 부분을 선택적으로 제거하여 도체 패턴을 형성하는 것으로 드릴 가공 후 기판 전면을 도금하는 판넬 도금 공정을 거쳐 홀 내부를 도금으로 접속시킨 후 노광으로 회로를 형성하고 부식 공정을 거쳐 PCB를 제조하는 방법.

TAB(단자)

Connector에 삽입하고 접속하는 것을 목적으로 PCB의 끝난부에 설치된 부분

TEAR-DROP

Hole을 위에서 볼 때 Hole 주위의 금속이 눈물 방울 모양으로 보이는 것. Land가 터지는 것을 방지하기 위해서 회로가 연결되는 부위의 면적을 넓혀줌(밑줄친 부위).

TENTING 공법

D/F으로 Hole 위를 덮어 버린 뒤 부식시켜 회로를 형성시키는 공법

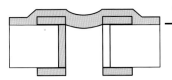

TENTING HOLE

일반적인 PSR 공법으로 Via Hole을 ink로 막는 것. Hole 속 메꿈 안됨. 표면만 PSR 처리

TEST COUPON

생산품의 양부를 결정하기 위하여 사용하는 PCB의 일부분

비고 : 통상적으로 생산품과 동일 패널상에 설치하고 외형가공시 구분한다.

THROUGTH HOLE

도체와 도체간을 연결 접속하기 위해 홀 내벽에 금속을 도금한 홀

THROWING POWER

도금 능력을 평가하는 단위로 Hole 속 도금 두께를 Hole 표면의 도금두께로 나눈 수치. PCB 두께가 두껍거나 Hole 직경이 작아지면 도금 능력이 떨어져서 이 수치가 작아진다.

TOTAL BOARD THICKNESS

금속 절연 기판 또는 PCB상의 전체 두께

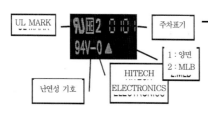

UL MARK

Underwriters Laboratories, Incorporated

미국전기 안전협회의 MARK로 PCB의 난연성 등급 및 전기적 안정성에 대해 부여한 인증

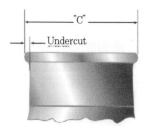

UNDER-CUT

ETCHING에 의해 도체 가장자리에 형성된 한쪽 면의 폭. 회로의 밑부분이 부식된 상태

UNDER-ETCHING

Etching 부족으로 지시된 도체 폭보다 넓어진 상태

VIA-HOLE

부품을 삽입하지 않고 다른 층간을 접속하기 위하여 상용하는 도금 도통홀

VOID

Hole 내벽에 부분적으로 도금이 되지 않은 상태

WRAP & TWIST

휨 : 판의 원통모양 또는 구면 모양의 만곡으로서 직사각형인 경우는 4구석이 동일 평면상에 있는 것
비틀림 : BOARD가 뒤틀린 상태

Weave exposure

WEAVE EXPOSURE

직물 노출(WEAVE EXPOSURE)
파손되지 않고 잘 직조된 유리 섬유가 수지에 의해 균일하게 도포되지 못한 적층 원자재 상의 표면 결함 상태

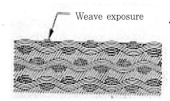

WEAVE TEXTURE

직물 보임(WEAVE TEXTURE)
Glass Epoxy 기재의 내부의 Glass 섬유가 완전히 수지로 피복되지 않아 Glass 포가 잘 보이는 표면 상태. 직조 문양이 보이는 것

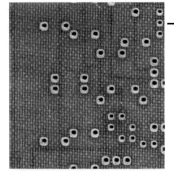

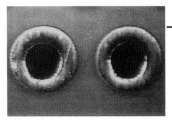

WETTING

금속 표면상에 땜납이 균일하고 또한 끊어지지
않고 매끄럽게 퍼져 있는 상태

WARPAGE

팩키지가 열응력차이 등의 원인으로서 휘는 현
상

7. 일반용어

NO	용 어	원 어	설 명
1	Acceptance tests	승인시험	구매자와 공급자간의 상호 동의에 따라 기판의 승인 가부를 결정키 위해 필요한 시험
2	ACF 실장	Anisotropic Conductive Film Connection	실장한 배선판 등의 기판 위에 도전성 입자를 분산시킨 절연성이 있는 Epoxy수지 Film을 부착하고, 반도체 Chip 주변 접속 단자에는 Au Bump를 형성하여, 기판 위 소정의 위치 Land에 맞추어 붙이고, Film을 경화시키는 Flip Chip 실장방식
3	Acid Resist	내산성 방지막	염기와 상대되는 말. 수용액 속에서 전리해 수소이온(H^+)을 방출하고 알칼리성 물질과 중화하여 염을 발생하는 물질. 수용액은 산성을 나타내며 염산, 질산, 황산 등이 대표적인 산임.
4	Activation Rays	화학 방사선	화학적 변화를 생성시키는 속성이 있는 빛의 Spectrum영역
5	Activation	활성화	무전해(화학 촉매) 도금의 용출력, 석출력 등을 향상시키기 위한 전처리공정 중의 하나
6	Active Device	능동 부품	Rectification(정류), 증폭, Switching 역할 (예 : Tubes Transistors, Relays 등)을 통해 입력 전압을 변형시키는 특성을 가진 전기/전자 소자
7	Acutance	선명도	Photo tool상의 Image area의 Sharpness(명확함)를 나타내는 척도
8	Adaptor	가감기 유도관	Test 중인 제품을 지지하거나 고정시키는 소자로 시험 Pattern을 측정하고 있는 Test Head와 회로 검정기(Circuit Verifier)간의 매개체 역할을 하기도 함.
9	Addition Agent	첨가제 (Additives)	석출물의 특성을 조정하기 위해 전기 도금조에 첨가하는 소량의 화학성분으로 광택제나 경화제 등이 포함됨.
10	Additive plating	선택 첨가 도금	자동촉매 화학반응이나 전기도금 또는 양자 혼합법에 의해 절연체상에 직접 Metal을 선택적으로 도금하는 방법
11	Additive process	첨가 도금 공정	자동촉매 화학반응에 동(cu)이 없는 절연체상에 도전체를 선택 석출시킴으로써 도체 회로를 얻어낼 수 있는 공정
12	Adhesion	접착력 (Bond Strength)	감압 접착제와 접착면을 접합시키는 접착력
13	Adhesion Promotion	접착력 증진	균일하고 접합력이 좋은 금속 도금이 되도록 하기 위해 Plastic 표면을 화학적으로 처리하는 방법

NO	용 어	원 어	설 명
14	Advanced Power and Ground Connections	선행 전원/ 접지 연결 단자	Edge(외곽) Connector(단자)의 일부분으로 그 역할은 Connector 전체가 접속되기 전에 그 일부분을 미리 전원이나 접지부와 접속되도록 하는 데 있다.
15	AIN기판	Aluminum Nitride Substrate	질화 Al을 사용한 Print 배선 기판. 질화 Al은 열전도성이 높아 이것을 기판으로 사용한 Module은 방열성이 우수하다. 열전도율 0.24cal/s·cm·℃), 선기특성은 알루미나와 유사, 열팽창계수는 실리콘에 유사
16	Air Knife	공기 분사기	Foam 또는 Wave Fluxing 후 PCB의 Bottom(Solder) Side에 뜨거운 에어 나이프를 사용하고 있으며, 이는 Pre-heaters(예열) zone에 Flux가 떨어지는 것을 방지하고 Flux를 보다 균일하게 도포하기 위함이다.
17	Alkaline Cleaning	알칼리 세척	알칼리(염기) 용액을 사용한 세척
18	Alloy plate	합금 도금	Lead(아연)과 Tin(주석)에 의한 Solder(땜납) 전기 도금의 예처럼 구분키 어렵게 결합된 두 가지 또는 그 이상의 금속을 사용한 전기 도금
19	Ambient Environment	인가 환경	시스템 또는 부품이 접촉하게 될 비지의 주변 환경
20	Analog Functional Testing	상사형 기능 시험 (PCB의 기능 시험)	다양한 형태의 아날로그 테스트 Signal을 Switch 또는 Multiplexed를 통해 흘려봄으로써 정확한 출력치를 찾아내기 위함. 이러한 테스트는 Analog 또는 Hybrid 기판의 경우 가장 효과적인 시험 방법이다.
21	Analog In-Circuit Testing	부품 실장 기판의 상사형 기능 시험	부품을 실장한 기판에 전원을 인가하기 전 부품의 특성치를 측정하기 위한 시험체계. 이 테스트는 Analog 또는 Hybrid 기판에 가장 많이 사용하고 있다.
22	Anchoring Spurs	닻형 돌출부	Flexible PCB의 경우 Base Material에 Land가 잘 결합되도록 하기 위해 Cover Layer의 바로 밑에 Land의 일부를 늘려서 연장시켜 놓은 것
23	Anode	양 극	전기 도금조에서의 양전하 전극
24	Anodic (or Reverse) Cleaning	양극 역반응 세척	양전하 전극의 석출물을 전기적으로 세척하는 것
25	ANSI	American National Standards Institude	미국 규격협회. 일본의 J1S, 한국의 KS에 상응하는 것으로 미국내의 공업규격을 제정 관리하고 있다. 대부분의 경우, 각종 단체와 공동으로 작성하여 이 단체 규격을 ANSI로 한다. FR-4, FR-5 등은 ANSI에서 규정한 적층판의 Grade의 일례이다.

NO	용 어	원 어	설 명
26	AOI	Automatic Optical Inspection	광학적으로 물체의 외관 상황을 파악하고, PC를 활용한 화상처리에 의해 양불을 판정하는 검사 또는 검사장비. 고밀도화한 인쇄배선판은 대단히 조밀한 배선, Hole과 부품이 배치되어 있어 외관검사가 육안으로는 불가능하다. 화상처리 기술을 응용하여 이 외관검사 작업을 기계화한 것이다. 회로의 감소 증가, 결손, 전기적인 Short Open을 Test하는 포선검사로는 판정 불가한 것을 보다 정확히 판정한다. 이보다 잠재 불량의 감소에 위력을 발휘한다. PTH내의 결손을 기판 수지층의 뒷쪽에서 광선을 쏘아 도금 PTH에서의 누락으로 검출하는 검사기도 개발되었다. 또한 인쇄회로 기판상에서 부품의 접속불량, 납땜 불량 검사방법도 개발되었다.
27	AOM	Acoustic Optical Modulator	Art Work 작업에서 Laser로 작업시 Laser의 광로를 개폐하기 위해 사용되는 장치.
28	APCMA	Australian Printed Circuit Manufacturers	호주 인쇄회로 제조업 협회
29	Aperture	조리개 구멍	Photo plotter의 Wheel을 통해 사진 촬영용 Film(original)상에 영상으로 처리할 수 있는 특정의 형태 targets, datum points 및 다양한 형태와 크기의 도체 회로 폭, 그리고 land areas 등을 형성할 수 있다.
30	Arc Resistance	방전 저항	재료의 표면상에 예정된 조건의 고전압, 저전류를 인가시킨 후 변화하는 저항치를 말하며, 이는 Arc(방전)에 의해서 탄화처리되어 재료의 표면상에 만들어진 도체 선로가 형성되는데 요구된 전체 소요시간의 측정 척도로서 정의
31	Artwork Master	원도, 원화	Original Photo tool 및 Master Photo tool 참조. Production Master를 만들기 위해 사용되는 정확한 배율의 Pattern(통상 1 : 1)
32	ASIC	Application Specific Integrated Circuit	User가 결정한 사양의 Logic 회로를 CAD 등 PC지원 수법을 구사하여 단시간에 개발가능하도록 한 집적회로.
33	Aspect Ratio	애스팩트화	PCB기판의 두께와 그 기판 내 가장 작은 가공 Hole 직경과의 비율
34	Assembly	조립 실장	특정 기능을 수행시키기 위해 많은 부품이나 (보조)기구 물 또는 그 조합을 PCB상에 결합시키는 일

NO	용 어	원 어	설 명
35	Assembly drawing(AD)	기구도 : 조립 실장도	PCB 또는 PCB에 실장하기 위해 독립적으로 제조된 각각의 부품, 특정 기능의 수정을 위해 이러한 부품들의 결합 등을 PCB 조립 실장에 필요한 모든 관련 정보를 정리한 문서
36	ASTM	American Society for Testing and Materials	미국 시험재료협회. 금속재료, 절연재료, 기타 많은 재료의 시험법을 규정한다.
37	Autocataiytic Deposition	자동 촉매 석출 도금	화학적 석출 반응을 일으키는 촉매
38	Axial Lead Component	원정 리드 부품	동 축을 중심으로 각 선단으로부터 각각 하나씩의 lead를 가지고, 모양이 원통형인 부품
39	Backpanel : cf Mother Board	모기판	PC Board, 다른 Panels 또는 IC Package 등 한쪽에 단자를 갖는 부품류들이 삽입되거나 실장될 수 있도록 Socket을 실장할 수 있는 구조의 연결 모 Panel(cf. Back plane)
40	Bare Board Testing	단락시험	부품 삽입 전에 전도성이나 저항치의 높낮이 등을 Check함으로써 회로의 Open과 Shorts(단락)을 시험하는 것
41	Bare Copper	기저 동 박	어느 부위에도 Resist(방지막)이나, 방청막 등이 도포되지 않은 동 박
42	Bare Die		가공되지 않은 원상태의 다이
43	Barrel		Drill가공된 Hole 속에 도금이 되어 형성된 Cylinder(원통형 피도금물)
44	Base	기자재	1) PCB의 절연체 역할을 하는 기자재로 이는 Rigid, Flexible 등이 쓰이고 있다. * E.g.resin+epoxy glass(fiber, wool) rain phenol paper 2) 사진용 감광 유제층을 지지해 주는 film, layer * E.g.polyester base 3) 7보다 큰 ph를 갖는 용액
45	Base Laminate	기저층	도체 회로 Patten이 형성될 기자재. 주로 rigid, flexible 등이 쓰인다.
46	Base Material	기자재	전도성 회로를 형성할 수 있도록 지지해 주는 절연 물질
47	Base Material Thickness	기자재 두께	Metal Foil(동 박)과 표면의 보호 Coating을 제외한 기자재 전체의 두께
48	Basic Dimension	기준 치수	Feature(pad나 land) 및 Hole의 정확한 이론적 위치를 표시해 주는 수치값으로 어떤 특정의 관리 Symbol이나 각 위치값에 대한 허용 공차를 설정할 수 있는 근거이기도 하다.

NO	용 어	원 어	설 명
49	Basic Module	기본 모듈	Grid(격자) 참조
50	Basis Metal	기저 동 박	석출된 도금층 위의 원 동박층
51	Bath Voltage	욕조 전압	전기 도금조에서 양극과 음극 사이에 걸리는 전체 전압
52	Baum	비중계	동일 부피물과의 대비 중량을 측정하는 계기로서 두 개의 독립된 Hydrometer(비중계)에 의해 Calibration(검 교정)을 한다.
53	"Bed-of Nails" Technique		Board상의 Test Points나 PTH(Plated Through Hole) 측정이 용이한 모양을 가진 일련의 접촉(Contact) pin이 설치된 test-fixture (시험 측정 치구)를 사용한 PCB 측정 방법
54	Bellows Content		균일한 Spring의 탄성 계수를 전체 공차 범위 내에서 유지할 수 있도록 양쪽면에서 균등하게 spring을 잡아 누르는 단자 접속
55	Bent Lead		약 45도 정도의 각도 또는 offset land가 사용되었을 때는 land와 직접 접촉될 수 있는 모양으로 구부러진 lead
56	Beveling Machines	면 취기	PCB 제조 공정중 외형 가공에서 90도 직각의 모서리 가공(trim)을 하거나 15, 30, 45 또는 60도의 cut 가공을 할 수 있도록 설계된 장비
57	Bifurcated Contact		일반적인 Flat Spring을 사용하되 추가적 또는 독립적으로 접촉의 Point를 만들기 위해 길이 방향으로 홈을 파놓은 단자 접속
58	BIT 실장	Bump Interconnection Technology	반도체 Bare Chip상의 외부 접속용 단자에 Au Wire를 용접, 절단하여 Au Bump를 형성하고 인쇄회로기판의 Pad에 도전성 수지 접착제로 접속 고정하는 Flip Chip 실장 방법의 한 가지. (富士通이 개발)
59	BLANKING		프레스 가공의 일종으로 판재를 정해진 윤곽으로 펀치로 끊어내는 작업. 판넬을 규정한 PCB의 형태로 가공
60	Board	기판	Printed circuit board 참조
61	Board Thickness	기판 두께	도체층을 포함하는 PCB의 전체 두께로 측정 시점의 공정에서 실시한 전기도금 및 Coating 두께까지도 포함될 수 있다.
62	BOD	Biochemical Oxygen Demand	생물화학적 산소 요구량
63	Bonding Layer	접착층	Lamination(적층)시 분리된 각 층들을 결합시켜 주는 접착층

NO	용 어	원 어	설 명
64	Bread Board		회로의 기능 수행도를 확인키 위해 Discrete(이산) Component나 부분적 Integrated(집적) 부품을 사용한 회로 모의 실험(circuit simulation)
65	Breakdown Voltage	내전압, 파괴, 전압	절연체나 절연층이 파괴될 때의 전압, 또는 가스나 증기 속에서 이온화 작용과 도전성이 발생할 때의 전압
66	Breakout	터짐 : Land pad	Hole Breakout 참조
67	Bridging Electrical	전기적 단락	도체회로나 랜드의 사이에 불필요한 도전회로가 형성된 상태
68	Bright Dip	광택 처리 침지	부식(etching)된 금속의 표면 광택을 위해 사용되는 산성 용액 침적법
69	Bright Plate	광택 도금	도금 조건에서부터 굉장히 뛰어난 광택도를 갖는 전기 도금을 할 수 있도록 만든 공정
70	Brightener	광택제	석출물의 광택도를 개선키 위한 광택 도금이 되도록 유도하는 첨가제
71	Brush Flexing		특수한 Flux 처리 기술. Board에 Flux를 균일 도포키 위해 360도의 강모 Brush가 포말형의 Brush Hole 속에서 회전한다.
72	Brush Plating		전해물이 Pad나 Brush 형태의 Anode(양극)로 되어 도금되어야 할 Cathode(음극) 위를 움직임으로써 석출이 이루어지는 전기도금 방법
73	BS 규격	British Standards	영국의 국내 공업 규격, 많은 국제 규격의 근본이 되었다.
74	Bulge		Blister 참조. PCB 공정 중 타발공정 후 Hole 주변이 기계적 충격으로 들뜨는 현상
75	Bulging	불거짐, 부풂	Hole, Slot이나 Cutout 주위에서 Base Material이 들뜬 부위의 모양
76	Burnishing		표면층의 이물, 오염, 산화물 등을 제거하여 표면을 매끈하게 하는 방법
77	Burnt Deposit	도금 탐	과도한 전류 밀도 때문에 주로 발생하며, 산화물이나 기타의 이물질이 함유되기도 하여 거칠고, 접착력이 떨어져서 불만족스럽게 도금된 상태
78	B-Stage Resin	반경화 수지	중간 경화 상태의 수지. 통상 완전한 경화는 적층 단계(Larnination Cycle)에서 이루어진다.
79	Bus Bar		전기적 에너지를 전달하기 위해 PCB상에서 전도체(Conductor)와 같은 역할을 하는 Conduct(도관 : 전기 배선관) plating bar는 이 용어의 하위 범주에 속한다.

NO	용 어	원 어	설 명
80	Butter Coat		정상적인 Surface Resin(표면 수지)층보다 더 높게 도포된 수지층을 지칭하기 위해 일반적으로 사용되는 용어(Resin-Rich 참조)
81	Calibration Plate	검 · 교정 유리판	좌표 측정 장치의 검, 교정을 위해 사용되며 치수가 지정된 Point가 새겨져 있는 Photographic 유리판
82	CALMA		PCB Design용 Digitizing(계수화) System으로 CBDS(Circuit Board Design System)의 출력치와는 호환성이 없다.
83	Camber		Flat Cable의 Index Edge가 있는 한쪽 끝과 동일 평면상에서 특정 길이만큼의 직선으로 이루어진 Flat Cable의 구부러진 변형 형태(이러한 형태의 Flat Cable은 마치 울타리 없는 Race Tracks의 Curve와 매우 유사한 형태이다).
84	Capacitive Coupling		나란히 구성된 두 회로 사이의 Capacitance(정전용량)에 의해 야기되는 전기적인 상호작용.
85	Card Blank		Circuit(회로) pattern을 구성하기 전에 특정의 모양과 Size로 미리 절단한 적층판. 단 Card Blank는 사용할 제조 공정의 특성에 따라 Metal Clad나 Unclad의 적층판이 될 수 있다.
86	Carrier Tape		점착성 Tape에서 점착제를 지지하는 밑 Tape
87	CAT	Computer Aided Testing	PC System을 보조로 하여 행하는 시험. PC를 사용하는 검사나 시험설비에 쓰이는 Data를 CAD Data에서 작성하여 외관검사, 전기적인 검사나 시험을 행하는 System. 덧붙여 검사나 시험결과의 Data를 처리하여 품질관리에 활용도 가능하다. 인쇄회로기판 관련으로는 Open Short Tester, AOI, Incircuit Tester, Function Tester 등의 검사나 시험 Data를 작성한다.
88	Catalyst		수지와 경화제와의 반응을 개시할 때 반응속도를 빠르게 하기 위해 사용하는 화학물질
89	Cathode	음전하 전극	음이온이 형성되어 양이온이 방전하고 그 외의 환원작용이 일어나는 전기분해의 양극
90	Cathode (or Direct) Cleaning	음극(직접) 세척	음전하 전극의 피석출물(Cathode)을 전기적으로 세척하는 것
91	CBDS	Circuit Board Design System	회로 설계 및 관련 문서의 출력을 위해 현재 사용되고 있는 장비

NO	용 어	원 어	설 명
92	CCB 실장 (C4 실장)	Controlled Collapse Bonding Connection	고융점 납으로 회로를 만들어 共晶 납으로 기판의 Pad에 접합하는 Flip Chip 실장방식. 단자 접속은 Reflow Soldering으로 한다.
93	CCD Registration	Charge Coupled Registration System	다층인쇄회로기판의 제조공정에 있어서, 위치 합치나 整合 정도를 높이기 위해 CCD에 의한 화상처리를 이용하는 System
94	CCIL 제도	System for Copper Clad Industrial Laminate	인쇄회로기판용 적층판의 UL 인정에 있어서 범용성, 간편성을 위하여 소정의 조건이 만족되면, 서류신청만으로 인정하는 제도. 현재까지는 UL이 인정하여 사용한 기재 및 가공 Process를 포함한 Data 채취에 따라 인정이 필요했다.
95	Center-to-center Spacing	중심 간격	PCB의 어느 한 층에서 인접한 Feature(Line, Pad, SMC Pad 등) 중심간의 공칭 치수(Pitch 참조)
96	Certification	입증, 검증	특정 시험이 실시되고 요구되는 Parameter(모수)값이 얻어졌는가를 확인함.
97	CE M/K	Communate Europeene Marking	EMC(전자적 양립성) 대책품, Gas 기구 등의 안정성에 관한 14분야에 있어서 유럽의 EC지령에 부합하는 것을 Maker의 책임으로 보충하여 이것을 선언하는 것으로 부착이 가능한 마크, 가전제품, PC 등의 전자과 장해가 없음을 증명하여 부착한다.
98	CFC 113	Chlorofluorocarbon-113	금속이나 수지 등에 영향이 적고 안전성이 좋아 실장회로기판의 세정에 사용되었던 세정능력이 높은 액체의 탄소불소화합물. 현재 오존층 파괴에 관련이 있는 특정물로 사용이 금지됨.
99	CGA	Column Grid Array	BGA의 단자 부분이 柱狀인 것. 주상의 재료는 고온 납을 사용. 주상의 부분에 의해 기판과의 열팽창 차이를 흡수할 수 있다. 세라믹 기재판에 고려하면 시작제품을 만들었으나 실용화되지는 않았다.
100	Characteristic Impedance	특성 임피던스	전파 대기가 없는 균일 전송 선로상의 매 Point에서의 전류대 전압비(PCB에서 특성 임피던스 값은 도체 회로의 폭 Ground(접지)층과 그 위를 지나는 회로와의 간격, 그리고 회로나 Ground 사이 매개 절연물의 절연 상수에 따라 변화한다.)
101	Checking		아주 미세한 Fine Hairline 정도의 Crack이 나타나는 표면 상태

NO	용 어	원 어	설 명
102	Chemical Hole Cleaning	화학적 홀 세척	Hole 속과 표면을 세척하기 위한 화학적 처리 공정(Etch Back 참조)
103	Chemical Milling or Machining		Photo-resist(사진법 부식 방지막) Material을 상용하여 Metal Parts를 가공하는 방법 (Photofabrication이라고도 부름)
104	Chemically Deposited Printed Circuit	화학 석출식 인쇄 회로	Additive Process
105	Chip	잔사	Diffusion(확산), Passivation(응축), Masking (도포), Photo-resist(사진 방지막 인쇄), Epitaxial Gro조(성형) 등 반도체 기술의 모든 것을 사용하여 제조된 모든 능동 및 수동 회로 소자를 구성하는 단일칩(단 Chip은 외부용 Connector)가 실장되거나 연결되지 않으면 사용할 수가 없다.)
106	CIC코아 인쇄기판	Copper Invar Copper Core Printed Wiring Board	Invar의 양면에 냉간압연법으로 Cu를 Clad한 것을 Core로 하여 Prepreg로 적층한 금속심을 넣은 다층인쇄 배선판. Invar는 철(Fe)에 Ni을 함유한 2원합금으로, 열팽창계수가 작다. 이 Clad재를 심으로 함에 따라 인쇄배선판 표면의 열팽창계수를 조절하여 작게 할 수 있다. 인쇄배선판 위에 열팽창이 적은 실리콘 Bare Chip 탑재에 사용된다.
107	CIM	Computer Integrated Manufacturing	컴퓨터 통합 제조 방식
108	Circuit Pack		이 용어는 통상 비공식적으로 Circuit Assembly 대용으로 쓰이고 있으나 PCB 가공 기술이나 부품 자삽(Plug-in)기술을 반드시 포함하고 있지는 않다. 정식 기술 문서상에서 사용될 때의 공식 용어는 Printed Circuit Board Assembly이다.
109	Circuit Schematic	CS : 회로 얼개도	도형 문자(Graphic Symbol) 등을 사용하여 특정 회로망의 전기적 연결과 그 기능을 보여주는 그림
110	Circuitry Layer	회로층	한 평면상에 구성된 회로 Pattern

NO	용 어	원 어	설 명
111	Circumferential Separation	원통형의 깨짐	1) PTH 전체 원주 둘레의 도금에서 발생한 Crack 2) 자삽된 부품 Leadwire 둘레의 Solder Fillet에 발생한 Crack 3) Eyelet 주위의 Solder Fillet에 발생한 Crack 4) Land와 Solder Fillet 사이의 경계선상에 발생한 Crack
112	Clad	입혀진, 덮힌	아주 얇은 Metal Foil Layer나 Sheet가 Base Material(기자재)의 한쪽면 또는 양쪽면에 결합(Bonding : 부착)되어 있는 상태
113	Cleaning	세척	기판 표면으로부터 Grease(기름때), 산화물(녹), 기타 이물질 등을 제거하는 것 (참조 : Scrub Cleaning, Solvent Cleaning, Alkaline Cleaning, Electro Cleaning, Cathodic or Direct Cleaning, Anodic or Reverse Cleaning, Soak Cleaning)
114	Clearance Hole		Multilayer PCB에 가공된 홀의 동심원 축상에서 내층 Land보다 직경이 더 큰 도체 Pattern의 기공(Void)
115	Clinched-Wire Through Connection		PCB 홀을 관통한 Wire 연결법으로 기판의 양쪽면에서 도체 Pattern과 결합(Clinched)되고, Soldering 된다.
116	Clinching		Land가 있는 부품 실장홀의 외곽 밖으로 나온 Lead선의 일부를 구부려서 Soldering 전에 부품을 기계적으로 보호하는 방법
117	CO₂ Laser	Carbon Dioxide Laser	탄산 Gas의 대칭 신축진동. 굴곡운동의 Energy 준위간의 전이에 따라 고유 주파수로 발진하는 기체 Laser. 파장은 10.6μm와 9.4μm로 발진하나 통상 10.6μm를 사용한다. 주로 금속재료의 가공에 사용되었으나 인쇄회로기판에는 Build-up Process에서 Via를 형성하기 위한
118	COB	Chip On Board	인쇄배선판 위에 직접 붙이는 Chip(Bare Chip 또는 Bare Die라고 한다.)을 실장하는 방식. 실장방식에는 TAB, Flip Chip, Wire Bonding 등이 있으나 실장 후의 封止가 필요. 실장밀도를 높이기 위한 배선거리를 줄일 수 있다. 신뢰성이 있는 Bare Chip의 공급이 문제이다.
119	COD	Chemical Oxygen Demand	화학적 산소요구량

NO	용 어	원 어	설 명
120	Coefficient of Expansion Thermal		온도의 단위 변화에 대한 재료 치수의 변화 비율
121	COF	Chip On Flexible Printed Circuit	Bare Chip을 Flexible 배선판에 탑재하여 접속하는 방식. Package를 사용한 실장보다도 고밀도화가 가능. Chip을 보호하는 Coating이 필요하지만 복잡한 공간에 실장하는 데는 유리한 탑재방식이다.
122	COG	Chip On Glass	박막회로 등으로 배선된 Glass 기판 위에 Bare Chip을 탑재하는 실장방식. Wire Bonding, Flip Chip방식으로도 접속된다. 액정 Display에 채용되어 액정 Glass 판넬상에 직접 IC를 탑재하는 실장기술
123	Cold Cleaning		Soldering 후 이물 잔사를 제거하기 위해 상온에서 유기 용제를 상용하는 세척 공정
124	Cold Punching		적층 원판에 Drilling을 하지 않고 Punching으로 Hole을 가공하는 방법으로 Punching Die값이 고가이기 때문에 대형 양산의 경우만 주로 사용되고 있다.
125	Cold Solder Joint		Solder 용액 중에 지나친 불순물이 있거나 Soldering(납땜)작업 전에 Cleaning이 부족했을 때, 그리고 불충분한 가열조건 때문에 땜납의 Wetting 상태가 나쁘고 회색빛 기공상태가 나타나는 Solder Connection.
126	Collimation		광선을 평행하게 정렬해 주는 視準 장치
127	Comb Pattern		등간격으로 정렬된 도체를 상호조합형으로 배치한 1조의 패턴
128	Common Feature Drawing	CF : 공통 특성 도면	Specific(특정) System에 사용되며 Shape(형상)나 Size(크기)가 동일한 하나 이상의 PCB에 대한 모든 물리적인 공통 속성(Attributes)을 규정해 놓은 문서로 Hole Size, Hole Location Copper(동박) Pattern, Marking(기호 식자) Information 등의 Detail한 정보는 언급하지 않는다.
129	Component Assembly Board	부품 실장 기판	부품 실장을 위해 주로 사용되는 Plug-in type 또는 Wired-in type의 PCB Assembly라고 명명된 장치
130	Component Density	부품 실장 밀도	"단위 면적당 부품 수"로 표현하며 PCB상에 실장된 부품 수이다.
131	Component Hole	부품 홀	PCB상에 부품의 단자(Lead)를 포함한 Pin, Wire 등을 전기적으로 연결하거나 삽입키 위해 사용되는 구멍

NO	용 어	원 어	설 명
132	Component Insertion Equipment	부품 삽입(실장)기	PCB상에 부품을 삽입할 때 작업자를 지원하는 장비
133	Component Insertion Report	부품 삽입 보고서	부품 삽입에 필요한 치수를 포함한 세부 제조 정보를 기록한 문서
134	Component Lead	부품 리드선	기계적, 전기적 또는 혼합된 연결을 위해 부품으로부터 뻗어 나와 있는 Solid 상태인 한 가닥의 도체
135	Component Board	혼합 기판	Multilayer Printed Cricuit Board 참조
136	Component Laminate	혼합 적층판	연속된 Filament Class층과 또 다른 재료의 Core층을 적절한 결합제에 함침시켜 만들어낸 적층판
137	Conditioning	조건 처리	1) Laminate : 열처리 Pre-Baking, Post-Baking 사용중 연속된 가공 공정 처리 동안 제품의 휨 변형(Warp)을 방지하기 위해 적층 원판의 작업 판넬을 열처리하는 공정 2) Phobtool : 치수 안정화 치수특성을 최적화하기 위해 필요한 표준 환경 조건하에서 Photbtool을 안정화시키는 공정 3) Surface : 표면 처리 균일하고 결합력이 높아 Metal의 Over-plating이 용이하도록 적층 원판의 표면을 처리하는 공정
138	Conductive Foil	도체 박막	도체 회로 Pattern을 형성하기 위해 적층 원판의 한 면 또는 양면에 덮혀진 금속의 얇은 막
139	Conductive Pattern	전도 회로	적층 원판상에 구성된 전도체의 설계 모양으로 Conductors(회로), Lands와 Through Connections(도통 홀의 내·외벽)을 포함한다.
140	Conductor	도체 회로	1) 전기적인 부하(전하) 또는 전류를 운반할 수 있는 재료 2) Terminal Area(단자 : Land) 사이에서 전류를 운반하는 전송로. 이는 또 Circuit Line, Track, Path 등으로 부른다.
141	Conductor Base Width	도체 기저폭	기자재 표면층에서의 도체폭(Conductor Width & Design Width of Conductor라고도 함.)
142	Conductor Layer		기판의 1개층의 단면에 형성된 도체 패턴의 전체
143	Conductor Side	도체면	단면 PCB에서 도체회로를 가지고 있는 면. Wiring Side라고도 부른다.
144	Conductor Thickness	도체 두께	모든 금속성 전기 도금층을 포함하는 도체회로의 두께(비전도성 도포 물질의 두께는 제외된다.)

NO	용 어	원 어	설 명
145	Conformal Coating	보호막	도포될 대상물의 물적 특성(속성)과 일치하는 절연 보호 유기 도포제. 완성된 PCB Assembly에 적용하며 Protective Coating이나 Cover Layer와 혼동치 말 것.
146	Connection	연결 접속	도체회로 Pattern과 전기적으로 접촉시키는 수단
147	Connector Area	접속 단자부	외부와의 전기적 접속을 위해 사용되는 PCB의 일부분
148	Contact Area	접속부	발생된 전류의 흐름을 통해 도체회로와 Connector 사이를 이어주는 공통 접속 부위
149	Contact Length		컨넥터를 삽입 및 뺄 때 상대방과 접촉되면서 이동하는 거리
150	Contack Print	Photographic : 밀착 인쇄(감광)	진공 압착 Frame 속에서 빛에 노출 감광되지 않은 Film상에 Image가 형성된 현용 Film을 올려놓고 빛을 투과시킴으로써 직접 사진 복사를 만드는 것
151	Contact Resistance	접속 저항	특정 조건하에서 접속 단자부위의 접촉면상 금속 표면에서 발생하는 전기적 저항
152	Contact Spacing	접속 단자 간격	인접한 접속 단자의 중심간 거리
153	Contaminant	불순물, 이물질	System을 부식시킬 수 있는 물질로 PCB상에 존재하는 이물질이나 불순물
154	Continuity	연속성	전기의 흐름을 방해받지 않는 통로(완전한 도체 회로상에서 전기 전류의 흐름)
155	Coordinate Tolerancing	좌표 공차법	홀의 가공위치 공차를 결정하는 방법으로 그 공차치가 선 치수나 각 치수에 각각 주어진다. 통상 공차의 허용 변동 범위는 직사각형의 형태를 이룬다(Positional Limitation Tolerancing이나 True Position Tolerance항 참조).
156	Co-Ordinatograph		아주 정밀도가 높은 X, Y 좌표 Plotting 기계로 그 구성은 이동식 또는 고정식 테이블과 Head로 이루어지며, 고정식 Table의 경우 Head는 이동식이다. 이 장비는 Phototool(Artwork)의 준비 작업 및 확인 검사를 위해 주로 사용되며, 필름의 표면이나 회로의 특정 부분을 정확하게 Check해낼 수 있다.
157	Copes		CBDS 이전에 사용되던 CAD System
158	Copper Balance	동박 회로 균형도	PCB의 한쪽면이나 다른 한쪽면 또는 같은 면상 특정 부위간의 회로 밀집도 균형비

NO	용 어	원 어	설 명
159	Copper Foil	동박	PCB상의 도체로 사용되는 전해 동박으로서 중량 또는 두께 단위를 기준으로 만들어진다. * Square Feet당 1oz, 2oz, 1/2oz, 1/3oz가 주로 사용되며 1/4oz, 1/5oz도 시험 사용 * 1oz : 28.3495g/304.8mm×304.8mm=305g /1M×1M=35μm
160	Cordwood Circuit		Axial(환상형의 둥근) Type Lead를 갖는 부품이 평행으로 겹쳐진 두 장의 PCB에 수직으로 실장된 샌드위치 형태의 PCB 조립물
161	Cornermark	Crop Mark : 외곽 표식	PCB Phototool의 Corner 부위를 표시하는 기호로서 보통 Corner-mark의 안쪽 가장자리가 경계를 나타내며 기판의 외형 윤곽을 결정한다.
162	Corrosion	부식	보통 화학 공정처리 후 발생하는 원재료의 점진적인 파괴(부식)현상
163	Cosmetic Defect	미관 불량	성능이나 수명에 영향을 미치지 않는 단순한 외관 불량
164	Count		물건의 개수를 세는 행위
165	Cove		Resist(보통 Solder resist Mask)와 Metal Foil(금속 박막 : 보통 동박이나 땜납)의 접속 경계선상에 주로 발생하는 땜납 걸침(Solder Foot or Solder Fillet)을 말함.
166	Cover Layer	도포층	도체회로상에 도포되는 절연 물질의 얇은 외층 (cf : Cover Coat, Cover Lay)
167	Covering Power	도포력	주어진 특정의 조건하에서 깊은 홀 속이나 우묵하게 들어간 표면상에 금속 도금을 해낼 수 있는 전기 도금 용액의 석출 능력
168	COW	Chip On Wafer	실장하는 기판으로 실리콘 배선판을 사용. 그 위에 Filp Chip에 따라 실장하는 방식. COSi(Chip On Silicon), HWS(Hybrid Wafer Scale)라고도 한다.
169	CPCA	China Printed Circuit Association	중국 인쇄전로행업협회. 설립 1990년 6월에 중국 전자부품협회에서 인쇄회로 부분이 독립한 것. 회원수 250사(1997년). 년 1회 상해에서 CPCA Show를 개최한다.
170	Cracking	깨짐	금속 도포물이나 비금속물이 하지층 표면 내부까지 관통하여 깨지거나 균열이 발생하여 금이 간 상태

NO	용 어	원 어	설 명
171	Cratering		Base Material 속의 기공이나 도금시 Pin-Hole 속에 남아 있던 미량의 Gas가 원인이 되어 납땜 작업시 용융된 땜납을 홀 밖으로 불어내 버림으로 발생하는 Wave Soldering 결함으로 기판의 외관을 보기 싫게 만들며, 보통의 경우 지나친 joint(부품 Lead와 Hole Land의 결합) 상태가 된다.
172	Crazing		적층된 기자재의 Glass Fiber(유리섬유)가 유리섬유 조직의 교차점상에서 Resin(수지)과 결합되지 못하고 분리된 상태. 이러한 상태는 보통 기자재의 표층 바로 밑에서 죽 이어진 백색 반점 또는 십자가 모양으로 나타나며 대부분 기계적인 응력이나 충격 때문에 발생된다.
173	Crazing	Confomal Coating	Confomal Coating(보호 도포막)의 표면이나 내부에 아주 미세한 Cracks(깨짐)이 Network(망사)형태로 발생한 현상
174	CRE	Composite Reinforcement Material	1970년대 후반에 IPC의 기술위원회에서 Composit 동장적층판의 규격화에 붙인 명칭. CRE-1~CRE-6이 정의되었다. 후에 NEMA의 규격과 맞추기 위해 CEM(Composite Epoxy Material)이 채용됨. CRE재는 이 규격에 따른 재료이다.
175	Creep		초기의 순간적인 탄성이나 급격한 변형에 의해 발생된 Stress(응력)를 받은 기자재가 시간의 흐름에 따라 서서히 Stress Relief(응력 해소)를 하면서 일어나는 치수 변화
176	Cross-Hatching		Conductive Material(도전성 기자재)의 넓은 부위(예 : Ground Pattern)를 차단하기 위해서 사용되는 평행한 직선회로들로 구성된 규칙적인 Pattern으로, 보통 각 회로들은 직각으로 교차하며 전도성 기자재의 Ground Pattern 사이에 넓직한 Void를 삽입한 모양이 된다.
177	Cross Talk	혼선	신호 전송로 사이의 에너지 교차(Coupling)에 의해 발생되는 불필요한 간섭현상
178	Current Carrying Capacity	전류 흐름 용량	PCB의 전기적, 기계적 특성상 심한 열화 없이 도체회로가 계속 흘릴 수 있는 최대 전류치
179	Current Density	전류 밀도	전기 도금에서 피도금물의 단위 면적당에 인가된 전류 값

NO	용 어	원 어	설 명
180	Current Efficiency	전류 효율	전기 도금에 있어서 Faraday's Law(패러데이의 법칙)에 따라 가해진 전류치가 특정 공정 처리를 해낼 수 있는 수행도로서 보통 (%)백분율로 표시된다. 다시 말해서 가해진 전류치에 대한 금속 석출이나 용해에 소요된 전류치의 비율을 말하며, 전류치의 나머지 대부분은 주로 산소나 수소 가스의 방출에 소모된다.
181	Cut and Strip		두 겹으로 겹쳐신 플라스틱 판을 이용해서 Artwork(Matrix)를 제작하는 방법으로, 원하는 회로 Pattern의 형태를 얻어내기 위해 Translucent Layer(투명의 Ester Base층)로부터 불필요한 Opaque Layer(영상막층)을 잘라내고 벗겨 내기도 한다.
182	CVS법	Cycle Voltametric Stripping Method	도금액의 특성을 구하여 액의 관리에 사용하는 측정법. 회전 원반 전극에 의해 용액의 교반상태를 일정하게 하고 일정한 Cycle에 따라 전극전위를 상승, 하강시켜 주기적인 금속의 석출 용해를 반복시킬 때 얻어지는 전류 전압곡선에서 첨가제의 농도를 구하는 방법이다.
183	Datum Reference Datum point : Datum Holes : Manufacturing Hole	제조 기준점 : 좌표, Holes	PCB 제조나 검사시 회로 Pattern이나 각층의 위치 정열을 쉽게 할 수 있도록 미리 정해둔 점, 선, 면
184	Daughter Board	자기판	Plug-in방법으로 Mother Board에 실장되는 보조 기판
185	Deburring	Burr 제거	Drill 공정중 발생한 Burr나 날카로운 기판의 모서리, 이물(칩) 등을 제거하는 것
186	Defect	결함, 불량	어떤 제품이나 부품의 특성 항목이 정상적인 허용 특성치로부터 벗어난 것(편차)(Major Defect : 중결함, Minor Defect : 경결함)
187	Definition	선명도	사진 인쇄용 Film의 재생 신뢰도(재생 충실도)
188	Design Change Authorization	DCA : 설계 변경 허가	제품에 대한 변경 사항을 알리고 적용하도록 관리하려고 발생하는 문서
189	Design Change Document	설계 변경서	설계 변경(이유, 원가, 상세 내용 설명, 적용 일자와 제작 연도 등)의 전반적인 내용을 기술한 문서
190	Design Width of Conductor	설계 회로폭	도체 회로의 규정 공칭 폭

NO	용 어	원 어	설 명
191	Deviation Report		Standard(업체 표준), 제조 능력 기준, Project 기준, 공통 특성 기준 등에 위반되는 모든 사항에 대해 Check한 결과를 CAD 디자이너나 Phototool 품질 검사자가 기록한 문서로 통상 Design File을 포함하는 Text File의 내용을 Hard Copy의 형태로 보존 관리한다.
192	Device	소자, 부품	보통 독립체의 형태를 갖는 개개의 전기적 요소(소자)로서 요구되는 기능을 파괴하지 않고는 더 이상 작게 줄일 수 없는 최소 부품 단위이다.
193	Dewetting	Applied to Soldering : 납땜 작업시	용융 Solder(땜납)가 PCB나 부품 Lead의 표면에 도포될 때 발생하는 현상으로 Base Matal (동박)이 노출되지 않을 만큼 얇게 납땜 막이 형성된 부위에서 실제의 땜납은 도포되지 못하고 아주 불규칙한(쭈글쭈글) 형태의 덩어리로 응어리져 버린 상태
194	DFM	Design For Manufacturing	제조의 상황을 고려하여 부품, 기기의 설계를 하는 것. 부품 수를 감소하고, 제조나 공정이나 조립이 쉽게 검사시험도 쉽도록 전체의 공수나 Cost를 감사하고, 신뢰성이 높은 제품을 만들기 위한 설계. 생산성 설계라고도 한다.
195	Dielectric	절연체	인쇄 배선판의 절연 역할을 하고 동시에 배선 회로를 형성할 동박층을 지지해 주는 기자재
196	Dielectric Breakdown	절연 파괴	전압치가 갑작스럽게 대폭 증가할 경우, 기자재를 관통하여 파괴적인 전기 방전이 발생함으로써 나타나는 절연체의 완전한 성능 열화 현상
197	Dielectrical Constant	절연 상수	특정 형태의 전극으로 진공(또는 공기) 중에서 인가한 정전 용량값(Capacitance : Cx)과 특정 절연체에 인가한 정전 용량값(Cv)의 비율
198	Digitizing	계수화	평면상의 특정 위치를 X-Y 좌표치(Coordinates)로 표시할 수 있도록 계수로 환원하는 방법
199	Dimonsional Stability	치수 안정화	온도, 습도, 화학 약품 처리, 인가 시간과 Stress(충격) 등의 Factor(요인)들에 의해 발생하는 치수 변화의 척도
200	Dimensioned Hole	치수 홀	기정된 Grid(방안격자)와는 반드시 일치하지 않더라도, 좌표치로서 위치 결정이 가능한 PCB상의 Hole
201	DIN 규격	Deutsches Institut Fur Normung	독일 규격

NO	용 어	원 어	설 명
202	Dip Soldering	침적 납땜	Soldering(납땜) 작업의 일종으로, 노출된 도체 회로 전부를 Soldering하기 위해 고정된 용기상에 담아둔 용융땜납의 표면에 PCB를 담가서 납땜 작업하는 공정(Wave Soldering 참조)
203	Dissipation Factor	유전 계수	교류 전류(AC)에 있어서 전력 손실의 측정 기준. 유전 계수는 Power Loss(전력 손실)치를 인가 주파수(f), 전위차의 제곱합(E2), 단위 체적치와 유선 상수값의 곱으로 나눈 값이다. $$\text{Diss.Fac} = \frac{\text{PowerLoss}}{E2 \times f \times \text{Volume} \times \text{Constant}}$$
204	Distortion	변형, 꼬임	Wrap, Twist 참조
205	DMA법	Dynamic Mechanical Analysis Method	인쇄회로기판에 사용되는 동장적층판의 Glass 전이온도(Tg) 측정법의 한 가지. 동적점 탄성분석이라고도 한다. 굽힘, 인장법, 비틀림법, 무부하 질량 강제 비틀림, 진동비공진법이 있다. JIS-C-6493의 규정에 동적 점탄성 분석과는 재료의 온도를 조정시킨 Program에 따라 변화시키며 그 동적 점탄성을 온도와의 관계로서 측정하는 방법으로, 동적 점탄성 측정장치에 의해 시료에 굽힘 또는 인장에 의한 正弦的인 응력, 또는 뒤틀림을 주어 동적 저장탄성율, 동적 손실탄성율 및 손실정접을 온도와의 관계로서 구하는 방식이다. 이 수치는 Tg의 온도에 크게 변화하므로 이 수치로서 구한다.
206	Dot Phototool		최종 PCB상에 가공되어 있어야 할 각 홀의 위치에 Dot Type의 Pad를 뿌려 놓은 Film으로 가공될 홀의 위치와 개수를 확인하기 위해 사용한다.
207	Drag		부적절한 재단에 의해 발생한 도체나 기자재 모서리의 변형
208	Drag-In		전기 도금조에 들어갈 때 피도금물에 묻어져 있는 도금 용액이나 물의 양
209	Drag-Out		전기 도금을 끝내고 도금조를 나올 때 피도금물에 묻어져 있는 도금 용액이나 물의 양
210	Drag Soldering		Soldering(납땜 작업)의 일종으로 고정된 용기 상에 담아둔 용융 땜납의 표면에 접촉할 수 있도록 PCB나 PCB 조립물을 이동시켜 가며 실시하는 납땜 작업
211	DRC	Design Rule Check	설계한 것이 배선 Rule 등 설계 Rule에 합치하는가를 확인하여 틀린 경우 개선하는 작업. 설계 검증

NO	용 어	원 어	설 명
212	Drilling Backup Material		구멍 가공시 아래 방향에 발생하는 Burr를 줄이고 Down Limit 내에서 Bit가 Table 표면을 손상시키지 않도록 보호하는 소모성 보조재이다(주로 Particle Board나 Bakelite Board를 사용).
213	Drilling Entry Material		Drill 가공시 사용되는 소모성 보조재의 일종으로 가공될 기판의 상부에 부착시키며, 그 역할은 Drill Bit가 부드럽게 기판 속으로 진입할 수 있도록 해주며 일단 진입한 후에는 Bit의 유동을 줄여 주는 Bushing 역할도 한다. 그 외에도 가열된 Bit가 기판 속으로 진입할 때마다 Cooling 시키는 역할도 지원한다(주로 Aluminium Foil을 사용). 주로 0.15mm 사용함.
214	Drill, Curcuit Board		텅스텐(W)과 코발트(Co)의 합금물을 탄화 처리한 Cutting Tool(전단 도구)로 네 개의 경사각과 두 개의 나선형 Flute구조를 가지고 있으며, Glass 베이스 에폭시 기자재의 가공용은 특히 가공 잔사물(Chip)의 배출이 신속히 이루어질 수 있도록 특수 설계되어 있다.
215	Drill Tape	천공 테이프	Drilling Machine이 Computer에 의해 자동으로 홀 가공을 할 수 있도록 수치 제어용 정보를 담아둔 종이나 Mylar 재질의 테이프
216	Dross	납똥	용융 땜납의 표면에 형성된 산화물이나 기타 오염물의 작은 덩어리
217	Dry-Film Resists		PCB나 기타 화공 처리 부품의 제조를 위해 특별히 설계된 감광막을 적층한 도포제로서 각종 전기 도금액이나 부식액에 견딜 수 있는 물질
218	DSC법	Differential Scanning Calorimetry Method	인쇄회로기판에 사용되는 동장적층판의 Glass 전이온도(Tg) 측정법의 한 가지. 시차주사열량계를 사용하는 방법으로, 일정하게 Program된 속도로 온도 상승시키면 Tg의 온도에서 열거동이 달라지고 이 수치에서 Tg를 구하는 방법. 더욱이 고온으로 하면 재료의 분해온도 등도 측정 가능하다.
219	DT박	Double Treated Cu Foil	금속 동박의 양면을 쉽게 접착되도록 미리 거칠게 처리한 동박. 한 면만 처리한 동박에 비하여 제조가 복잡하고, 취급에도 주의가 필요하므로 특수한 경우에 사용된다. 양면조화동박이라고도 한다.
220	Dual In-Line Package	DIP	두 줄로 구성된 Pin이나 리드선을 가지고 구 줄의 홀 속에 실장되는 형태의 부품(실장)
221	Dummy, Dummying		도금조에 정규 작업을 하지 않는 휴지 시간에 도금조 내의 불순물을 제거하기 위해 전기 도금조에 저전류 밀도로 사용되는 음극체

NO	용 어	원 어	설 명
222	DUO Foil		다층판의 적층에 있어서 중간판의 Stainless판을 Al판으로 바꿔 효율을 높이기 위한 재료. Al판의 두께는 0.25, 0.3, 0.38mm 등이 있다.
223	EBC	Electron Beam Curing	전자선 경화방식
224	ECWC	Electronic Circuits World Convention	전자회로세계대회. 인쇄회로세계대회(PCWC)의 명칭을 변경하여 1999년부터 사용한 대회명. 3년마다 영국, 유럽, 미국, 일본에서 돌아가며 개최.
225	ED 레지스트	Photo Sensitive Resist for Electrophoretic Deposition	전착도장법에 사용되는 레지스트. Coloid 상의 액으로 되어 감광성을 가지며, 전기영동에 의해 기판상에 석출된다. 균일성이 좋은 석출로 요철에 대한 추종성을 가진다. 석출된 피막은 내에칭성을 가진다. 감광성의 Type으로 Nega형과 Posi형이 있다. 전착 레지스트라고도 한다.
226	ED법	Electrophoretic Deposition Method	전착도장법
227	Edge Board Connector		PCB의 외곽에 붙어 있는 접속 단자부와 여기에 연결될 외부 회로물 사이의 상호 접속이 자유롭게 탈착 가능하도록 특별히 설계한 Connector
228	Edge Board Contacts		외부 연결물의 Edge Connector와 접속이 가능하도록 PCB의 외곽 부위에 가공해 놓은 Plug-in 형태의 접속 부위
229	Edge Dip Solderability Test		Phototool(Film)이나 PCB상 회로 Pattern의 모서리의 처리 선명도에 대한 재생 가공 신뢰도
230	Edge Dip Solderability Test		PCB의 신뢰성 검사를 위해 미리 특별한 조건에 따라 준비한 시편을 사용하여 정해진 조건하에서 실시하는 납땜성 시험으로, 정해진 조건이란 Nonactivated(비활성화) Rosin Flux로 후락스 처리한 시편을 사용 용융 땜납조에 침적할 때 침적 하강 속도와 상승 속도를 미리 정하고 조속에 시편이 침적되는 Dwell Time도 미리 설정되어야 한다.
231	Edge Spacing	외곽 간격	PCB의 외곽으로부터 부품이나 회로 Pattern이 이격된 거리(Margin 참조)
232	EDIF	Electronic Design Interchange Format	미국전자공업회(EIA)가 제정한 타기종간의 Data 변환 Format. 현재에는 회로를 표시하는 Net List Data의 보존, 교환에 실용화되었다.

NO	용 어	원 어	설 명
233	EECA	European Electronic Components Manufacturers Association	유럽 전자부품 공업회
234	EESC	Equivalent Effective Stratospheric Chlorine	성층권의 오존층을 파괴하는 물질의 양을, 그것과 동일한 영향을 미치는 염소로 치환했을 때의 염소 농도
235	E Glass 섬유	E Glass Fiber	동장 적층판의 기재로 사용되는 Glass 포섬유 조성의 한 가지. 전기절연용으로 저알칼리성인 한편 제조, 취급이 용이하여 현재 대부분의 동장 적층판의 Glass 포섬유로 사용되고 있다. 조성은 SiO_2 54.3%, Al_2O_3 15.0%, CaO 17.3%, MgO 4.7%, B_2O_3 8.0%, R_2O 0.6%, Fe_2O_3 0.2%, 기타 0.4%로 되어 있다. 또 특성은 연화온도 840℃, 비중 2.54, 유전율 7.23, 유전정접 0.0011, 열팽창계수 4.52×10^{-6}mm/mm℃, 기타 Glass 섬유로서 S Glass, Q Glass, D Glass가 있지만 아무래도 특수한 용도로 사용되므로 양은 적다.
236	EIA	Electronic Industries Association	미국의 전자기계 공업회. SMI(Surface Mount International) Show를 공동 개최함.
237	EIAJ	Electronic Industries Association of Japan	사단법인 일본전자기계공업회. 전자기기, 전자 Device, 부품의 총합 전시회인 Electronics Show를 개최한다.
238	EIPC	European Institute of Printed Circuits	유럽 인쇄회로협회
239	Electro-cleaning		피도금물과 도금용액 사이를 통과하는 전류에 의해 실시되는 전기적 세정작용
240	Electrode	전극	전류가 전해 Cell이나 전해조 속을 입출하기 위해 통과하는 금속성 전도체
241	Electrode-position	전기 도금	도금용액에 전류를 흘림으로써 전도성 물질을 석출해 내는 것
242	Electro-forming		석출물로부터 멀리 떨어져 있는 피도금물(Mandrel, Module : 심쇠나 틀)상에 전기적 석출물을 생성시키는 작업

NO	용 어	원 어	설 명
243	Electroless Deposition	Electroless Plating : 무전해 도금	석출되어야 할 금속이나 합금물을 화학적 촉매 처리 반응에 의해서 금속 코팅막으로 석출시키는 것. 그러므로 이 공정에서는 전류의 사용이 불필요하다.
244	Electrolysis	전기 분해	전해액에 전류를 흘렸을 때 발생하는 화학적 변화
245	Electrolyte	전해질, 전해액	전기를 흘리면 그 흐름에 따라 이동하는 유도 매개체로서 대부분 수용성 타입의 산성액, 염기 또는 소금기이며, 이밖에도 용해된 소금, 이온화된 Gas 및 일부 고형 성분 같은 매개물도 포함하고 있다.
246	Electroplating	전기 도금	석출물로부터 멀리 떨어져 있는 피도금물상에 전기적 석출물을 생성시키는 작업
247	Emulsion	감광 유제	(사진학에서)노광과 현상 절차를 거치면서 영상(Image)을 만들어 내는 감광성 Film의 표면상에 도포된 감광성 Silver Halide(산란 방지용 실버) 코팅막
248	Emulsion Side	유제면, 막면	감광성 유제가 발라져 있는 Film면(Right Reading Emulsion up, Right Reading Emulsion Down 참조)
249	EMC	Electro Magnetic Compatibility	전자기기에서 발생하는 Noise를 감소하여 다른 전자기기의 동작에 영향을 주지 않도록 하는 한편, 다른 전자기기에서의 Noise 영향도 차단하도록 설계하여 기기로서의 기능을 발휘하는 능력. LSI, 인쇄회로, 기기의 각종 방면에서 검토되고 있다. 전자적 양립성이라고도 함.
250	EMI	Electro Magnetic Interference	전자기기에서 발생하는 Noise에 의해 다른전자기기를 방해하는 상태. 이 Noise에 의해 오작동을 일으켜 중대한 장해로 되기도 하여 대책이 중요하고, 발생원, 수용측과 함께 여러 대책을 행하고 있다. Emission이라고도 한다. 일본에서는 VCCI에서 규제치를 정하고 있다. 전자장해라고도 한다.
251	Entrapment	포말	공기, 후러스나 증기 등을 둘러싸고 있는 상태로 외부의 충격에 매우 약한 부분으로 불량을 야기시킬 가능성이 큰 부분이다.
252	Epoxy Resin	에폭시 수지	에틸렌(Ethylene) 산화물과 그 파생물 및 동족체를 기초로 하는 열경화성 물질
253	Epoxy Wetting		다이 어태치 에폭시가 리드 프레임의 인너리드 위에 붙어 있는 불량

NO	용 어	원 어	설 명
254	Equivalent Integrated Circuit(EIC) Count		EIC factor(계수)는 부품의 밀집도를 표시하는 방법 중의 하나로서 Pin 수로는 주로 14Pin IC의 채용도로서 결정하며, EIC Density(밀집도)는 Technical(기술적 난역도)Level 결정의 기준으로도 사용되고 있다.
255	ESC 실장	Epoxy Solder Encapsulated Connection	납 Precoat한 인쇄 배선판의 기판에 반도체 Chip을 고정하기 위한 절연성 열경화 수지를 도포하고, 반도체 Chip의 주변 접속 단자에는 Au Bump를 형성하여 압착착하고 수지를 가열 경화하는 Flip Chip 실장방식. C4 실장이나 SBB 실장 등이 단자접속과 Under Fill 수지경화로 2회 가열하지만, ESC 실장은 1회로 끝나 공정의 단순화와 열 영향의 감소가 가능하다.
256	Etchant	에칭액, 부식액	화학적 반응을 이용해서 PCB상의 불필요한 금속(동박)을 제거해 내기 위해 사용되는 용액으로서, 주로 많이 사용되는 부식액에는 Ferric Chloride(염화철), Ammonium Persulfate(황산 암모니아), Chromic Acid(크롬산) 등이 있다.
257	Etchback		특히 다층 기판의 경우에 많이 사용하며, 홀 속에 도금이 잘 되도록 하기 위해 드릴 가공된 홀 내벽의 유리섬유 및 플라스틱계의 기자재를 용해시켜 줌으로써 내층 도체 표면을 노출시켜 주며, 동시에 Resin Smear를 제거하기 위한 목적으로 실시하는 공정
258	Etch Resist	부식 방지막	Etching시 형성된 회로를 보호하기 위해 Masking하는 D/F이나 도금된 Solder
259	Etched Printed Circuit		Etching(부식법)에 의해 형성한 인쇄 회로
260	Etching	부식	기자재상에 접착되어 있는 전도성 물질의 불필요한 부분을 화학적 또는 화학 처리 및 전리 작용에 의해 제거함으로써 원하는 인쇄 회로를 형성시키는 작업 또는 그 공정
261	Etching Indicator		부식의 품질 정도를 측정하기 위해 전도성 박막(Foil)에 부착시킨 V자형태 또 특정의 회로 Pattern을 말함.
262	Exposure	노광	(사진술에서)화학적 변화 즉 Monomer(단량체)를 Polymer(중합체)로 바꾸기 위해 감광성 유제층의 특정 대상부위에 빛Energy를 주는 것으로, 예를 들면 Photoresist의 중합 반응을 일으키게 하려고 UV(자외선) 빛에 노출시키는 행위
263	Extraneous Copper	잔류동	부식과 같은 화학 처리 공정 후에 기자재상에 남아있는 불필요한 잔류 동박

NO	용 어	원 어	설 명
264	Eyeballing, Eyeball Drilling		육안으로 식별 가능한(예를 들면 Pin Registration법과는 반대로) Drill 가공된 홀을 이용하여 Phototool(Film)의 Center를 일치시키는 합치 기술로, 이 용어는 육안에 의해 Film을 정렬시키기 위한 구멍 가공 공정 및 기타의 활동들도 모두 포함하고 있는 의미이다.
265	Eyelet		납땜 작업시 Solderability(납땜성) 증대에 의해 부품의 지지도를 향상시키고 전기적 전도성을 부여하기 위해서 Non-Plated Through Hole(비 도통홀 : 주로 단면) 기판의 구멍 속에 삽입하는 원통형의 둥근 관
266	Faceplate	면판	PCB 제품이 보통 Frame이나 Shelf Type의 조립물로 사용될 때 이를 육안으로 쉽게 식별할 수 있도록 PCB Assembly의 외곽에 부착시킨 면판이다. 이 면판에는 외부에서 식별 및 판독이 용이하도록 하기 위해 LEDs(발광 다이오드)나 Switch 등의 부품을 실장하거나 또는 식별 문자를 기입해 넣기도 한다.
267	FD	Face Down Mounting	Face Down 실장
268	Feedthrough		Through Connection 참조
269	Fiber Exposure	유리 섬유 노출	수지 함침 등을 통해 기자재층에 결합되어 있는 유리 섬유(Fiber)가 기계적 충격이나 마찰, 마모, 충격 및 약품의 침식에 의해 노출, 손상되어 있는 상태(Wave Exposure 참조)
270	Filld(Solder)		Terminal Land의 표면과 도체 회로가 만나는 부위에 형성된 땜납의 오목한 결합 상태
271	Final Confirm		최종 확인
272	Finger Tab		단자, 흔히 TAP이라고도 하며, PCB를 다른 Connector에 연결하기 위해 PCB 외각에 Hard Gold로 Finger 형태의 툭 튀어나온 Tab을 만들어 놓은 것
273	Finished Hole Size	최종 홀 크기	모든 PCB 가공 공정 처리가 완료된 후의 홀 크기
274	Fixture	검사용 치구	Bed of Nails Type으로 스프링 접촉 Probe를 사용하여 제작한 시험 Pattern과 측정할 PCB가 접촉할 수 있도록 고안한 치구물로, 테스트될 기판을 고정시키기 위해 설치된 Head와 기판 착탈을 위해 필요한 Head(고정 Pin) 등이 부착되어 있다.

NO	용 어	원 어	설 명
275	Flame Retardant	내열성	기자재에 한번 발화시키고 점화장치를 제거한 후 일정시간 안에 스스로 불을 끌 수 있는 능력(난연도라고도 함.)
276	Flash		오리지날 Photographic Film상에 조사하여 특정 형태의 영상 처리를 하기 위해 Aperture Wheel을 통해 나오는 순간적인 빛의 섬광 또는 그 형태
277	Flash	Electroplate : 후레쉬	석출된 금속물이 색상을 띄기에는 충분하지만 아주 얇은 두께로 살짝 입힌 정도의 전기 석출물 (전착물)
278	Flat Cable		보통 Flexible에서 사용되는 용어로 두가닥 또는 그 이상의 평행한 도체 회로선을 같은 평면상에서 절연 물질로 감싸서 봉합한 Cable(전선)
279	Flatness	평면도 : 휨 정도	
280	Flexural Failure		굴곡 압력에 의해 발생하는 도체 회로의 파괴(불량)으로 주어진 굴곡 압력에 대해 특정 시간 동안의 저항력 증가치로 표시한다.
281	Flexural Strength	굴곡 강도	굴곡 압력(Stress)이 가해졌을 때 PCB나 적층 원판이 버틸 수 있는 강도로, 굴곡 강도치는 적층 원판의 종류에 따라 다양하다.
282	Flexure	굴곡	기자재의 구부러짐.
283	Flow Soldering		Wave Soldering 참조. 용해된 납이 Tank에서 상하 순환하면서 용해된 납의 표면이 회로판에 납땜되는 방법
284	Flush Conductor	후러쉬 도체 회로	가장 외부에 노출된 회로의 표면층이 기자재의 표면층과 동일한 평면 높이를 갖는 회로
285	Foam Fluxing		Flux 처리의 한 방법으로 균일한 공기 분사기를 사용한 아주 고른 Flux 거품을 이용하는 방법이다.
286	Flux	방청제	납땜 작업이 잘 되도록 하기 위해 금속 표면에 발생한 산화막을 제거하고 활성화시키는 화학적 활성제
287	Foil	박막	인쇄 회로 기판의 도체 회로를 구성키 위한 얇은 금속판으로 주로 동박이나 알루미늄이 사용되며, 박막의 두께가 얇을수록 부식에 소요되는 시간은 짧아진다. 그러므로 얇은 박막일수록 보다 정밀한 회로폭과 회로 간격을 유지할 수 있다.
288	From-To List		PCB상에서 전기적 연결이 필요한 모든 기준점과 연결점의 좌표 정보로 구성된 CBDS의 전산 출력 자료

NO	용 어	원 어	설 명
289	FRP	Fiber Reinforced Plastics	수지에 실 형태의 섬유를 혼합, 수지를 직물에 함침하여 강도를 높이기 위한 재료. 강화제라고도 한다. 인쇄회로기판에 사용되는 동장척층판으로서 종이나 Glass 포 등을 사용하여 수지를 함침시킨 강화재가 있다.
290	FR Grade	Flame Retardant Grade	동장적층판의 내연성재료의 내열성 Grade를 나타내는 것으로, 미국의 NEMA 협회가 규정한 것. ANSI에서는 이 규격에 기초하여 상위 규격을 규정하였다. 내연성 종이기재 Phenol 적층판은 FR-1, FR-2, 내연성 종이기재 Epoxy 적층판은 FR-3, 내열, 내연성 Glass 기재 Epoxy 수지 적층판은 FR-5, 그리고 FR-6로서 기재에 Glass Mat를 사용하여 Poly Ester 수지를 함침한 내열성으로 분류된다. 내연성은 난연성이라고도 한다.
291	Fully-Additive Process		비공식 동의어로 Fully Electroless가 있다. 전기적으로 독립된 도체의 전체 두께를 무전해 금속 석출법으로 형성시키는 애디티브 공정
292	Functional Description (FD)		각각의 제품에 대한 조작 방법을 설명해 놓은 가장 기초적인 원고
293	Fused Coating		주로 Tin 또는 Lead(석연이나 아연)의 합금물이 사용되며 용융 및 재결합에 의해 금속막을 도포하는 작업
294	Fusing		주로 전기 도금에 형성된 금속 도금막(땜납 도금막)을 다시 재결합시키기 위해 녹이는 것.
295	Gel time		수지에 열을 가해서 그 물리적 속성이 고상에서부터 액상을 거쳐 다시 고상으로 변할 때까지 소요되는 초 단위 시간
296	Ceneral specification	일반 규격	구매 파트나 기술 파트, 그리고 고객들이 사전 평가를 하기에 충분할 만큼 자사의 제품에 대한 상세한 세부 정보(제품규격)를 기술해 놓은 문서
297	Glass transition temperature		비결정형(무정형 : amorphous)의 중합체(또는 부분적으로 결정정 : crystalline인 중합체 속의 비결정인 부분)가 단단하고 부서지기 쉬운 경화 상태로부터 점성을 띄어 끈적끈적하거나 탄력 있는 연화 상태로 변화하는 온도
298	Gouge		Drill시 BIT가 마모되어 Glass Cloth Fiber가 손상, Hole 벽면이 뜯어 먹은 것 같이 절단되고 Epoxy가 파들어간 상태
299	Grain	섬유결	적층 기자재 속 유리 섬유(fiber)가 이루고 있는 방향성 정열구조

NO	용 어	원 어	설 명
300	Gray scale		영상의 선명도(opaqueness : 불투명도)를 증가시키기 위해 주로 사용되는 선명도치가 알려진 일련의 필름 밀도 측정자
301	Ground buss		외층 회로의 모든 연결점이 되는 ground(접지) 회로들이 한 곳에 모여서 이루는 아주 넓은 도체 회로(주로 접지를 위한 내층과 외층의 주통로를 이룬다.)
302	Ground plane	접지층	도체 회로를 지나는 전송파의 반항, 차폐 또는 방열 작용을 위한 공통 목적층으로 사용되며, 적절한 clearence(여유 간격 : 이격)를 유지하는 금속의 cross hatched(십자 방격) 모양을 한 도체 회로층이나 그 일부
303	Ground plane clearence	접지층 간격 : 여유	
304	Ground plate	접지판	MLB(다층기판)의 경우 주로 층과 층 사이에 묻혀 있으며 접지 역할을 하는 연속된 금속판
305	Heat sinking plane	방열판	열에 취약한 부품들이 가열되는 것을 방지하기 위해 PCB상에 탑재하는 넓은 금속판
306	HFC	High Density Fine Circuit	Fine Pitch, Fine Pattern에 따른 인쇄배선판의 고밀도 실장을 말한다. 반도체의 고집적화나 각종 부품의 소형화에 따라 고밀도 실장기술이 필요하게 되었다. Fine Technology에 의한 회로실장기술
307	Hole and land data table	HL : 홀과 랜드의 X-Y 좌표 list	PCB상에 가공될 Hole과 랜드의 수량, 위치 및 크기 등을 규정해 놓은 표
308	Hole breakout	홀 터짐	Hole을 랜드가 완전하게 둘러싸고 있지 못한 상태
309	Hole density	홀 밀집도	PCB의 단위 면적당에 가공될 홀의 수량
310	Hole location	홀 위치	홀 중심의 수치적 좌표(절대 좌표계나 상대 좌표계의 수리학적 x-y 좌표) 위치
311	Hole pattern		PCB상에 가공될 모든 홀을 표시한 패턴도 또는 필름
312	Hole(barrel) pull strength	홀 내벽의 인장 강도	홀의 중심축 방향으로 하중을 가해 당겨서 PTH가 파괴되어 barrel plating copper가 떨어져 나갈 때 소요되는 힘
313	Hole void	홀 속 기공	PTH의 내벽상에서 기자재가 노출되어 보이는 금속 석출물 중의 기공
314	Hot air solder leveling(HASL)		홀을 포함한 전도체 회로상에 땜납을 선택적으로 도포시키기 위해 용융 땜납조에 침적 후 도체상의 땜납 두께를 균일하게 유지하고, 홀 속의 땜납을 제거키 위해 고온의 공기 분사기로 땜납을 평준화 시키는 작업

NO	용 어	원 어	설 명
315	Hot oil solder leveling(HOSL)		고온의 기름을 사용하여 땜납을 평준화 시키는 작업
316	HTE 동박	High Temperature Elogation Copper Foil	고온시의 이완에 우수한 동박. 180℃에서의 이완 35㎛ 및 75㎛ 두께에서 3% 이상으로 다층 인쇄 배선판의 Foil Crack 방지에 사용되는 동박. 다층판의 설계, 제작법의 진보로 이 동박의 사용예가 줄고 있다. IPC CF-150E에서 HTE-type E까지 Class 3으로 규정되어 있다.
317	IEC 규격	International Electrotechnical Commission Standard	국제 전기표준회의기구. 국제적인 조직으로서 세계 각국이 자국의 기관으로서 가입한다. 규격에 관해 수많은 기술위원회 Technical Committee (TC)가 있고, 인쇄회로에 대해서는 TC-52, 표면실장기술은 TC-91에서 심의됨. 이곳에서 결정된 내용은 국내규격을 맞춰야 할 의무가 있다.
318	IEEE	The Institute of Electrical and Electronics Engineers, Inc.	미국의 국제전기전자 기술자 협회로 학회이다. 이 산하에 각종의 Society가 있어 국제적으로 많은 활동을 하고 있다. 실장관계로는 CPMT (Component, Packaging and Manufacturing Technology) Society가 있다.
319	ILB	Inner Lead Bonding	회로패턴의 IC 접속 단자에 IC Bonding하는 것
320	IC socket		IC를 꽂기 위해 PCB상에 실장하는 기구 소자(부품)으로 IC를 이 소켓에서 교환할 수 있다.
321	Icicle		반도체 조립에서는 Package 외부 단자에 길게 고드름처럼 달라붙는 납을 말함.
322	Image	영상	감광성 필름에 사진 촬영 기술을 이용해 생성시킨 대상 피사물의 모습(형상, 영상)
323	Immersion Plate		어떤 금속물을 철 1가, 2가 및 동 1가, 2가 용액의 이온들과 바꾸는 화학 치환 반응을 이용해서 실시하는 금속 도금(석출)법
324	Inclusion	이물질	도체 회로의 각층, 전기 도금물, 유기 도금물(solder mask) 또는 기자재 속에 들어가 있는 이물질
325	Inductance		도체의 특성치로 도체를 흐르는 전류에 의해 유기된 자장 중에 에너지를 포함할 수 있는 능력
326	Inspection	검사	단위 제품과 그에 대한 요구 사항들을 서로 비교하거나 측정, 조사, 시험하는 공정(작업)
327	Inspection lot	검사 로트	품질 특성에 대한 판정 기준과의 비교 검사를 위해 채취된 샘플 수량으로 모집단의 추정에 필요한 식별 표시가 되어 있는 단위 제품의 집합

NO	용 어	원 어	설 명
328	Inspection overlay		검사의 편의를 위해 사용되고 있는 양판 또는 음판 필름과 color가 있는 diazo 형태의 투명 필름
329	Insulation resistance	절연 저항	특정 조건하에 있는 한 쌍의 도체 회로, 다양하게 결합된 차폐 부품 또는 한 쌍의 접속점간에 결정되어야 할 절연물질의 전기적 저항
330	Interface		두 물체 사이의 계면 두 장치 사이의 전기 전자적 상호 연결선
331	Interlayer connection	층간 접속	다층 기판의 서로 다른 층에 있는 도체 회로 패턴 사이의 전기적 연결
332	Internal	내층	다층 PCB의 내부에 전부 들어가는 전도성 패턴으로, 신호전송용 signal 회로 패턴층과 전원 공급용 power층, 그리고 전원 정지용 ground층 등이 있다.
333	Interstitial via hole	층간 연결 홀	다층 PCB의 두 개 또는 세 개의 도체 회로층을 상호 연결하는 PTH로서 기자재의 전층을 관통하여 가공되는 것은 아니다.
334	Intraconnect schematic(IS)		일련의 회로 연결을 line으로 표시한 기능 블록도를 사용하여 최종 장치 제품 각 모듈 사이의 전기적 연관성을 보여주는 문서로, 세부적인 각 연결은 유사 기능의 연결 Group별로 각각 분류하여 tabular form(목록표) 형식으로 표시되어 있다.
335	Ionizable containinants	이온화 오염물	후러스 활성제, 지문, 부식 및 도금 염류 등 각종 공정상 잔류물을 말하며, 이들이 용해되거나 이온 형태로 존재하면 전기 전도율이 증가된다.
336	IPC	Association Connecting Electronics Industries (구 The Institute for Interconnecting and Packaging Electronics	미국의 인쇄회로업계 단체. 많은 위원회를 가져 구연회, Seminar 등의 개최, 시장조사를 하고, 인쇄회로 및 실장에 관한 규격을 발행한다. 이 규격은 ANSI나 MIL에 채용된다. 회원으로는 미국내 뿐 아니라 유럽, 동남아시아, 일본 등의 기업이 참가하고 있다.
337	IPN	Interpenetrating Polymer Network	고분자 망눈의 중합을 이용한 Polymer Brand. 각 Polymer의 망눈 사슬이 서로 얽힌 구조가 분자간의 상용석, 망눈 밀도의 증가, 상간 결합력의 증대 등의 특성을 가지게 되고, 단위체 수지와 다르게 내열성을 갖는 등의 특성이 개선된다.
338	IR 경화	InfraRed Cure	열경화성 수지는 외부에서 열을 가하면 중합, 가교반응을 일으키는데, 적외선에 의한 가열로 이 반응을 행하는 것을 말한다. 인쇄배선판의 Solder Resist 등을 경화할 때 사용한다.

NO	용 어	원 어	설 명
339	Isothemal land(isoland)		보통 네 개의 좁은 회로로 구성된 둥근 모양의 동박이 상호 연결된 랜드로서, 이는 납땜 작업시 열이 분산되는 것을 방지하기 위해서 주로 사용된다.
340	ITO 피막	Indium Tin Oxide Film	인듐, 주석 산화물의 Glass판상에 형성된 피막. 투명하고 전도성이 있어 액정, PDP Display의 전극 배선에 사용된다.
341	JEDEC	Joint Electron for Divices Engineering Council	미국 공동전자기기기술위원회(Package 표준위원회), 전자 Devices, Package 관련의 규격을 제정한다.
342	JIEP	Japan Institute for Electronic Package	Electronics 실장학회. 설립 1998년 4월. J1PC와 SHM이 합병한 인쇄배선판, 회로실장 관계의 학회
343	JIS 규격	Japan Industrial Standard	일본공업규격. 일본공업표준조사회에서 심의하여 관련 주무대신이 제정한 국가규격. 많은 분야의 공업제품에 관한 규격이 제정되었다. 국제규격으로 ISO, IEC와 연휴되어 있다.
344	JPCA	Japan Printed Circuit Association	사단법인 일본인쇄회로공업회. 설립 1961년. 인쇄배선판, 회로실장 관련 업계의 단체. 인쇄회로 관련제품의 총합 전시회인 JPCA Show를 매년 개최한다.
345	JPCA 규격	Japan Printed Circuit Association Standard	일본 인쇄회로공업회의 규격 제정 위원회가 심의하여 제정한 단체 규격. 주로 인쇄배선판과 실장에 관련된 규격을 제정한다.
346	Jumper		PCB 제작이 완전히 완료된 후에 추가로 PCB상의 두 지점을 wire에 의해 전기적으로 연결하는 것
347	Karat		중량의 이십사분의 일
348	Key		한 위치에 두 개의 부품을 결합시키고자 할 때 결합이 확실하게 될 수 있도록 설계한 부품
349	Keying slot		적절한 간격으로 배열된 핀이 꽂혀 있는 receptacle(소켓)이 삽입될 수 있도록 PCB상에 가공되어 있는 slot(홈)으로, receptacle이 거꾸로 삽입되거나 다른 receptacle이 잘못 삽입되는 것을 방지할 수 있도록 그 사이즈나 위치들이 서로 다른 조합으로 가공되어 있음.
350	Keyway		Keying slot과 polarizing slot의 양쪽을 포함하는 key 사용 기술에 관한 일반 용어

NO	용 어	원 어	설 명
351	KGD	Known Good Die	Bare Chip 상태에서 품질이 보증되는 반도체 소자. 고밀도 실장을 위한 반도체 소자가 직접 공급되어 인쇄배선판 등에 실장이 되면 이 Chip 이 불량인 경우에 드는 Cost나 실장품의 품질에 큰 영향을 주기 때문에, 소자가 충분히 보충된 양품이 중요하게 된다.
352	Laminate	적층판 : 원판	접착제에 의해 두 개 이상의 material을 접합 (결합)하여 만든 제품
353	Laminate thickness	적층판 두께	일련의 PCB 제조 공정 작업이 진행되기 전 단 면이나 양면 기판 제조에 필요한 동박(금속 박 막)이 입혀진 기자재의 두께
354	Laminating process, multilayer	다층 기판용 적층 프레스	다층 PCB를 만들기 위해 내층 원판과 접착제 층에 열과 압력을 가해 적층시키는 장비
355	Lamination	적층 공정 : 판	적층 원판을 준비하는 공정 또는 적층물의 어느 한층
356	Lapped joint		부품의 리드나 점퍼 등이 평평한 동박 부위에 수 평하게 땜납되어진 이음매로 PTH에 고정하기 위해서는 사용되지 않는다(surface mounting 참조).
357	Layer-to-layer	spacing : 층과 층간격, 절연 간격	다층 PCB의 인접한 내층 회로층간에 있는 절연 물질의 두께
358	Layout grid	설계 배치용 방안 격자	부품, 랜드, 도체 회로 등이 모든 feature(회로 pattern)를 배치하기 위해서 사용하는 방안 격 자(판)
359	Lay-up	적층 성형	적층 압착 작업을 하기 위한 준비로서 다층 기판 용 사용 자재인 내층 원판과 프리프레그 등을 층 별로 쌓고 center를 맞추는 기술
360	LCC	Leadless Chip Carrier	LCC Lead를 없애고 Soldering되는 전극만을 형성한 것
361	LCCC	Leadless Ceramic Chip Carrier	Ceramic Package에서 외부에 입력 Pin을 Lead상태로 하지 않고 Package 주변에 접속단 자를 설치한 것
362	Lead		반도체 Package에서 외부단자가 되는 1/0 Pin
363	Lead projection	리드 돌출	부품이 탑재된 PCB면의 반대쪽으로 부품의 리 드선이 돌출되어 나온 거리
364	Leadless chip carrier		PCB상에 납땜으로 접착된 chip carrier로서 리 드가 없는 Chip 타입 부품이며 경직성이 아니 다.
365	Leveling action	계면 활성 작용	기저금속보다 고르고 균일한 표면처리를 할 수 있는 전기 도금 용액의 능력

NO	용 어	원 어	설 명
366	Line	회로	Conductor : 도체 회로 참조
367	Line width	회로 폭	Conductor width : 도체 폭 참조
368	LOC 구조	Lead On Chip Structure	Lead Frame의 회로상에 복수 Chip을 배치한 구조의 Module. Package 중간에 Chip 전유율을 올리기 위하여 고안된 것으로 MCM의 일종
369	Location hole	locating notch locating edge locating slot	기판을 특정 위치에 맞추어 고정시키거나 부품을 정확하게 실장하기 쉽도록 PCB싱에 가공해 놓은 물리적 구조물
370	Location grid	배치 격자	회로 pattern이 배치되는 격자. 부품용 랜드는 PCB 제조나 시험의 용이성을 위해 보통 100mil 단위의 큰 격자를 사용하며, 반면에 도체회로는 훨씬 더 작은 격자상에 배치된다.
371	Logic diagram	논리 구조도	포인트와 포인트간의 배선까지는 나타나지 않으나, 신호 전송의 세부 흐름과 관리 상태를 알 수 있도록 논리 기호나 보조 부호 등의 논리 기능에 대한 두 가지 측면에서 각 부품 소자를 해설해 놓은 도면
372	Major defect	중결함(결점), 중불량	특정 목적을 갖는 부품의 기능이 심각하게 나빠지거나 고장까지 일어나게 하는 불량(결함)
373	Manufacturing holes : tooling holes	제조 가공 기준 홀	제조 공정 즉 인쇄, 구멍가공 및 맞추기 작업시 기판을 정확하게 바른 위치로 정열하기 위해 사용할 목적으로 PCB상에 가공한 세 개, 그 이상의 홀로서 이 홀들은 다음에 부품 자삽 공정에서도 사용될 수 있다.
374	Manufacturing Release number	제조 인가 번호	제품상에 부여되는 관리번호의 일종으로 처음에 "01"로부터 시작하고 제조공정이나 사용 부품상에 변경이 발생할 때마다 1씩 증가한다.
375	Margin		Flat cable의 모서리와 가장 가까운 도체 회로의 인접 모서리 사이의 거리(edge spacing 참조)
376	Marking	기호 식자 인쇄	Part number(부품 번호)나 부품의 위치(좌표) 등 PCB상에 표기되어야 할 기호나 식자의 표기 (형식)
377	Marking phototool	기호 식자용 필름	PCB 부품면상에 실장될 부품에 관한 정보를 스크린 인쇄하기 위해 사용되는 필름으로서 보통 marking matrix라고 부르며, 부품기호(외곽)나 부품지정표시 또는 부품삽입위치 등의 표식이나 업체 loge(상호) 등의 정보도 포함하고 있다.
378	Mask	보호막, 도포막	PCB fabrication(가공 및 조립) 과정에서 도체 회로 패턴 등을 격리하고 보호시키기 위해 사용되는 도포막(층)

NO	용 어	원 어	설 명
379	Mass soldering		wave soldering, dip soldering 참조
380	Mass Lamination		원판공장에서 대형 Size로 다층적층까지 가공한 뒤 PCB회사에 판매하고, PCB회사에서 D/S와 같은 작업을 하게 만든 대량생산기술
381	Master phototool		Original phototool을 밀착이나 촬영하여 직접 만들어 낸 1 : 1 비율의 제2차 복사분 필름, 실제 camera 작업에서 마스터는 수작업으로 테이핑하여 만든 artwork를 축소 촬영하여 제작한다.
382	Matte finish	무광택 처리	거칠고 광택이 없는 표면 또는 표면처리
383	Maximum copper		넓은 회로폭과 좁은 회로 간격을 갖도록 설계된 PCB
384	MBB	Micro Bump Bonding	Film Chip 구조의 Chip 접속에 있어서, 이방성 도전 Paste로 접속, 광경화성 절연수지를 사용하여 그 수축력에 따라 Chip과 Carrier와의 전극간을 압접에 의해 접속하는 방식.
385	MCM-C	Multi Chip Module-Ceramic	Ceramic 기판을 이용한 MCM. 도체층은 단면판에서 다층판까지 각종의 형이 사용된다. 알루미나 기판(Al_2O_3) 이외에 저온성 Ceramic이나 Glass Ceramic도 사용된다.
386	MCM-D	Multi Chip Module-Deposited	표면에 박막 금속에 의한 배선회로가 있는 기판을 사용한 MCM. 기판재료로서는 Silicon, 다층 Ceramic 기판, 절연한 금속 기판이 사용되고, 그 표면에 박막회로를 형성한다.
387	MCM-L	Multi Chip Module-Laminated	MCM의 내부, 기판재질로서 유기수지기판을 사용하여 다층화, PTH법으로 접속한 기판, 또는 Build-up법에 의해 제작된 기판으로 만들어진 MCM. L은 Laminate의 의미로서, 유기수지기판인 것을 표시한다. 이 기판은 통상의 인쇄배선판 기술을 사용하여 만들지만, Bare Chip 실장도 행하여 보다 정밀도가 요구된다.
388	MD 방향	Machine Direction	Base Film, Glass포, 동박, 또는 동장적층판을 연속제조하는 경우의 진행방향에 해당하는 길이 방향
389	MDS	Modular Documentation System	복잡한 제품에 관련된 제반 정보 문서나 코드 등을 관리하는 시스템으로 그 주요 특성은 다음과 같다. * 제품과 관련문서는 동일한 코드를 갖는다. * 정보는 각각의 분리된 문서로 나누어 보관된다. * 제품을 release시에는 관련된 "ROR" set를 발생한다.

NO	용 어	원 어	설 명
390	Mealing		Conformal(보호막)이 도포된 PCB상에 나타나는 현상으로 기판과 도포막 사이의 접착력 저하로 인해 도포막층이 들뜨거나 기포가 발생한 상태. mealing은 주로 보호막 도포 공정에서 도포된 기판상에 잔류하는 오염 물질 때문에 발생하며, 고습의 환경 조건에 노출된 후에 많이 발생한다.
391	Measling		적층 원판의 매부에서 발생하는 결함 상태로서 유리 섬유가 직교되는 교차점상에서 resin(수지)이 glass fiber(유리섬유)와 분리되어 발생한다. 이러한 현상은 기자재의 표면에서 드문드문 연속적인 백색 반점이나 십자 모양으로 나타나며 보통 열충격 후에 심해진다.
392	Meniscugraph test		Test 시편이 침적될 때 용융 땜납의 표면 장력 변화를 기록할 수 있는 strain(변형) 게이지에 시편을 연결함으로서 땜납성을 시험하는 장비
393	Metal clad base material		한 면 또는 양면상에 금속 박막이 도포된 기자재
394	Metallization	금속화	보호 특성 및 전기적 특성을 위해 얇은 금속 박막(판)이며 석출법이나 도금법으로 만든다.
395	MID	Molded Interconnection Device	도전성 회로와 함께 성형한 Plastic 성형부품. 기계적 및 전기적 기능을 동시에 지닌 것으로 2차원, 3차원 정상의 부품을 만드는 것이 가능. 도전성 회로의 부여 방법은 측매를 넣은 수지의 Double Injection과 무전해 도금, 도전성 수지의 사용, 금속 회로의 매립 등에 의한다. 통상의 인쇄배선판 대체가 아니고, 평판 인쇄배선판으로는 불가능한 입체구조를 요하는 도체회로를 구성하는 경우에 많이 쓰인다.
396	MIL 규격	Military Specification and Standard	미군용 자재조달용의 규격. 광범위한 기기, 부품, 재료에 대하여 제품규격, 설계사양, 신뢰성 규격 등을 규정한다. 일종의 단체 규격. 군용기기를 대상으로 하므로, 일반 전자기기에 대해서 그대로 시험조건을 적용하는 것은 문제가 있어 충분한 검토가 필요하다.
397	microstrip		절연층에 의해 분리되어진 평행한 ground plane(접지층)상의 도체 회로들로 구성된 transmission line(데이터 전송로)의 한 형태

NO	용 어	원 어	설 명
398	Migration	metal : 금속 이온 전이	절연물질의 표면과 접촉되어 있는 금속(주로 은)이 습한 환경조건하에서 전기적인 전위 변화를 일으켜 금속의 일부가 이온화되고 그 초기 위치로부터 이탈하여 다른 어떤 새로운 곳에서 금속으로 재석출되는 과정. 또 이러한 금속전이 현상은 lateral migration : 금속의 표면에서 수지상 결정을 형성하는 전이와 through migration : 절연층 속까지 파고드는 전이 등이 있으며 절연 저항치를 떨어뜨리고 절연 특성을 파괴한다.
399	Minimum annular Ring	최소 랜드 허용폭	Land와 edge(외곽 모서리)와 홀의 외곽 모서리 사이에서 가장 좁은 지점에 있는 금속 도체의 최소폭, 그리고 이 부위의 측정은 다층 기판의 경우는 내층의 구멍 가공으로부터, 다층이나 양면 기판의 외층인 경우는 도금된 홀 내벽으로부터 측정해야 한다.
400	Minimum copper		좁은 회로폭과 넓은 회로 간격을 갖도록 설계된 인쇄 회로 기판
401	Minimum electrical spacing	최소 절연 간격	주어진 전류나 전압 조건하에서 도체 회로 사이에 절연 파괴 또는 방전 현상(corona)이 일어나지 않을 만큼 충분한 인접 회로 사이의 최소 허용 간격
402	Minor defect	미결함	단위 제품(장비)의 의도된 목적 기능을 감소(열화시키지 않는 정도의 가벼운 결함, 그래서 장비의 정상 작동이나 효과적인 활용에 중대한 영향을 미치지 않는다면 기 설정된 standard(표준)으로부터 제거될 수도 있는 결함 항목
403	Modification	수정 요청 사항	제조중인 PCB에 적용되어야 할 변경 사항. 이러한 수정 요구 사항은 바람직하지 못하다는 입장에서 barnacle : 꼬집게라는 용어를 사용하기도 한다.
404	Module		완제품을 구성하고 있는 단위 부품 또는 시스템의 구성 단위로서 그 기능은 전체 시스템의 목적에 준해 완전하게 규정된다.
405	Mouse Pit		회로 주변에 발생된 아주 작은 Pit로, 주로 도금 중에 기포가 부착되어 그 부분에 도금이 안되기 때문에 원형으로 Pit가 발생함.
406	Mounting hole	부품 실장용 홀	Frame에 PCB를 기계적으로 탑재하기 위해 사용되는 홀, 또는 PCB 자체에 기계적으로 부품을 부착(삽입)하기 위해 사용되는 홀을 말한다.
407	MSDS	Material Safety Data Sheet	화학물질을 안전하게 사용하고 관리하기 위하여 필요한 정보를 기재한 Sheet. 제조자명, 제품명, 성분과 성질, 취급상의 주의, 적용법규, 사고시의 응급처치방법 등이 기입되어 있다. 화학물질 등 안전 Data Sheet라고도 한다.

NO	용 어	원 어	설 명
408	Multilayer dielectric	다층 기판용 절연체	다층 기판의 어느 내층 회로와 직교하는 다른 내층 회로 사이의 절연 매개물로 사용되고 있는 Glass(유리섬유)와 ceramic의 혼합물(compound)
409	Multilayer printed board, Sequentially laminated	축자 적층법 다층 인쇄 기판	다층 기판이나 PTH 양면 기판을 다시 적층 성형하여 만든 다층 기판으로 각 회로들은 through (관통) 연결 홀이나 interstitial via(매개연결) 홀로 상호 접속시킨다.
410	Multiple Image phototool	다연 배열 필름	서로 동일하거나 유사한 모양을 갖는 두 개 이상의 회로 패턴을 반복 배열시켜 한 장으로 만든 필름
411	NC	Numerical Control	수치제어
412	NC Data	Numerical Control Data	수치제어 공작기계 공구의 이동방향과 양을 지시하기 위한 Data. 인쇄배선판에서는 많은 Hole을 가공하는 Table Drill이, 위치 제어로는 기준 위치에서의 정확한 종, 횡, 높이(X, Y, Z)방향의 수치가 필요하며, 설계도면 또는 CAD System에서 얻어진 수치로 표시한 Data이다. 초기에는 도면에서 Data를 수작업으로 작성한 종이 Tape를 사용하였으나, 현재에는 CAD Data를 PC 처리하여 공작기계에 맞는 Data를 만든다. Data는 자기 Tape나 Floppy Disk 등의 매체에 보존한다. 이와 같은 Data를 처리하는 System을 CAD/CAM System이라고 한다. 더욱 FA화된 공장에서는 NC Data를 대용량의 Hard Disk 등에 기억시켜, 공작기에 피가공물이 장착
413	Negative-acting resist	不用 레지스트	빛 에너지에 의해 중합 반응을 일으켜 경화되어 버린 불필요한 레지스트로 노광과 현상 후에도 작업용 필름상 투명한(비영상) 부위 밑의 원자재 표면에 잔류하게 된다.
414	Negative etchback		내층의 도체 회로층(내층 동박)이 주위를 둘러싼 기자재층보다 상대적으로 뒤로 물러나도록 처리된 에치백
415	Negative phototool	음판 필름	도체 회로 pattern 비전도성 도포막, 기호인쇄 식자 등이 흑색의 opaque(감광) 배경막에 대비하여 투명하게 나타나도록 처리된 필름으로 빛 에너지를 투과하면 회로 pattern 밑의 유제층이 감광되어 중합반응을 일으킨다.
416	Nonconductive pattern	비전도성 패턴	PCB상에 절연재나 보호막 resist 등 기능적으로 비전도성인 물질이 이루고 있는 image 형상

NO	용 어	원 어	설 명
417	Nonfuctional Interfacial Connection		양면판의 도금 홀에서 한측의 도체를 반대측의 비기능 랜드에 전기적으로 접속하는 것
418	Nonfunctional land	비기능 랜드	내층에 있던지 외층에 있던지 그 해당층의 전도성 회로 pattern과 연결되지 않은 랜드
419	Nonpolar solvents	비극성 용제	전기적인 전도성을 띨 만큼 충분히 이온화되지 않는 용제(solvent)로서 무기 염분처럼 이온화합물(polar compounds)로 용해될 수는 없지만 탄화수소와 수지(resin)처럼 비이온성 화합물로 용해될 수는 있다.
420	Nonwetting (solder)		용융 땜납이 접촉되는 표면에서 나타나는 현상으로서 표면에 부착되어야 할 땜납이 전혀 접착되지 않아 하지 금속층이 노출된 상태를 말하며 이는 보통 열이 부족하기 때문에 발생한다.
421	Offset land		의도적으로 관련 부품 홀과 물리적 접속이 이루어지지 않게 해 놓은 랜드
422	ORP 계	Oxidation Reduction Potential Meter	에칭은 산화환원반응이므로, 에칭액에 측정전극을 넣어 산화환원 전위차를 측정하는 메타의 수치를 측정하여 에칭액을 보충, 조정하므로서 균일한 에칭능력이 나오도록 관리할 수 있다.
423	ODC	Ozon Depletion Compound	몬트리올 의정서에 취합 결정된 Ozon 화합물. 냉매나 세정에 많이 사용되는 프레온 등의 불소화합물이나 Tri chloro ethane 등이 함유된 물질에 따라 모두 전폐하거나 점차 폐지한다.
424	ODP치	Ozon Deplet Potential Value	오존 파괴계수
425	OLB	Outer Lead Bonding	TCP에서 Carrier 안쪽의 Land는 Chip의 Bonding Pad에 접속되고 바깥쪽은 PCB의 Pad에 Soldering으로 연결된다.
426	OMPAC	Over Molded Package	BGA의 일종으로 양면 인쇄배선기판을 사용하여 하부에 BGA Pad, 상부에 LSI Chip을 실장하고 수지 Mold를 한 Package
427	Opaque		사진, 필름면이 투명이 아니고 반투명, 불투명한 사진용 필름상에 덧칠하거나 수정하는 작업
428	opaquer		Resin(수지) system(층)에 추가되는 물질(보강제)로서 육안 또는 반사광, 투과광을 사용해도 볼 수 없을 만큼 아주 불투명하고 재보강된 기자재의 섬유소나 직조 물질을 말함.
429	Optical density	광학 밀도	재료(물질)의 불투명도
430	Original phototool	원필름	Photoplotter에 의해 직접 작성된 1:1 사이중의 제일 원도

NO	용 어	원 어	설 명
431	Outgasing	가스 분출	PCB assembly(조립물 : 기판, 부품, 콘넥터 등)가 감압 상태에서 또는 가열이나 감압 가열 상태에서 공기를 분사하거나 다른 가스를 배출하는 현상
432	outgrowth		도금에 의해 형성된 도체 회로의 한쪽면에서 도체 회로폭이 모델별 상세 도면상에 주어진 치수 이상으로 증가된 상태
433	Over lay		인쇄 회로 pattern이 담겨 있는 투명한 필름으로 인쇄 회로기판이나 검사를 위한 blank 필름과 겹쳐서 사용된다.
434	Over Plating		형성된 도체 회로에 필요 이상의 금속이 도금된 것
435	Packaging density	실장 밀도	기능을 낼 수 있는 부품. 접속 소자나 기계적 소자 등이 단위 체적당 몇 개인가를 나타내는 지표로서 보통은 high, medium, low 등 양적인 용어로 표현된다.
436	Pad		랜드에 대한 비공식 용어 또는 완성된 PCB상에서 land가 될 부분을 필름상에서 부르는 용어
437	panel		일련의 제조 공정을 통해 연속적으로 작업되고 최종에 낱개의 인쇄 회로 기판으로 분할될 하나 이상의 회로 패턴이 있는 PCB 기자재(판). 시험, 검사에 사용될 시편도 판넬 사이즈 내에 포함된다.
438	Part drawing (master drawing)	부품 상세 도면, 원 도면	인쇄 회로 기판 (rigid 기판 및 flexible 기판 포함)의 일부부품 또는 모든 부품에 대한 치수상의 한계치(허용치)나 grid 위치, 그리고 도체 회로 패턴이나 비도체 회로 패턴 또는 각 도체의 크기나 형태, 홀의 위치 및 기타 제품의 가공에 필요한 hems 정보를 서술한 문서, 도면류
439	passive (passivity)		특정한 작업 환경(조건)하에서나 또는 정상적인 전위차보다 더 효율적으로 전위차를 이용키 위해 금속의 정상적인 반응시간 및 효율을 지연시키는 현상
440	Path		도체, 회로, 전송로 : conductor 참조
441	pattern		인쇄 회로 기판상 전도체 패턴이나 비전도체 패턴의 형상을 말하며, 동시에 관련 문서류나 도면 또는 필름(artwork)상에 나타난 모든 회로 형상을 표현하는 용어
442	PCBA		PCB 조립물 : printed circuit board assembly
443	PCB identification	PCB(동박 식자)	PCB의 code(고유 관리 기호)나 vintage (revision : 개정, 변경 기호) 정보 등을 동박으로 삽입한 식자

NO	용 어	원 어	설 명
444	peeling	벗겨짐, 떨어짐, 결함	전기 도금에서 기저 금속(base 동박)층이나 하부(하지) 도금층으로부터 그 위에 도금된 전기 석출 도금물이나 자동 촉매 도금물의 일부 또는 전부가 벗겨져 떨어지는 현상
445	Periodic reverse	plating : 주기적 역류 도금	주기적으로 역류되는 전류를 사용한 전기도금 방법. 역류의 주기는 2~3분 정도 또는 그 이하이다.
446	Permanent mask	불변 도포제 : 잉크	Solder resist mask(땜납 도포 방지막)처럼 가공 공정 처리 후에도 벗겨지지 않는 방지막
447	pH	수소 이온 농도 지수	산도(acidity)나 염기도(알칼리도 : alkalinity)의 척도로 전자계측기로 측정한 매개 척도인 농도치. 다시 말해서 $H^+ = 1 \times 10^{-7}$이며 지수(역지수)의 값이 "O"에 가까워지면 용액은 점차 산성화 되고, 이 값이 "14"에 접근하면 용액은 점점 염기 또는 알칼리화 된다.
448	Photo etch		원자재인 금속박 적층판의 표면에 감광성 레지스트를 도포한 후 사진제판법에 의해 불필요한 부분을 에칭하는 공정
449	Photo fabrication	위진 식각	Printed & etch(인쇄 부식)의 공법을 사용하여 금속박막을 정밀한 모양으로 가공하는 방법
450	Photographic reduction scale	필름 증감 배율 척도	사진(필름) 작업자가 artwork이 축소되는 비율 정도를 알 수 있도록 artwork상의 특정 지점 사이의 거리나 라인을 표시해 둔 척도(scale)로서 치수의 값은 1:1 이거나 또는 특정 값으로 반드시 규정되어야 한다.
451	Photomark		제조용 필름으로 처리한 표면으로 적층 원판상에 먼저 photoresist(사진용 방지막)를 코팅한 후 UV(적외선)에 노광시킨다.
452	Photo Imagable Dielectric		Viper BGA의 Substrate Metal Layer에 올리기 위해 Printing 하는 감광성 Epoxy의 한 종류
453	Photoplotter		프로그래밍이 가능한 photo image(사진 영상 처리)용 projector(투광, 투광기)가 부착된 고정도의 플로터로서 다양한 영상 shape(형태)나 라인 폭 등을 x-y 좌표 정보에 의해 투사하거나 또는 직접 command(명령어)로서 처리가 가능하며, 그 외에도 입력 형태에 따라 펀치 카드나 M/T(magnetic tape : 자기 테이프), 그리고 전산 처리된 plot 필름에 직접 link(연결)로도 명령이 가능하다.

NO	용 어	원 어	설 명
454	photo resist	위진식 방지막	PCB상 회로보호 부위에 도포되며 특정한 화학 약품에 대해서는 내약품 특성이 뛰어난 감광성 도포자재로서 이 방지막에 의해 보호되지 않는 부위는 부식되어 떨어져 나가거나(printed & Etch : 인쇄 부식법, subtractive : 축출법 공정) 금속 석출물이 추가 도금된다(회로 도금, 애디티브 공법).
455	Phototool		printed circuit phototool : 인쇄 회로용 필름 참조
456	Phototool identification	필름 식자 기호	기판의 외곽 부위에 표시될 필름상에 사용되는 식자기호로 설계에 관한 일반적인 정보사항을 담고 있다.
457	Phototool inspection classes	필름 검사 등급	검사의 등급은 0, 1, 2, 3 등 검사 항목의 복잡성과 완벽성에 따라 다양한 수준이 있으며, Class 3검사의 경우는 제조 공정이 목표로 하는 설계치에 대한 전 항목에 대해 검사 특성치를 만족시킬 것을 요구하고 있다.
458	Phototool inspection report	필름 검사 보고서	검사를 실행한 결과 즉 검사 측정치, 수리 결과, workmanship(작업 특성치), 지수 특성과 설계 결합 등을 기록한 보고서로 통상 검사자 및 확인자 서명한 deviation(이상) 보고서와 함께 관리되며, 이러한 검사 보고서는 모든 관련 부서에 필름과 함께 배포되어야 한다.
459	Phototool registration systems	필름 중심 맞추기 장비	필름의 중심(center)을 반복적으로 정확하게 맞추기 위해 사용되며 다양한 크기와 각각의 조합에 대해서도 중심 맞추기가 가능토록 만든 장비이다.
460	Pigtail lead component		Flexible lead(유연성 리드)가 부착된 부품
461	Pilot hole		Location hole 참조
462	Pin density	핀 밀도	PCB 단위 면적당 핀수
463	plastisol		가열하면 연속적인 플라스틱 필름으로 바꿀 수 있는 resin(수지)과 plasticizer의 혼합물로 혼합물의 원액은 용매(solvent)의 심한 증발이 발생하지 않으면 그대로 필름의 일부가 될 수 있다. Plastisol coating은 도금조에 사용되는 rack에 전기 석출 금속이 늘어 붙는 것을 방지하기 위해 가끔 사용된다.
464	Plated through hole structure test	PTH 구조 시험	Glass-plastic(유리섬유-플라스틱) 성분의 적층 원판을 용해시킨 후에 PCB상의 PTH와 금속 도체 회로를 육안으로 검사하는 시험

NO	용 어	원 어	설 명
465	Plated finish	적층 성형 관련 용어	추가적인 표면 처리 공정을 거쳐 수정, 보완하지 않고 적층성형용 press plate와 직접 접촉시킴으로써 동장(금속박) 적층 원판의 금속 표면을 처리하는 방법
466	Plating bar	도금 인입선	전기 도금될 기판의 외곽 경계인 판넬 가장자리에 위치하고 일시적인 전기 흐름의 통로로 사용되는 부분으로 전류는 이곳을 통해 기판에 전달된다.
467	plating bath	전기 도금조	전기 도금 용액이나 전해질이 담겨 있는 tank
468	Plating resists	도금 방지막	도체 회로상에 금속이 석출 도금될 때 도금 장지막이 도포된 부위에는 도금이 되지 않도록 방지해 주는 막으로 이 방지막은 스크린으로 작업할 수도 있고 dry-film 타입의 photopolymer(감광성 중합체) resist를 사용할 수도 있다.
469	plating up		기자재에 일단 전도성이 부여된 후 그 위에(표면과 홀 등) 전도성 물질을 전기 화학적 석출법으로 추가 구성하는 공정
470	Plating void	도금 기공	도금된 특정 부위상에 석출된 금속물이 없는 상태
471	Plug-in contacts	삽입형 접착 소자	Edge 컨넥터와 잘 맞도록 설계하여 PCB의 외곽 모서리에 가공한 일련의 접속 단자
472	Polarization		부품의 전기적이나 기계적인 충격, 고장 등에 대한 발생 가능성을 최소화할 수 있는 하나의 방법으로 평면상에서의 대칭성을 제거시키는 기술이다.
473	polarizing pin		두 개의 부품이 어느 한 특정 장소에서 잘 결합될 수 있도록 설계한 장치
474	polarizing slot		적합한 커넥터에 삽입하였을 때 정확하게 커넥터 단자와 간격을 맞추기 위해 PCB의 끝부분에 정확한 설계를 함.
475	Polar solvents	극성 용제	무기 염분과 같은 극성 혼합용을 용해시킬 수 있기 때문에 충분히 이온화되어 전기적 전도성을 가질 수 있는 용액으로 탄화수소나 resin 같은 비극성 혼합물은 용해할 수 없다.
476	Polyimide resins	폴리 아미드	다층 PCB 생산에 필요한 적층 원판을 생산하기 위해서 유리 섬유와 함께 사용되는 고온 가열 가소성 수지로 고온에서의 기증 수행이 필요한 다른 회로에도 용융된다.
477	pores	기공	예를 들어 전기 도금된 금속 코팅의 표면 같은 곳에서 발생되는 불연속 상태

NO	용 어	원 어	설 명
478	Positional limitation tolerancing	위치 한계 공차	이론적으로 정확한 진위치(turn position)로부터 변동(편차)이 발생했을 때 이에 대한 동심면상 또는 동축상의 허용 폭(범주 : zone)을 규정하는 것
479	Positive-acting resist		빛 에너지에 의해서 분해되어 부드러운 단량체로 변하는 레지스트로 노광과 현상 과정을 거치고 난 후에는 작업용 필름의 투명한 부분 밑에 있는 레지스트와 농박이 제거된다.
480	Post exposure bake	노광후 건조	노광후와 현상전에 photo resist를 가열 건조시키는 것
481	Post develoment bake	현상후 건조	현상후 계속적인 공정 처리 전 photo resist를 가열 건조시키는 것
482	Pre-heating	가열	Flux 처리한 후 PCB 조립물을 가열기 위로 통과시키는 것으로 이는 Flux를 활성화 온도까지 끌어올리기 위함이며, 동시에 고온 땜납과 접촉시 열충격으로 기판이 변형되는 것을 방지, 완충시키려고 실시함.
483	prepreg	반경화	B-stage(반경화) 상태의 수지에 함침된 sheet metal(예 : 유리 섬유판)
484	Press-fit contact		절연체나 금속판(metal plate) 또는 PTH(도통홀)가 가공되었거나 PTH가 아닌 홀(NON-PTH)을 갖는 인쇄 회로 기판의 홀 속에 압착 삽입할 수 있는 전기적 접속
485	Prime manufacturing hole(Prime tooling hole)	제1차 제조 기준 홀	0/0 datum(데이터 원점), prime target(기준타게트) 등과 홀을 말하며 이는 PCB상의 모든 구성 요소에 대한 설계 및 제조상의 위치 결정 기준이 된다.
486	Printed board	인쇄 기판	완전히 가공 처리된 printed circuit(인쇄 회로) 또는 printed wiring(인쇄 배선)물의 통칭 용어로 여기에는 rigid(경직성) flexible(유연성), single(단면), double(양면), 그리고 다층 기판을 포함한 개념이다.
487	printed circuit	인쇄 회로	1) 어떤 기술분야를 나타내기 위한 종합적인 용어 2) 인쇄 기술에 의해 만들어낸 회로 인쇄 부품, 인쇄 배선 또는 이들의 혼용 개념이며 예정된 설계치에 따라 기자재상의 표면상에 가공, 형성된 회로 3) 인쇄 및 인쇄 배선, 그리고 예정된 설계치에 따라 공통적인 기자재상의 표면에 가공, 형성된 전통적인 부품 회로

NO	용 어	원 어	설 명
488	Printed circuit board	인쇄 회로 기판	Rigid 타입의 적층 원판을 사용하여 모든 홀과 가공 처리 등을 포함한 인쇄 회로 형성 작업이 완료된 부품
489	printed circuit board assembly	PCBA : PCB	전기적, 기계적 부품이 실장되었거나 다른 인쇄 회로 기판과 연결이 이루어진 상태
490	printed circuit board assembly drawing		PCB : assembly drawing 참조
491	printed circuit layout		PCB의 사용 원자재, 전기적 부품이나 기계적 부품의 물리적 크기 및 위치, 그리고 부품 상호 간을 전기적으로 이어줄 도체회로의 경로 등에 관한 서술 내용을 개괄적으로 표현한 서류 film (artwork)이나 관련 문서를 준비하는데 필요한 정도의 정보가 담겨 있다.
492	printed circuit pack		공식적인 기술 문서에서 사용되는 정식용어는 "Printed circuit board assembly"이다.
493	Printed circuit phototool	인쇄 회로용 필름	여러 가지 회로 패턴의 영상이나 땜납 방지막 인쇄 등에 필요한 영상을 기판상에 옮겨 담기 위해 준비된 1:1 배율의 사진용 필름
494	Printed component	part-인쇄 부품	Inductor, resistor, capacitor 및 transmission line(전송 회로)과 같이 인쇄 회로의 형태를 갖는 부품
495	Printed contact		상호 접속 시스템의 일부분으로 역할을 담당하는 도체 회로 패턴의 한 부분(plug-in contact 참조)
496	printed wiring	인쇄 배선	기능 부품의 각각은 기자재층과 분리되고 기자재의 내부나 표면상에 bonding 등의 기법으로 아주 가는 전도성 strip wire(배선)가 구성된 전기적, 기계적 소자로 이루어진 부품들을 이어주는 배선 기술
497	Printed wiring assembly drawing	Printed circuit board assembly drawing	
498	Printed wiring board	PWB : 인쇄 배선 기판	
499	Printed wiring layout	Printed circuit layout	
500	printing(인쇄)		필름을 이용하여 노출된 레지스트의 표면상에 필요한 회로패턴을 재생해내는 작업

NO	용 어	원 어	설 명
501	Product release control record	RCR : 제품 제조 허가 관리 문서	개개 제품에 관한 정보 및 변경 사항을 기록하고 조정하기 위해서 사용되는 문서로서 이 문서의 list 속에는 모든 관련문서들의 관리 번호와 개정 번호 등이 기록되어 있다.
502	production board	제조 구매	관련 상세 도면류와 적용 규격서(구매 규격 등)에 준해서 약정된 제조 batch(소 로트) 사이즈로 작업된 PCB
503	Production master		제조용 필름 원도 : Production phototool 참조
504	Production phototool	생산(제조)용 필름	PCB의 제조 가공을 위해 사용코저 준비한 필름
505	profile	종단면, 측면도	어떤 다른 각도를 규정하지 않고 표면에 대해 수직으로 보이는 면, 예를 들면 cross-section했을 때 copper panel상의 resist line의 profile
506	Protective coating	보호막 도포	제조 과정이나 저장 및 사용 환경 조건하에서 습기나 먼지취급 부주의 등으로 발생할 수 있는 결함을 방지할 목적으로 부품 조립전 PCB의 표면에 도포하는 유기 보호막
507	Prototype printed circuit board	실험용 PCB	설계 효과를 확인키 위해 제작한 첫 시제품 PCB로 새로운 설계 개념에 대한 가능성, 실험치 및 결과 입증을 위해 사용한다.
508	pull strengh	인장 강도 : bond strength	
509	Rack		제품을 걸거나 지지하기 위해서 사용되는 frame(틀)으로 전기 석출 도금시 cathode(음극)에 전류를 유도키 위한 목적도 있다.
510	Radial lead component	방사형 리드 부품	공통면으로부터 나와 있는 모든 리드선이 disk나 can 모양을 하고 있는 부품
511	reactance		회로상에서 발생하는 순수한 inductance나 capacitance에 의해 교류 전류의 흐름을 방해하는 현상으로 그 크기는 ohm 단위로 표시할 수 있다.
512	Referance edge		측정이 이루어지는 도체회로나 cable의 모서리(이 부위는 실선이나 식별라인 또는 기호 인쇄 등에 의해 표시된다. 보통 도체 회로는 Referance edge(기준 외곽)에서 가장 가까운 거리에 있는 첫번째 회로를 기준으로 각각의 상대적 위치를 식별할 수 있도록 되어 있다.)
513	Reflow soldering		기판 표면상에 tin(주석)을 입히는 방법을 이용하여 부품을 결합시키는 공정으로 땜납이 용융될 때까지 가열을 하고 결합이 완료된 후 결합 부위를 냉각시키는 방법

NO	용 어	원 어	설 명
514	Resister mask		Registration(층간 일치성)을 유지하기 위해 중심 맞추기의 기준점으로 사용되는 symbol(기호)
515	Registration system	중심 맞추기 장치	중요한 위치를 정확히 설정하고 반복 정밀도를 유지키 위해 설계 제작한 장비
516	Repairing	수리	외완이나 호환성 및 균질성의 저하 없이 불량 제품(부품의 기능적 능력)을 복구하는 활동
517	Resin	수지	PCB 제조에 필요한 원판의 유리 섬유를 결합시키기 위해 사용되는 강화 재료
518	Resin recession	수지 결공	고온에 노출시킨 기판의 PTH(도통 홀)를 MICRO-SECTION했을 때 홀 내벽과 PTH의 barrel 사이에 발생한 기공(voids)
519	Resin-rich		기자재의 구성 성분과 동일한 혼합물인 표면층상의 resin(수지) 중 재강화되지 않은 부분의 두께
520	Resin smear	수지 탐	보통 구멍 가공에 의해 발생되며 도체 회로 pattern의 모서리나 표면상에 기자재층으로부터 묻어 나와 늘어 붙어 있는 수지
521	Resin starved area	수지 결핍부	보강제인 유리 섬유를 완전히 함침시킬 만큼 수지의 양이 충분치 못할 때 PCB상 일부분에 나타나는 현상으로 광택이 적거나 백색 반점 또는 유리 섬유의 노출이 보인다.
522	Resist	도포 방지막	부식액, 전기 도금, 용액, 땜납 등의 작용이나 반응으로부터 도체 회로의 일부분을 보호하기 위해 사용되는 잉크나 페인트, 플라스틱 또는 전기 도금 코팅물과 같은 도포 자재
523	Resistance soldering		전류를 통과시켜서 한 개 이상의 전극과 접촉된 부위에 가열함으로 납땜이 이루어지는 방법
524	Resolution	해상도	다양한 사이즈의 라인(회로폭)과 스페이스(회로 간격)를 갖는 film mater상에서 pattern을 다시 재생해 낼 수 있는 능력
525	Reverse image	역상 인쇄	전기 도금에서 도체 부위를 노출시키기 위해 사용하는 PCB의 제조 필름중 레지스트 필름
526	Reversion	환원 반응	일단 중합 반응이 일어난 물질이 전반적으로나 적어도 부분적으로 원래의 monomer(단량체) 상태 또는 polymer(중합체)의 초기 상태로 되돌아가려는 화학적 반응으로 여기에는 보통 물리적 특성이나 기계적 특성상 아주 중요한 변화를 수반하게 된다.
527	Reworking	재작업	하나 또는 그 이상의 제조 공정을 되풀이하는 것
528	RH	Relative Humidity	상대습도를 나타내는 말로 각 온도별로 포화흡수할 수 있는 수분 대비 현재의 수분을 백분율로 나타냄.

NO	용 어	원 어	설 명
529	Right-angle edge connection		PCB의 외곽 모서리에 도체 회로를 연결해 주는 connector로서 기판상의 도체 회로면과는 직각으로 된 연결을 이룬다.
530	Right reading, emulsion up		필름이나 유리상에 영상을 형성시킨 것으로 emulsion(유제)층이 윗면에 도포되어 있어서 artwork 도면, film 원도의 영상과 일치하게 구성되어 있다.
531	Risers	수직 회로	다층 기판의 경우 다른 여러 회로 층들과 수직으로 연결을 이루는 도체 회로
532	Rotary dip test		인쇄 회로 기판에 대한 납땜 시험 방법의 하나로 샘플 기판은 운반구(arm)에 의해 미리 설정해 둔 시간동안 용융 땜납조에서 땜납에 접촉되며, 이 때 일반적인 땜납 작업시보다는 좀더 기판에 열 전달을 크게 하기 위해 기판상에 얼마나 완전하게 땜납이 잘 부착되었느냐에 대해 정밀하게 검사되고 또 그 결과에 따라 合, 不 판정이 내려진다.
533	routing		Cutting bit(절단 공구)를 사용하여 PCB의 외형을 주어진 모양과 치수대로 자르는 작업
534	Route Guide		PCB를 최종 규격대로 자르기 위해 사용하는 보조기구
535	Road Map	로드맵	Technology Road Map의 약칭으로 각 기술적 항목을 시간에 의해 Milestone 방법으로 그 개발 목표를 설정한 목표
536	safelite		사진용 필름에 가장 노광 효과가 적은 광선인 적색광을 말하며 장시간이 지나도 필름이 감광되지 않으므로 보통 암실에서 사용한다.
537	Schematic Diagram		1) 특정회로의 전기적 접속 부품 및 기능을 도형기호를 이용해 표시한 도면 2) 전체의 윤곽을 개략적으로 보인 개략도
538	Screen		Frame에 꼭 맞도록 씌워지는 금속이나 섬유 가닥의 망사(network)로서 그 위에는 사진 기술에 의해 회로 패턴과 같은 영상이 부여된다.
539	Screen printing	스크린 인쇄	Rulbber squeege를 사용하여 스크린의 oening(열린 구멍)을 통해 용액성 재료(예, 레지스트)를 밀어 넣어 기판 표면상의 적정한 위치에 원하는 패턴을 형성시키는 공정으로 이 공정은 주로 도체 회로 땜납 방지막, 그리고 기호 식자 패턴을 구성시키기 위해 사용된다.

NO	용 어	원 어	설 명
540	Scribe coat		치수적으로 안정된 폴리에스터 베이스의 부드럽고 벗길 수 있는 opaque(감광막)층이 입혀진 투명한 두 개의 층으로 구성된 PCB matrices(회로 배선판)를 준비하기 위해서 사용되는 방법으로 보통 좌표식 직화기를 사용하고 있다.
541	scribing		Stylus(철필, 첨필)과 같은 뾰족한 도구를 사용하여 선을 긋거나 자름으로서 표시하는 방법
542	Scrub cleaning	정면	PCB 표면상에 침식되는 산화막을 제거하고 표면을 거칠게 조화시키기 위해 pumice 연마제나 브러쉬 및 물에 적신 섬유휠을 사용하여 표면 처리하는 장비
543	Sealing		적층판상에 있는 표면도체회로의 양 모서리와 윗면이 Solder Resist로 완전히 덮여 밀봉되어 있는 상태
544	Semi-addtive process		자동 촉매 금속 석출 도금 후에 전기 석출 도금 및 부식 공정 등을 일련으로 진행하여 도체 회로 패턴을 얻어내는 공정
545	Separable component		보호 코팅, conformal 코팅 및 땜납과 flux(전처리제) 등의 영향을 포함한 전기자재와의 화학적인 결합 없는 몸체로 구성되어 교체가 가능한 부품
546	shadowing		MLB 내층의 절연제에 대한 etchback 처리 중에 발생하는 현상으로 비록 etchback 처리가 허용할 만큼은 되었지만 내층 동박과 인접한 부위에서 불충분하게 실시된 상태
547	Shelf Life		보관수명 : 약품이나 자재의 유효보존기간으로 PCB에서는 D/F, prepreg, Ink 등이 특정한 보존기간을 갖는다. 이 기간을 넘으면 성능이 변해 품질 문제 발생
548	Shielding electronic	차폐 전극	부품이나 회로 또는 회로의 일부분에서 발생하는 전 영향을 현저하게 줄이기 위해 사용하며 보통은 전기적 전도성이 있는 물리적인 차폐물을 말한다.
549	Shop-aid phototool		보통 "color key"라고 부르는 phototool을 말하며 PCB제조의 여러 공정 중에서 주로 확인 검사 도구로서 사용되고 있다. 그러므로 만약 순수 확인용으로만 사용된다면 치수정도나 전반적인 품질은 다른 필름 종류에 비해 훨씬 덜 중요하다.
550	Short circuit	단락 회로	바람직하지 못한 도체 회로의 결함 상태를 말하며 그 원인은 설계 결함이나 제조 품질상의 불량 때문에 야기됨.

NO	용 어	원 어	설 명
551	Signal	신호파	미리 설정해 놓은 전압, 전류치 및 맥동폭(pulse width) 등에 의해 결정되는 전기적 맥류(impulse)를 말한다.
552	Signal conductor	신호 전송 도체	압축된 신호파를 전달하기 위해 사용되는 개개의 도체회로
553	Signal plane	신호층	Ground(접지, 차폐)나 전압 전달 기능을 위해 서라기보다 주로 Signal(신호 전류)을 운반하기 위해 구성된 도체 회로층
554	Single Ply		한 장의 Glass Fabric으로 이루어진 Prepreg 나 Laminate로서 원가 절감을 위해 사용
555	Signal sided board	단면 기판	단지 한 쪽 면에만 도체 회로가 구성되는 인쇄 회로 기판
556	sleeving		절연물질로 부품의 리드선을 둘러쌈으로써 외부 물질로부터 부품이나 도체 회로를 보호하는 방법으로 이는 부품의 리드선과 다른 전류 전달 부품 사이의 절연 간격이 전류의 impedance치를 유지하기 어려울 만큼 좁을 때 사용하는 방법이다.
557	Soak cleaning	비누 세척	전류를 사용하지 않고 실시하는 화학적인 세척
558	Solder	땜납	주로 다른 물질과의 결합용 금속으로 사용되며 tin과 lead(Sn/Pb : 주석과 아연)의 용융성 합금이다.
559	Solder balls		땜납이 가열되어 solder cream이 지글거리며 넓게 퍼질 때 발생하는 땜납의 작은 덩어리들로 이는 솔더 크림이 너무 급격하게 가열될 때 많이 발생된다(Reflow시).
560	Solder cream		부품의 표면 실장에 사용되는 땜납, 후락스, 용제 등을 포함하고 있는 크림
561	Solder dewetting		금속 표면에 납의 분포가 고르지 못하여 납 표면에 요철이 심한 상태
562	Solder fillet	fillet 참조	솔더 응고 후 접속부에 형성되는 솔더 표면의 형태로 통상 오목한 표면 형태가 바람직함.
563	Solder leveling		PCB를 뜨거운 땜납조에 담그거나 뜨거운 땜납 흐름에 접촉시킨 후 연속해서 뜨거운 공기 분사 장치로 땜납 표면을 평평하게 평준화시키고 동시에 여분의 불필요한 땜납을 제거하는 공정
564	Solder Plate Stripping		오버 도금되는 솔더의 일부 및 전면의 솔더를 제거하는 것
565	Solder Plating		Tin-Lead Plating이라고도 함.
566	Solder pinhole	땜납 핀홀	자재 위에 도포된 땜납상에 발생되어 있는 아주 작은 구멍

NO	용 어	원 어	설 명
567	Solder plugs		PCB의 PTH 안에 채워진 땜납 충전물
568	Solder projection	땜납 돌출	땜납이 식어서 결합된 부위나 또는 코팅된 곳에 일부의 땜납이 불필요하게 돌출되어 있는 현상
569	Solder resists	땜납 방지막	땜납이 필요 없는 도체 회로 패턴상에 도포되는 mask(보호막)나 절연물질
570	Solder side	납땜면	PCB상에서 부품면과 반대쪽면
571	Solderability	납땜성	땜납이 금속 표면을 잘 덮을 수 있는 능력, 예를 들면 용융 땜납이 파손되지 않고 얼마나 잘 유지되고 있느냐 하는 능력
572	Solderability testing	납땜성 시험	금속이 땜납에 얼마나 잘 덮힐 수 있느냐 하는 능력을 결정하기 위한 평가로서 그러한 평가는 edge-dip 타입의 납땜성 시험과 rotary dip 타입 및 meniscud 테스트 등이 있다.
573	Solderless wrap		Solid wire(결속선)를 정사각형 또는 직각사각형이나 V타입의 terminal(post) 둘레에 특수한 치공구를 사용하여 단단하게 감아 줌으로써 연결하는 방법
574	Solvent cleaning	용제 세척	유기 용제를 사용하여 실시하는 세척 작업
575	Span		첫번째 회로의 reference(측정) edge점으로부터 마지막 회로의 측정 edge점까지의 연장 거리를 말하며 보통 1/10인치나 centimeter 단위로 표시한다.
576	Squrious signal		가짜 신호 : crosstalk 참조
577	Stamped printed wiring		Die stamping(금형 추출) 방법으로 가공한 배선 회로를 bonding 결합하여 제작한 기판
578	Standard environment	표준 환경	Phototool의 제작, 검사, 취급시 그 품질을 유지하기 위해 요구되는 환경 조건(온도 : 21℃± 2℃, 상대습도 : 50%±5%, 청정도 : Class 10,000)
579	Stand-off mounting	Stand-off 실장	Wave soldering 완료 후 flux 제거(세척)을 위한 여유 공간(clearance)을 확보하고 열 방출 효과를 크게 하기 위해 열분산 부품(예, power transistors)을 실장하는 방법, 이러한 stand-off 방법은 부품이 PCB에 지나치게 근접되지 않도록 굴곡이 있는 리드선을 사용하거나 또는 금속성 방열식 stand-off형 부품을 사용한다.
580	Step and repeat		Multiple image(다중 영상 : 영상 반복 배열) 필름을 만들기 위해 단위 영상 필름을 연속적으로 축차 노광하는 방법

NO	용 어	원 어	설 명
581	Step scale step-wedge		추명 상태로부터 연한 회색을 중간 단계로 거쳐 흑색까지의 사이에 각 현상 상태를 비교할 수 있도록 미리 표시해 둔 판으로 일련의 규칙적인 경 보음을 울려주는 시스템이며 필름 제작시 노광 상태 관리를 위한 기준 척도이다.
582	Stock-list	SL : 부품, 재고 리스트	보통 부품 리스트라고 부르기도 하는 문서로 어떤 조립물에 필요한 각 item(부품)이나 필요한 부품 number, 부품에 대한 코드 정보, 측정(계 측 수량) 단위를 포함하는 부품 세부정보, 해당 규격 내용, 그리고 공급자 등에 관한 기록이 담겨 있다.
583	Stop, stop-off		Resist(보호, 방지막) 또는 maskant(보호, 도 포막)
584	strap		부품면에서 두 랜드 사이를 연결해 주려고 사용하는 절연 또는 비절연 타입의 wire로 이는 주로 자동 삽입을 위해 사용된다.
585	Strike		1) 다른 추가 코팅을 하기 전에 입혀 주는 얇은 금속막 2) strike물을 석출시키기 위해 사용되는 용액 3) 통상 고전류 밀도에서 아주 짧은 시간동안 전기 도금하는 것(단, 일단 strike 후에는 전류 밀도가 정상 작업 조건보다 오히려 조금 감소된다.)
586	Strip(stripper)		기저 금속 또는 하지 도금(기저 금속 또는 하지 도금(undercoat)층으로부터 그 위에 있는 코팅 (예. resist)물을 제거 또는 벗겨내기 위해서 사용하는 용액이나 그 공정
587	stripline		두 개의 평평한 ground plane(정지층)과 동일한 거리 및 평행을 유지하는 하나의 좁은 도체 회로로 구성되는 transmission(전송)라인의 일종(형태)
588	Substrate	반도체 기판	Package 용어로서 반도체 Chip이 실장되는 얇은 기판. 종전에는 Lead Prame을 사용했었으나 근래에는 Organic 기판이 BGA나 CSP에 사용된다.
589	Subtractive process		전도성 금속 박막의 불필요한 일부분을 선택적으로 제거함으로써 PCB를 가공하는 공정
590	Surface leakage		어떤 물체의 체적을 통해 흐르는 전류의 양과 분명히 구분되는 절연체의 외곽 표면상에 흐르는 표면 전류 흐름량
591	Surface mounting	표면 실장	부품 홀을 사용하지 않고 도체 회로 pattern의 표면상에 전기적으로 연결하는 방법

NO	용어	원어	설명
592	Swaged leads		제조 작업동안 기판상에 실장된 부품을 잘 보호할 수 있도록 PCB의 홀 속에 삽입되는 얇고 납작하며 끝이 구부러진 형태의 부품 리드선
593	TDR	Time Domain Refledometry	PCB 회로의 임피던스를 측정하는 방법으로 표준 Signal을 회로에 보내고 되돌아오는 시간차를 측정·환산하여 임피던스를 계산하는 방법
594	Tear-drop		홀을 위에서 볼 때 홀 주위의 금속이 눈물방울 모양으로 보이는 것. Land가 터지는 것을 방지하기 위해 회로가 연결되는 부위의 면적을 넓혀주기 때문에 그렇게 보인다.
595	Tenting	텐팅	1) Dry film으로 홀 위를 덮어버린 뒤 Etching 시켜 회로를 형성시키는 PCB 제조방법의 일종. 2) 부식이나 도금 작업시 산의 침식으로부터 보호하기 위해 레지스트로 필요 부분을 덮어주는 절차.
596	Tenting Via		부품 삽입용이 아닌 PTH를 솔더마스크로 완전히 메워 버리는 것을 말하며 보통 Component side(부품면)에만 적용하는 것으로 SPEC상에는 규정하고 있다.
597	Test board	테스트 보드	제품과 동일한 공정으로 제조된 생산품의 대표가 되는 것으로 제품의 질이 좋고 나쁨을 결정하기 위한 인쇄회로기판.
598	Test Coupon		1) PCB의 합격여부 판정을 위해 사용되는 작은 샘플기판이며 별도로 제작하거나 PCB 중 일부를 잘라 사용한다. 2) 기판의 품질요구조건을 확인하기 위한 작은 샘플기판.
599	Tie Bar		(리드 프레임에서)다이패드를 지지하기 위한 지지부
600	Tinning	석도금 처리	납땜성(Solderability) 향상을 위해 부품의 리드선이나 도체회로 랜드(Terminal) 등에 Solder(땜납)를 코팅하는 공정
601	Tooling Feature	보조(기구) 표식	Marking(식자), Hole, Cut-Out(쐐기 표식), Notch(홈) 등과 같이 PCB나 Panel상에 사용되는 특정한 형태의 물리적 표식 또는 보조 가공물로서 기판이나 Panel을 정확한 위치에 맞추거나 부품을 정확하게 실장하기 위해 주로 사용된다.
602	Transfer Speed	납땜 관련 용어	납땜 작업시 PCB가 땜납 Wave의 표면(Crest)을 타고 이동하는 속도

NO	용 어	원 어	설 명
603	Transmission Cable	전송 선로	두 개 또는 그 이상의 전송 라인을 말하며, 만약 전송라인의 물리적 구조가 Flat(평평, 납작)하다면 동축 케이블(Coaxial Cable) 같은 Round 구조의 것과 구분하기 위해 "Flat Transmission Cables"이라 부른다.
604	Transmission Line	전송선	절연 물질과 도체회로로 구성된 신호파 전송 회로로써 고주파 신호의 전송이나 또는 낮은 펄스 타입의 Signal을 사용하기 위한 전기적 특성을 가져야 한다.
605	Treatment Transfer		부식에 의해 동박을 제거한 후에 나타나는 흑색, 갈색 또는 적색의 Streaks(줄무늬)에 의해 판단되는 기자재층상의 동박 처리 상태
606	Trees		전기 석출도금에서 특히 기판 외곽 모서리나 고전류 부위에 있는 음극(Cathode) 주위에 형성되는 나뭇가지형의 불규칙한 돌출물(Projections)
607	Trim		리드 연결부의 댐바를 끊어내는 공정
608	True Position	진위치	기본 격자 치수에 의해 설정된 홀이나 회로 Pattern의 정확한 이론적 가공 위치
609	True Position Tolerance	진위치 공차	Master Drawing(원도)상에 표시된 True Position(진위치)로부터 허용 가능한 위치이탈 공차 범위의 전체 직경
610	Twist	비틀림	직사각형 기판의 변형 결함으로 한쪽 모서리가 나머지 세 모서리와 동일한 평면상에 있지 못한 상태를 말한다.
611	Two Sided Board	양면 기판	Double Sided Board 참조
612	Ultraviolet	자외선	가시광선 파장의 자색 맨끝에 있는 눈으로 볼 수 없는 광선파
613	Underwriters Symbol	UL마크	Underwriters Laboratories, Inc.(UL)의 인증 검사에 합격한 품목에만 표시하는 인증(승인) 마크
614	Unsupported Hole		재보강재나 전도성 물질이 없는 Hole
615	Voltage Plane	전압층	Ground Potential(전류접지)층과는 그 구성이 다른 PCB상의 도체 회로층이며, 그 역할은 주로 전원 공급, 방열 및 차폐이다.
616	Voltage-Plane Clearance	전압층 여유	전압층 여유는 홀과 전압층을 분리시킨 곳을 말하며 PTH나 Non-PTH 둘레 전압층의 일부 동박을 부식시켜서 형성한다.
617	Warp		동일 평면상에 네 개의 사각모서리를 갖는 직사각형 판의 변형

NO	용 어	원 어	설 명
618	Wave Fluxing		Wave Soldering 전 PCB상에 실시하는 FLUX 처리방법으로 FLUX도 Hot Wave Type을 사용한다.
619	Wave Soldering		PCBA(인쇄 회로 기판 조립물)을 계속해서 순환하며 흐르는 용융 땜납의 표면과 접촉시켜서 납 땜 작업을 하는 공정
620	Wet Blasting		가공 제품상에 고속, 고압의 물을 직접 분사하는 간접 연마방법에 의해 실시하는 표면 처리 및 세척 공정
621	Wettability		수막(Water Film)이 파손되지 않고 계속 유지될 수 있는 기판 표면 상태
622	Wetting		1) (납땜 작업 관련 용어) : 점착성 있는 땜납 부착 결합을 형성키 위해 금속 표면상에 땜납을 넓게 펴지도록 자연스럽게 흘리는 것 2) (수막 형성 관련 용어) : 불균일한 Wetting 상태를 보여주는 기판 표면상의 불연속적인 수막 현상으로 이는 보통 표면 오염도와 직접적으로 관련된다.
623	Wetting Agent		용액의 표면 장력을 줄여주기 위해서 사용되는 첨가물로 이는 고상 물질의 표면상에서는 훨씬 더 쉽게 그 효과가 확산된다.
624	Wheel		Aperture(조리개)가 달린 Photoplotter의 특수한 출력 헤드
625	Whisker		현미경 관찰시 자주 눈에 띄는 현상으로 금속이 필라멘트 형태로 자라나온 모양. 이러한 현상은 보통 전기 석출 도금시 생성되거나 또는 가공처리를 종료하고 저장이나 사용 단계에서도 가끔씩 자생적으로 발생한다.
626	Window		평면(예, Cross+Hatched : 빗금 무늬의 접지 평면상층에 삽입되어 있는 정사각형의 Opening 처럼)상에 있는 Opening
627	Wicking		기자재층의 유리 섬유를 타고 발생한 용액의 삼투압 현상에 의한 흡수 현상
628	Working Area		도체 회로 등이 가공되어 있고 부품들이 탑재되어 있는 PCB상의 일반적 부위. 상대적으로 PCB의 기계적인 취급(예, Wave Soldering Machine) 등을 위해서는 Cleaning Edge(회로나 부품 등이 없는) 부위도 반드시 있어야 한다.
629	Workmanship		작업자의 작업 숙련도
630	X-Ray		파장 0.01~1.00A 정도의 전자파
631	YAG Laser		Laser의 일종으로 그 출력이 높아 반도체 조립의 Marking 공정에서 적용

8. TFT LCD 용어

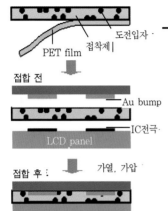

ACF(이방전도성 필름)

Anisotropic Conductive Film 미세 도전 입자를 접착수지(일반적으로 열경화성)에 혼합시켜 film 상태로 만들고 한쪽 방향으로만 전기를 통하게한 이방성 도전막이다. 미세도전입자로는 Ni, carbon, solder ball이 있다. 주로 LCD와 PCB를 전기적으로 연결하는데 사용한다.

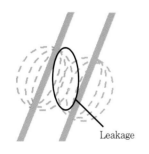

LEAKAGE

회로나 선로에서 전류나 신호가 밖으로 새어나가는 현상

LCD(LIQUID Crystal Display)

2EA의 얇은 유리판 사이에 고체와 액체의 중간 물질인 액정을 주입해 상하 유리판위 전극의 전압차로 액정 분자의 배열을 변화시킴으로써 명암을 발생시켜 숫자나 영상을 표시하는 일정의 광스위치 현상을 이용한 소자이다. 구동방법에 따른 방식에는 TN(Twisted Nematic)과 STN(Super Twisted Nematic)이 있으며 능동매트릭스 방식에는 TFT 등이 있다.

TFT LCD(Tin Flat Transistor Liquid Crystal Display)
(박판 트랜지스터 액정 표시 장치)

능동 매트릭스형 액정의 하나로 액정 표시장치(LCD)의 화소를 박판트랜지스터(TFT)로 제어함. 음극선관(CRT)에 비해 화면의 흐트러짐이 없고 콘스라스드(대비) 표시, 응답 속도 등에서는 CRT에 버금간다.

TFT-LCD 공정 기술

TFT-LCD 제작 공정은 액정 cell 제작 공정(TFT 기판과 color filter기판을 합착) 후에 구동 회로를 부착하여 신호 구동이 가능한 액정 cell 상태로 제작하는 공정을 말한다. 액정 cell 공정은 TFT 공정이나 color filter공정에 비해 상대적으로 반복 공정이 거의 없는 것이 특징이라 할 수 있다. 전체 공정은 액정 분자의 배향을 위한 배향막 형성 공정과 cell gap 형성 공정, 그리고 액정 주입 및 편광 film 부착 공정으로 크게 나눌 수 있다. 각 공정은 공정의 특성상 서로 상이한 공정들로 연결되어 있다. 이것은 고분자 박막의 형성에서부터 rubbing 공정, 그리고 진공을 이용한 액정 주입 공정 등 광범위한 분야의 지식과 기술을 필요로 한다.

TCP(Tape Carrier Package)

Polyimide tape에 접착한 얇은 리드 프레임을 사용하고 Inner lead bonding 은 박막 리드를 직접 Au-Sn계 Solder에 의한 Gang bonding으로 접속한다. Outer lead는 Soldering과 도전 접착제에 의해 연결한다.

1. TCP란?

 IC 구동단자를 TAB(Tape Auto Bonding)하기 위하여 사용되는 재료이며, Driver IC를 carrier tape 위에 장착한 것임.

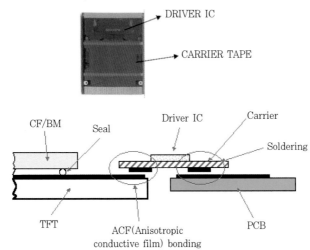

2. 역할 : PCB와 TFT PANEL을 접속시킴.
3. 형태

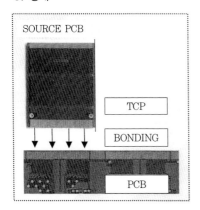

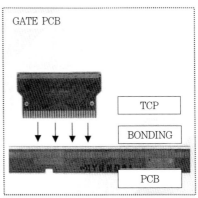

4. TCP와 PCB의 관계

TCP 규격	PCB 규격
SOURCE : 0.41 pitch 180±20μm	SOURCE : 0.41 pitch 225±30μm
GATE : 1.0 pitch 490±20μm	GATE : 1.0 pitch 550±30μm

TAB(Tape Automated Bonding)

Bare chip을 기판에 접속시키는 방법의 하나로 35mm~70mm 폭의 Sprocket을 만든 Polyimide tape에 초정밀 Pattern을 형성시켜 Tape기판의 Lead를 Gang bonding에 의해 Chip의 Bonding pad에 연결하는 Package. Inner lead는 Gang bonding에 사용되고 Outer lead는 PCB 접속에 사용된다.

BACK LIGHT UNIT(BLU)

1. 정의 : LCD Panel(Glass), Driver IC, PCB 기판 등과 함께 LCD(Liquid Crystal Display)를 구성하는 부분품으로 자체 발광력이 없는 LC Panel의 하부에 위치하여 균일한 평면광을 조사시켜 LCD 화상을 인식할 수 있도록 하는 광원장치.
2. LCD 화면의 구현 : Driver IC의 전기적 신호에 의해 Panel 내부에 존재하는 액정은 일정 방향과 각도로 배열을 하게 되고 Back Light Unit에서 발산된 빛을 투과시켜 화면에 밝음과 어두움 뿐만 아니라 여러가지 다양한 색상을 나타나게 한다.
3. 구성 및 기능

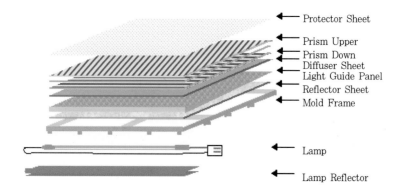

Protector Sheet
Prism Upper
Prism Down
Diffuser Sheet
Light Guide Panel
Reflector Sheet
Mold Frame
Lamp
Lamp Reflector

1) 보호시트(Protect Sheet) : 프리즘 시트는 Scratch 발생이 쉽고, 프리즘 시트 2매 사용시 모아레 현상이 나타날 수 있으므로 이를 방지하는 역할을 하며 빛을 확산시켜 프리즘 시트에 의해 좁아진 시야각을 넓혀 주는 기능도 수행한다.

2) 프리즘시트(Prism Sheet) : 확산시트에서 나오는 빛을 굴절, 집광시켜 Backlight 표면에서 휘도를 상승시킴.

3) 확산시트(Diffuser Sheet) : 도광판 상면에 위치하여 도광판 표면으로부터 일정한 방향으로 빠져 나오는 빛을 산란시켜 도광판 표면 전반에 걸쳐 골고루 퍼지게 하는 기능을 담당한다.

4) 도광판(Light Guide Panel) : 투명한 아크릴 패널을 이용해 Lamp로 부터 발산되는 빛을 받아 들이고 이 아크릴 표면에 증착된 일정 면적과 모양을 가진 Pattern을 통해 화면 전영역에 걸쳐 빛을 균일하게 분포시켜 주는 역할을 한다.

5) 반사시트(Reflector Sheet) : 도광판 아랫면으로 빠져 나오는 빛을 다시 반사시켜 도광판 내로 돌려 보내는 기능을 수행한다.

6) Mold Frame : BLU의 각 부품을 고정하여 일체형 부품인 Back Light로 만들어 주는 일종의 Case.

7) Lamp Reflector : 사방 방사하는 Lamp 빛의 유출을 막고 도광판과 반대면으로 빠져 나가는 빛을 반사 시켜 도광판 쪽으로 재입사 시켜 Lamp의 효율을 극대화시키는 기능을 담당.

9. 특수 B/D 용어

임베이드 PCB

표면 실장되어 있는 수많은 수동 소자들을
PCB 내층에 위치시키는 것을 말한다. 즉,
PCB 내층에 저항이나 콘덴서 등 전기 신호 부
품의 역할을 할 수 있는 기능을 탑재한 제품이
라 할 수 있다.

Alignment Mark

Laser Drill을 위한 Drill 좌표값의 기준점 보
통(P1~P4)까지 PNL의 모서리 부위 1.0₵
크기로 Galvano로 Scan해 가공위치를 확인
하기 위해 사용.

ALIVH 공법

Any Layer IVH의 약어로 film법이라고도 한
다. Via Hole 구성이 자유로워 설계도가 용이
(절연재료로 aramid 사용, 일반 CO_2 Laser
로 Via 형성)하지만, Copper Paste가 고가로
재료비가 상승하며, 내충격성이 약해 제한적으
로 사용한다.

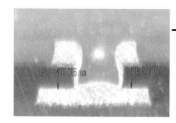

Barrel Shape

Laser Drill시 Beam Power가 강해 Resin
이 항아리 형태로 이상 가공된 모양. 심할 경우
도금시 스로잉 파워가 떨어지게 된다.

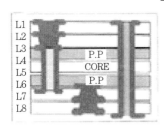

B²IT공법

Buried Bump Interconnect Technology 의 약어로 층간 접속을 Laser Drill이 아닌 Copper Bump를 사용하며, 신뢰도가 미흡하며, 내충격성이 약해 제한적으로 사용된다.
도시바에서 개발한 BUILD-UP 기술의 하나로 동박 위에 silver paste bump를 형성 석층시 PREPREG를 파고 들어가 밑의 PAD에 연결되도록 만든 기술

Build-up

도금 인쇄 등에 의하여 차례로 도체층 절연층을 쌓아올라가는 다층 PCB 공법

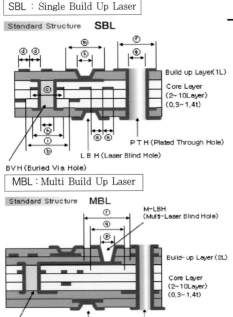

Build-up VIA

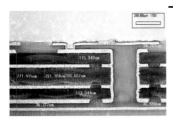

Build-up 배선판의 Build-up층에 대한 Via의 총칭. Build-up 배선판에 대한 bottom 도체상의 절연층에 형성된 hole에 도금이나 print등으로 top도체와 전기적으로 접속하는 구조(층간마다 Laser Hole을 형성 할 수 있어 배선설계의 자유도와 고밀도 회로 형성의 장점이 있다)

BUMP

Packaging 용어로써 Flip Chip을 실장기판에 전기적으로 연결하기 위해 Gold 또는 Solder Bump(혹)을 도금 혹은 인쇄 방식으로 Chip 위에 형성시킨 상태

BURN-IN BOARD

Device를 장착하여 Burn-In Test시 사용하며 Signal과 Stress Voltage 및 높은 온도를 가하는 등 각종 방법으로 초기에는 불량 Device를 Screen할 목적으로 하는 Board

C.O.B

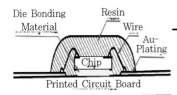

CHIP ON BOARD의 약자로서 전자회로기판에 Die(Bare chip)을 wire bonding하여 연결하고 난 후 molding하는 방법

Conformal Coating

보호막 : 도포된 대상물의 물적 특성과 일치하는 절연보호 유기도포제.
완성된 PCB ASS'Y에 적용함.

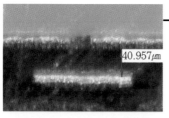

Conformal Opening(Mask)

RCC를 사용하여 Micro VIA를 형성할 때, 가공된 부위의 Copper를 미리 Etching으로 Opening 시키는 공정.
CO_2 Laser는 Copper을 뚫을 수 없기 때문에 Micro VIA 가공 전 미리 제거한다.

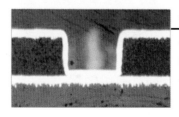

Conformal VIA

Conformal mask film에 의해 Cu를 Etching한 후 Resin을 CO_2 Laser로 제거해 층간 접속을 가능하게 하는 Hole

Filled VIA

Build-up via의 일종으로 Via 내부가 도전체로 채워진 via

Heat Sink Plane

방열판 : 기판 표면이나 내층에서 열에 민감한 부품들로부터 열을 제거해주는 역할을 하는 판.
열에 취약한 부품들이 가열되는 것을 방지하기 위해 PCB에 탑재하는 넓은 금속판

Hi-Pot Test

High Potential Test의 약자로 고압 전류를 가해 절연층의 이상 유무를 검사하는 전기적 특성검사

Impedance

전파지연이 없는 균일 전송선로 상의 일정 위치에서의 전류대 전압비(V/1)를 말함.

직류 및 교류의 신호에 의해 회로에 발생하는 저항치의 총계.

임피던스는 zo로 표시하며 저항에 의한 Resistance 캐피시터에 의한 용량성 리엑턴스 인덕터에 의한 유도성 리엑턴스의 조합으로 이루어지며 단위는 옴(Ω)이다.

Landless VIA

Via의 Land 지름이 Via의 지름과 같거나 또는 이하로 설계된 Via의 구조

Laser VIA

Laser Process에 의해 형성된 Via

LVH

Laser Via Hole 로써 보통 0.25ℓ 이하의 홀, 기계 Drill로써는 제어가 힘들기 때문에 Laser 를 이용해 홀을 가공함(BVH형태를 띔)

Metal PCB

Metal Printed Circuit Board의 약자로서 방열 금속 기판(Aluminum)과 Copper Foil 회로층의 적층 및 절연매개체가 T-preg인 제품을 말한다.

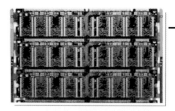

Module

주로 PC에서 사용하는 RAM(MEMORY)에 사용되어지는 PCB를 말하며 양면, 단면 실장에 따라 SIMM, DIMM, RIMM, DDR 등으로 구분된다.

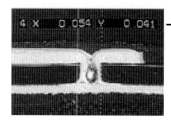

Photo VIA 공법

Resin Coated Copper foil의 약어로 동박 면에 에폭시 계열의 특수 수지를 입혀 제작된 초박 원판을 말하며, Laser drill 가공성이 좋아 최근 널리 사용되지만, 원재료가 비싸다는 단점이 있다.

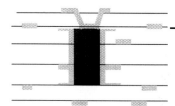

Plugged Base VIA

Build-up 배선판의 Base에 형성된, Hole 내부가 충전재로 메워진 PTH

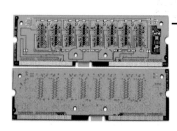

RAMBUS Module

컴퓨터 중 PENTIUM 4 이상에 사용되는 고속 동작 Memory Module로 600~800MHZ로 동작하기 때문에 PCB에서는 Impedance Control이 중요하고 μBGA 및 직접회로가 실장된다.

단면도

RCC
CCL
PREPREG
CCL
RCC

RCC 공법

Resin Coated Copper foil의 약어로 동박 면에 에폭시 계열의 특수 수지를 입혀 제작된 초박 원판을 말하며, Laser drill 가공성이 좋아 최근 널리 사용되지만, 원재료가 비싸다는 단점이 있다.

Re-Lamination

적층을 한 뒤 다시 위에 Prepreg나 RCC를
올려 놓고 재 적층하는 작업으로 Sequential
Build-Up 제품에 사용한다.

Resin Void

RCC Press시 Resin flow가 원활하지 못해
발생하는 불량

SHOT

Laser Drill시 사용되는 Laser Beam 가공수
예) 7SHOT : Laser Beam을 7번 사용해 가공

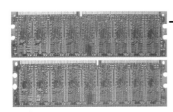

SIMM, DIMM, RIMM, DDR

Single In-Line Memory Module
Dual In-Line Memory Module
Rambus In-Line Memory Module
Dual Data Rate Module
메모리 반도체 조립에 사용되는 Module

Skip VIA

Build-up층이 서로 이웃하고 있지 않은 도체
층간을 직접 접속하는 Via의 구조

Stack VIA

Build-up Via위에 Build-up Via를 적층하여
3층 이상의 층간이 전기적으로 접속된 Via

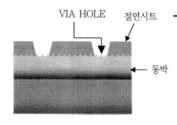

VIA HOLE   절연시트

동박

TCD 공법(열경화성 수지공법)

코어 원판에 액상의 에폭시 수지를 도포한 후 경화시켜 그 위에 무전해 동도금 방식으로 동박 회로를 형성하는 기법. Thermal Curable Dielectric의 약어임. 값비싼 RCC가 필요 없고 PRESS등의 장비가 필요 없어 초기 설비 투자가 적게 들며 초박 MLB를 제작할 수 있다.

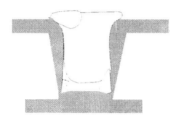

Via Bottom Trench

Via 밑부분에 생기는 도금이 잘룩해진 현상

10. PTH 결손 용어

PLATING
THROUGH
HOLE

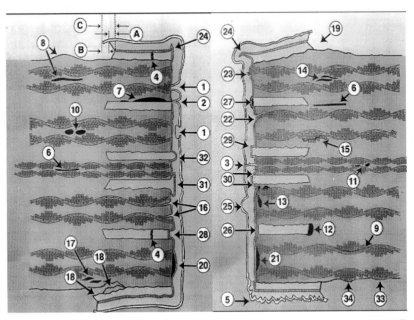

1	PLATING VOID	13	STRESS CRACK	26	INNERLAYER INCLUSION
2	WEDGE VOID	14	RESIN CRACK	27	INNERLAYER SEPARATION
3	PLATING · BARREL CRACK	15	FIBREBUNDLE CRACK		
4	FOIL CRACK	16	DRILLING CRACK	28	ETCHBACK NEGATIVE
5	BURNED PLATING	17	LIFTED LAND CRACK	29	ETCHBACK POSITIVE
6	DELAMINATION	18	LIFTED LAND/ PAD LIFTED	30	SHADOWING
7	DELAMINATION PINKRING	19	PAD ROTATION	31	NAIL HEADING
8	BLISTERING	20	PULL AWAY	32	ARROW HEADING
9	CRAZING/MEASLING	21	RESIN RECESSION	33	WEAVE EXPOSURE
10	LAMINATE VOID	22	WICKING	34	WEAVE TEXTURE
11	PREPREG VOID	23	GLASSIBRE PROTRUSION	A	UNDERCUT
12	RESIN RECESSION INNERLAYER	24	BURR	B	OUTGROWTH
		25	NODULE	C	OVERHANG

NO	항 목	설 명
1	PLATING VOID	도금된 특정 부위 상에 석출된 금속물이 없는 상태(도금기공)
2	WEDGE VOID	PTH 동도금시 도금 전처리 액이 내층으로 스며들고 나중에 도금이 방해되어 도끼로 찍어 놓은 것처럼 VOID가 발생하는 현상
3	PLATING CRACK BARREL CRACK	열충격을 가했을때 Z축 팽창을 견디지 못하여 도통홀 내벽부의 도금층이 끊어지는 현상
4	FOIL CRACK	외층의 동박에 금이 간 상태
5	BURNED PLATING	과도한 전류 밀도 때문에 주로 발생하며 산화물이나 기타 이물질이 함유되기도 하여 거칠고 접착력이 떨어져서 불만족스럽게 도금된 상태
6	DELAMINATION	(1) 기자재의 각 층간 또는 기저금속(동박) 사이에 발생하는 분리(박리) 현상 (2) MEASLING이나 CRAZING이 좀 더 발전된 단계로서 FIBER GLASS CLOTH(유리직조섬유)의 층간이 완전히 박리된 상태이며 주로 기판의 외곽 부위에 발생하는 MEASLING 현상에서 비롯됨 (3) PREPREG가 LAMINATION 전에 PREPREG가 외부에 노출되어 습기를 흡수하여 LAMINATION이 되지 않는 현상
7	DELAMINATION PINKRING	각종 약품 처리나 도금시 HOLE 속을 통해 약품이 침투하여 ANNULAR RING 위의 OXIDE를 용해시켜 RING 모양으로 분홍색 모양의 동박을 드러내는 현상
8	BLISTERING	(1) 적층된 기자재층 사이나 기자재 층과 도체회로층(동박) 사이가 부분적으로 분리되어 들뜨거나 부풀음 (2) 기판의 회로 표면과 RESIST COATING 사이가 분리 또는 박리된 상태를 말하며 COATING층이 깨지지 않은 상태로 색깔이 하얗게 보임 (3) 홀 가공 후 잔존한 EPOXY RESIN이 무전해 동도금시 도금 부위에 작게 또는 전체에 도금층과 떨어져 물집과 같은 모양으로 나타난 상태
9	CRAZING/ MEASLING	(1) CRAZING : 기계적 충격에 의하여 발생. CONFORMAL COATING(보호도포막)의 표면이나 내부에 아주 미세한 CRACK이 NETWORK(망사) 형태로 발생한 현상. 또는 기계적인 비틀림에 의하여 절연기판 중의 유리섬유가 수지와 떨어지는 현상

NO	항 목	설 명
9	CRAZING/ MEASLING	(2) MEASLING : 1) 적층 원판 내부에서 발생하는 결합 상태로서 유리 섬유가 직교되는 교차점에서 RESIN이 유리 섬유와 분리되어 발생한다. 십자 모양으로 나타나며 보통 열충격 후에 더욱 심해짐. 2) 기자재내에 밝은 색깔의 사각이나 십자가 모양으로 분명하게 보이는 작은 점들을 가리키며 그 크기는 약 30 mil(1/32인치) 정도임. 이 반점들은 유리섬유가 서로 겹쳐진 매듭 위에 발생한 기공(VOID) 때문에 생김.
10	LAMINATE VOID	적층 원판상 정상적으로 적층용 기자재가 들어 있어야 하는 부위에 기자재의 일부(GLASS나 RESIN)가 결핍된 공동(空洞)현상. 정상적으로 RESIN이 있어야 할 곳에 RESIN이 없는 상태
11	PREPREG VOID	PREPREG에서 정상적으로 적층용 기자재가 들어 있어야 하는 부위에 기자재의 일부(GLASS나 RESIN)가 결핍된 공동(空洞)현상. 정상적으로 RESIN이 있어야 할 곳에 RESIN이 없는 상태
12	RESIN RECESSION INNERLAYER	레진 부분이 갑작스런 온도 상승 및 냉각으로 인하여 내층 동박 부분의 레진 부분이 함몰된 것
13	STRESS CRACK	열 충격에 의하여 홀 주위의 레진에 금이 간 상태
14	RESIN CRACK	레진에 금이 간 상태
15	FIBREBUNDLE CRACK	절연층의 직조를 이루고 있는 유리 섬유에 금이 간 상태
16	DRILLING CRACK	부적합한 드릴 작업으로 인해 홀 벽에 금이 간 상태
17	LIFTED LAND CRACK	LIFTED LAND 현상으로 인하여 절연층에 금이 간 상태
18	LIFTED LAND/ PAD LIFTED	열충격을 가했을 때 PTH의 LAND가 수지 부위에서 떨어져 위로 들리는 불량. LAND가 작을수록, 원판의 내열성이 낮을수록 많이 일어남
19	PAD ROTATION	PAD가 돌아간 상태(밀림)
20	PULL AWAY	도금층이 홀 벽과 분리 되어 떨어지는 현상
21	RESIN RECESSION	고온에 노출시킨 기판의 PTH(도통홀)를 마이크로 섹션 했을 때 홀 내벽과 PTH 사이에 발생한 기공(VOID). PTH 내부의 레진 부분이 무전해 동도금 시 갑작스런 온도 상승으로 인하여 레진 부분이 함몰된 것. 기판이 가열될 때 수지 성분이 수축되어 도통 홀의 각 층과 벽이 밀린 것처럼 보이는 현상

NO	항 목	설 명
22	WICKING	PTH를 도금할 때 DRILL 시 충격을 받아 들뜬 유리 섬유를 따라 도금이 침투해 들어간 현상
23	GLASSIBRE PROTRUSION	홀 벽으로 유리 섬유가 돌출 되어 나온 현상
24	BURR	DRILL 작업에서 홀 주위의 동박이 연성에 의해 깨끗하게 절단되지 않고 늘어나 띠 모양으로 돌출 된 형태
25	NODULE	(1) 전기 석출 도금 시 CATHODE(음극, 피도금물) 상에 형성되는 둥근 모양의 돌출물 (2) 홀 내벽에 금속 돌출물이 튀어나온 현상 (3) 부식 공정 후 회로의 모서리에 형성되는 둥글고 작은 금속 돌출물로 주로 SOLDER에 의해 형성됨
26	INNERLAYER INCLUSION	내층과 도금 사이에 들어가 있는 이물질
27	INNERLAYER SEPARATION	내층 동박과 도금이 분리된 상태
28	ETCHBACK NEGATIVE	내층 도체 회로층(내층동박)이 주위를 둘러싼 기자재층 보다 상대적으로 뒤로 물러나도록 처리된 에칭백(ETCHING BACK)을 말하며 이런 경우에는 내층의 동박층과 홀 내벽의 전기적 연결이 상대적으로 약해질 수 있다.
29	ETCHBACK POSITIVE	과도한 디스미어 처리 등으로 인하여 내층 동박이 홀 벽에서 튀어나온 상태
30	SHADOWING	내층 절연체에 대한 디스미어 처리 중에 발생하는 현상으로 비록 디스미어 처리가 허용할 만큼은 되었지만 내층 동박과 인접한 부위에서 불충분하게 실시된 상태
31	NAIL HEADING	다층 기판에 홀을 가공했을 때 내부 도체층의 동박이 깨끗하게 잘리지 않고 늘어지는 현상으로 내부 회로층간의 절연 간격이 좁아지거나 심하면 SHORT가 발생하는 경우도 있슴.
32	ARROW HEADING	NAIL HEADING과 비슷한 현상이나 내층 동박의 끝 부분이 화살촉 모양으로 튀어나온 상태
33	WEAVE EXPOSURE	(1) 파손되지 않고 잘 직조된 유리 섬유가 수지에 의해 균일하게 도포되지 못한 적층 원자재 상의 표면 결함 상태 (2) BUTTER COAT층의 두께가 유리 섬유를 봉합 하기는 하나 CLOTH 패턴을 매끄럽게 도포할 만큼 충분하지 못할 때 발생하는 현상
34	WEAVE TEXTURE	절연기판 내 유리 섬유가 수지로 덮인 상태에서 그 직조 문양이 보이는 것

NO	항 목	설 명
A	UNDERCUT	에칭 공정에서 에칭 RESIST(잉크 혹은 납) 부분의 도체가 에칭 되면서 양쪽 또는 한쪽의 측면이 레지스트 폭보다 안쪽으로 에칭된 것. 에칭에 의해 도체 패턴 옆면에 홈이나 오목한 모양이 나타남.
B	OUTGROWTH	도금에 의해 형성된 도체 회로의 한 쪽 면에서 도체 회로 폭이 모델별 상세 도면상에 주어진 치수 이상으로 증가된 상태
C	OVERHANG	OUTGROWTH에서의 (+)된 도체 폭과 UNDERCUT에서 (−)된 도체 폭을 더한 전체 폭을 오버행이라 한다. 만약 UNDERCUT가 발생하지 않았다면 오버행은 단지 OUT-GROWTH만의 크기임

11. 제조공정 부적합 원인용어

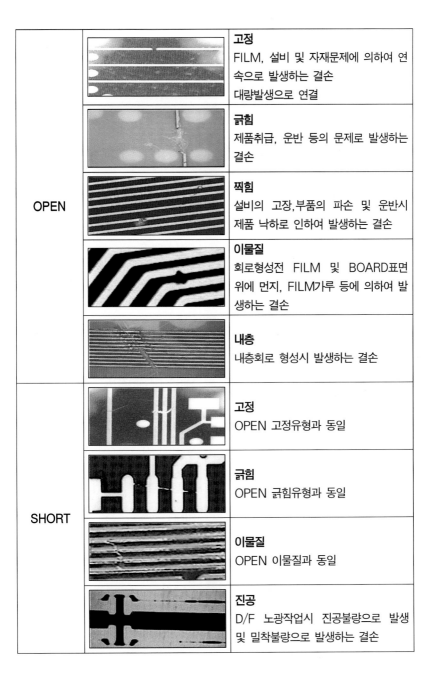

OPEN		**고정** FILM, 설비 및 자재문제에 의하여 연속으로 발생하는 결손 대량발생으로 연결
		긁힘 제품취급, 운반 등의 문제로 발생하는 결손
		찍힘 설비의 고장, 부품의 파손 및 운반시 제품 낙하로 인하여 발생하는 결손
		이물질 회로형성전 FILM 및 BOARD표면 위에 먼지, FILM가루 등에 의하여 발생하는 결손
		내층 내층회로 형성시 발생하는 결손
SHORT		**고정** OPEN 고정유형과 동일
		긁힘 OPEN 긁힘유형과 동일
		이물질 OPEN 이물질과 동일
		진공 D/F 노광작업시 진공불량으로 발생 및 밀착불량으로 발생하는 결손

SHORT		**내층** OPEN 내층과 동일
회로결손		**SLIT** 먼지, 이물질 등으로 인하여 회로에 부분적으로 발생하는 결손
		NODULE 먼지, 이물질 등으로 인하여 회로에 부분적으로 발생하는 결손
		PIN HOLE 먼지, 이물질 등으로 인하여 회로에 부분적으로 발생하는 결손
		PIT 도금의 불안정으로 인하여 회로에 핀으로 찍은 듯한 결손
LAND결손 ANNULAR RING 결손		**MISS REGISTRATION** D/F 노광작업시 편심, 수축 등으로 인하여 발생
		찍힘/떨어짐 취급부주위에 및 HASL 작업시 과열에 의한 결손
VOID		**RING** HOLE 속안에 원형 형태로 도금이 안된 상태
		CORNER HOLE 입구에 발생하는 결손

VOID		**미도금** 부분적으로 도금이 안되어 발생한 결손
		100% HOLE 속 전체가 도금이 안된 상태
CCL 결손		**MEASLING** 열적인 변형에 의하여 절연기판 중의 유리섬유가 수지와 떨어지는 현상.절연기판 표면하에 독립된 흔적 또는 십자형으로 나타난 상태
		CRAZING 기계적인 비틀림에 의하여 절연기판중의 유리섬유가 수지와 떨어지는 현상. 절연기판 표면하에 흰점 또는 십자형이 연결된 상태
		DELAMINATION 절연기판 또는 다층프린트 배선판의 내부에서 생기는 층간의 박리상태
		BLISTERING 절연기판 층간 또는 절연기판과 도체박간의 생기는 부분적인 부풀음이나 벗겨짐 등으로 DELAMINATION의 한 형태
		WEAVE TEXTURE 절연기판내 유리천의 섬유가 완전히 수지로 덮혀 있지만 유리천의 결이 보이는 표면의 상태

CCL 결손		**WEAVE EXPOSURE** 절연기판내 유리천의 섬유가 완전히 수지로 덮혀 있지 않은 표면의 상태
		DENT 적층시 PRESS PLATE의 이물질로 인하여 표면이 눌린 상태
SCRATCH (기스)		**OXIDE** OXIDE 후 취급부주의로 인하여 표면에 상처가 발생
		내층 내층작업시 취급 부주의로 발생한 결손
		외층 DRILL 이후 출하공정 작업시까지 취급부주의로 인하여 발생하는 결손
HOLE속 결손		**CRACK** 도금작업시 약품관리 MISS(농도, 온도)로 인하여 발생, 도금금속의 균열된 상태
		INTERFACE INTERRUPTION MLB의 내층 COPPER FOIL이 떨어진 상태
		LAMINATE VOID 정상적으로 RESIN이 있어야 할 곳에 RESIN이 없는 상태
		RESIN RECESSION 기판이 가열될 때 수지성분이 수축되어 도통HOLE이 각층과 벽이 밀린 것처럼 보이는 형태

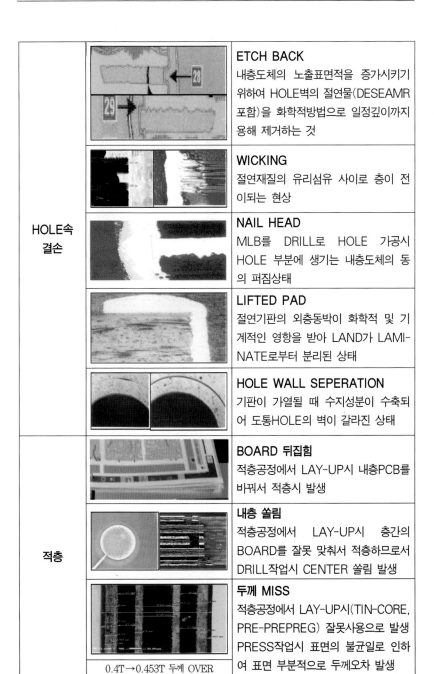

HOLE속 결손		**ETCH BACK** 내층도체의 노출표면적을 증가시키기 위하여 HOLE벽의 절연물(DESEAMR 포함)을 화학적방법으로 일정깊이까지 용해 제거하는 것
		WICKING 절연재질의 유리섬유 사이로 층이 전이되는 현상
		NAIL HEAD MLB를 DRILL로 HOLE 가공시 HOLE 부분에 생기는 내층도체의 동의 퍼짐상태
		LIFTED PAD 절연기판의 외층동박이 화학적 및 기계적인 영항을 받아 LAND가 LAMINATE로부터 분리된 상태
		HOLE WALL SEPERATION 기판이 가열될 때 수지성분이 수축되어 도통HOLE의 벽이 갈라진 상태
적층		**BOARD 뒤집힘** 적층공정에서 LAY-UP시 내층PCB를 바꿔서 적층시 발생
		내층 쏠림 적층공정에서 LAY-UP시 층간의 BOARD를 잘못 맞춰서 적층하므로서 DRILL작업시 CENTER 쏠림 발생
	0.4T→0.453T 두께 OVER	**두께 MISS** 적층공정에서 LAY-UP시(TIN-CORE, PRE-PREPREG) 잘못사용으로 발생 PRESS작업시 표면의 불균일로 인하여 표면 부분적으로 두께오차 발생

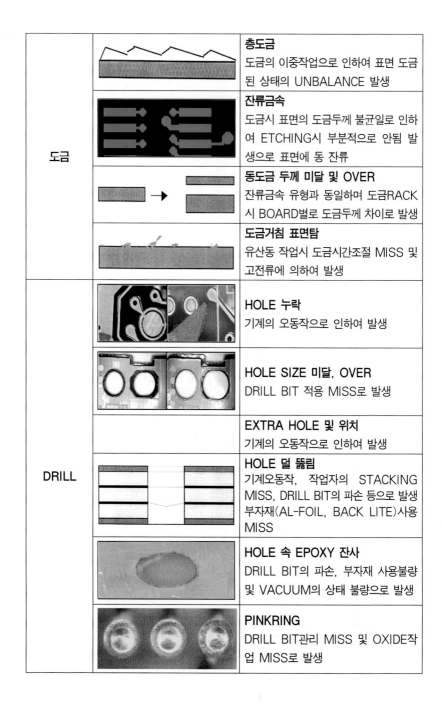

도금		**충도금** 도금의 이중작업으로 인하여 표면 도금된 상태의 UNBALANCE 발생
		잔류금속 도금시 표면의 도금두께 불균일로 인하여 ETCHING시 부분적으로 안됨 발생으로 표면에 동 잔류
		동도금 두께 미달 및 OVER 잔류금속 유형과 동일하며 도금RACK시 BOARD별로 도금두께 차이로 발생
		도금거침 표면탐 유산동 작업시 도금시간조절 MISS 및 고전류에 의하여 발생
DRILL		**HOLE 누락** 기계의 오동작으로 인하여 발생
		HOLE SIZE 미달, OVER DRILL BIT 적용 MISS로 발생
		EXTRA HOLE 및 위치 기계의 오동작으로 인하여 발생
		HOLE 덜 뚫림 기계오동작, 작업자의 STACKING MISS, DRILL BIT의 파손 등으로 발생 부자재(AL-FOIL, BACK LITE)사용 MISS
		HOLE 속 EPOXY 잔사 DRILL BIT의 파손, 부자재 사용불량 및 VACUUM의 상태 불량으로 발생
		PINKRING DRILL BIT관리 MISS 및 OXIDE작업 MISS로 발생

DRILL		**TARGET HOLE MISS** DRILL 작업시 MISS로 발생
내층·외층 IMAGE		**FILM 잔사** 현상시 MYLAR FILM 미제거시 발생
		회로폭 감소 미노광 및 OVER ETCHING시 발생
		회로폭 증가 D/F 밀착불량, OVER 노광 및 UNDER ETCHING시 발생
		D/F미현상 현상작업시 온도, 약품, SPEED 등의 관리 MISS로 발생
		TENTING 터짐 D/F 밀착불량으로 작업 후 HOLE의 조건 변경됨. PTH→NPTH
HASL		**SOLDER BALL** HASL 작업시 VIA-HOLE 주위 PSR기포 또는 PLUGGING 미처리로 발생한 납 BALL
		HOLE 속 변색 HASL 작업시 SOLDER TANK내의 불순물로 인하여 발생하는 현상으로 검은색 또는 무광택 발생
		기스 HASL 작업시 ROLLER의 BALANCE MISS로 표면에 PSR 벗겨짐 및 납 묻은 상태. 또는 동보임 발생

HASL		**납 잔사** HASL 작업시 처리미스로 인하여 표면에 발생한 납 찌꺼기
		HOLE속 동보임 HASL 미처리, 금도금 미처리 등 표면처리 작업시 MISS로 발생
		HOLE 막힘 HASL 작업시 HOT AIR가 불균일하여 부분적 HOLE막힘 발생. DRILL 작업시 EPOXY잔사가 있는 상태로 도금이 되었을 때 발생
		두께 불균일 HASL작업시 발생(수직형 심함)
PSR		**INK 떨어짐** 정면 작업시 미건조, 동박산화 등으로 인하여 발생
		미현상 현상 작업시 작업MISS로 인하여 발생
		HOLE 속 INK 잔사 인쇄 작업시 인쇄조건, 노광조건, 건조조건이 불충분할 때 발생
		기포 INK MIXING조건, 인쇄 작업조건, 건조조건 불일치시 발생
		쏠림 D/F 작업시 MISREGISTRATION 및 PSR 노광작업시 MISS로 발생

PSR		**ON PAD** 인쇄 작업시 SCREEN의 결점으로 인하여 발생(고정불량가능)
		백화현상 POST-CURING조건 불충분시 발생 (HALOING)
		표면얼룩/지문 SCREEN 인쇄전 작업자 MISS로 지문이 발생되거나, 정면 불충분으로 발생
		동박산화 도금공정에서 표면이 산화되거나, 전처리 공정의 이물질 혼입 또는 정면 완료후 시간 경과로 표면이 산화된 것
		INK BALL BAKING시 HOLE속 INK가 튀어나와 LAND에 BALL 형식으로 INK 잔사 형태
MARKING		**번짐** SCREEN 세척 MISS로 발생
		뭉침 SCREEN 세척불충분 및 망사의 파손으로 발생
		안빠짐(덜빠짐) SCREEN 이물질, INK의 뭉침 등으로 망사파손시 발생
		이중 2회 이상 작업시 발생

MARKING		**쏠림, 편심** GUIDE HOLE POSITION MISS 및 CENTER처리 MISS로 발생
외형가공		**ROUTER MISS** 공구보정 및 입력 MISS시 발생 ROUTER MACHINE BACK BOARD 사용 MISS로 발생
		PUNCHING MISS 금형으로 외형가공시 PUNCHING MISS로 발생
		회로 눌림 금형상단 또는 하단 부위에 이물질이 발생한 상태에서 가공시 발생
		SLOT 가공 MISS 도면해독 MISS 및 ROUTER가공시 MISS
		면취 면취작업시 가공 MISS
		V-CUT V-CUT 작업시 가공 MISS
AU도금단자 무전해 금도금 (표면)		**금도금 안됨** 단자 도금시 부분적으로 단자에 도금이 안된 상태
		떨어짐 전처리 MISS로 금도금 떨어지며, NI 보임 상태

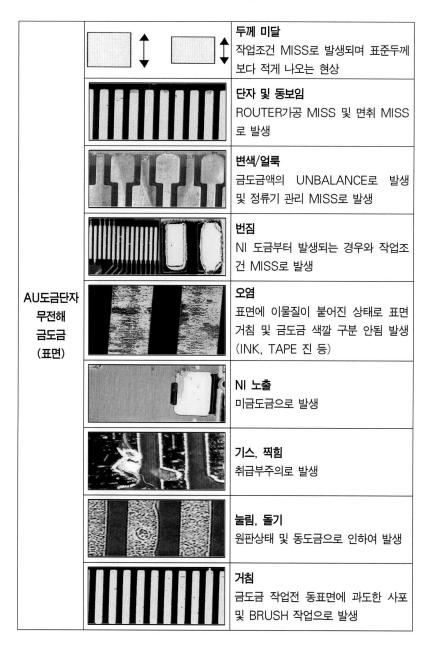

AU도금단자 무전해 금도금 (표면)		**두께 미달** 작업조건 MISS로 발생되며 표준두께 보다 적게 나오는 현상
		단자 및 동보임 ROUTER가공 MISS 및 면취 MISS 로 발생
		변색/얼룩 금도금액의 UNBALANCE로 발생 및 정류기 관리 MISS로 발생
		번짐 NI 도금부터 발생되는 경우와 작업조 건 MISS로 발생
		오염 표면에 이물질이 붙어진 상태로 표면 거침 및 금도금 색깔 구분 안됨 발생 (INK, TAPE 진 등)
		NI 노출 미금도금으로 발생
		기스, 찍힘 취급부주의로 발생
		눌림, 돌기 원판상태 및 동도금으로 인하여 발생
		거침 금도금 작업전 동표면에 과도한 사포 및 BRUSH 작업으로 발생

WARP & TWIST		CCL 생산시 공정관리 문제로 발생 PCB제조 중 다음 공정에서도 발생가능 ① 도금→RACKING시 ② PSR, MK→RACKING 부주의 CURING 작업시 ③ HASL→수직 작업시 ④ 최종→교정작업차 OVEN기에 재 BAKING시
회로밀림,들 뜸 (PEEL-OF F)		CCL에 인쇄회로(D/F) 작업 후 PSR 전 정면 작업시 기계의 오동작 또는 부품의 고장으로 인하여 발생 CCL의 동박 접착력 불충분으로 발생
EPOXY 탐·변색		PSR 작업 후 열처리시 CONVEYOR 의 걸림 및 OVER CURING으로 발생
MODEL 혼입		공정 중 LOT관리 MISS로 발생
BBT 찍힘		BBT작업시 기계 오동작 또는 작업자 MISS로 BOARD표면에 PIN 자국발생
REV 바뀜		생관, 규격관리의 작업지시 MISS 및 공정중 작업지시서 미확인으로 인한 작업시 발생
행불		공정별로 작업중 결품에 대하여 관리 MISS로 인해 부적합처리가 안되고 제품이 폐기된 상태
사양제작 MISS		규격관리에서 근본적 사양 MISS 상태에서 작업지시로 불량제품 생산
FLUX 변색		노후된 약품사용, 표면처리 미숙 등으로 표면이 변색됨.

IMPEDANCE 값 불량		공정중 OVER 또는 UNDER ETCH-ING으로 회로의 변형발생으로 측정치 값이 안나옴.
외주불량 (금도금잔사)		자체 작업이 아니며, 외주처에 의뢰하여 작업시 발생되는 불량유형
HALOING		기계적 또는 화학적 원인에 의하여 절연기판 표면 또는 내부에 생기는 파괴 또는 층간박리로 구멍 또는 기계가공 부분의 주변에 희게 나타나는 현상 (일명 무지개 불량)
DEWETTING		HASL 처리 후 표면의 SOLDER 두께 불균일 및 표면상태 불균일
BLOW-HOLE		도금 도통HOLE에 납땜을 하였을 때 발생한 GAS에 의하여 생기는 분화구 상태
BRIDGE		SOLDERING시 회로들 간의 사이 또는 LAND간의 사이가 절도물질에 의하여 붙어버린 상태
MICRO-SECTION		파괴검사,신뢰성검사,PCB 내부를 현미경으로 관찰하기 위하여 절단 SECTION 등에 의해 시료를 관찰하는 것
기판두께 측정부위 ① 단자제품 ② 일반제품 ③ 업체요구		GOLD TO GOLD EPOXY TO EPOXY METAL TO METAL

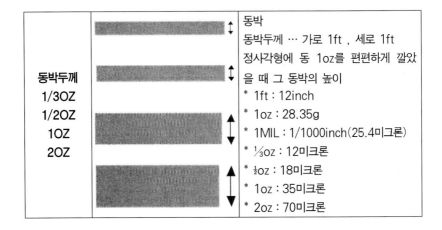

동박두께	동박
1/3OZ 1/2OZ 1OZ 2OZ	동박두께 … 가로 1ft , 세로 1ft 정사각형에 동 1oz를 편편하게 깔았 을 때 그 동박의 높이 * 1ft : 12inch * 1oz : 28.35g * 1MIL : 1/1000inch(25.4미크론) * ⅓oz : 12미크론 * ½oz : 18미크론 * 1oz : 35미크론 * 2oz : 70미크론

1. 공정별 부적합 내용(용어)

NO	공정명	부적합 내용 용어
1	영업	SPEC 변경, 투입 MISS, 공정 보류, 수량부족투입, 발주 오류, 특기사항 미표기, 특기사항 오기, 특기사항 누락, 주문취소 (DATA 불량), GERBER 불량
2	재단	원판 투입 MISS, 원판두께 혼입, 동박두께 혼입, SIZE 불량, 원판두께 불량, 투입 SIZE 오류(배열), 원판오류(재질), 원자재 불량
3	CAM	제품확대 축소, 임피던스 불량, SMD 보정 MISS, HOLE ℄ 불량, 투입수량 MISS, 주기 누락, 주기표시 오류, 인식마크 크기 OVER, HOLE 크기 입력 오류, DRILL TOOL 바뀜, 각 홀 누락, 배열오류, 필름 CHECK MISS, R/T 프로그램 불량, SILK CUT 누락, UL누락, UL오류, 필름 바뀜, 수정사항 적용 MISS, 인식마크 누락, 단자 리드선 누락, 회로 뒤집힘, N-TH/TH 구분 MISS, DRILL DATA 오류, PAD 누락, 배열누락, DATA 불량, LAYER 불량, MIRROR 처리 바뀜, 필름 막바뀜, TOP/BOT 뒤집힘, CLEARANCE 누락, 식자누락, 두께 OVER, 회로폭 축소, 회로 누락, 층 뒤집힘, SPEC 오류, 사양검토 MISS, SPEC 미적용, 금형불량
4	내층이메지	POSA 불량, 가이드 불량(잘림), 마이크로 OPEN, 마이크로 SHORT, 미현상, 취급(회로 들뜸), 보호비닐잔류, OPEN_결손, SHORT, OXIDE 불량
5	적층	DENT, 타켓센터 불량(포사), 동박주름_부풀음, 수축팽창, 디라미네에션, 층간밀림, 미즐링, 층간두께미달, 휨(PP결 불일치), 두께 불량, 동박두께 불량(OZ 미확인), 모델 바뀜, 이물질, 밀착불량, TRIM 불량, DRY 현상
6	드릴	HOLE 속 이물질, 미드릴, HOLE 편심, DRILL BURR, 오드릴, BIT 파손, HOLE SIZE 축소, 확대, 제품 뒤집힘, DRILL DATA 입력 오류, LAYER 혼동으로 층수 바뀜, HOLE 위치 불량, 기구 HOLE SIZE 미달
7	도금	VOID, 미도금, 건조불량, 도금편차 불량, 눈물도금, 돌기, 도금 PIT, 도금잔사, 탄도금, 과도금, 도금얼룩, 찍힘, 도금두께 미달, HOLE 속 CRACK

NO	공정명	부적합 내용 용어
8	외층이메지	OPEN, SHORT, 진공불량, 노광편심, 잔류동, TCP PAD값 미달, 미부식(회로폭 증가), 과부식(회로폭 감소), VOID (TENTING 불량), 동 브릿지, 수리불량, 중검딱지불량, TAPE 진, 마이크로 OPEN, 마이크로 SHORT
9	인쇄	INK BALL, PSR 과현상, PSR 미현상, 동박산화얼룩, OPEN_걸손(정면불량), 백화현상, PSR 올라탐, PSR 노광편심, VIA HOLE TENTING, 패턴동노출, HOLE 속 INK, PSR 가건조, 재처리 불량, PSR 노광불량, 잉크 덜빠짐(SKIP), PSR 뭉침, PSR 이물질, PSR 떨어짐, PSR 기포현상, S/R 누락, 납볼, PSR 편심, PLUGGING 불량
10	마킹	마킹 떨어짐, 마킹 번짐, 마킹 편심, CARBON 불량, 마킹 누락, 마킹 덜빠짐, 마킹 올라탐, 마킹 뒤집힘, 마킹 잉크색 틀림
11	ROUTER	외형가공누락, 미관통가공, 가공 SIZE 미달, 가공 SIZE 초과, V-CUT SIZE 미달, V-CUT SIZE 초과, V-CUT 깊이 미달, V-CUT 깊이 초과, 단자들뜸, 단자길이 축소(면취), 외형가공편심, V-CUT 이중가공, V-CUT 회로침범, 단자면취편심가공, 면취각도 불량, B/D 파손, GUIDE PIN 이탈, TH HOLE 미가공, N-TH HOLE 미가공, 덧살 부러짐
12	BBT	BBT PIN 자국, 양불혼입
13	공통불량	수량부족, SCRATCH, 컨베어 걸림, B/D 파손, 제품혼입, 제품파손(설비고장), 제품파손(취급부주의)

12. 신뢰성 TEST 용어

1. IPC 신뢰성 검사항목

No	항 목	주기	요소 및 방법		IPC	비 고
1	THERMAL STRESS	1회/1주	TEST METHOD		288℃±5.5℃, 10min(+1, -0sec), Depth 25.4㎜	IPC-TM-650 2.4.13.1
			검사항목	Delamination/Blister	없을 것(Class 1, 2, 3)	IPC-A-650F 2.3.3
				Adhesion(PSR)	없을 것(Class 1, 2, 3)	IPC-A-650F 2.9.5
				Barrel/ Conner Crack	없을 것(Class 1, 2, 3)	IPC-A-650F 3.3.5/3.3.6
2	SMEAR	4회/1일		Smear	Min 50㎛	IPC-A-650F 4.1.10
3	PTH	4회/1일	검사항목	Hole Plate Thickness	균일한 도금	IPC-A-650F 3.3.8
				Wicking	Class 3	IPC-A-650F 3.3.11
				Positive /Negative Etch Back	없을 것(Class 1, 2, 3)	IPC-A-650F 3.1.5.1/3.1.2.2
				Innerlayer Separation(Vertical)	Class 1	IPC-A-650F 3.3.12
4	SOLDERABILITY	1회/1주	TEST METHOD		245℃±5℃, 4sec(±0.5sec)	IPC-TM-650 2.4.12
				Solderability	Min 95%	IPC-TM-650 2.4.14.1
5	VOID	4회/1주		Void	Class 1 ▶ Max 10%　Class 1	IPC-A-650F 2.5.3
6	ADHESION PLATING	1회/1주	검사항목	Adhesion of Overplate	떨어짐, 묻어남 없을 것 (Class 1, 2, 3)	IPC-A-650F 2.7.3
7	HOLE ROUGHNESS	4회/1일		Roughness	－	IPC-A-650F 3.5.1
8	PSR THICKNESS	1회/1주		PSR Thickness	Class 1, 2, 3	IPC-A-650F 2.9.10

No	항 목	주기	요소 및 방법		IPC	비 고
9	PSR HARDNESS	1회/1주	TEST METHOD		–	–
			검사항목	Peel-Off/Scratch	–	–
10	절연저항	필요시	TEST METHOD		DC 100V±10%. 60sec. 5~6회	IPC-TM-650 2.5.11
			검사항목	Insulation Resistance	–	–
11	내전압	필요시	TEST METHOD		–	–
12	PLATE PEEL STRENGTH	필요시	검사항목	18㎛	–	–
				35㎛	–	–
				70㎛	–	–
13	오염도 측정	필요시	TEST METHOD		–	–
			검사항목		–	–
14	열 사이클 시험	필요시	TEST METHOD		Class A ▶ -65℃~125℃. 80~90min / Class B ▶ -55℃~85℃. 80~90min	IPC-TM-650 2.6.6
15	HOT OIL TEST	1회/1주	TEST METHOD		135℃±15℃. 1hr 건조 260℃(+6, -3). 20sec(+1, -0)	IPC-TM-650 2.4.6

2. 일반업체 신뢰성 검사기준

No	항 목	처리방법	규 격
1	동박 Peel Strength 강도	260℃의 납조에 10초간 띄운 후 측정한다.	1.02kgf/cm 이하
2	Through Hole 강도	Through Hole 내부에 철사를 넣으로 고정한 후 당겨서 뺄 때의 강도를 측정한다.	10kgf 이하(완성 후 Ø1.0mm 이상인 부품 홀)
3	Soldering성	110±5℃×2H의 예비 건조를 실시한다. 활성화 로진 플럭스를 도포한다. Floe Solder Test 조건 : 230+5I℃×3초	납땜면적의 95% 이상 납이 올라가 있을 것
4	Solder 내열성	110±5I℃×2H의 예비 건조를 실시한다. Flux 도포후 260±5℃, 10초간 납조에 띄위 10분간 방치후를 1Cycle로 하여 3Cycle 실시한다.	기판의 부풀음, 벗겨짐, 미즐링, 패턴 들뜸이 없을 것. 저항변화율 20% 이내일 것
5	절연저항	전기적으로 상호 독립된 도체간에 규정전압을 1분간 이상 흘린 후 절연저항을 측정한다. 최소도체간격 | 시험 전압 0.25 미만 | DC 100V±10% 0.25~1.0 미만 | DC 250V±10% 1.0 이상 | DC 500V±10%	절연저항은 500MΩ 이상일 것
6	절연내압	전기적으로 독립된 도체간에 다음의 직류 또는 교류전압을 30초간 인가한다. 100V/25μ (최대 1000V) (1000V DC 30초간 인가한다.)	방전현상 및 손저이 일어나지 말 것
7	내충격	-55℃(1H)~125℃(1H)를 1Cycle로 하여 100Cycle 반부한다.	Through Hole 저항 변화율 20% 이내일 것

No	항 목	처리방법	규 격
8	Hot Oil	260℃의 급랭세라 속에 20초 침하후 이소프로필 얼코올에 3초 침적을 1Cycle하여 5Cycle 반복한다.	저항 변화율 20% 이내
9	내습성	60℃, 90% RH 중에 1000Hr 방치(습중 부하 DC 30V 인가)	눈에 띄는 부식변형이 없을 것. 저항 변화율 20% 이내 절연 저항값 500MΩ 이상 휩 변화율 20% 이내
10	내열성	100℃/1000Hr 방치	저항 변화율 20% 이내
11	소 독	증류수의 소독/2H~실온방치 22H를 1Cycle로 하여 4Cycle을 반복한다.	저항 변화율 20% 이내 절연 저항값 500MΩ 이상
12	휨 강도	길이 대비 1/20의 휨을 연속 5회 준다. $a=1/20$ $l=120(m/m)$ 	크랙, 벗겨짐 등이 없을 것. 저항 변화율 20% 이내
13	내한성	-40℃. 1000Hr 방치	저항 변화율 20% 이내
14	내전성	상온 흡수처리 후에 있어 2도계간 (0.3m/m)로 DC300V를 1분간 인가한다. (DC 4000V. CUT-OFF 전류 0.3mA)	LEAK, 단선 등이 없을 것
15	전기용량	1mm×10mm 도체에 AC 100V. 1A의 전류를 흘린다.	불꽃단선. 부풀음. 기타 이상이 없을 것
16	온습도 Cycle	 70℃90%RH -20℃ 2H 1H 2H 1Cycle (6H) 상기조건으로 100시간 방치	저항 변화율 20% 이내 절연 저항값 500MΩ 이상

No	항 목	처리방법	규 격
17	PCT	121℃/97%/2atm/8H(불포화형) 실시한다.	저항 변화율 20% 이내
18	염수분무	5% NaCl×35℃ 물을 8H 분사 후 16H 후지 를 1Cycle로 하여 4Cycle 실시한다.	저항 변화율 20% 이내 절연 저항값 500MΩ 이상
19	낙 하	중량 100g의 Bakelite판에 기판을 붙여 1m 높이에서 기판 두께 30mm의 나무판 위에 6면, 각 3회 낙하를 반복한다.	저항 변화율 20% 이내
20	내약품성	트리클로로에틸렌에 5분간 침적	기재의 부풀음, 레지스트의 틈틈, 박리 없을 것

3. 용 어

NO	용 어	원 어	설 명
1	Construction in Tegrity		Stress 가하기 전의 PTH 상태라든가 Hose Size, 층간두께 등의 검사
2	Delph 1 Reliability Test		자동차 업계의 특성에 맞춘 별도의 Reliability Spec을 사용처에 따라 적용
3	Dendrite		PCB 표면, 계면 등에 니뭇가지 모양으로 발생하는 Ion Migration
4	Dimensional Check		1. 제품 외각 Size(실체) Check 2. 사용 Tool 　1) Caliper(노기스) 　2) 3차원 측정기 　3) Micro Meter 등
5	Dynamic 측정		1. 평가, 판정에서 사용되는 용어 2. 측정 환경 시험을 실시하면서 연속 또는 정기적으로 자동측정 또는 매뉴얼 측정한다.
6	Electrical Requirement		Dielectric Withstand Voltage, Continuity, Insulation Resistance와 같은 전기적인 검사들 * 신뢰성 검사
7	Environmental		Thermal Shock, Cleanliness와 같은 환경적 요인 Test * 신뢰성 검사
8	Hats Highly Accelerated Thermal Shock Test		종전의 Chamber 방식은 고온과 저온 Zone을 따로 만들어 Carrier에 의해 제품이 옮겨 다녔는데, 이 방법은 1Chamber 방식으로 제품은 가만히 있고 뜨거운 공기와 찬 공기가 번갈아 가며 제품에 불어대어 열충격을 가하는 방법
9	HAST	Highly Accelerated Temperature And Humidity Stress Test	1. 고도가속 내습성 수명평가시험 2. 불포화형 고압가압의 습도시험
10	High Pot Test		PCB가 고다층화, 박판화 됨에 따라 층간 절연두께가 얇아져 그 두께의 손실로 인해 전기적 결함이 발생하는 것을 방지하고자 Test함. 예를들면 90μ 두께의 원판을 취급을 잘못해 표면의 동박이 눌려 Dent가 발생되면 그 지점에서 절연두께가 줄어들어 불량이 발생되는데, High Pot Test를 하면 절연층이 줄어들어 고압전류에 의한 Spark가 발생되어 그 결함이 점검되는 것. 목적 : 회로간 open 여부를 검증. 　　　제품에 사용된 결점을 가려내기 위함.

NO	용 어	원 어	설 명
11	Hot Oil Testing		IPC-TM-650 Section 2.4.6 적층된 PCB의 내열성을 Test하는 방법으로 제품을 135도에서 1시간 Preconditioning한 다음 260도 Hot Oil에 20초 담가 Delamination, Blistering, Measling 등을 확인
12	Hole Check		1. 도면에 주어진 전 Hole Check 2. PTH 및 NPTH 구분해서 Check 3. 사용 Tool 1) Hole Gauge 2) Pin Gauge 등
13	IST	Interconnect Stress Test	기존의 Test 방법이 그 결과를 알려면 1주일 또는 한달 이상 기다려야 하는 단점 때문, 또한 장비가 Chamber로 이루어져 큰 Space를 차지하기에 좀더 빠른 시간 안에 결과를 얻을 수 없을까 해서 개발된 간편한 장비
14	Ion Migration		도체 회로간에 인가된 전압에 의해 절연체의 표면, 계면 및 내부를 도체 금속이 용해되고 이온화하여 이동 석출한 현상
15	IPC Round Robin Evaluation (IPC-TR-570)		1. Small Hole의 신뢰성 평가가 각 Test 방법의 Co-Relation을 알아보기 위함.
16	Micro-Section		1. Hole 속 동도금 두께 2. Hole 속 Roughness 검사 등
17	Physical		Plating Adhesion, Bond Strength 등과 같은 기계적 특성치들 검사
18	PSR Ink 강도 및 접착력 Test		1. 5H, 6H 경화연필 이용 5~6회 Scanning 2. Solder Pot에 넣어 접착력 Test 3. Scotch T멜에 의한 접착력 Test
19	PTH After Stress		Thermal Stress 후의 각종 검사사항들 * 신뢰성 검사

표 (No. 15 내 설명):

항 목	온 도	Cycle
MIL-T-Cycle	$-65℃ \sim 125℃$	400Cycle (120분/C)
COM-T-Cycle	$0℃ \sim 100℃$	100Cycle (120분/C)
IEC Oil-T-Shock	$25℃ \sim 260℃$	10~30Cycle (1분 이하/C)
APD Oil-T-Shock	$-35℃ \sim 125℃$	400Cycle (30분/C)
Fluid Sand-T-Shock	$25℃ \sim 260℃$	30Cycle (1분 이하/C)

NO	용 어	원 어	설 명
20	Static 측정		1. 평가·판정에서 사용되는 용어 2. 측정환경시험의 미리 결정된 시간 또는 회수 도달후 일시적으로 시료를 조에서 빼내어 매뉴얼 측정한다.
21	SEM	Scanning Electron Microscope	1. 전자현미경 2. 공학현미경에 비해 분해능력이 우수한 현미경 3. PCB 표면의 불순물에 대한 원소 함유량 Check
22	Shrinkage		1. 제품의 신축현상 Check 2. 3차원 측정기에 의해서 자동검사 실시
23	Solder Float Test		1. Thermal Stress Test 2. IPC 검사 Spec인 IPC-TM-650 2.6.8 Thermal Stress, PTH에는 다음과 같이 3가지의 Solder Float Test 조건이 기술되어 있음. A : 288±5℃ 10sec+1−0℃ B : 260±5℃ 10sec+1−0℃ C : 232±5℃ 10sec+1−0℃ 3. 일반적 Test 260℃/20초, 288℃/10초 4. 후판 Test(2.0^T 이상) : 260℃/20초 5. Solder Float Test 회수 : 2X or 3X 6. 목적 : PCB 실장시 Wave Soldering이나 IR Reflow로 PCB에 열충격이 가해질 때 품질저하를 사전 Test
24	Solderability		Surface와 Hole 속의 납땜성 검사
25	Special Requirements		Impedance, Thermal Expansion Vibration과 같이 특수사항 요구검사
26	Thermal Shock Test		1. PCB가 실장된 전자제품이 외부온도의 열충격을 많이 받게 될 때 저하되는 특성을 사전 방지하고자 하는 의미에서 환경 Test하는 것 2. 원조 : Military Spec인 MIL-STD-202 Method 107 3. 규정 | 내용	A	B	C	28g 이하	28~136g
---	---	---	---	---	---
Air to Air	−55℃ ~85℃	−65℃ ~125℃	−65℃ ~220℃	15분	30분
Liquid to Liquid	0℃~ 100℃	−65℃ ~125℃	−65℃ ~150℃	2분	5분	 (Dwell Time) 4. 품질기준 양품 : 저항치 10% 이내로 변하면 불량 : Cycle Test 후 Micro-Section해서 Crack, Hole Integrity에 이상이 있으면 IPC 6012A에 의해 불량

NO	용 어	원 어	설 명
27	동박인박강도		동박인박강도는 탑재 부품을 프린트 배선판상으로 지지(支持)하기 때문에 필요한 것이며, 땜납 붙임시에 강도를 보존하고 유지하는 것이 중요하다. 일반 동박인박강도는 상온시의 온도로 보이게 된다. 그러나 실제로 필요한 온도 조건은 땜납 붙임시의 거동(擧動), 기기의 가동상태의 분위기(雰圍氣-둘러싸고 있는 공기) 온도이다. 빌드업 배선판은 도체폭의 미세화 경향에 대응하여 종래의 서브트렉티브법(동박 에칭에 다른 회로형성)부터 동박이 없이 절연재료상에 도금하는 방법으로 회로를 형성하는 애디티브법이 많이 채용되기 시작하고 있다. 도체의 인박강도는 동의 두께와 도체폭에 따라 현저히 값이 변동한다. 동박 인박강도는 강한(수치가 큰) 편이 바람직하지만, 다른 우수한 특성을 구현화하기 위해 신재료를 개발하면 도체인박강도는 저하되는 경향이 있다. 2002년부터 2006년까지를 0.5KN/m로 하고, 2008년부터는 0.7KN/m로 했다. 또, 최근에는 1.0KN/m의 근처값이 필요하다는 의견이 있다.
28	땜납 내열성		납프리-땜납의 채용증가보다 260℃ 가까이의 땜납붙임온도가 되기 위해, 보다 높은 땜납 내열성이 요구된다. 288℃/120초의 요구도 많아지고 있다. 내열성 요구는 이후 상승하는 것이 구구각각이라, 현재의 값이 지속된다면 예측할 수 있다. 또 최근의 빌드업 재료의 땜납 내열성은 프린트 배선판 형성후의 열거동(熱擧動) 실태를 반영한 시험이 정해지고 있다. 예를들면, PCT 시험후에 260℃/20초의 내열시험중 내성 요구가 증가하고 있고, 「5회 정도로 이상이 없을 것」이 기준되어 가고 있다.
29	열팽창 계수 (X-Y방향)		열팽창계수(CTE : Coefficient of Thermal Expansion)는 실장되는 부품의 열팽창계수와의 정합(正合)이 필요하며, 그 위에 프린트 배선판의 각종 재료(코어재, 동도체)와의 정합도 필요해졌다. 또한, 열팽창 계수는 보강재의 유무에 따라 크게 수치가 차이난다. 보강재 有는 현재의 일반적인 15ppm/℃를 계속하여 채용하지만, 일부의 PCB 메이커에서는 동도체의 열팽창계수 17ppm/℃을 필요로 하고 있다. 보강재 無는 일반적인 수지 부착 동박의 선팽창계수로서, 이후에도 변화하지 않을 것으로 예측되고 있다. 또한 수지·보강재의 종류에 따라 열팽창 계수는 변화하기 때문에 채용시에 다

NO	용 어	원 어	설 명
29	열팽창 계수 (X-Y방향)		른 특성도 근거하여 검토가 필요해진다. 보강재 無는 현재 일부의 재료 메이커에서 휘라수지 중에 무기계(無機系) 휘라의 혼입에 따라 저열팽창화가 실현화되고 있다. 플립칩 실장과 WLCSP (Wafer Level CSP)의 채용을 추가함으로서 실리콘의 열팽창계수에 가까워지게 할 필요가 있다. 열팽창계수를 낮추기 위해서는 보강재에 아리미드 부직포와 액정 폴리마 수지를 채용하는 것도 가능하지만 검토해야 할 과제도 많다. 또한, 두께 (Z)방면의 열팽창률은 60ppm/℃ 정도가 일반적인 것이지만, 접속 신뢰성 확보 때문에 층간 접속 재료와의 정합성(整合性)이 중요한 것이다. 일반 빌드업 층은 통상의 다층 배선판보다 얇기 때문에 영향은 적지만 빌드업 배선판 구조에 따라서는 주의가 필요하다.
30	온습도 사이클장치	온습도 사이클(12+12시 간 사이클) 시험	조 내부는 25±3℃와 규정된 상한온도 사이를 주기적으로 변화시킬 수 없으면 안된다. 조 내부의 상대습도는 규정의 허용오차내로 유지할 수 있는 장치일 것
31	유리 전이점 온도		납프리-땜납 채용 보급에 따라 부품실장 온도가 고온화 되고 있다. 또 전자 기기의 고속 신호 처리의 진전으로 말미암아 반도체로부터의 발열 증가가 예상된다. 이 결과 프린트 배선판의 내열 특성 요구는 고온영역으로 이행되지만, 유리 전이점 온도는 2001년에 비해 변하지 않았다. 유리 전이점 온도는 상승에 따라 수지코스트가 증대하기 때문에 2008년 이후에도 155℃에 고정되어야 한다고 제안되고 있지만, 상기에 기재한 이유로 인해 2008년 이후에는 175℃로 했다. 일부 폴리이미드 수지의 채용에 따라 260℃ 내지 280℃의 유리 전이점 온도는 알 수 있다고 생각할 수 있지만, 폴리이미드 수지가 빌드업층 재료에 사용되는 것은 드문 일이다. 고유리 전이점 온도를 필요 이상으로 따라잡는 것은 의미가 없다고 생각하는 PCB 메이커도 있다.
32	유전률(1㎓)		전송선로상의 신호속도 고속화의 진전이 예측 되기 때문에 고주파 대역의 유전특성을 명확화할 필요가 생겼다. 현 주류의 마더보드상의 주파수는 수㎒대이지만, 가까운 시일내에 수백㎒대에서 수㎓대가 된다는 예측이 국제 반도체 기술 로드맵에 기재되어 있다. 또 퍼스널컴퓨터의 버스주파수는 현재 수백㎒대이지만, 이 역시 가까운 시일내에는 1㎓로 상승할 것으로 예측된다. 일반적으로 주파수를 높게 하면 유전률은 낮게 측정되는 경향이 있다. 셋트 메이커는 앞으로

NO	용 어	원 어	설 명
32	유전률(1㎓)		1㎓를 넘는 데이터를 필요로 하고 있지만 측정방법은 명확히 되어 있지 않다. 이 때문에 앞으로는 측정법의 규격화 등 검토가 필요해졌다.
33	유전률(1㎒)		유전률(誘電率)은 수지층 내에 보강재를 넣은 경우와 보강재를 넣지 않은 경우로 수치가 크게 차이가 난다. 보강재의 유무에 따른 2종류의 경향을 제시했다. 신호 고속화의 진전에는 저유전률화가 요구된다. 2001년도판에서 2.0 이하를 예측했지만, 현재 기술의 연장선이기에 실현이 매우 곤란하여 수치를 보정했다. 유전률 2.0을 실현하기 위해서는 신규의 재료개발이 필요한 것이다. 액정 폴리마 재료(LCP : Liquid Crystal Polymer)와 BCB(Benzocyclobutene) 수지에 따라 현재에도 유전률 2.7을 취하고 있다.
34	유전정접 (1㎒, 1㎓)		신호속도 고속화는 전송손실에 직접 영향을 주기 때문에, 유전정접(유전손실)은 유전률과 함께 중요한 특성인 것이다. 재료메이커들은 유전정접(誘電正接)을 0.001로 감소시키면 다른 기재특성의 확보가 곤란해진다는 견해를 가지고 있다. 또한 유전정접은 측정 주파수의 고주파화에 따라 값이 상승하는 경향이 있지만 1㎒시와 1㎓시의 값을 동등하게 설정했다.
35	절연저항 측정기		절연저항은 $10^6 \sim 10^{12}\Omega$까지 측정할 수 있는 것 측정전압은 DC 5~100V까지 인가 가능할 것

36	표면두께검사		1. PCB 표면처리후 두께검사
			2. 검사내용
			   니켈, 금도금 두께
			   Flux 두께
			   HASL/HAL 두께
			   은도금 두께
			   Tin도금 두께 등

37	항온항습시험장치	온습도 정상시험 (40℃ 93% RH)	규정된 온도, 습도의 조건을 원칙으로 2000시간 이상 안정되도록 유지 가능한 장치일 것
38	휨강도		휨강도의 보강재 有는 2001년도판과 같은 모양이고, 보강재 無는 얇은 형태의 재료를 적층하여 시험편을 형성해 휨강도를 측정하는 것이 곤란하기 때문에 이번 회부터 수치목표를 언급하는 것을 중지했다. 빌드업재는 빌드업층을 코어층에 사용하는 경우(이 경우 빌드업재는 일반적으로 보강재를 넣어 사용한다)를 제외, 프린트 배선판 완성품에서는 코어층의 휨강도가 지배하기 때문에 빌드업층의 휨강도가 문제될 것은 없다.

NO	용 어	원 어	설 명
39	휨 탄성률		휨 탄성률은 프린트 인쇄판 완성시, 혹은 부품실 장시의 휨에 큰 영향을 미치기 때문에 중요한 특성이다. 빌드업재가 얇고 측정이 곤란하기 때문에 양그율 등으로 대행하는 경우도 많다. 보강재 有는 보강재를 여러가지로 고안하여 크게 하는 것이 가능하지만, 클래스 C의 30㎬는 새로운 도전이 필요하다. 보강재 無는 휨탄성률이 보강재 有에 비해 낮고, 휨탄성률을 높이기 위해 무기계 (無機系)의 휘라를 혼입하는 등의 수법이 채용되고 있다.
40	흡수율		흡수율은 중량비로 계측되기 때문에 빌드업재의 비중에 따라 크게 수치가 차이난다. 따라서 보강재 有는 대체적으로 작은 값이 되고 보강재 無는 큰 수치가 되지만, 보강재 無에도 휘라 등의 혼입에 따라 수치가 차이가 나기 때문에 주의가 필요하다. 어느 것으로도 흡수율은 낮은 것이 바람직하지만 2008년 이후부터 엄격한 수치가 요구된다.

13. PCB 관리용어

NO	용 어	설 명
1	수 주	고객으로부터 PCB 주문을 받아오는 형태 주문의 구분 1. 양산주문 : 업체의 양산생산에 필요한 PCB를 발주하는 형태 2. P.P 주문 : 양산 전 시험 생산용으로 주문되는 형태 3. SAMPLE : 업체에서 PCB양산 또는 P.P 전 주문되며 다음과 같이 구분하여 관리 　3.1 개발용 : 초기 개발에 필요한 PCB로 납기우선 　3.2 승인용 : 개발 완료된 상태에서 모든 PCB 조건의 품질 TEST용 　3.3 ┌ QTA ┐ : 업체로부터 초단기 납기를 위주로 해서 발주되 　　　 │ 마 하 │ 는 형태로 상황에 따라 품질 또는 납기를 우선 　　　 │ 미라클 │ 으로 함. 　　　 │ ASAP │ 　　　 └ 지급 ┘
2	신상품	기존 공정에 의해서 제조를 벗어나는 상품 요구시 자체 공정에서의 처리 능력을 확인하고 공정중 발생하는 문제점을 사전 파악하여 양산 작업시 생산능률을 향상시킴.
3	제품재고	제조에서 생산한 상품중 양품(현금화 가능)만 관리하는 제품
4	납 기	주문 접수시 고객으로부터 필요한 날짜에 고객의 공장에 제품이 도착할 수 있도록 지정하는 일짜(영업납기)
		주문을 접수하여 공장의 상황을 판단한 후 가능한 날짜를 조정 제시하는 일짜(생관납기)
5	목표관리	기업활동의 혹자경영을 위해서 계획을 세워서 관리하는 형태 　종 류 : 년사업계획, 향후 3개년 사업계획 분기목표, 월목표, 주목 　　　　 표, 일일목표로 구분 목표는 계획을 세우면 필히 100% 달성해야 함.
6	생산량	기업경영에서 필수적인 사항이 매출임. 매출을 달성하기 위한 수단으로 공장에서 생산을 하며 생산하는 행위를 숫자로 명시하는 것이 생산량임(표시 : m^2, PNL, 금액 등)
7	생산능력 (CAPACITY)	4M(MAN, MACHINE, MATERIAL, METHOD)을 세밀히 분석하여 설정하는 능력
8	WIP	WORK-IN-PROCESS(재공) 제조현장에서 생산활동을 하기 위해서 필요한 공정별 보유하고 있는 제품

NO	용 어		설 명
9	LOSS분 산정		수주행위 후 생산 활동에서 발생하는 문제점을 감안하여 추가분을 PLUS해서 작업지시하는 형태 　작업지시량 = 수주량 + 여유분 　여유분 : ① 불량대비 감안해서 발생되는 수량 　　　　　 ② 연배열시 발생되는 수량 　　　　　 ③ PNL작업 지시시 발생
10	수율관리 (YIELD)		총 INPUT대비 OUTPUT량 관리 　INPUT = 수주량 + 여유량(작업지시분) 　OUTPUT = 양품 + 불량 + 잉여재고
11	LOT 마무리		고객으로부터 주문 받은 수량을 양품화하여 100% 마무리된 상태 1LOT가 한번에 양품입고가 안되고 나누어서 입고 및 납품시 나누어 진 횟수만큼 loss 발생
12	LOT 관리		생산(규격)관리에서 생산활동을 위해서 작업지시서를 발행하면서 사 용하는 고유 NO를 1LOT라고 함. 단, 다량일 경우 한 NO에 Sub NO를 사용하는 것은 편의상 사용하 는 것임. SUB NO를 사용시 150PNL을 기준으로 함.
13	재작업		생산 활동중 여유분을 초과해서 수주량보다 더 불량이 발생하여 추가 로 투입되는 행위
14	공정중 보류		작업지시 후 생산활동 전, 후에 고객으로부터 요청이 되어 부득이 생 산이 정지되는 상태 1. 도금 전 : 보관일자와 상관없이 보관가능 2. IMAGE 전 : 가능한 빠른 시일(일주일) 안에 처리되도록 확인 3. 표면처리 전 : 15일 이전 처리 4. 표면처리 후 : 마무리 공정까지 처리 후 보관
15	악성재공량		생산공장에서 원활하게 작업진행이 안되어 장기적으로 보관된 상태 특히 미판정분에 대해서 정리 안된 상태 또는 LOT 마무리분에 대해 서 미처리된 상태
16	제품	양품	판매를 목적으로 제조한 완제품. 즉 현금화할 수 있는 제품
		불량품	생산은 하였으나 사용할 수 없는 제품. 즉 현금화가 불가능한 제품
		잉여제품	생산의 편의상 완제품으로 되었으나 수주량을 초과한 제품. 즉 즉시 현금화는 불가능하고 추가주문시 현금화가 가능하며 부적합품일 경우 폐기처리(SAMPLE 등)

NO	용 어		설 명
17	재고	제품재고	제품창고에 보관된 완제품상태를 말하며 거래명세서 발행전 포장된 실제품 재고 보관조건 ┌ 온도 → 22℃ ±2℃ └ 습도 → 45% ±5%
		잉여재고	수주대비 초과한 완제품으로 거래명세서 발행불가 재고. 단 추가수주시 사용가능 ※ 주의점 : 재사용시 충분한 사양검토 요망
		미매출재고	거래명세서 발행 완료전 세발전 재고. 즉 업체에 납품후 수금전 제품
18	세 발		납품완료 및 거래명세서가 업체에서 처리되어 세금계산서를 발행한 상태. 즉 수입검사 완료후 합격된 제품
19	외상매출금		세발후 부가세 포함된 판매대금 중 입금 안된 금액
20	입 고		출하검사 및 포장완료 후 포장요원과 창고관리요원 간에 입고전표를 상호 서명후 창고 요원이 전산재고에 창고재고로 등록한 상태
21	출 고		출하의뢰서 및 거래 명세서를 작성 제출하고 창고재고에서 제품을 고객에게 납품하기 위하여 불출하는 것
22	납 품		제품을 출하하여 고객에게 인도되어 거래명세표에 인수자 서명이 완료된 것
23	미납량		수주되어 업체에 아직 납품되지 않은 수량 (수주량 − 납품수량 + 반품수량)
24	제품적송		포장완료 제품으로 거래 명세서 발행 이전 제품 생산관리 창고에 보관중인 제품으로 포장후는 무조건 제품적송상태임.
25	매출적송		업체에 제품이 납품되어 거래명세서를 발행했으나 세금계산서를 발행하지 않은 상태
26	수 금		세금 계산서에 근거하여 제품 대금을 당사에 입금시킨 상태
27	미수금		세금 계산서는 발행되었으나 제품 대금이 당사에 입금되지 않은 상태
28	재처리		제품공정에서 작업중 부적합 사항이 발생하여 부분공정에 한해서 작업하는 것
29	재작업		수주량 대비 입고량이 부족하여 LOT 미완료시 부족한 제품에 대해서 전공정 작업처리하여 완제품 생산하는 것
30	재검사		포장 또는 납품까지 된 제품중 부적합 사항이 발생되어 부적합 내용에 대해서 다시 검사실시하는 것

NO	용 어		설 명
31	반 품 (Claim)		완제품으로 판정이 되어 고객에게 납품되었으나 고객의 불만족으로 인하여 회수된 제품
32	COMPLAIN		납품된 제품에 대하여 부적합이 발생되었으나 고객의 사정에 의하여 사용 또는 재처리한 후 문제점만 제기되는 사항
33	OHP	OVER HEAD PROJECTOR	PAPER에 인쇄된 것을 VINYL에 복사를 한 후 환등기에 비추어 보고시 여러 사람이 동시에 볼 수 있도록 하는 장치
34	OJT	ON THE JOB TRAINING	신입사원 입사시 전체 또는 소속된 부서에서 규칙적으로 실무교육을 받는 것
35	PDCA	PLAN DO CHECK ACTION	계획→실천→확인→조치를 반복해서 실행하여 목표달성하고자 하는데 사용하는 기법
36	5S	정리 (SEIRI)	능률향상→필요한 것과 불필요한 것을 구분하여 불필요한 것은 과감히 버리는 행위
		정돈 (SEITON)	찾는다는 불필요 제거→불필요한 것을 쉽게 찾아 사용할 수 있도록 각종 물품의 보관수량과 보관장소를 정해 이곳에 놓고 표시해 두는 것
		청소 (SEISO)	능률향상의 토대→작업장의 바닥, 벽, 설비비품 등 모든 것의 구석구석을 닦아 먼지, 이물질 등을 제거하여 더러움이 없는 환경조성
		청결 (SEIKETSU)	낭비제거의 첫걸음→먼지, 쓰레기 등 더러움이 없이 깨끗하고 언제나 눈으로 보아 문제점이 발생되었을 때 이것을 한눈에 발견할 수 있는 상태 유지
		습관화 (마음가짐) (SHITSUKE)	습관화에서 시작해서 습관화를→회사의 규율이나 규칙, 작업방법 등을 정해진 대로 준수하는 것이 몸에 익어 무의식 상태에서도 지킬 수 있는 것
37	3현		현장, 현물, 현실
38	2원		원리, 원칙
39	5W1H	WHY	왜 그것이 필요한가?
		WHAT	그 목적은 무엇인가?
		WHERE	어디서 하는 것이 좋은가?
		WHEN	언제 하는 것이 좋은가?
		WHO	누가 가장 적격인가?
		HOW	어떤 방법이 좋은가?

NO	용 어		설 명
40	5정1창		정확, 정결, 정교함, 정성, 정보력, 창조력
41	3Q	Q1	전공정(앞공정)
		Q2	본공정
		Q3	후공정(고객)
42	QCC	QUALITY CONTROL CIRCLE	품질분임조
43	JIT	JUST IN TIME	적기에 적량을 생산하는 PULL 생산 방식
44	P, Q, Q, C, D, S 관리	P	PRODUCT(생산)
		Q	QUALITY(품질)
		Q	QUANTITY(수량)
		C	COST(원가)
		D	DELIVERY(납기)
		S	SAFETY(안전)
45	100PPM	PARTICLE PER MILLION	100만개 생산중 100개. 즉 1만개 생산중 1개만의 불량율을 허용한다는 내용
46	SINGLY PPM		100만개중 한자리 숫자로 불량율을 허용한다는 내용
47	TPM	TOTAL PRODUC-TIVE MAINTE-NANCE	1. 전사적 생산보전 2. 전원참가 보전활동
48	TQC	TOTAL QUALITY CONTROL	전사적 품질관리

NO	용 어		설 명
49	QC 7가지 기법	파레토그램	불량, 고장 등의 건수(또는 손실금액)를 분류 항목별로 나누어 크기 순서대로 나열해 놓은 그림
		히스토그램	길이, 무게, 시간, 경도, 두께 등을 측정하는 DATA(계량값)가 어떤 분포를 하고 있는가를 알아보기 쉽게 나타낸 그림
		특성요인도	현장에서 발생하는 많은 문제점들의 원인을 정리하여 상호관계를 조사함으로써 원인과 결과의 관계를 그림으로 나타낸 것
		충 별	필요한 요인마다 DATA를 구분해서 잡는 것
		산점도	두 개의 짝으로 된 DATA를 GRAPH 용지 위에 점으로 나타낸 그림
		체크시트	불량수, 결점수 등 셀 수 있는 DATA가 분류 항목별의 어디에 집중하고 있는가를 알아보기 쉽게 나타낸 그림
		관리도	GRAPH 안에서 점의 이상여부를 판단하기 위한 중심선이나 한계선을 기입한 것
50	합격 품질수준 (A.Q.L)		1. ACCEPTANCE QUALITY LEVEL 2. 산출된 제품이 확률적으로 갖을 수 있는 불량품의 수준을 단계별로 나타낸 표 3. SAMPLING 검사를 하기 위해 공정 평균으로써 만족하다고 고려되는 불량의 한계(100단위당 결점수의 상한)
51	CP PROCESS CAPABILITY		1. 공정능력지수 2. 현재 공정에 대한 안정성을 통계적인 방법으로 환산하여 평가하는 방법 3. 표준편차와 표준분포도에 대한 규격함수로 나타낸다. ① 공정능력 충분 : 통상체 > 1.33 ② 개선필요 : 1.33 > CP > 1.0 ③ 능력 불충분 : 1.0 < CP < 0.67 ④ 작업중지 및 개선후 작업 : CP < 0.67
52	4M + 3M		MAN(사람), MONEY(돈), MATERIAL(자재), METHOD(방법) MANAGEMENT(관리), MORAL(동기유발), MACHINE(설비)
53	3S		SCALE(규모), SPEED(속도), SCOPE(영역)
54	4C 효과적인 경영		CONGRUENCE : 합목적성 CONSISTENCY : 일관성, 꾸준하게 COMMITMENT : 책임, 우리가 한다 CONSENSUS : 합의, 즐겁게
55	4P		PEOPLE(인간), PRODUCT(생산), PROMOTION(촉진), PLACE(장소)

NO	용 어	설 명
56	5H (생산성 향상)	┌ HEART, QUALITY(마음속의, 품질) ├ HEART, CLEAN(마음속의, 5S) H ┼ HEART, WORK(마음속의, 작업) ├ HEART, MAINTENANCE(마음속의, 정비) └ HEART, IDEA(마음속의, 개선)
57	SPEED 경영	① SATISFACTION - 고객만족 ② PRODUCTIVITY - 생산성 향상 ③ EFFICIENCY - 효율성 ④ EMPOWERMENT - 동기부여 ⑤ DYNAMIC - 역동성
58	KOREA 실천 과제	① KNOWLEDGE - 지식 ② OPENNESS - 개방 ③ RESOURCES - 인적 자원 ④ ENTERDRENEURSHIP - 기업가 정신 ⑤ ACTION - 실천
59	5N (원가절감)	┌ NO BUY(절약) ├ NO USE(절감) N ┼ NO STOCK(재고 LOSS) ├ NO LOSS(불필요 제거) └ NO TROUBLE(고장=0)
60	MTBR (MEAN TIME BETWEEN REPAIR)	장비가동시, 총 실작업시간 내에서 작업자가 해결하기 어려운 작동 에러가 발생하는데 걸리는 평균시간
61	MTTA (MEAN TIME TO ASSIST)	장비가동시, 작업자가 해결가능한 단순 작동 에러를 해결하는데 걸리 는 평균시간. 정비사가 정비한 시간 등
62	MTTR (MEAN TIME TO REPAIR)	1. 평균수리시간 2. 장비가동시, 작업자가 해결 어려운 작동 에러를 해결하는데 걸린 평균시간. 정비사가 정비한 시간 등
63	4T	TECHNOLOGY(기술) TEAMWORK(협력) THINKS(생각) TORYTELLING(보수적)

NO	용 어	설 명
64	3C	CHALLENGE(도전) CHANGE(변혁) CREATION(창조)
65	3S	21세기형 경제 3대 회두 SPEED(속도) SMART(지능) SIZE(크기)
66	2C 2E	정보통신 CONVERGENCE(융합) COMPACT(소형화) EASY(쉽게) ENJOY(즐긴다)
67	천재급 인재	목표를 향한 열정적인 헌신 위험을 감수하는 용기 가치있는 꿈을 최상의 방법으로 실현할 수 있는 지적, 도덕적 상품
68	3F	FAST (고속화) FUSION (융복합화) FUN (재미)
69	5D	**테러 대응전략** 1. DISSUADE (단념시키고) 2. DENY (공격수단 주지말고) 3. DETER (테러지원 막고) 4. DEVELOP (방어력 높이고) 5. DEFEND (인권 보호하고)

NO	용 어	설 명				

		세대	항 목	내 용	비고
70	경영혁신 활동의 변천과정 용어	1	도구개발	SQC : Statistical Quality Control	
		2	운동으로 발전	TQM : Total Quality Management TPM : Total Productive maintenance	일본
		3	영역확대	TQM BPR : Business Process Reengineering 6Sigma(모토로라)	미국 미국
		4	방법론 통합	6Sigma(GE)	미국

71	SIX SIGMA	1. 역사

1. 역사

1987년 MOTOROLA에서 처음 시작

세계최고인 기업은 제품의 제조과정에서 수리나 재작업이 없는 제품을 생산한다.

6시그마 전략의 주요개념 가운데 하나인 숨은공장과 전체수율 등에 대한 아이디어를 제공

2. 전파 배경

회사명	전 파	내 용
MOTOROLA	1987~1992년 품질 100배 향상 동일한 측정법 동일한 목표 (1981~1986년 품질 10배 향상)	80년대 중반 일본제품에 위기의식을 느낀 모토롤라가 Mikel J. Harry를 중심으로 SIX SIGMA를 개발
ABB	1993년~6시그마가 전사 경영혁신으로 적용	6시그마에 대한 확신을 갖게 된 Harry는 ABB로 이적하여 간접부문을 포함하여 전사에 적용

NO	용 어	설 명

			Six Sigma Academy	6시그마가 경영 혁신으로 정착되는데 전도사 역할을 함.	Harry가 6SIGMA Academy를 설립하여 미국의 초일류 기업인 Allied Signal, GE, TI 등에 6Sigma를 보급하면서 전사 경영혁신으로 자리를 잡게 됨.
			GE	6시그마가 경영 혁신으로 꽃피움. 6시그마가 세계적으로 보급됨.	1995년 GE의 Jack Weltch는 6Sigma를 협력업체를 포함하여 경영전반에 걸쳐 받아들인 후 강력하게 추진함으로써 괄목할 만한 성과를 거둠.

3. 정의

71	SIX SIGMA		NO	구 분	내 용
			1	통계적인 척도	100만개의 제품을 생산시 3, 4개 정도의 불량품이 발생하는 수준의 품질. 즉 3, 4PPM 3, 4DPMO : Defect Per Million Opportunities 6시그마 품질→우리가 만들고자 하는 제품은 서비스의 최종 목표범위의 1/2 안으로 드는 성능을 가진 제품 또는 서비스를 생산하는 것
			2	개념적인 의미	우리가 주어진 기업환경에서 인지하고 일 하는 방법 일하는 철학으로 모든 일에 실수를 더욱 적게 하는 의미 무결점을 추구하는 것
			3	기업차원의 의미	6시그마는 기업의 전략이며 기업의 경쟁력 확보에 도움을 준다. 시그마 수준을 높이면 제품의 품질이 향상되고 비용은 줄어들게 되며 결과적으로 고객이 더욱 만족하게 되는 것

71	SIX SIGMA	4. 전문인력				

NO	구 분	주요인력	추진내용
1	챔피언	사업부 책임자	6시그마 전략 수립이념 확산책임 및 추진방법 확정
2	마스터블랙벨트 (MBB)	전문추진 지도자	BB교육 및 프로젝트 감독/품질기법의 이전
3	블랙벨트(BB)	전담 요원	6시그마 프로젝트 추진 /GB, WB의 교육
4	그린벨트(GB)	현업 담당자	부분적으로 프로젝트에 참여
5	화이트벨트(WB)	현업 담당자	6시그마 기본과정을 수료하고 6시그마를 이해

72	0 0 작전	1. 의미

1. 의미

0 0 → 큰 ZERO
　├── 결과(기업의 변혁 및 경영의 목표 달성)
　└── 적은 ZERO
　　　과정(공정에서 적은 문제점 해결)

2. 사고방식
공장관리 중 공정 내에서 발생하는 문제점을 단계적으로 zero화
하여 경영목표를 달성하기 위한 것.

발생할 수 있는 문제점
① P → PRODUCT (생산)
② Q → QUALITY (품질)
③ Q → QUANTITY (수량)
④ C → COST (원가)
⑤ D → DELIVERY (납기)
⑥ S → SAFETY (안전)
⑦ M → MAINTENANCE (설비)
⑧ CS→ CUSTOMER SERVICE (CLAIM 제기)

1. 검사의 종류

NO	구 분	설 명
1	수입 검사(II) (Incoming Inspection)	납품 업체로부터 제품 입고시 사내 표준 검사기준에 의하여 현장에 투입 전 검사하는 방법
2	초도품 검사(FAI) (First Article Inspection)	양산 공정에서 대량의 LOT 불량을 방지하기 위해서 처유 작업된 제품에 대하여 실시하는 검사방법
3	공정 검사(PI) (Processing Inspection)	공정 단위로 구분하여 후공정에 제품 연결시 양품만 연결될 수 있도록 실시하는 검사방법
4	최종 검사(FI) (Final Inspection)	하나의 완성품이 구성되어 생산의 마지막 공정(검사)에서 실시하는 검사방법
5	출하 검사(OI) (Outgoing Inspection)	고객에게 제품이 납품되기 전 고객의 요구조건 또는 표준 검사 기준에 맞추어 실시하는 검사 방법

2. SAMPLING 방법

NO	구 분		설 명
1	정 의		모집단으로부터 SAMPLE을 취하는 것
2	목 적		공정에 대한 조치(무한 모집단) LOT에 대한 조치(유한 모집단)
3	종류	랜덤 SAMPLING	규칙이 없이 무작위로 SAMPLING하는 방법
		계통 SAMPLING	시료를 시간적, 공간적으로 일정 간격 SAMPLING하는 방법
		지그재그 SAMPLING	주기성에 의하여 발생할 위험성을 방지하도록 하는 SAMPL-ING 방법
		2단계 SAMPLING	1차 SAMPLING 단위에서 2차 SAMPLING을 하는 방법
		층별 SAMPLING	LOT별, LINE별, 층으로 나누어 층으로부터 SAMPLING하는 방법
		취락 SAMPLING	LOT의 여러가지 부분 중 특정 부분에 대하여 전부를 SAMPL-ING하는 방법
		유의 SAMPLING	특정 부분을 재취하여 그 SAMPLE의 값으로 전체를 미루어 살피는 방법
		계수 조정형SAMPLING	검사에 제출된 제품의 품질에 따라 까다로운 정도를 조정할 수 있음(MIL-STD-105D SAMPLING표)
4	SAMPLING 검사의 장점		검사 비용을 적게 하고 싶은 경우 생산자나 납품자에게 자극을 주고 싶은 경우 검사 항목이 많을 경우

14. SMT 용어

1. 실장기술 발전 추이

NO	연도\n항목	1950	1960	1970	1980	1990	2000 이후	
							A	B
1	실상세대	1	2	3	4	5	6	
2	부품명	VACUUM\n(진공관)	TRANSISTOR	IC	LSI	VLSI	QFP, BGA	BARE IC\n(CHIP)
3	실장방법	SOCKET 사용	MANUAL\nFLOW\nSOLDERING	AUTO\nFLOW\nSOLDERING	AUTO\nFLOW\nSOLDERING	REFLOW\nSOLDERING\nPB-FREE\nSOLDERING	REFLOW\nSOLDERING\nPB-FREE\nSOLDERING	3차원 실장\nBONDING\n처리
4	상품명	진공관 RADIO	범용기기	박형휴대기	소형\n고밀도 기기	초소형\n고밀도 기기	초초소형\n고밀도 기기	다기능\n초초소형\n고밀도 기기
5	구분	LONG LEAD\n대형 고전압기기	AXIAL LEAD\n부품	RADIAL\nLEAD\n부품(이형\n삽입부품)	표면실장부품	복합\n표면실장부품	복합\n표면실장부품	FLIP CHIP\n실장

	6. 실장부품별 동향	적용제품
각형(R, C)	3216 → 2012 → 1608 → 1005 → 0603 → 0402	휴대폰, 이통부품
QFP/SOP	1.0mm ⇒ 0.65mm ⇒ 0.5mm ⇒ 0.4mm ⇒ 0.3mm	SM 적용제품
TCP	0.3mm ⇒ 0.25mm ⇒ 0.2mm\n85µm ⇒ 70µm ⇒ 65µm ⇒ 50µm	Note PC\nLCD
BGA	1.27mm ⇒ 1.0mm	휴대폰, PDA
CSP	0.8mm/0.75mm ⇒ 0.5mm ⇒ 0.4mm	휴대폰, DVC
Flip Chip	250µm↑ ⇒ 150µm ⇒ 85µm ⇒ 50µm↓	Note PC, Card

2. 자동 실장공정

삽입실장 부품의 자동 솔더링 기술은 이제까지 보다 대량생산을 목적으로 확립되어 왔다. 그러나 제품의 요구특성의 변천에 따라 다기능화, 소형화, 고신뢰성 등이 요구되어, 프린트 배선판, 집적회로, 각종 전자부품은 실장 형태가 표면실장으로 변하여 발전되고 있다. 현재 이런 형태의 요구특성에 대응하면서 신뢰성을 확보하고, 보다 효율적이며 경제적으로 접합시키는 것이 최대의 과제이다. 제품의 차별화에 대응한 소량 다품종 생산과 효율이 좋고 경제적으로 생산하기 위해서는 먼저 자동 실장공정에 대하여 알 필요가 있다. 여기서 말하는 실장이라는 것은 자동기부터 세정 공정을 포함한 광의의(넓은 뜻) 것을 의미한다. 자동 실장공정의 개요를 혼재 실장의 예로 들어 아래 그림에 나타내었다. 그림 중 (a)의 점선범위 안에 표시되어 있는 것이 표면실장공정이고, (b)의 점선범위 안에 나타나 있는 것이 삽입실장공정의 개요이다.

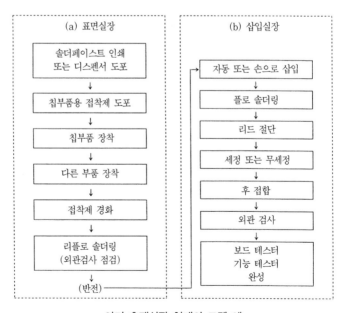

양면 혼재실장 형태의 모델 예

3. SMT란?

3.1 SMT(Surface Mount Technology, 표면 실장 기술)란?

표면 실장형 부품을 PWB 표면에 장착하고 납땜하는 기술을 의미하는 것으로 IMT는 PWB의 한쪽 면에만 모든 부품이 배치되었으나 SMT는 PWB의 양면 모두에 부품을 배치할 수 있으며 요즘은 넓은 의미로 Bare Chip 실장을 포함하여 총칭하기도 한다.

IMT(Insert Mount Technology)는 PCB 기판의 Plated Through Hole 내에 부품의 LEAD를 삽입납땜하는 방법을 말한다.

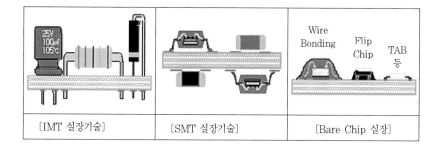

| 〔IMT 실장기술〕 | 〔SMT 실장기술〕 | 〔Bare Chip 실장〕 |

3.2 SMT 발전 배경

1) 전자제품, 산업기기 및 소비자의 Needs
2) 경박 단소화, 고밀도화, 고기능, 고신뢰성 등의 제품을 추구
   - 전자부품의 소형화
   - 부품의 고집적화, 고기능화
   - 고밀도 실장화

부 품	경제적 원인	생 산
- CHIP 부품 종류 확대 - CHIP 부품 생산량 확대 - SMT용 PACKAGE IC 보급 - CHIP 부품 가격 저하	- 국제 경쟁력 확보 - 제품 차별화 필요 - 輕, 薄, 短, 小, 다기능화 - IMT에서는 실장구현 불가	- COST DOWN 요구 대응 - 생산성 향상 필요 - 고성능/저가격 실장기보급 - CHIP 실장 LINE 확대

4. SMT의 대표적인 4가지 실장 형태

실장 형태		구 조	부 품	IPC-CM-770 분류	실장밀도 (점/CM²) 5 10 15 20 25 30 35 40
Lead 삽입실장			LEAD 부품 DIP	Type 1 Class A	
표면실장	단면SMT		CHIP 부품 PLAT PACKAGE PLCC	Type 1 Class B	
	단면SMT (LEAD 부품혼재)		LEAD 부품 DIP CHIP 부품	TyPE 2 Class C	
	양면SMT (LEAD 부품혼재)		LEAD 부품 DIP CHIP 부품	Type 2 Class C	
	양면SMT		CHIP 부품 PLAT PACKAGE PLCC	Type 2 Class B	

※ IPC-CM-770 "Printed Board Component Mounting"
  - Type 1 : 기판의 단면에 부품장착　- Class A : 삽입실장 부품만 장착
  - Type 2 : 기판의 양면에 부품장착　- Class B : 표면실장 부품만 장착
  　　　　　　　　　　　　　　　- Class C : 삽입실장 부품과 표면실장 부품이 혼재 장착

5. SMT의 역사

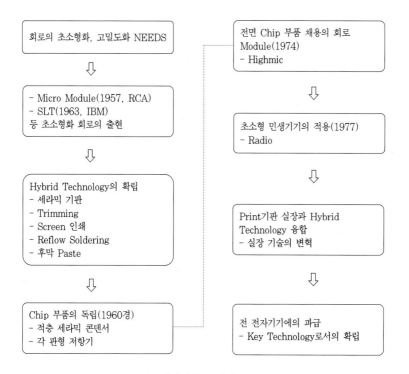

〔표면실장기술 발전과정〕

전자산업 발전의 역사는 기기의 기능적 향상과 함께 소형 경량화 실현을 위한 부품의 소형화, 회로의 고밀도 실장화 추구의 역사라고 말할 수 있다.

오늘날의 SMD/SMT도 이와 같은 요구로부터 필연적으로 발전하여 왔다.

보다 고밀도한 실장을 목표로 하기 위해서는 단순히 개개의 부품을 소형화하는 것 뿐만 아니라, Lead선과 부품 간의 상호 배선 등 실장에 따르는 Space Loss를 어떻게 작게 할 것인가에 대한 점을 고려하지 않으면 안된다.

이런 의미에서 실장방식을 포함한 구성부품을 시스템적으로 생각할 필요가 있다.

이와 같은 생각은 1950~1960년대에 RCA사의 Micro Module이라고 불리우는 초소형 입체 실장회로와 최초의 본격적 하이브리드 IC인 IBM의 SLT(Solid Logic Technology)에 의해 실현되었다.

이러한 제품은 그 후에 반도체 IC의 출현과 발전 속에 도태되고 말았으나, 하이브리드 IC 그 자체는 고전압 회로, 고주파 회로, 또 양산화에 의해 양적 장점을 끊이지 않고 살려 Custom성이 강한 기능회로 등 반도체 IC 영역 외에 그 장점을 살려 계속 착실하게 발전해 오고 있다.

또, 이들의 개발 과정에서 확립된 기술 즉, 세라믹 Sheet등은 오늘날 SMT에 연결되어 적층 세라믹콘덴서와, 각형 저항기의 제조기술의 기본으로 되고 있다.

고밀도 실장 중 하나의 이상적 형상인 하이브리드 IC는 부품간의 상호 배선 뿐만 아니라 부품 그 자체를 인쇄하는 형으로 Space Loss의 축소가 가능하나, 최대의 과제는 가격이다.

하이브리드 IC에서는 통상 도체 패턴과 저항, 콘덴서 등을 동일 기판 위에 후막 인쇄하여 고온으로 소성하고, 회로를 형성한다. 따라서, 각 인쇄 재료 당 계속 반복하여 소성하지 않으면 안 된다. 필연적으로 내열성이 낮은 수치 기판은 사용하지 못하고, 가격적으로 높은 세라믹 기판을 사용하게 된다. 또한, 세라믹 기판은 수지 기판과 같이 큰 면적의 것을 얻기가 곤란하다.

또, 회로 구성에 있어서는 수지 기판에 비교하여 그 유전율이 높아 문제가 된다. 그러므로 그 활용 범위는 제약된다. 이와 같은 상태를 탈피하는 기술이 1975~1977에 걸쳐 출현했다.

수지 기판에 SMD를 전면 채용하여 구성한 회로 모듈 "Highmic"과, 또 하나는 이들을 이용한 초박형 Radio의 실장기판과 그 제조기술이다. 이러한 제품의 실장기판은 종래의 하이브리드 IC에 비하여 Soldering 용 Land 만큼 실장밀도는 떨어지나, 미리 선별한 각종의 고품질 SMD의 사용이 가능하고, 각종의 제약이 있는 세라믹기판을 사용할 필요가 없고, 공정의 자동화가 용이하여 대량 생산 방식이 적용 가능한 점 등 많은 이점을 갖고 있다.

YM공법으로 불리우는 박형 Radio 제조기술은 3.2×1.6㎜로 통일된 SMD를 수지 기판 위에 2.5㎜ 격자 간격으로 탑재한 다음, 수지기판에 접착제를 도포하고, 메거진 방식의 일괄 자동 장착기에 의해 장착한 후, 일관 Flow Soldering과 Reflow Soldering을 병행하여 Soldering하는 SMD 와 Lead형 부품과의 혼재로 Procoat, Mold 등의 보호막은 사용하지 않았다.

이와 같은 특징을 갖고 있어서 오늘날 폭 넓게 보급되어 있는 표면실장의 원점이라고 말할 수 있다. 이러한 새로운 형태의 SMT는 당시의 경박단소를 요구하는 시장요구와 맞아 떨어짐과 실장기술의 변혁에 의한 상품의 차별화, 생산의 합리화 등의 큰 기대로부터 스테레오 헤드폰, 이동 CD 플레이어 등 소형 음향기기를 중심으로 민생기기산업으로 깊숙히 단번에 확대해 나아갔다.

국내의 경우 1982~1985에 걸쳐 설비 도입을 시작하여 통신기기, PC 산업에 적극적으로 활용되면서부터 점차 가전 전제품에 확산 주 생산 방식으로 자리를 굳혀 나가고 있다.

6. SMT의 장점

현재 SMT를 채용하고 있는 전자기기는 매우 광범위하게 그 저변을 확대하여 나아가고 있는데, 채용비율은 그 특징 및 이점을 얼마만큼 효과적으로 살릴 것인가에 따라 상당한 차이를 보이고 있다.

〔장 점〕	〔단 점〕
◆ 輕, 薄, 短, 小 ◆ 신뢰성 및 제품성능 향상 ◆ 고밀도로 TOTAL COST 절감 ◆ 기판 조립의 자동화 용이 ◆ FAS 전환용이로 생산성향상 등	◆ 공정의 SYSTEM화로 집중적인 투자경비 필요 ◆ 각 요소기술이 총합된 제조기술 요구 ◆ 부품의 소형화, IC LEAD의 협소 PITCH 등 　 으로 불량 수정 및 재작업 난이 ◆ 새로운 작업 방법 요구 등

6.1 고밀도실장과 다기능화

표면실장에서는 종래의 Lead Through 실장과 다르게, 사용하는 부품 자체가 초소형과 Lead Pitch, Through hole Pitch의 제약을 받지 않기 때문에 부품 간격을 0.5mm까지 근접하여 실장하는 것이 가능하다. 또한, 기판의 양면을 사용한다고 하는 최대의 장점을 갖고, 일반적으로 회로 기판의 면적을 1/4~1/5 정도로 축소시키는 것이 가능하다.

이러한 고밀도 실장화의 유리한 점은 여유의 공간에 별도의 기능을 갖는 회로를 증설하는 것도 가능하게 된다. 결과적으로 기기의 소형화와 동시에 다기능화를 가져오고, 부가가치를 향상시키는 효과를 낳게 한다.

스테레오 헤드폰, 액정 TV, 캠코더 등이 이러한 전형적인 사례로, 캠코더에서는 SMD의 비율이 98~99%이고, 실장밀도도 35개/cm²에 달하고 있다.

어디까지 고밀도화가 가능할 것인가가 실장기술의 차 즉, 상품력의 차가 되기 때문에 이점에서 기술 경쟁력은 이후 점점 치열해질 것이다.

6.2 고주파화 및 디지털화

위성방송의 개시, 이동통신의 보급 등 전자기기에 사용되는 신호도 MHz ~GHz대로 보다 고주파영역으로 이동하고 있다.

또 OA 관련 산업의 확대는 전자기기의 디지털화 시대를 가져오고 신호의 고속처리화를 재촉하는 한편, 회로로부터 발생하는 노이즈의 억제 및 방지에 대한 대책이 과제로 되고 있다.

SMT의 특징은 Leadless의 부품으로 구성되기 때문에 상호의 배선 패턴의 단축화가 이루어지고, 고속 연산회로에 유리하게 된다. 또, 부유용량 불요, 인덕턴스도 감소하므로 고주파특성의 개선이 이루어지고 동시에 노이즈 대책도 가능하게 된다.

최근의 디지털기기에서는 급속도로 DIP으로부터 SOP 및 QFP로 더 나아가 BGA, CSP, Flip Chip으로 반도체 소자의 SMD화가 진전되고 있다.

EMC 대책은 Lead Through 실장으로부터 SMT로 변경됨에 따라 많은 개선이 가능하게 되었는데, 노이즈 환경의 양호를 위해서도 SMT는 필수기술이라고 말할 수 있다.

6.3 신뢰성 향상

SMT는 기기의 신뢰성을 가져온다. 전자기기의 신뢰성은 부품 그 자체의 신뢰성과 실장기판에 접속 신뢰성의 상승으로 되는데, SMT에 있어서 Leadless라고 하는 실장 형태는 가장 먼저 Lead 부품을 실장하는 경우에 비하여 내진성이라는 면에서 두드러지게 유리하다.

또, 내열성 측면에서도 240~260℃의 Flow Soldering 보다 재료면, 구조면에서 탑재부품에 미치는 영향에 대한 걱정을 덜 수 있게 된다. Soldering 공정이 정해진 조건에서 이루어지고 완성후의 기기가 동일환경에서 사용된다면 Lead 부품에 비하여 SMT의 경우가 열적 신뢰성이 상대적으로 높게 된다.

6.4 생산성 향상과 합리화

SMT의 채용은 생산성에서도 각종효과를 가져오는데 이러한 유리한 점을 노려 도입하는 매이커도 증가하고 있다. 탑재부품이 초소형, 미소이기 때문에 실장에는 자동장착기가 이용되고 있는데, 업계 각사의 노력과 SMD의 형상, 패키지의 표준화에 의해 1대의 장착기로 100종류 이상의 부품이 0.2초/개 정도의 고속도로 장착된다.

이것은 Lead 부품의 삽입실장기에 비하여 종류, 속도면에서 대폭적으로 향상된 것이다.

생산방식은 최근 대량생산으로 부터 다품종 소량생산으로 진행되는 경향이 강하고, 이러한 방식의 생산 공정에서는 기종의 교환, 준비작업에 많은 시간이 소요된다.

이와 같은 경우 표준화된 패키지와 다용도화된 장착기와의 조합에 의해 기종변경에 유연한 대응 즉, Flexible Manufactring이 가능하다.

또 다기능화된 TV, VTR 등에서는 기능회로 별로 기판을 분할, 표준 모듈화하고 판매처별, 부가가치별로 조합시키므로서 생산의 합리화가 이루어지고 있다. 이와 같은 생산방식에 대하여 공정의 내제화라는 점을 포함하여 SMT는 큰 효과를 발휘한다.

탑재되는 SMD 그 자체는 일부의 부품을 제외하고는 전반적으로 가격은 높다.

그러나, 기판면적의 축소, 다기능화에의 대응, 공정의 표준화, 모델 변경 시의 준비작업, Lead Hold의 불필요에 따른 기판가공 가격의 절감, 관리 비용의 절감 등 전체적으로 고려했을 경우, SMT의 채용에 의한 장점은 대단히 큰 것이다.

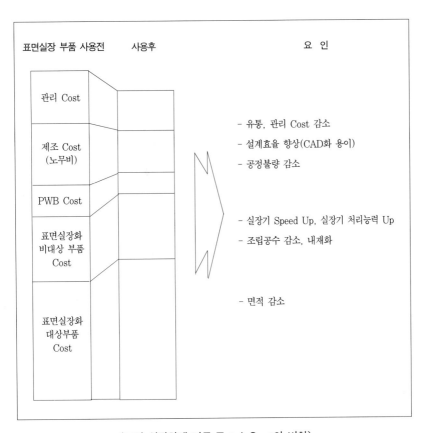

표면실장 부품 사용전   사용후   요 인

관리 Cost

제조 Cost
(노무비)

- 유통, 관리 Cost 감소
- 설계효율 향상(CAD화 용이)
- 공정불량 감소

PWB Cost

표면실장화
비대상 부품
Cost

- 실장기 Speed Up, 실장기 처리능력 Up
- 조립공수 감소, 내재화

표면실장화
대상부품
Cost

- 면적 감소

〔표면 실장화에 따른 Total Cost의 변화〕

7. SMD(Surface Mount Device)

인쇄 회로 기판(PWB)에 표면실장 부품을 장착하는데 사용되는 기계장치를 말하며, 일반적으로 SMT Line구성에 필요한 설비를 의미하나, 넓게는 표면실장 부품을 실장하는 PCB의 제조에 필요한 생산직접 설비 및 부대장치, 관련설비를 뜻한다.

때로는 표면실장 부품을 일컫는 경우도 있다.

7.1 PCB 공급장치(Loader)

인쇄회로 기판을 자동 공급하는 장치로써 Magazine Rack을 사용하는 Magazine Loader와 Vacuum을 이용하여 Bare Bord를 공급하는 Vacuum Loader로 구분할 수 있다.

① Magazine Loader

인쇄회로기판의 한면에 부품이 실장 또는 삽입되어 있는 상태의 Bord를 사용할 때 많이 사용되며, 매가진 랙에는 Max 50매의 PCB를 Stock할 수 있다.

② Vacuum Loader

인쇄회로기판의 양면에 부품이 없는 Bare Bord 상태의 PCB를 사용할 때 많이 사용되며 Bare Bord를 50~100매 적층하고 Vacuum Pad를 이용하여 1장씩 분리 공급하는 유니트이다.

7.2 PCB 반전기

전공정에서 실장작업된 PCB를 해당공정의 작업을 위하여 반전시킬 필요성이 있는 경우 사용되며, 주로 PCB공급장치 다음 공정에 설치된다.

7.3 Screen Printer(인쇄기)

인쇄 회로 기판(PWB)에서 부품이 실장되어야 할 LAND 표면에 부품을 납땜하기 위한 Cream Solder를 인쇄하는 장치로서, 인쇄방법으로는 Silk Printing과 Metal Mask Printing 방법이 있으며 현 추세는 Metal Mask를 이용한 Print 방식을 주로 사용한다.

8. SMT 요소 기술

표면실장기술은 각종 표면실장부품의 지식은 물론 장착 기술, Soldering 기술 및 이들의 장치, PCB, PCB의 회로 패턴 설계 기술과 함께 부자재 기술, 공정기술, 설비운영기술, 평가기술 등 광범위한 지식을 필요로 하는 종합적 SYSTEM 기술이다.

이들이 각각 유기적으로 결합하고, 관련하여 하나의 독특한 실장공법으로 나타나게 된다.

고신뢰성의 품질을 얻기 위해서는 각각의 요소 기술별 엄격한 품질관리가 필요하다.

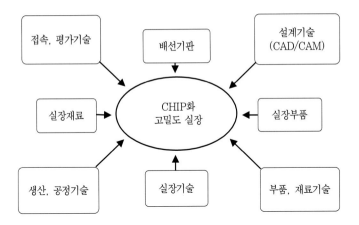

9. SMT 기술 기초

9.1 실장공법

표면실장기술은 표면실장부품(SMD)을 기판표면에 직접 실장하는 공법으로, 그 중에는 반도체의 Bare Chip 실장도 포함된다. 종래의 Lead Through 실장과 SMD의 표면실장 및 Bare Chip 실장의 개념은 "SMT 란?"을 참고 바란다. 현재, 전해 콘덴서 등 가격적으로 전면 Chip화가 어려운 부품이 리드부품으로서 혼재되고 있는데, 캠코더, 휴대폰 등 소형 전자기기를 중심으로 소형, 고밀도 실장에 대한 요구가 점점 강하고, Soldering 공정의 합리화, 실장 품질의 향상들과 연계하여 이후는 Reflow Soldering을 기본으로 한 Chip화의 양면실장 방식으로 전개될 전망이다. 휴대폰 등 통신 휴대기기에서의 Bare Chip 실장과의 조합도 폭 넓게 보급될 것으로 예측된다.

9.2 Soldering 기술

표면실장기술에 있어서 Soldering은 크게 Flow/Dip Soldering과 Reflow Soldering이 있고, 실장의 형태에 의해 분류되고 있다.

① Flow Soldering

Flow/Dip Soldering은 수지기판에 접착제로 부품을 본딩하고 Lead 부품과 일괄 접속하는 방법으로 표면실장기술의 확대에 있어서 원점이 된다고 말할 수 있다. 따라서, Flow/Dip Soldering에서는 접착제에 따른 문제도 관심을 둘 필요가 있다. 특히, Chip부품이 초소형화하고, 자동 장착기에서의 속도가 증가함에 따라 이 접착제의 과제가 다시 관심의 초점이 되고 있다. 여기에 맞춰 고밀도, 고속장착에 적합한 접착제의 개발이 이루어지고 있다.

접착제는 Flow/Dip Soldering에 있어서 회로기판 위의 소정의 위치에 장착된 부품을 Soldering 종료까지 고정시키기 위한 것으로, 접착제의 도포에는 Screen 인쇄, Dispenser. 전사 등의 방법이 이용되고 있고, 일반적으로 Dispenser법이 이용된다.

이 접착제의 도포량은 부품의 크기등에 의해서도 양을 변경할 필요가 있고, 적량의 도포를 하지 않으면 안 된다. 양이 작으면 부품 고정의 역할을 다하지 못하게 되고, 반면에 과량일 경우는 Soldering 랜드 위에까지 접착제가 흘러 Soldering에 장애가 되기도 하고, 또 양호한 전기적 접속이 얻어지지 못하는 원인이 되기도 한다.

이 접착제는 온도에 의해 점도가 변화하고, 그 결과 도포량이 변화한다. 따라서, 정확한 도포량의 제어를 할 필요가 있을 경우는 접착제 온도를 제어해야 할 필요가 있다. 최근의 접착제 Dispenser에는 온도제어기능이 있고, 도포량도 부품의 대소에 의해 도포 노즐을 바꾸어 사용할 수 있으며, 시각인식 기능을 넣은 고정도 도포기로 개발되고 있다.

이 접착제의 도포 방법으로서는 부품의 밑에 한쪽 편에 도포해서는 안되고, 일반적으로 복수개의 작은 도트상으로 접착제를 도포하고, 부품을 장착하는 방법이 이용된다. 이 경우에는, 각 도트는 작게 되므로 도포량이 다소 편차가 있어도 그 영향은 작게 된다.

부품의 크기가 클 경우는 이 도트의 수를 증가시키는 것에 의해 대응이 가능하다. 접착제의 경화는 적외선 또는 자외선으로 하는데 이것은 접착제의 종류에 의해 결정된다. Flow Soldering에 의한 Soldering은 Bridge, Solder Wetting. Solder 과다 등 Reflow Soldering에 비하여 실장 품질이 떨어지게 되는 것은 부인할 수 없다. 실장품질의 향상은 Soldering 장치와 Soldering 재료, 기판의 패턴 설계 등으로부터 접근하고 있는데, 실장 밀도의 향상에 한계가 있다고 본다면 어디까지나 고밀도화를 추구하는 실장 형태에 있어서는 Reflow Soldering이 단연 우수하다.

② Reflow Soldering

이 방식은 기판의 Land에 미리 Solder를 공급하여 두고 외부의 열원으로 이 Solder를 재용융하여 접속하는 것으로 포인트는 Solder의 공급과

열원으로 무엇을 선택하느냐에 있다. 기판 위에 Solder의 공급은 Solder paste를 Screen 인쇄하는 방법이 일반적인데, 노즐로 일정량의 Solder Paste를 토출시키는 Dispenser 방식도 있다.

또, Land면에 Solder Coat하는 방법도 이용되고 있다. 이 경우는 Solder Coat면에 Flux를 도포하고 그 점착성에 의해 부품을 고정한다.

· Screen 인쇄

Screen 인쇄는 패턴을 형성한 Screen Mask 위에 Solder Paste를 Squeegee로 일정의 압력을 가하면서 이동시켜 Screen의 개구부에 의해 Solder Paste를 압출시켜, 기판의 패턴 위에 인쇄하는 방법이다.

Screen에는 스탠리스 와이어, 나일론 등을 Mesh 상으로 직조한 Mesh Screen과 스탠리스 등의 Metal판에 인쇄 패턴을 에칭이나 레이저 가공한 것과 도금법 등에 의해 형성한 Metal Mask가 있다.

복잡한 패턴 형상, Paste 도포 범위가 넓은 패턴에는 Mesh Screen이 적합하고, 미세한 패턴에는 Metal Mask가 이용된다. 현재는 거의 대부분이 Metal Mask를 사용하고 있다. Screen 인쇄에 의한 Solder 공급은, 인쇄 패턴의 정도, 해상도, 인쇄된 Paste의 균일성에 포인트가 있고, 기판의 Fine 패턴화에 의해 이들이 실장 품질 향상에 점점 중요해 지고 있다.

이 때문에 인쇄기 메이커는 Mesh 재료의 개량, Mask 개구부 정도 향상, 시각인식기술의 도입에 위한 위치정도의 향상등에 힘을 쏟고 있고, Solder 메이커는 입도가 작고, Screen으로부터의 빠짐성이 좋은 Solder Paste 개발을 추진하고 있다.

· Solder Paste 인쇄시 주의점

Solder Paste 인쇄 불량은, Solder Paste의 성상, Screen 재질, 두께. 인쇄 될 기판의 휨, 비틀림, 인쇄기의 정도, 인쇄시 속도, 인쇄압 등의 요인이 복잡하게 교차하여 영향을 미친다.

주요 불량은 인쇄의 번짐, 양부족, 어긋남 , 무너짐 등이 있고, 이들의
불량은 Reflow시에 Solder 브릿지, Chip 일어섬, 위치 틀어짐, Solder
부족 등으로 나타난다.

Solder Paste는 인쇄방식과 패턴의 정도에 의해, 목적에 따른 각종 제
품이 시판되고 있다. Metal Mask에는 점도가 약간 높은 것이 필요하고,
Mesh Screen에는 점도가 낮고, 입경이 작으며 빠짐성이 좋은 것이 사용
되는 등 선택에 유의하지 않으면 안 된다.

기판의 휨, 뒤틀림도 큰 요인이 된다. 최근에는 양면, Reflow가 주류를
차지하는데, A면에 Reflow Soldering을 하고, 반전하여 B면에 Solder
Paste를 인쇄할 경우 특히, 수지 기판의 경우 가열에 의한 휨, 뒤틀림으로
인쇄가 안 되는 경우도 있다.

이러한 Solder Paste의 인쇄에서 최적 조건을 구하는 것은 높은 숙련이
필요하고, 사람의 감으로 이루어진 요소가 많이 있다. 따라서, 최근 현실화
되고 있는 0603 Chip 부품 혹은, 0.3㎜ 피치 QFP, 0.5mm 피치 CSP
등의 실장에서는 PWB의 패턴정도, 실장기의 장착정도와 함께 이 Solder
Paste 인쇄의 최적조건 설정 노하우가 실장 가능의 키를 쥐고 있다고 할
수 있다.

9.3 Solder Paste 인쇄품질에 영향을 미치는 요소

구 분	Metal Mask	PCB	인쇄	Cream Solder
1. 인쇄 위치 정밀도	- Pattern 제판 정밀도 - 마스크 텐션	- Pattern 제조 정밀도 - 기준 홀 가공 정밀도	- 위치결정 동작 정밀도 - Frame 보존 유지정밀도 (인쇄중의 Mask 어긋남) - 기판 보존 유지 정밀도 (인쇄중의 기판 어긋남)	
	- 판 맞춤 정밀도(목시 맞춤, 모니터 맞춤, 화상인식 위치결정의 3방식)			
2. 인쇄될 Cream Solder 형상	- Mask 개구부 단면 형상 - Mask 두께 (얇을수록 빠짐성 양호) - Mask 개구부 잔사 (Mask의 오염)	- Land의 표면 형상 - Land의 표면 처리	- 인쇄조건 설정·인압 ■ Clearance ■ 스퀴지 속도 ■ 스퀴지 재질/경도 ■ 판분리 시간 등	- 점도 - 입자크기 - 형상 - 입자크기 분포 - Flux 함유량, 특성 등

9.4 접착제(Bond) 도포품질에 영향을 미치는 요소

① BOND의 특성	② 장비의 설정 조건	③ 기판의 표면상태
■ 점도 ■ 칙소성(형상 유지성) ■ 저장에 대한 안정성(실온, 저온 보관) ■ 초기 점도의 안정성 ■ 유동특성 ■ 입도분포 ■ 퍼짐성 ■ 기포특성 ■ 온도 안정성(도포시, 도포후) ■ 기타 : 부품 실장시의 접착성, 색상 등.	노즐의 내경 ■ 도포 압력 ■ 도포 시간 ■ 도포 온도 ■ 노즐의 높이 ■ 노즐 상승 시간 등 ※ 장비의 설정조건은 Bond의 선택에 따라 달라질 수 있으므로 Bond의 특성에 따라 적절한 설정 필요.	Bond 도포 공정에 있어서 기판 표면의 상태도 중요한 인자가 된다. Bond의 특성 중에 특히 퍼짐성은 기판 표면의 상태에 크게 좌우되어 기판의 퓨면상태에 따라 도포되는 Dot 형상이 다르게 된다. ■ 기판 Resist 종류 ■ 도포명의 패턴, 실크인쇄 유무 ■ Pre Flux 유무 ■기판의 휨, 이물 등...

9.5 Mount

① Chip Mounter 공정에서의 주의사항

Mount 공정상의 불량 유형을 보면 크게 위치 틀어짐, 부품의 일어섬, 미장착으로 나눠 볼 수 있는데 그 요인과 유지 사항을 그림과 같이 나타낸다.

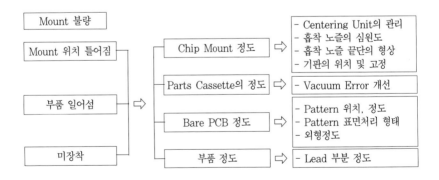

② 장착 Program 작성시 주수사항

Program의 기본 Rule은 "작은 부품에서 큰 부품으로", "가까운 곳에서 먼 곳으로", "빠른 것에서 늦은 것으로"이다.

Nozzle(또는 Head)과 장착 Speed의 선정이 부품과 일치하지 않는 경우에는 Pickup Error, 결품, 위치 차이, 부품없음 Error 등이 발생할 수 있다.

부품 Alignment는 PCB의 Alignment를 한 경우에는 생략할 수 있다 (개별 부품 Alignment 부분적으로 부품의 장착을 생략할 때에는 Skip의 명령어를 사용하여 자재 Item별, Step별로 Skip을 할 수 있다.

③ Chip Mount 요인 분석도

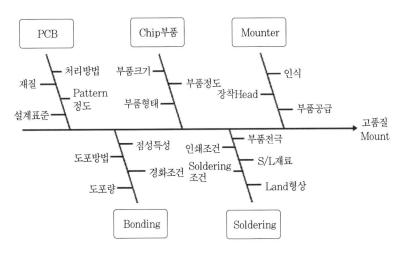

④ 장착불량의 발생원인

- Parts Data 값의 오입력	- 장착 Speed의 오입력(Setting 불량)
- M/C 초기 Setting 값의 오입력(흡, 장착위치)	- 부품 원자재의 불량
- Parts Cassette의 불량	- 부품간 이격거리(설계불량)
- Parts Cassette의 Setting 불량	- Solder Land 설정(설계불량)
- Backup Pin의 Setting 불량	- Silk 위치선정(설계불량)
- Nozzle의 불량	- 부자재의 물성불량
- Nozzle 선택의 오류	- PCB 원판의 불량

9.6 Reflow Soldering 공정

① Reflow Soldering의 특징

Reflow Soldering은 접합개소에 미리 적량의 Solder를 공급한 다음, 외부로부터 열원에 의해 Solder를 용융시켜 Soldering하는 방법으로 그 특징은 다음과 같다.

- Flow Soldering과 같이 부품 본체가 직접 용융 Solder중에 침적되지 않으므로 부품 본체의 열충격이 작게 된다.
  (가열 방법에 따라 큰 열 스트레스가 가해지기도 함)
- 필요한 장소에 적량의 Solder를 공급하는 것이 가능하므로 불필요한 장소에는 Solder가 묻는 것을 피할 수 있게 된다.
- Solder의 공급량을 규제하므로 브릿지 등의 Soldering 불량은 작게 된다.
- 용융한 Solder의 표면장력에 의해 위치 틀어짐이 다소 발생하여도 정상 위치에 부품을 고정하는 Self Alignment 효과가 있다.
- 국부 가열방식의 가열원을 이용하면 동일 기판상에서도 다른 Soldering 조건으로 Soldering이 가능하다.
- Solder 중에 불순물의 혼입의 위험성이 작게 되고 또 Solder Paste를 이용하는 경우 Solder의 조성을 정확하게 유지 가능.

② Reflow Soldering시 주의사항
- Reflow Soldering M/C의 온도 설정 및 관리 포인트
  - Reflow M/C 기종별로 개별 관리를 한다.
  - 기판에 3점 측정방식의 전용 측정 치구를 이용한다.
  - 일일 일회 정시 점검한다.
  - Reflow M/C 조건 설정 관리서를 운용한다.

10. Reflow Soldering 온도 Profile 설정 및 관리

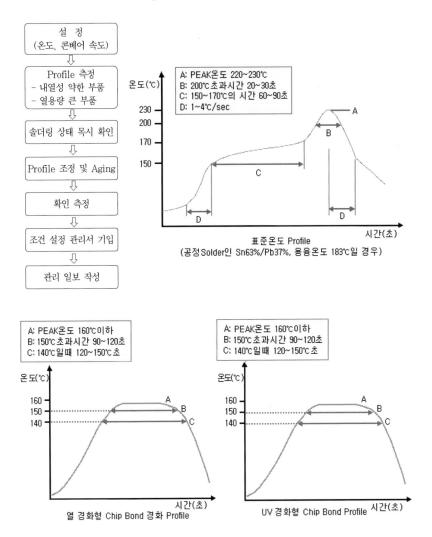

표준온도 Profile
(공정 Solder인 Sn63%/Pb37%, 용융온도 183℃일 경우)

열 경화형 Chip Bond 경화 Profile

UV 경화형 Chip Bond Profile

11. SMT(표면 실장 공정 FLOW)

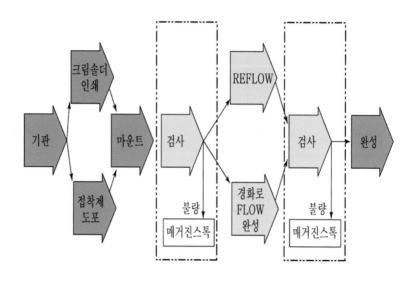

12. 단면기판/LEAD 부품 삽입 실장 공정

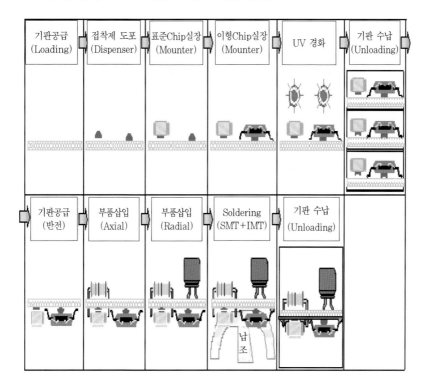

기판공급 (Loading)	접착제 도포 (Dispenser)	표준Chip실장 (Mounter)	이형Chip실장 (Mounter)	UV 경화	기판 수납 (Unloading)

기판공급 (반전)	부품삽입 (Axial)	부품삽입 (Radial)	Soldering (SMT+IMT)	기판 수납 (Unloading)	

13. 양면기판/양면 CHIP, LEAD 부품 혼재 실장 공정

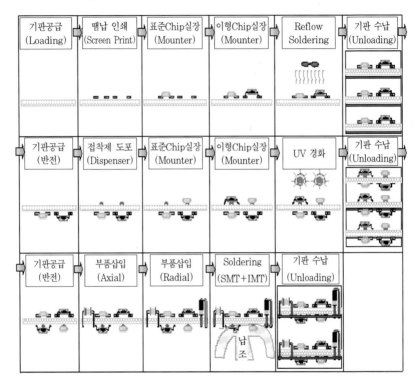

기판공급 (Loading)	땜납 인쇄 (Screen Print)	표준Chip실장 (Mounter)	이형Chip실장 (Mounter)	Reflow Soldering	기판 수납 (Unloading)

기판공급 (반전)	접착제 도포 (Dispenser)	표준Chip실장 (Mounter)	이형Chip실장 (Mounter)	UV 경화	기판 수납 (Unloading)

기판공급 (반전)	부품삽입 (Axial)	부품삽입 (Radial)	Soldering (SMT+IMT)	기판 수납 (Unloading)

15. BGA · CSP 실장

1. BGA · CSP란?

1) BGA란?

◇ Ball Grid Array의 약어

◇ PBGA, CBGA, TBGA, MBGA 등

◇ 실장 Pitch : 1.27mm, 1.0mm

◇ 적용제품 : PC, HHP, CTV, 산업용 Controller 등

2) CSP란?

◇ Chip Size Package 또는 Chip Scale Package의 약어

◇ Chip Size와 동등 또는 약간 큰 크기의 Package를 말함 (Package 대비 CHIP 점유율 80%↑)

◇ Pin수 : 200Pin 이하

◇ 제조 Maker에 따라 μ BGA, FD BGA, FP BGA 등의 명칭을 사용함.

◇ Package의 Type은 BGA Type, LGA Type, QFN/SON Type 등이 있음.

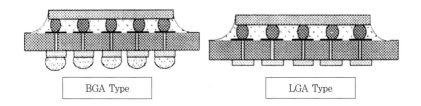

| BGA Type | LGA Type |

2. QFP & BGA · CSP 비교

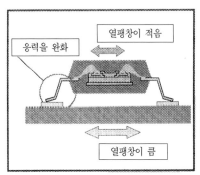
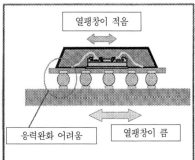

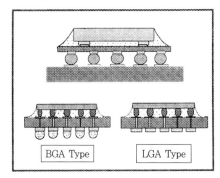

QFP	BGA
○32mm×32mm 0.65mm(184핀), 0.5mm (208핀)	○32mm×32mm 1.27mm(600핀)
○흡습율 85℃/85% RH, 48시간 저장후 0.2%	○흡습율 85℃/85% RH, 48시간 저장후 0.35%
○열충격에 대해 강함	○열충격 신뢰성 확보가 어려움
○비전검사, 불량수리가 쉬움	○X-Ray 검사, 불량수리가 어려움
○Self Alignment 효과가 BGA보다 적어 장착정도 관리가 필요	○Self Alignment 효과 큼(Pad의 중앙에서 1/2 정도 벗어나도 정중앙으로 돌아옴)
○Package Cost는 BGA보다 조금 싸다.	○Package Cost는 QFP보다 조금 비싸다.

3. BGA/CSP 실장요소기술

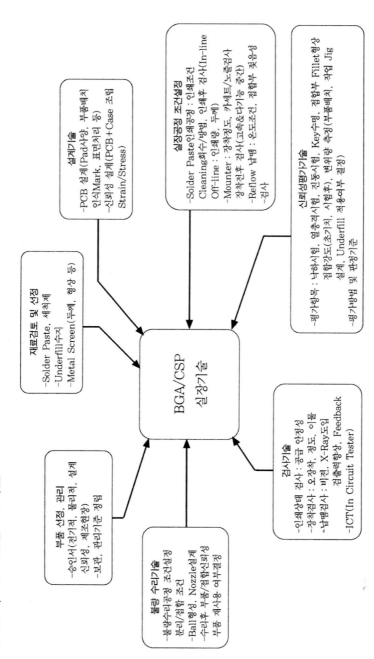

설계기술
-PCB 설계(Pad사양, 부품배치 인식Mark, 표면처리 등)
-신뢰성 설계(PCB+Case 조립 Strain/Stress)

실장공정 조건설정
-Solder Paste인쇄공정 : 인쇄조건 Cleaning회수/방법, 인쇄후 검사(In-line Off-line : 인쇄량, 두께)
-Mounter : 장착정도, 카세트/노즐검사 장착전후 검사(고속&다기능 증가)
-Reflow 납땜 : 온도조건, 접합부 젖음성
-검사

신뢰성평가기술
-평가항목 : 낙하시험, 열충격시험, 진동시험, Key수명, 접합강도(초기치, 시험후), 변위량 측정(부품배치, 작업 Jig 설계, Underfill 적용여부 결정)
-평가방법 및 판정기준

재료검토 및 선정
-Solder Paste, 세척제
-Underfill(수지)
-Metal Screen (두께, 형상 등)

BGA/CSP 실장기술

부품 선정, 관리
-승인서(전기적, 물리적, 설계 신뢰성, 제조현장)
-보관, 관리기준 정립

불량 수리기술
-불량수리공정 조건설정 분리/검합 조건
-Ball 형성, Nozzle설계
-수리후 부품/접합신뢰성 부품 재사용 여부결정

검사기술
-인쇄상태 검사 : 공급 안정성
-장착검사 : 오장착, 정도, 이물
-납땜검사 : 비전, X-Ray도입 접출력향상, Feedback
-ICT(In Circuit Tester)

4. Package 선정 방향

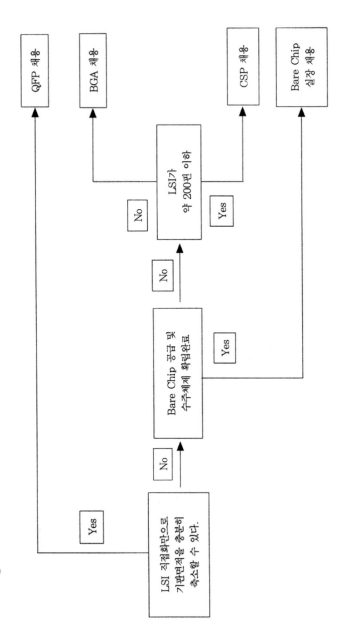

5. BGA · CSP 승인원 내용

구 분	내 용	비 고
전기적 특성	- 설계실에 필요한 전기적인 사항	설계실 사양
물리적 특성	1) 부품 제조후 검사항목, 검사방법, 판정기준 　① 부품 외형 도면 　　- Ball 성분(Material), 부품 Size±(　)%, 휨(평탄도)±(　)% 　　- Ball Size±(　)%, Coplanarity, 높이±(　)% 　　- Interposer 성분, 두께±(　)mmt, 열팽창 계수 　② 부품 전극부 : 전극부 Pad Size, 전극부 도금층, 층별 두께 2) 출하검사 　① 검사항목검사방법/판정기준	
신뢰성	1) 부품(단품) 평가 　- 시험 항목, 조건, 판정방법, 기준(PCT, 온도Cycle, 고온고습 등) 　- Ball 초기 Shear 강도 및 열충격시험후 Shear 강도 변화량 2) 실장후 평가 　- 시험 항목, 조건, 판정방법, 기준, 시료수 　　(ex : 온도Cycle, 고온고습방치, 진동, 낙하시험, 열충격시험 등) 　- 기판 휨에 의한 변위량은 몇 mm까지 보증할 수 있는지? 3) 신뢰성을 향상시키기 위해 권장할 만한 내용	
제조현장	1) Soldering시 최적 온도 Profile 2) 입고 형태(예 : Tray, Reel, Bulk) 3) 부품관리(보관방법, 흡습율, Baking조건 등)	
설 계	1) 권장 PCB Pad 설계 사양(Pad, Solder Resist Size 및 형상) 2) 권장 Metal Mask 형상 및 Size, 두께	

6. 설계 기술

◎ 설계시 중요 고려해야 할 Point

◇ BGA 주위에는 높은 부품 또는 열공급을 많이 필요로 하는 부품은 배치하지 않음.

→ 온도 Balance가 나쁘게 되고 냉납이나 Bridge 발생의 원인이 됨.

◇ 양면기판의 경우 BGA 밑면에는 대형부품을 배치하지 않는다.

◇ 기판내에서 휨이 발생하기 어려운 장소에 배치한다.

→ Screw 부위, Connector 부위

◇ 기판에 대해 45°로 기울여 배치하지 않는다.

◎ BGA/CSP Pad Size는 부품 전극부와 동일하게 하는 것이 신뢰성이 가장 좋음

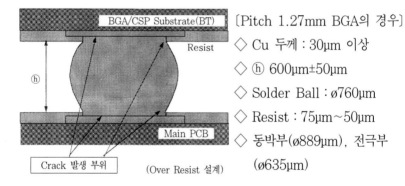

[Pitch 1.27mm BGA의 경우]

◇ Cu 두께 : 30μm 이상

◇ ⓗ 600μm±50μm

◇ Solder Ball : ø760μm

◇ Resist : 75μm~50μm

◇ 동박부(ø889μm), 전극부 (ø635μm)

(Over Resist 설계)

Ball Pitch	Pad Size
1.27mm	0.75ø
1.0mm	0.50ø
0.8mm	0.40ø
0.5mm	0.3ø

7. BGA, CSP 실장 인쇄공정 요소기술

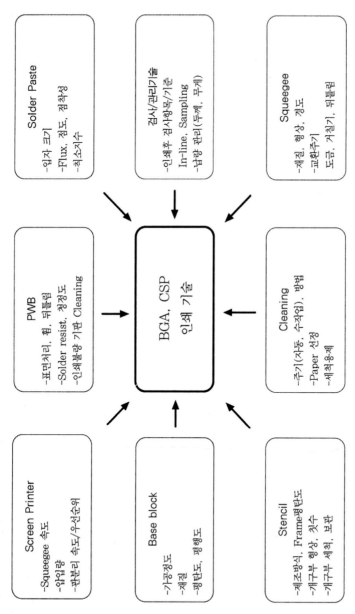

Screen Printer
- Squeegee 속도
- 압입량
- 판분리 속도/우선순위

Base block
- 가공정도
- 재질
- 평탄도, 평행도

Stencil
- 제조방식, Frame평탄도
- 개구부 형상, 치수
- 개구부 세척, 보관

PWB
- 표면처리, 휨, 뒤틀림
- Solder resist, 청정도
- 인쇄불량 기판 Cleaning

BGA, CSP 인쇄 기술

Cleaning
- 주기(자동, 수작업), 방법
- Paper 선정
- 세척용제

Solder Paste
- 입자 크기
- Flux, 점도, 점착성
- 최소거수

검사/관리기술
- 인쇄후 검사항목/기준 In-line, Sampling
- 납량 관리(두께, 무게)

Squeegee
- 재질, 형상, 경도
- 교환주기 도금 거칠기, 뒤틀림

8. BGA/CSP 실장 불량모드

BGA 품질/신뢰성 step별 구분

1. 준비 : 공정 투입전
   설계, 부품 선정/관리
   Bare PCB, Solder

2. SMD Line 생산
   설계, 부품선정/관리

3. 후공정/조립
   낙하, 검사(Test, ICT)
   PCB+서플품 결합

4. 시장 : User 사용
   반복사용(Key 등)
   낙하충격

실장 부품

BGA 불량 모드

1. 땜뭔 불량
   (부품 보관 불량, 흡습)

2. Wire Bond 접속 불량
   (부품 Maker 공정관리불량)

3. Substrete 신호선 단선
   (Substrete Stress 전가)

4. 패키지 내부 전극층 단선
   (니켈층 오염, 도금불량)

5. 패키지 전극과 솔더 박리
   (Ball 탐재불량)

6. Solder Ball Crack
   (젖음성, 설계, 휨/충격)

7. Ball과 기판 Pad 박리
   (납땜불량, PCB오염)

8. 기판 패드의 박리
   (동박 접착 불량, PCB흡습)

9. Open성 불량
   (납공급, Chip날림, 곁Ball)

10. 냉납성 도통불량
    (온도 Profile, Ball 산화)

9. 0.3mm QFP, CSP 실장에 대한 공정별 기여도

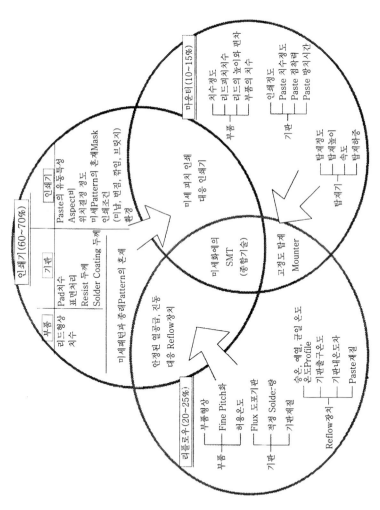

10. BGA/CSP 취급/보관 Flow

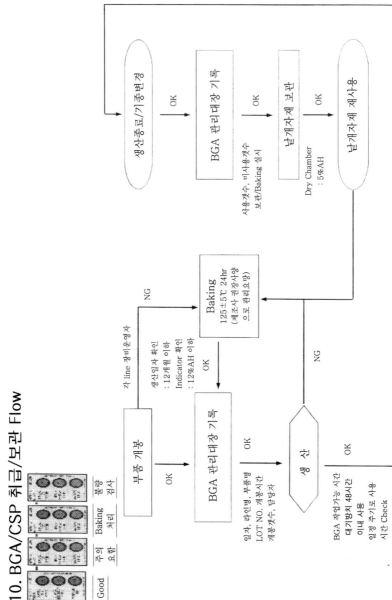

Good / **주의 요함** / **Baking 처리** / **불량 검사**

부품 개봉
(각 line 장비운영자)
생산일자 확인 : 12개월 이하
Indicator 확인 : 12%AH 이하

↓ OK

BGA 관리대장 기록
(일자, 라인명, 부품명
LOT NO. 개봉시간
개봉갯수, 담당자)

↓ OK

생산
(BGA 작업가능 시간
대기방치 48시간
이내 사용
일정 주기로 사용
시간 Check)

→ NG → Baking
125±5℃ 24hr
(제조사 권장사양
으로 관리요망)

↓ OK

BGA 관리대장 기록
(사용갯수, 미사용갯수
보관/Baking 실시)

생산종료/기종변경

↓ OK

BGA 관리대장 기록
(사용갯수, 미사용갯수
보관/Baking 실시)

↓ OK

낱개자재 보관
(Dry Chamber : 5%AH)

↓ OK

낱개자재 재사용

NG → (생산 ←)

측정 위치	Peak 온도	기판과 온도차
BGA 중심 (③)	210℃	-20℃
BGA 외곽 (①)	215℃	-15℃
BGA 외곽 (②)	214℃	-16℃
기판 표면 (④)	230℃	-

11. Reflow 온도 Profile

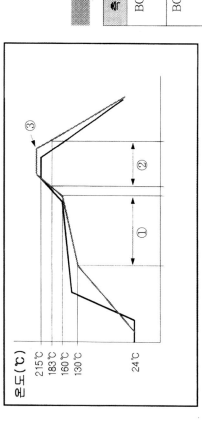

① Cream Solder Type(RMa, RA)에 따라 설정함.
  RMA의 경우 할로겐 성분의 증발 최소화를 위한 Profile
② PC용 BGA의 경우 열부족으로 인한 냉납 발생(충분한 가열)
  200℃ 40sec ~ 45sec
③ Peak 온도 관리 : 215℃~220℃

12. FC와 SMT 혼재실장 공정도

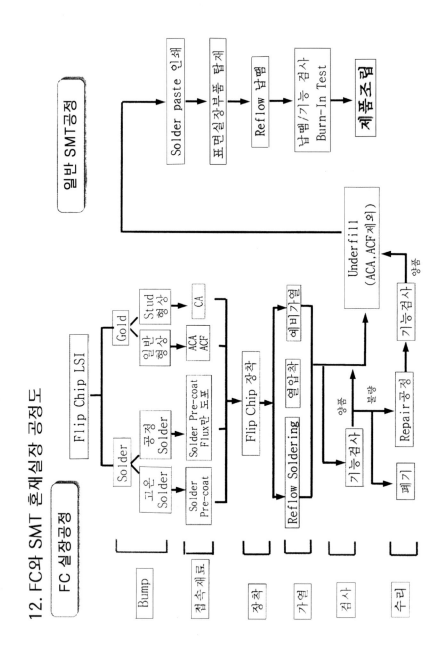

13. FC 혼재실장 요소기술

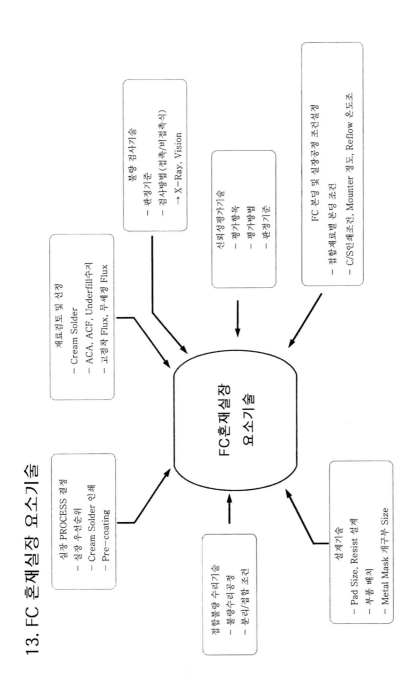

FC 혼재실장
요소기술

재료검토 및 선정
– Cream Solder
– ACA, ACF, Underfill수지
– 고점착 Flux, 무세정 Flux

불량 검사기술
– 판정기준
– 검사방법(접촉/비접촉식)
→ X–Ray, Vision

신뢰성평가기술
– 평가항목
– 평가방법
– 판정기준

FC 본딩 및 실장공정 조건설정
– 접합재료별 본딩 조건
– C/S인쇄조건, Mounter 정도, Reflow 온도조

실장 PROCESS 설정
– 실장 우선순위
– Cream Solder 인쇄
– Pre–coating

접합불량 수리기술
– 불량수리공정
– 분리/접합 조건

설계기술
– Pad Size, Resist 설계
– 부품 배치
– Metal Mask 개구부 Size

16. SOLDER-PASTE

1. SOLDER PASTE란?

1.1 정의

: 표면실장기술(surface-mount technology)에서 printed circuits의 부품들을 결합하는 매개체.

1.2 역사

:- Solder의 역사는 약 5,000년이나, Paste형태의 사용 역사는 알려지고 있지 않음.

- 근대에 들어서서 자동차산업에 처음 적용됨(Body filling제, 라디에이타, 연료탱크 주입구, 배관연결부위 등).

- 1960년대에 hybrid curcuit나 혹은 Thick film산업에서 Dip soldering type의 대체용으로 대두됨(구체적인 방법이 체계화되기 시작하였음).

- 1970, 90년에 들어서 전자산업의 급속한 발전 및 확장으로 표면실장기술(S.M.T.) 또한 급속히 신장되어 Solder Paste는 "High-Tech" product로 각광받고 있슴.

1.3 구성요소

- Powder(Alloys)
- Flux

1.4 적용되는 부품, 불량 현상, 인쇄 조건에 따라 결정

1) Solder Powder 크기

1.27mm 피치 BGA, 0.5mm 피치 QFP, 1608 R, C ⇒ 25~45㎛

1.0mm 피치 BGA, 0.75mm 피치 CSP, 1005/0603 R, C ⇒ 25~38㎛

0.5mm 피치 CSP $\Rightarrow$ 15~25μm

2) 점도(Viscosity) $\Rightarrow$ 200±50Pa.s(Malcom식)

3) 칙소지수(Thixotropy) $\Rightarrow$ 0.5~0.6

4) 기타

- 맨하탄 불량 방지, 은 침식(leaching) 현상, 강도 보완

$\Rightarrow$ Ag 0.4~2%, Sb 0.2% 함유

- High speed printing

2. SOLDER PASTE 교반시간과 온도변화

냉장고에서 꺼낸후 교반한 경우 온도변화

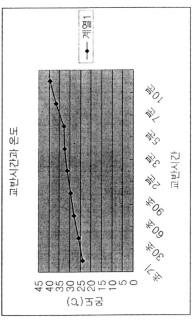

교반시간과 온도

교반시간

◎ 2분 교반하였을 경우의 온도는 25.4℃
3분 교반의 경우 26.3℃
3분 까지는 사용 가능한 범위라고 할 수 있음.

상온 2hr 방치후 교반한 경우 온도변화

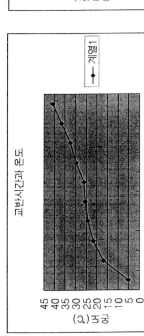

교반시간과 온도

교반시간

◎ 상온 방치 2시간 후의 온도는 23.8℃ 이고
30초 교반하였을 경우는 25.9이며
60초 교반하였을 경우는 28.2℃임.
그 이상 교반을 하면 온도가 30℃ 이상 올라가므로
바람직하지 않다.

3. SOLDER PASTE 교반

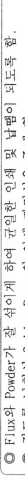

◎ Flux와 Powder가 잘 섞이게 하여 균일한 인쇄 및 납땜이 되도록 함.
◎ 점도를 낮춰서 Solder Paste의 인쇄 빠짐성을 좋게 함.
◎ 상온 방치가 되지 않았을 경우 개봉된 Solder Paste의 온도를 상온에 맞춤.

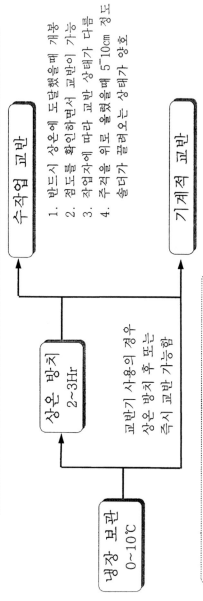

냉장 보관 0~10℃

상온 방치 2~3Hr
교반기 사용이 경우 상온 방치 후 또는 즉시 교반 가능함

수작업 교반
1. 반드시 상온에 도달했을때 개봉
2. 점도를 확인하면서 교반이 가능
3. 작업자에 따라 교반 상태가 다름
4. 주걱을 위로 올렸을때 5~10cm 정도 흘러내가 끝나오는 상태가 양호

기계적 교반
1. 상온에 도달했을때 교반하는 경우 교반시간 약1분
2. 냉장교에서 꺼낸 직후 상온부귀를 위해 교반할 경우 교반시간 약3~5분
3. 교반 과잉은 경시변화를 부름

교반기는 메이커에 따라 회전방식(자전식, 공전식 혼합식)이 다르고 회전속도(rpm)가 다르므로 최적 교반시간을 설정하기 위해서는 별도의 시험을 거쳐 설정해야 함.

4. SOLDER PASTE 인쇄의 난이도

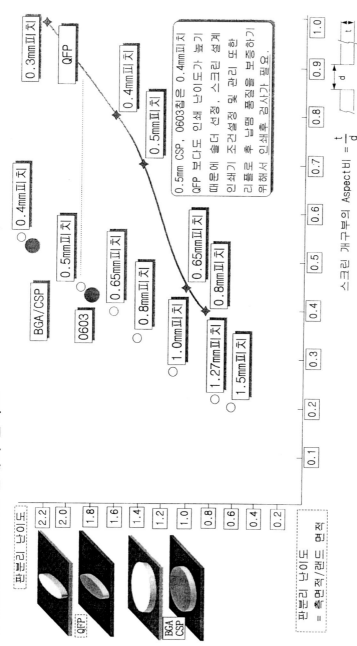

스크린 개구부의 Aspect비 = $\frac{t}{d}$

판불리 난이도 = 측면적/랜드 면적

5. SOLDER PASTE 인쇄공정 요소기술

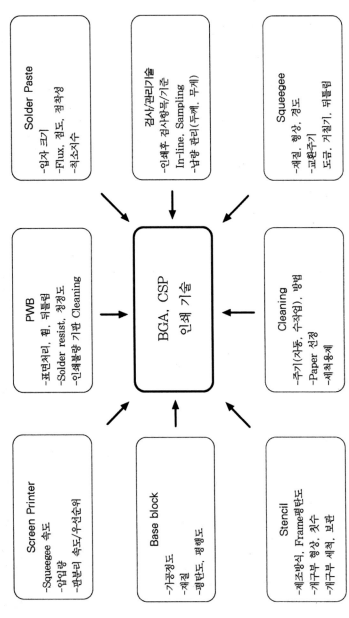

Screen Printer
-Squeegee 속도
-압입량
-반분리 속도/우선순위

PWB
-표면처리, 휨, 뒤틀림
-Solder resist, 청정도
-인쇄불량 기판 Cleaning

Solder Paste
-입자 크기
-Flux, 점도, 점착성
-최소수

Base block
-가공정도
-재질
-평탄도, 평행도

BGA, CSP 인쇄 기술

검사/관리기술
-인쇄후 검사항목/기준
In-line, Sampling
-납량 관리(두께, 무게)

Stencil
-제조방식, Frame평탄도
-개구부 형상, 칫수
-개구부 세척, 보관

Cleaning
-주기(자동, 수작업), 방법
-Paper 선정
-세척용제

Squeegee
-재질, 형상, 경도
-교환주기
도금, 가철기, 뒤틀림

6. SQEEGEE 인쇄행정거리

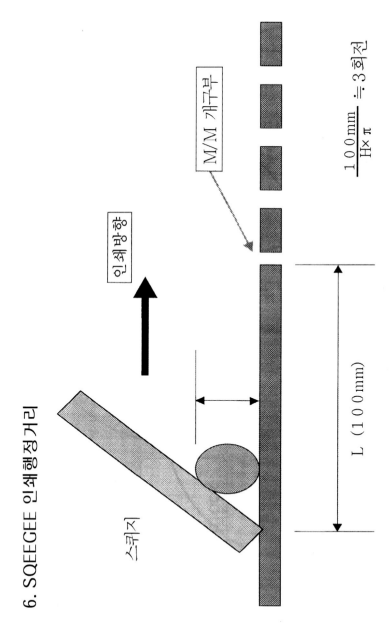

인쇄방향

M/M 개구부

스퀴지

L (100mm)

$$\frac{100mm}{H\times\pi}\doteqdot 3회전$$

7. SOLDER PASTE 인쇄공정

1) 연속 인쇄성/빠짐성
- Screen Printer 조건 : Squeegee 압입량, 속도, 판분리
- Metal Mask : 두께, 개구부 크기, 형상
- Rolling Paper에 공급되는 세척제 량
- 빼·짐성 향상제
- 자동/수동 Cleaning 주기

2) 인쇄후 검사
- Sampling 검사 : 목시검사(확대경), 두께 측정기(2차원, 3차원), 전자저울 면적 점유율, 위치 틀어짐, 납 빠짐성, 인쇄두께 & 무게
- Screen Printer의 검사기능 활용
- 전용 검사장비 도입

3) 기타 관리
- Screen Printer 특히 Cream Solder에는 에어컨이나 히터의 바람이 직접 닿지 않도록 함.
- Squeegee Side로 나온 Cream Solder는 주기를 정해 Squeegee 내부로 넣어줌.
- Squeegee 교체주기
- Metal Mast 보관

8. SOLDER PASTE 인쇄량 관리

1) 인쇄 형상

In-line 검사

- 자동 3차원 검사 : 자동에서는 가장 좋은 관리, 고비용임.
- 자동 2차원 검사 : 속도는 빠르나 면적에 대한 관리
- 목시 검사 : 현장성은 있지만 정밀도 부족함.

Off-line 검사

- 3차원 두께검사 : 두께, 체적에 대한 샘플링 관리

  솔더 페이스트, 인쇄 조건 변경, 크리닝 회수 설정 등 변화에 대응

- 2차원 두께검사 : 정밀도와 Cost가 보통수준임.

2) 인쇄 중량

기판당 인쇄 중량 관리

전체의 추이는 알기 쉬움.

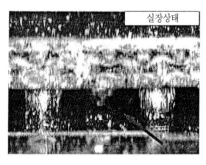

실장상태

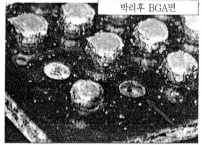

박리후 BGA면

9. SOLDER PASTE 관리

BGA 1.27mm 피치의 경우 인쇄성의 미세한 편차가 BGA 1.0mm 피치보다는 품질변화에 크게 영향을 미치는 정도가 적지만 열영향, 휨, 변위/변형 등 복합적으로 연계된 문제가 시장 불량으로 연계되기 때문에 솔더 페이스트 공정은 철저한 관리가 필요함.

특히 실장 피치가 BGA에 비해 더 좁은 CSP의 경우는 더욱 더 관심을 기울여야 함.

- 패드 설계에 따른 목표 인쇄량에 대한 편차를 최소화하는 방법을 찾아 표준화하고 연속적으로 안정된 솔더가 공급되도록 해야 함.
- 설비의 인쇄량 변화를 주는 각 인자에 대한 충분한 실험과 경험으로 최적조건을 찾아 응용하는 기술을 익혀야 함.
- 설비와 재료 즉 솔더의 선정과 응용, 납량 설계에 의한 스텐실 설계 및 응용기술 연속 인쇄성을 확보하기 위한 세척제 활용과 크리닝 주기 선정
- PWB에 대한 이물관리 및 환경(온도, 습도) 관리
- 불량 발생을 줄일 수 있도록 PWB의 관리, 솔더, 스텐실, 스퀴지의 지속적인 실험이 필요하며 0.5mm 피치 CSP의 경우 Base block에 대한 검토도 매우 중요함.
- 인쇄 후 인라인 또는 오프라인 검사를 하여 지속적으로 관리하고 조기에 불량을 찾아 대응하고, 인쇄불량이 후공정으로 연계되지 않도록 해야 함.

17. METAL MASK & BOARD

1. METAL MASK → MC

Etching 기술을 궁극적으로 추구한 etching metal

1) 특징

종래의 SUS etching metal에 비해 고정도 인쇄성, 단납기, 저가격
을 실현.

동etching기술을 구사하여 metal mask에 응용. 또한, 개구부를
taper형상으로 완성하여, 0.5pitch 부품 실장도 대응 가능.

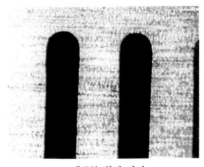

개구부 확대 사진   0.5mm pitch MC Metal 개구 단면

2) 사양

공   법 : Etching공법

재   질 : SUS 인청동 + 니켈

기 판 두 께 : 120.130.150.180.200μm

개 구 공 차 : ±20μm

두 께 정 도 : ±7μm

metal size : 530×660(최대)

· MSP FRAME

Space 확보의 구세주

1) 특징

Main frame과 sub frame의 조합에 의해, 종래판(H:30mm)의 1/6 (H:5mm)의 space도 수납이 가능.

종래의 metal판과 동일한 구조이므로 수납, 취급이 지금과 변함없슴.

종래 mask에서 길이 변환이 가능하여, cost 절감을 꾀합니다.

2. METAL MASK → ME

최첨단 기술을 축적한 additive metal mask

1) 특징

종래의 additive metal mask에 비해 단납기 가능.

고정도 인쇄성을 유지함과 동시에, 제조공정, 원재료를 극도로 제한하여 단납기, low cost를 실현함.

2) 사양

공　　　법 : Full additive법

재　　　질 : Nickel base

기 판 두 께 : 30~300μm

개 구 공 차 : 15μm 이하(±7.5μm)

두 께 정 도 : ±5%(개구부)

Metal size : 520×660(최대)

 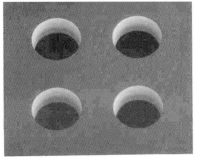

개구부 확대 사진　0.3mm pitch　　　개구부 확대 사진　0.24Φ

3) 특수가공

⟨Coating 가공⟩

특징 : 표면 코팅에 의해 발수, 발유성이 뛰어나고, soldering성이 향
상되어, 안정된 인쇄가 가능

Additive, laser, etching, 모두 대응 가능

납기 : 통상 가공일 + 1일

⟨Half etching 가공⟩

특징 : 기판 두께를 임의로 설정함으로써, solder량을 자재로 조정 가
능합니다. 개구부 edge가 sharp하게 형성됩니다. Additive,
laser, etching에 대응 가능.

Half부 판두께 정도 ±10μm

납기 : 통상 가공일 + 1일

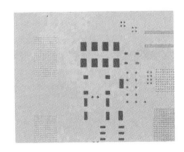
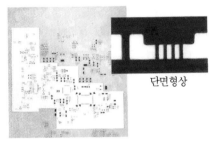

단면형상

3. METAL MASK → ML

시대의 요구를 추구한 laser metal mask

1) 특징

단납기로 제조가 가능.

치수(위치) 정도가 뛰어남.

Side edge 없는 straight한 공벽면이 됨.

2) 사양

공   법 : YAG Laser법

재   질 : SUS재

기 판 두 께 : 50~250μm

개 구 공 차 : ±10μm

두 께 정 도 : ±5μm

위 치 정 도 : 기판 size에 대해 ±0.01%

Metal size : 600×800(최대)

가 공 area : 600×700

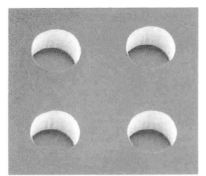

개구부 확대 사진 0.4mm pitch   개구부 확대 사진 0.2Φ

3) Type

① 통상 metal mask

0.4mm pitch QFP, 0.8mm pitch CSP, 1005chip에 대응

② Super Fine metal mask

Laser 가공에서의 공벽형상을 비약적으로 향상시켰습니다.

0.4mm pitch QFP, 0.5mm pitch CSP, 0603 chip에 대응

- 특징 : 특수 케미컬 처리 가공에 의해, 평탄한 공벽면을 실현하여
  빠짐성을 향상시킴.

  공벽조도 : 1.0μm 이하

- 납기 : 통상 가공일 + 0.5일

특수 케미컬 처리에 의해(공벽면 확대도)

 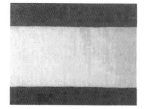

통상type   Super fine metal mask

4. BACK UP BLOCK

부품실장 공정에서의 양품율 향상에 시험

1) 고정도

기판 밀착면의 평행도, 평탄도의 공차±0.015mm를 실현(유효 area : 300mm×300mm)

2) 납기의 단축

독자적 tool에 의해, 메탈마스크용 data등에서 부품 자구리 가공용 NC data를 Direct로 보낼 수 있어, 고객의 자구리 가공도 작성이 필요 없음.

3) 기본 사양

〈재질〉

알루미늄(#500. #7000 상당), 아크릴, 마그네슘

〈표준 type 사양〉

유효 가공 area : 400mm×500mm

평행도 : ±0.015mm 단, 흡착type 2매 type은 ±0.020mm

치수정도 : 외형(W*L) ±0.1mm

두께(H) ±0.1mm

깊이(Z) ±0.1mm

〈고정도 type 사양〉

유효 가공 area : 300mm×300mm

평행도 : ±0.015mm 단, 흡착type 2매 type은 ±0.020mm

치수정도 : 외형(W*L) ±0.1mm

두께(H) ±0.05mm

깊이(Z) ±0.1mm

〈공통 사양〉

자구리 가공부 각도 R : Min.1.0mm

부품 외주 Clearance 치수 : 자재설정(2방향, 4방향)

자구리 깊이 : 부품마다 깊이 설정이 가능

자구리 내부 시마 잔여부 통상 ±1.5mm

흡착형식 : 유, 무

〈기타〉

지급 data format : Gerber, dxf, IGES

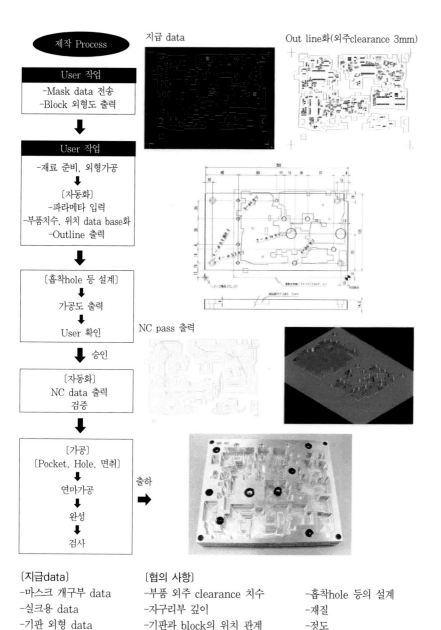

제작 Process

지급 data

Out line화(외주clearance 3mm)

User 작업
-Mask data 전송
-Block 외형도 출력

↓

User 작업
-재료 준비, 외형가공
↓
〔자동화〕
-파라메타 입력
-부품치수, 위치 data base화
-Outline 출력

↓

〔흡착hole 등 설계〕
↓
가공도 출력
↓
User 확인

↓ 승인

〔자동화〕
NC data 출력
검증

NC pass 출력

↓

〔가공〕
〔Pocket, Hole, 면취〕
↓
연마가공
↓
완성
↓
검사

출하 ➡

〔지급data〕
-마스크 개구부 data
-실크용 data
-기판 외형 data

〔협의 사항〕
-부품 외주 clearance 치수
-자구리부 깊이
-기판과 block의 위치 관계
-형식(흡착인지 아닌지)

-흡착hole 등의 설계
-재질
-정도
-기타

5. ACE BOARD

박판 프린트기판 실장 반송용 ACE Board

FPC, 박판 기판 실장시에 사용되는 내열 tape등에서 고정시키는 대신에
점착 tape인 캐리어 보드로 효율up을 꾀합니다.

1) 특 징

- 내정전특성에 뛰어납니다. "측정값 50V 이하"(벗겨짐 정전기값)
  [TOP Plate setting시 20V 이하]
- 내구성 : 250℃ 300Cycle 이상
- 보강판의 clearance나 기판 두께에 대응하기 위해, 형발plate
  (TOP)과 base plate(BOT)의 2층 구조로 되어 있습니다.
- 2층 구조로 인해, base plate의 공용으로 cost 절감을 꾀합니다.
- 점착면은 alcohol, 물 등으로 세정이 가능하며, 점착 롤러 사용 가능

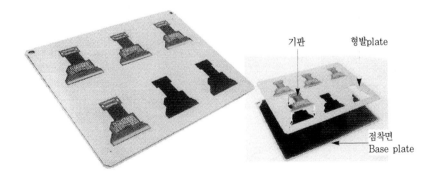

2) 특 징

재   료   TOP부 : SUS, NI, 기타

BOT부 : 내열 Glass 합성 수지 적층판, 알루미늄, 마그

네슘 합금재, 기타

제품Size   : 300mm×300mm

기판두께   TOP부 : 1.0mm, 1.2mm, 1.4mm, 1.5mm, 1.8mm,

2.0mm, 2.5mm, 3.0mm

BOT부 : 표준 1.0mm

수지부 : 표준 0.3mm

두께 공차   TOP부 : SUS-±0.01mm, NI-±0.02mm

수지부 : ±0.02mm

개구 공차   TOP부 : ±0.01mm

Pitch 정도 TOP부 : ±0.03mm(제품Size 범위내)

6. NOA BOARD

Flow solder용 캐리어(노아보드)

Pb free, ESD에 대응했던 내열, 내정전이 뛰어난 캐리어로서,
품질 안정과 효율 up을 꾀할 수 있슴.

1) 특 징

- 내정전특성에 뛰어나며, 전자 부품에 영향이 적음.
- 전자 부품을 Solder dipping시의 열로부터 뛰어난 단열성으로 보호.
- PCB와 같은 재질이므로 열손실이 적음.
- 금속제에 비해 경량이고 수정, 추가가공이 용이.

금속제 팔레트의 문제점

- 금속제 팔레트인 경우, 축적된 열이 DIP 후 팔레트에 탑재된 시간이 긴 만큼 부품에 악영향을 미칠 우려가 있슴.
- SUS 등의 금속은 Pb free solder에 용해되어 악영향을 끼친 사실도 있슴.

2) 특 징

재　　질　내열 Glass 합성 수지 적층판

가공정도　외형:±0.1mm, 평탄도:±0.2mm, 최소gap:1.5mm(재료 강도면에서 min2mm 추천)

기판두께　1.0mm, 1.6mm, 2.0mm, 3.0mm, 4.0mm, 5.0mm, 6.0mm, 7.0mm, 8.0mm, 10.0mm, 12.0mm

표면저항　$10^6 \sim 10^9 \Omega$

선팽창율　층에 수직 $60 \sim 70$ppm/k($25℃$), 층에 평행 $16 \sim 18$ppm/k($25℃$)

열전도율　$0.25 \sim 0.30$W/mk

비　　중　$1.85 \sim 1.95$

흡수율　$<0.2\%$

난 열 성　HB

내 열 성　$300℃$ 플로트 5분, $260℃$ 플로트 10분

내 구 성　10000회(100회/일 3개월 사용 1Cycle 15분)

3) 지급품

기판, Gerber data, DXF 등(외형도, 실크, 레지스트, 부품 높이 정보)

18. SMD 용어

1. 전자 회로 부품의 종류

다음 표는 전자 회로부품의 종류와 기능의 개요를 보인 것이다. 회로부품을 크게 나누면 일반 전자부품과 능동부품으로 나눌 수 있다.

능동부품이란, 입력신호의 증폭, 제어, 기억, 각종 신호처리, 변환 등의 능동적인 기능을 가진 부품으로, 일반 전자부품은 이와 같은 능동적 기능을 갖지 않은 부품의 총칭이다.

일반 전자부품은 기능적으로 분류하여 수동부품, 기능부품, 접속부품과 변환부품으로 나눌 수 있다.

능동부품은 능동소자의 형상, 소자 집적의 스케일로 분류되고, 개별 반도체, 집적회로, 혼성 집적회로로 분류되고 있다.

전자 회로부품의 분류

부품의 종류		기 능	대표적인 부품
일반전자부품	수동 부품	대표적인 회로 부품으로, 입력신호의 특성이 변하지 않고 전류, 전압을 제어한다.	저항기, 콘덴서, 가변 콘덴서, 인덕턴스, 가변저항기기 등
	기능 부품	주파수, 시간 축(軸) 등 입력신호의 특성을 변환시키는 기능을 가진다.	수정진동자, LC필터, 세라믹 필터, 지연선, SAW 필터 등
	접속 부품	부품, 회로, 기기 상호간의 신호 접속, 절환, 절단 등을 행한다.	스위치, 커넥션, 릴레이 휴즈, 광접속부품, 프린트 배선판 등
	변환 부품	입력신호를 다른 에너지로 변환한다. 입출력 신호의 어느 쪽이 전기계이다.	스피커, 마이크로폰, 자기 헤드, 광학 헤드, 각종 센서, 소형 모터 등
능동부품	개별 반도체	입력신호의 증폭, 제어, 변환, 기억, 각종 처리 등 능동적인 기능을 가진다. 소자가 하나인 것.	트랜지스터, 다이오드, 파워 트랜지스터, LED 반도체 레이저 등
	집적 회로	상기 기능을 가진 소자 다수를 집적화하여 일체화한 것.	아날로그 IC, 디지털 IC, DRAM, 마이크로 프로세서, CCD 등
	혼성 집적회로	능동소자, 수동소자, 막(膜)소자 등을 기판상에 집적시킨 것으로, 능동적인 기능을 가진다.	후막 하이브리드 IC, 박막 하이브리드 IC 등

2. 전자 회로 부품(실장형태)

전자 회로부품의 실장형태는 그림처럼 크게 4가지로 분류할 수 있다.

(1) 삽입실장 형태 ; 프린트 배선판의 관통구멍에 일반 전자부품(액셜 (axial) 리드부품, 래디얼(radial) 리드부품, 이형(異形) 리드부품 등)과 능동부품(SIP, DIP, PGA 등)을 소정의 개소에 삽입하여 플로 솔더링하는 형태이다.

(2) 표면실장 형태 ; 프린트 배선판의 표면과 뒷면의 전극에 일반 전자부품(형상적으로는 각형, 원통형, 이형(異形) 등)과 능동부품(패키지 형상으로부터 미니 트랜지스터, SOP, QFP, 리드리스 칩 캐리어 등)을 탑재하여 리플로 솔더링하는 형태이다.

(3) 혼재실장 형태 ; 이것은 삽입실장 형태와 표면실장 형태를 한 장의 프린트 배선판 중에 적용한 것으로, 표면실장 부품과 삽입실장 부품을 혼합하여 실장한 형태이다. 판의 양면에 표면실장 부품을 실장한 기판은 리플로와 플로 두 솔더링 공정이 필요하지만, 단면인 경우는 플로 솔더링만 행한다.

(4) 베어칩 실장 형태 ; 이것은 베어칩 자체를 기판에 직접 실장하고, 그 후 코팅 등에 의해 외형을 덮는 실장 형태이다.

부품 실장법	개 념 도	특 징
삽입실장	A R DIP	·프린트 배선판의 쓰루 홀에 리드선을 삽입하여 일괄 솔더링. ·쓰루 홀의 구멍 피치로 인해 실장 밀도가 제한된다.
표면실장	칩부품 QFP J리드 SOP	·프린트 배선판의 표면에 부품을 솔더링. ·단면, 양면 실장이 가능하다. ·프린트 배선판의 구멍을 필요로 하지 않으므로, 표면실장 부품을 소형화 가능.
혼재실장	칩부품 DIP	·표면실장 부품과 삽입실장 부품을 섞은 형태로 실장.
베어칩(bare chip) 실장	와이어 본딩 TAB 플립칩	·반도체 베어칩을 프린트 배선판에 실장. ·고밀도 실장이 가능. ·베어칩과 실장의 신뢰성이 포인트.

각종 실장 형태

3. 전자 회로 부품(형상)-1

전자부품의 형상은 실장형태에 따라 그림에 보인 것처럼 삽입실장 부품, 표면실장 부품, 베어칩(bare chip) 부품의 3가지로 크게 분류할 수 있다.

삽입실장 부품은 일반 전자부품과 능동부품으로 형상이 각각 분류된다. 일반 전자부품은 표에 보인 액셜 리드(axil lead) 부품, 래디얼 리드 (radial lead) 부품 및 이형(異形) 리드 부품의 3종류로 분류된다. 또 능동부품에는 SIP, DIP, PGA 등의 형태가 있다.

SIP ; Single Inline Package(싱글 인라인 패키지)

DIP ; Dual Inline Package(듀얼 인라인 패키지)

PGA ; Pin Grid Array(핀 그리드 어레이)

BGA ; Ball Grid Array(볼 그리드 어레이)

표면실장 부품도 일반 전자부품과 능동부품으로 형상이 달라진다. 일반 전자부품은 각형, 원통형과 이형으로 분류된다. 능동부품은 미니 몰드, SOP, QFP 및 LCC 등으로 분류된다.

SOP ; Small Outline Package(스몰 아웃라인 패키지)

QFP ; Quad Flat Package(쿼드 플랫 패키지)

LCC ; Ladless Chip Carrier(리드리스 칩 캐리어)

베어칩 부품은 와이어 본딩용, 탭(TAB)용, 플립칩용으로 분류된다.

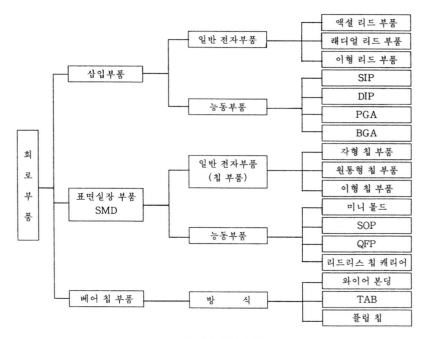

회로부품의 형상 분류

4. 전자 회로 부품(형상)-2

대표적인 삽입실장 부품을 형상에 따라 분류한 것이다. 대별하면, 소자 타입의 일반 전자부품과 능동부품의 패키지부품으로 나눌 수 있다.

능동부품이란, 입력신호의 증폭·제어·기억·각종 신호처리·변환 등의 능동적인 기능을 가진 부품이다.

삽입실장 부품의 형상 분류

종류		형상	특징	대표적인 부품
소자 타입 일반 전자 부품	액셜 리드 부품		부품소재의 축방향으로 리드선을 설치한 횡형 부품. 프린트 배선판에의 실장에 적용 축소 경향.	탄소피막 저항기, 원통 세라믹 콘덴서, 다이오드 액셜코일, 비즈코어 등.
	래디얼 리드 부품		2~3개의 리드선을 병행하여 설치한 종형(縱形) 부품. 각종 부품의 대응이 가능하다.	세라믹 콘덴서, 알루미늄 전해 콘덴서, 트랜지스터, 래디얼 포밍 저항 등.
	이형(異形) 리드 부품		리드선의 형상, 배치, 개수가 다양함.	스위치, 가변 저항기, IFT, 커넥터 등.
패키지부품·능동부품	SIP (싱글 인라인 패키지)		패키지의 한 방향만으로 다수의 리드선을 등간격으로 설치. 고밀도 실장 대응.	반도체 집적회로(IC), 하이브리드 IC, 저항 커넥터워크 등.
	DIP (듀얼 인라인 패키지)		패키지의 두 방향으로 다수의 리드선을 설치. 다(多)단자 대응.	상 동
	PGA (핀 그리드 어레이)		패키지의 한 면에 매트릭스형으로 다수의 리드선 설치, 고밀도 실장, 다단자 대응.	게이트 어레이 등의 다핀 IC.
	BGA (볼 그리드 어레이)		패키지의 일면에 단자를 격자 형태로 배열. 고밀도 실장, 다단자대응.	상 동

5. 전자 회로 부품(형상)-3

　다음의 표는 대표적인 표면실장 부품을 형상에 따라 분류한 것이다. 대별하면, 칩 부품과 반도체 표면실장 부품으로 나눌 수 있다.

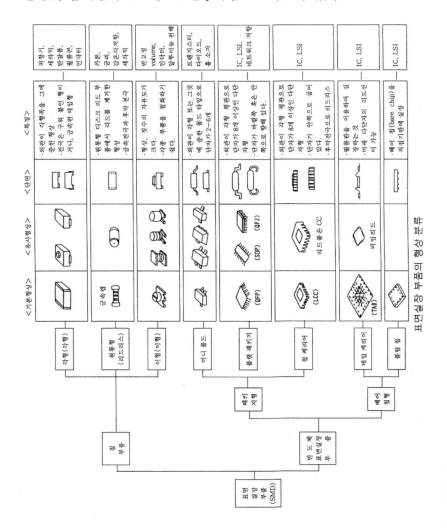

6. SMD 일반용어

BGA(Ball Grid Array)

반도체 실장 기술에서 PCB 뒷면에 구형의 납
땜을 Array상으로 줄지어 배열해 LEAD 등 대
신하는 표면 실장형 Package.
BGA는 PCB 표면에 고직접회로 칩을 탑재해
몰드수지 또는 포성으로 봉인하는 반도체 칩으
로 일반적으로 200PIN을 넘는 다핀 LSI용
PACKAGE로 활용됨. QFP보다 작게 할 수
있는 장점 보유.
예) PAD의 PITCH가 1.5㎜인 BGA와 PIN
PITCH가 0.5㎜인 QFP를 비교하면 360PIN
의 BGA는 한 변의 길이가 31㎜. BGA보다
PIN수가 적은 304PIN의 QFP는 40㎜가 된
다. PIN이 나와 있는 QFP와는 달리 LEAD가
변경될 염려가 없다. MOTOROLA에 의해 처
음 개발됨.

Chip Bond

표면실장 부품을 자동 납땜기로 납땜하기 위해
임시로 가접착시킬 때 사용되는 접착제

Chip Mounter (부품 장착기)

Cream Solder 또는 Chip Bond가 도포된
PCB상에 표면실장형 부품을 시퀀서 프로그램
을 이용하여 장착하는 장치이며, 사용부품의 형
태에 따라 표준 Mounter(또는 고속
Mounter)와 이형 Mounter(또는 다기능
Mounter)로 구분하며 장착 속도별로는 고속,
중속, 저속 Mounter로 나뉜다.

Cream Solder

납(PB), 주석(SN), Flux, 기타 금속 화학물
이 일정비율로 배합되어 있으며 Reflow 공정
에서 용융시켜 인쇄 회로 기판과 부품을 접합
시키기 위한 금속 재료

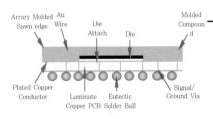

CSP(Chip Size Package)

반도체 부품의 실장면적을 가능한 한
칩 크기로 소형화하려는 기술.
Chip 면적이 Package 면적의 80%
이상일 때 CSP라고 한다. BGA 기술
보다 배선 밀도가 크다.

DIP(Dual In-line Package)

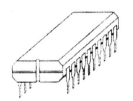

장방형의 장변 양측에 삽입 실장이 가능하도록
하면에 수적으로 복수의 단자를 평행하게 나열
한 반도체의 package. IC가 개발된 시기부터
회로배 선판에 삽입 실장하는 반도체 부품의 대
다수가 이 Package를 사용했다. Case 재료로
는 초기에는 방습을 위해 세라믹이 대부분 사용
되었으나 기술의 진보에 의해 Plastic으로 충분
히 그 기능이 얻어지게 되어 현재에는 Plastic
Case가 사용된다. 단자의 간격은 2.54mm로
서 inch로 나타내면 100mil이다. Pin수의 증
가에 대응이 어려워져 표면실장방식의 QFP,
BGA로 이행되고 있다.

Dispenser(chip Bond 도포기)

자삽 부품과 CHIP 부품을 혼재 실장하는 공법에서 Reflow 납땜시 CHIP 부품을
PCB에 고정하기 위해 접착제(Chip Bond)를 도포하는 장치이며 도포 방식에 따라
- Dispenser 방식 : Chip 부품에 따라 Nozzle Size와 토출시간, 온도, 압력을
  변화시켜 접착제의 양을 조절한다(현재 가장 널리 쓰이고 있는 방식).
- 전사방식 : PCB상에 Bond를 도포해야 할 Point 만큼의 Pin이 부착된 Plate를
  이용하여 일괄적으로 도포하는 장치로써 생산성이 양호하며 Pin의 Size를 변
  화시켜 도포량을 조절한다.

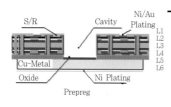

E-BGA(Enhanced BGA)

반도체에서 생기는 열을 신속하게 방출하기 위해 기판 뒷면에 알루미늄을 부착했으며 기존 BGA 기판보다 Ball 수가 많아 초미세 패턴 설계기술을 요하는 차세대 반도체 패키지 기판으로 차세대 PC 게임기, 디지털 카메라 등에 적용.

Flip Chip

Wire Bonding을 하지 않고 Chip 위에 Bump를 형성한 뒤 그 Bump를 실장 기판에 접촉시켜 Chip과 기판의 회로를 연결하는 기술. Bump가 형성된 Chip을 Flip Chip이라고 한다.
Package Carrier에 Die를 전기적으로 연결하는 방법.

FCA(Flip Chip Attach)

FC 단자가 있는 반도체 Chip을 직접 인쇄기판에 접속하는 방식. 지금까지 세라믹 기판에만 사용했으나 Under Fill 방식의 개발로 열팽창 계수가 높은 유기재료계 기판에도 탑재가 가능하게 되었다.

FC실장(Flip Chip Mounting)

Flip Chip 구조의 반도체 Chip을 반도체 Package의 기판이나 인쇄 배선판에 실장하는 것. 이 실장을 행하는 데는 반도체의 소자, 배선접속 Pad에 Bump를 부착하는 기술, 이것을 기판에 접속하는 기술이 필요하다. 단자는 납에 의한 것, Au, Ag 등의 금속단자를 설치하는 것 등이 있다. 접속기술에는 C4실장이라고 하는 납접합, 이방성 도전 Sheet에 의한 것, 전도성 Paste와 절연성 수지의 경화를 조합시킨 방식 등이 있다. 반도체의 접속 Pad에 Au Wire로 Bump를 형성하여 절연성 수지로 고정하는 방법은 BIT(Bump Interconnection Technology) 등이 그 예이다.

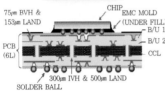

75μm BVH &
153μm LAND

CHIP EMC MOLD
(UNDER FILL)
B/U 1
B/U 2
PCB
(6L)
CCL

300μm IVH & 500μm LAND
SOLDER BALL

Flip Chip BGA

Flip Chip은 패키지(Package Carrier)에 다이(the Die)를 전기적으로 연결하는 방법을 일컫는다. Flip Chip Packging에 있어서는 다이와 캐리어간 연결이 다이의 표면에 직접 놓여지는 "범프(Bump)"에 의해서 이루어진다. 범프가 붙여진 다이(the Die)는 뒤집혀서 ("flipped Over") 접속면이 아래로 향하게 놓여진다(Face Down). 그로 인해 범프가 직접 캐리어에 연결되는 방식이다. 범프는 대개 70~100μm 높이에 100~125μm의 직경을 갖는다.

HP BGA

Copper Heat Sink

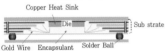

Die
Sub strate

Gold Wire Encapsulant Solder Ball

HP BGA는 BGA technology 중 Deep Cavity Down 방식으로 전력, ground와 signal을 위해 multiple wire bonding을 이룬다. 구리 열방출층 8~10층을 이루어져 있어 열적 성질이 매우 뛰어나 고전력용으로 응용이 가능하고, 이상적인 ball pitch로는 1mm가 요구된다.

IMT

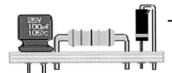

IMT(Insert Mount Technology)는 PCB 기판의 Plated Through Hole 내에 부품의 LEAD를 삽입 납땜하는 방법.

LGA(Land Grid Array)

반도체 Package의 일종. Array상에 Land를 배한 것으로, BGA에서 납Ball이 없이 Land만 있는 것. 접속 Bump는 기판측에 있다. Chip 실장기판의 이면에 인쇄배선판 등에 접속하는 단자를 격자상으로배치한 Area Array형의 단자를 Land상으로 한 Package.

MBGA(Metal Ball Grid Array)

Base 재료로서 금속층을 이용, 그 위에 절연재료로서 Film의 접착 또는 수지를 도포하여 배선층, Die Bond Pad, 접속용 Pad를 박막회로 수법으로 형성하고, 그 위에 납 Ball을 형성한 Package.

MCM(Multi Chip Module)

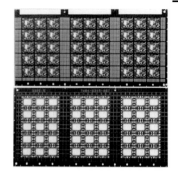

고밀도 회로기판 위에 복수의 베어칩을 실장하여 Packing된 구조로써 외형구조는 마치 하나의 LSI와 같은 형태임.

① MCM-L
유리와 Epoxy 수지제의 다층의 PCB를 사용하는 Module로서 배선 밀도가 그다지 높으며 생산 Cost가 낮은 장점이 있다.

② MCM-C
후막 기술을 활용해 다층회로를 형성하는 세라믹(Al 또는 우리 세라믹)을 기판으로 하며 다층 세라믹 기판을 사용하는 후막 Hybrid IC와 유사하다.

③ MCM-D
Cu 박막의 배선층이나 Polyimide 절연층 등을 형성하는 박막 기술. Si이나 Al을 기판으로 Flip Chip 접속하며 배선 밀도가 가장 높아 생산 비용이 높다.

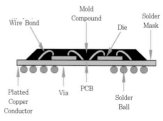

Wire Bond
Mold Compound
Die
Solder Mask

Platted Copper Conductor
Via
PCB
Solder Ball

Plastic BGA(P-BGA)

PBGA는 리드 프레임을 사용하는 대신 PCB 기판을 사용하여 인덕턴스(inductance)를 낮추고, 전기적/열 방출 능력과 표면실장성(SMT)을 대폭 향상시켰습니다. 단자가 Array 형상으로 된 팩키지 중 외부단자가 Pin이 아닌 Solder Ball로 구성된 Package 부류임.

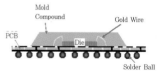

Mold Compound
Gold Wire
PCB
Die
Solder Ball

PLCC(Plastic Leaded Chip Camier)

표면실장형 Package Plastic Package의 네
측면으로부터 J자형의 Lead Pin이 나와 있는
표면 실장형 Package

PGA(Pin Grid Array)

고직접회로(LSI)의 고집적, 고기능, 고속화에
대응한 Pin수 증대의 필요성에 따라 Package
의 뒷면 등에 단자를 2.54㎜ Pitch로 평면
LAY-OUT 할 수 있는 다단자 Package

QFP(Quad Flat Package)

Plate형 Package의 4측면에서 Lead가 나온
편평한 표면 실장용 Package Pin Pitch 1.0
/0.8/0.65㎜

GQFP(Guarding Quard Flat Package)

많은 Pin으로 좁은 Pitch의 가는 Lead의 정도
를 탑재까지 보호하기 위해 주변에 Guide
Ring을 설치, 탑재 직전에 제거되는 QFP

S-BGA(Super BGA)

열 방출량이 많은 Chip에 사용되도록 뒷면에
Heat Spreader가 부착된 특수 BGA로서
Amkor Technology사의 상품명

SIP(System In Packaging)

MCM의 일종으로 하나의 Package 내에 RF,
LOGIC CHIP, Discrete Component가 함
께 보장되도록 개발된 Packaging 형태

SLC(Surface Laminar Circuit)

IBM에서 개발한 Photo VIA를 이용 제작한 Build-Up 기판

SMC(Surface Mounted Component)

표면실장용 부품을 탑재 접속하기 위한 도체 패턴(PAD)의 일부

SMD - Print 판에 실장되는 부품

SMT - SMD를 실장하는 기술

* 부품 구멍을 사용하지 않고 도체 패턴의 표면에서 전기적 접속을 하는 부품탑제 방법을 통괄해서 말함.

SMD(Surface Mount Device)

인쇄 회로 기판 (PWB)에 표면실장 부품을 장착하는데 사용되는 기계장치를 말하며, 일반적으로 SMT Line구성에 필요한 설비를 의미하나, 넓게는 표면실장 부품을 실장하는 PCB의 제조에 필요한 생산직접 설비 및 부대장치, 관련설비를 뜻한다.

표면실장형 부품

SMT(Surface Mounter Technology)

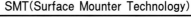

표면 실장 기술

표면 실장형 부품을 PWB 표면에 장착하고 납땜하는 기술을 의미하는 것으로 IMT는 PWB의 한쪽면에만 모든 부품이 배치되었으나 SMT는 PWB의 양면 모두에 부품을 배치할 수 있으며 요즘은 넓은 의미로 Bare Chip 실장을 포함하여 총칭하기도 한다.

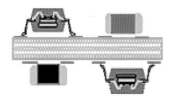

Substrate

반도체 기판

Package 용어로서 반도체 Chip이 실장되는 얇은 기판

Suction Block

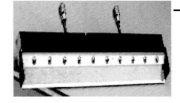

PCB 표면에 Cream Solder 인쇄시 PCB의 유동이 발생되지 않도록 PWB밑면을 받쳐주는 Base Block을 말하며, Vacuum Base, Vacuum Plate라고도 한다. 용도별 종류에는 Bare PCB인쇄용과 A면 Reflow 후 B면 인쇄용 2가지로 구분되며, 때에 따라서는 Back-up Pin 방식을 이용하기도 한다.

Squeegee

PCB의 Land에 Metal Mask의 개구부를 통하여 크림솔더 또는 CHIP Bond를 밀어넣어주는 역할을 하고 있으며, 그 재질은 우레탄이나 메탈을 사용하나, 현재는 메탈 스퀴지를 선호하고 있는 추세이다.

T-BGA(Tape BGA)

Polyimide Base의 Circuit Tape로 열방출 효과가 매우 탁월한 Package용 Substrate.

RESISTOR(저항)

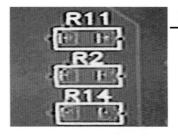

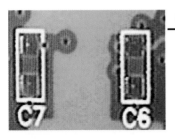

CAPACITOR(커패시터)

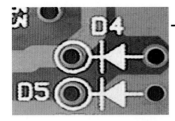

DIODE(다이오드)

I.C(집적회로)

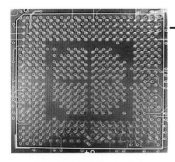

B.G.A

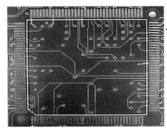

Q.F.P

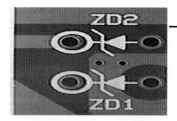

ZENER DIODE(제너다이오드)

LED(불)

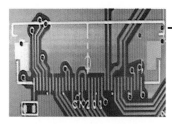

CONNECTOR(컨넥터)

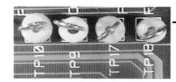

TEST POINT(테스트 포인트)

FET(전계효과 트랜지스터)

BGA(Ball Grid Array)

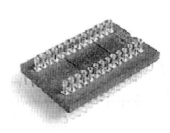

PCB 기판의 밑면에 SOLDER BALL ARRAY를 갖는 표면실장형 PKG. 윗면에는 CHIP을 부착시키고, MOLD 수지로 SEAL-ING. 200PIN 이상의 PKG에 사용하며, QFP 보다 실장면적이 작고 LEAD 불량이 적으나 200PIN 이하에는 QFP보다 제조원가가 높음. 500PIN까지 가능하여 향후 HI-PIN PKG를 끌고 나갈 것으로 전망됨.
다른 명칭으로는
* PAD ARRAY CARRIER(PAC)
* GLOBE TOP PAC(GPAC)
* OVER MOLDED RAD ARRAY CARRIER (OMPAC)

SBGA(SUPER BGA)

ANAM에서 개발된 HI-SPEED, HI-POWER PERFORMANCE용으로 COPPER HEATSINK 를 CHIP에 직접 부착시킨 BGA로서 실장면적 과 무게를 비약적으로 감소시켰음.

PBGA(PLASTIC BGA)

LOW COST를 위해 봉지재와 SUBSTRATE 를 EPOXY 수지로 사용.

CBGA(CERAMIC BGA)

MBGA(METAL BGA)

OLIN에서 개발한 BGA로, ANODIZED ALUMINIUM SUBSTRATE에 THIN FILM CIRCUIT을 사용하여 열적/전기적 특성을 강화 시키고 경량/박형을 구현하기 위한 BGA.

μ-BGA(MICRO BGA)

TESERA에서 개발한 CHIP-SIZED PKG로 실장밀도, HI I/O 및 열적/전기적 특성을 강화시킨 BGA.

TBGA(TAPE BGA)

TAB을 이용하여 BGA에 접목시킨 PKG.

mBGA(MINI BGA)

FLIP CHIP 기술을 응용하여 SOLDER BALL DIAMETER를 최소 10MIL, PITCH 20MIL까지 줄인 SANDIA NATIONAL LABORA-TORIES의 BGA로 MCM에 사용될 전망임.

C2 BGA(CONDUCTION COOLED BGA)

SGS THOMSON에서 실장 높이, 열방출, 접착 신뢰성 증대를 위해 개발한 PKG. 윗면의 COPPER HEAT SLUG로 5WATT까지 열방출이 가능하며, SYSTEM BOARD의 COPPER PLANE을 통해서도 열방출이 가능.

LBGA(LEADFRAME BGA)

HITACHI에서 개발한 L/F을 사용해 SUB-STRATE 재료를 줄이므로서 LOW COST를 구현하고자 한 PKG.

CSP(CHIP SCALE PACKAGE)

실장 면적이 CHIP 면적의 120% 이하인 PKG의 총칭으로 COG, BLP, u-SPRING 등이 있음.

FC(FLIP CHIP BARECHIP)

실장 기술의 일종으로 BOND PAD에 BUMP를 형성, PCB에 접착시키는 방법으로 실장면적과 높이가 가장 적은 PKG 형태임.

COB(CHIP ON BOARD)

BARE CHIP 실장의 일종으로, PCB 위에 CHIP을 직접 접착하여 WIRE BOND 후 수지로 밀봉하는 PACKAGING 방법.

COG(CHIP ON GLASS)

FLIP CHIP과 유사한 형태이나, SUBSTRATE가 GLASS인 차이가 있으며 LCD에 주로 적용됨.

KGD(KNOWN GOOD DIE)

WAFER LEVEL에서 BURN, FUNCTIONAL TEST를 거쳐 양품 CHIP만을 선별하여 CHIP 상태로 판매하기 위한 DIE.

LOC(LEAD ON CHIP)

CHIP의 윗면에 L/F의 INNER LEAD가 있는 PKG 구조를 지칭하며, COL과 반대 개념으로 PKG 외형 면적 감소와 ACCESS TIME 단축을 위한 PKG 방법.

BLP(BOTTOM LEADED PACKAGE)

소자의 고속동작과 초경량, 박형을 실현한 CSP의 일종으로, 구)LG 반도체에서 개발하여 JEDEC 규격화 추진중인 표면 실장형 PKG. PKG의 밑면에 실장용 PAD가 있어 LEAD 불량을 배제하고, 실장밀도를 SOJ의 2배로 향상시켰음. CHIP의 BOND PAD 위치에 따라 C-BLP(CENTER), S-BLP(SIDE), 3-D BLP (STACKED) 등 다양한 TYPE으로 APPLI-CATION이 가능함. FUJITSU의 SON과 유사한 초소형 PKG이나, HI-PIN 적용, 취급상의 용이성 및 PCB 설계의 자유도에서 앞서 있는 차세대 PKG임.

COL(CHIP ON LEAD)

LOC에 대응되는 개념으로 L/F 위에 CHIP을 접착시킨 PKG.

LCC(LEADELESS CHIP CARRIER)

CERAMIC SUBSTRATE 측면에 실장용 PAD가 있고 LEAD가 없는 표면 실장형 PKG. CERAMIC QFN 또는 QFN-C로 부르기도 함.

PLCC(PLASTIC LEADED CHIP CARRIER)

PLASTIC QFJ 또는 PLASTIC LCC로 불리기도 함.
PITCH 1.27mm, PIN수 84PIN 이하에 사용.

CLCC
(CERAMIC LEADLED CHIP CARRIER)

CERAMIC QFJ 또는 QFJ-G로 부르기도 함.
PKG 측면 사방에 J-FORM의 LEAD 있음.
PITCH 1.27mm.

J-LCC(J-LEADED CHIP CARRIER)

BULL-EYES-CAP이 부착된 CERAMIC QFJ.

PCLP
(PRINTED CIRCUIT BOARD LEADLESS)

PACKACE, FUJITSU의 PLASTIC QFN의 별칭. PITCH 0.5/0.4mm.

FP(FLAT PACKAGE)

QFP와 SOP를 이르는 표면실장 PKG.

PFP(PLASTIC FLAT PACKAGE)

QFP(QUAD FLAT PACKAGE)

PKG 측면 4방향에 GULL-WING 형태의 LEAD PIN이 있는 PKG. 봉지를 PLASTIC, CERAMIC, METAL로 하나 일반적으로 PLASTIC이 대부분임.
LEAD PITCH는 1.0/0.8/0.65/0.5/0.4/0.3mm까지 가능하며, 0.65mm는 232PIN, 0.5mm는 304PIN까지 있음.
EIAJ 규격에는 0.65mm까지는 QFP, 0.5mm 이하는 FINE PITCH QFP로 명명됨. PKG BODY 두께에 따라 2.0~3.6mm는 QFP, 1.40mm는 LQFP, 1.0mm는 TQFP로 구분.

PQFP(PLASTIC QFP)
CQFP(CERAMIC QFP)
TQFP(THIN QFP)

PCB에 실장시 높이가 1.27mm(50MIL) 이하, BODY 두께가 1.0mm 이하인 QFP.
LEAD PITCH는 0.8/0.65/0.6/0.5mm이며, PIN 수는 44~256.

MQFP(METRIC QFP)

JEDEC 규격에 의거한 QFP 분류의 일종.
LEAD PITCH 1.0~0.65mm, BODY 두께 3.8~2.0인 표준 QFP를 지칭.

BQFP(QFP WITH BUMPER)

QFP의 4모서리에 BUMPER를 만들어 작업중이나 운송시의 LEAD BENT를 방지. PITCH 는 25MIL(0.635mm). PIN 수 84~196.

FQFP(FINE PITCH QFP)

PITCH가 0.5mm 이하인 QFP

GQFP(QFP WITH GUARD RING)

LEAD PIN 끝부분에 수지로 보호 RING을 만들어 LEAD BENT를 방지한 QFP. 실장 전에 RING을 잘라내고 LEAD를 GULL-FORM하여 PCB에 탑재. MOTOROLA에서 개발 상용화. PITCH 0.5mm, PIN 수 256/208.

HQFP(QFP WITH HEAT SINK)

QFP에 HEAT SINK를 부착한 제품의 총칭.

PQ(POWER QUAD)

QFP의 일종으로 열방출 향상을 위해 BODY에 HEAT SINK를 위 또는 아래에 부착시킨 PKG.

QFJ(QUAD FLAT J-LEADED)

EIAJ 규격의 PLCC를 지칭한 용어.

LQFP(LOW PROFILE QFP)

BODY 두께가 1.4mm인 QFP.

QFI(QUAD FLAT I-LEADED PACKAGE)

LEAD가 아래쪽으로 수직으로 형성된 QFP (BUTT LEAD)로 MSP(MINI SQUARE PKG)라고 부르기도 함. 실장면적이 QFP보다 적으며, LEAD PITCH 1.27mm, PIN 수는 18~68.

QFN(QUAD FLAT NON-LEADED PACKAGE)

LCC로 많이 불리며, QFN은 EIAJ 규격상의 명칭임. PKG 측면에 PAD가 있고 LEAD가 없음. QFP보다 실장밀도가 높고, 실장 높이는 낮음. 봉지재는 CERAMIC과 PLASTIC이 있고, LCC로 부르는 것은 CERAMIC임. PLASTIC QFN은 GLASS EPOXY 수지 PCB로 LOW COST 실현. PITCH 1.27/0.65/0.5mm.

QTP(QTCP)
(QUAD TAPE CARRIER PACKAGE)

TAB 기술을 이용한 TCP의 일종으로 4방향으로 LEAD가 있음. QTP는 EIAJ 규격상의 명칭임.

MQUAD(METAL QUAD)

Al BASE와 CAP을 GLASS로 SEALING한 QFP의 일종임. 자연공냉으로 2.5~2.8W 열 방출 가능한 미국의 OLIN杜 제품.

MCM(MULTI CHIP MODULE)

복수의 CHIP을 1개로 만든 PKG. SUB-STRATE 재질에 따라 MCM-L(EPOXY 수지 다층 기판), MCM-C(후막 다층 배선 기판 GLASS CERAMIC), MCM-D(박막 다층 기판 질화 ALUMINIUM)으로 구분.
MCM-L은 LOW COST 지향, MCM-C는 후막 HIC와 유사하며, MCM-D는 배선 밀도가 높으나 COST가 높음.

TAB(TAPE AUTOMATED BONDING)

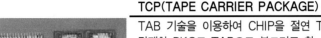

BARE CHIP 실장기술의 이종으로, 절연 FILM에 LEAD 배선을 향상시켜 CHIP을 접착시키는 실장 기술.

TCP(TAPE CARRIER PACKAGE)

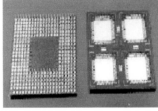

TAB 기술을 이용하여 CHIP을 절연 TAPE에 탑재한 PKG로 TAB으로 부르기도 함. QFP보다 FINE PITCH이며, COB보다 얇은 PKG로, 주로 LCD 구동 CHIP에 적용. PITCH 0.25mm, 500PIN 이상까지 가능. LEAD가 2방향으로 나온 것은 DTCP, 4방향으로 나온 것은 QTCP로 부르기도 함. PCB 실장 직전에 LEAD CUT 및 FORM하여 사용.

PGA(PIN GRID ARRAY)

PKG 밑면에 수직의 LEAD PIN이 배열되어 있는 PIN 삽입형 PKG. SUBSTRATE 재료는 MULTI-LAYER CERAMIC을 일반적으로 사용. PITCH 2.54/1.27mm, PIN 수 64~447.

PGA(PAD GRID ARRAY)

삽입형 PGA의 PIN 대신 표면실장을 위한 PAD가 있는 PKG.

PPGA(PLASTIC PGA)

SUBSTRATE 재료로 PCB를 사용하고, EPOXY로 CHIP을 SEALING한 LOW COST PGA.

CPGA(CERAMIC PGA)

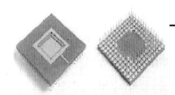

LGA(LAND GRID ARRAY)

PAD GRID ARRAY

PIGGY BACK

SOCKET이 부착된 CERAMIC 혹은 PLAS-TIC PKG로 DIP, QFP, QFN의 형태를 갖음.

DIP(DUAL IN-LINE PACKAGE)

PIN 삽입형 PKG로 양쪽 측면에 LEAD가 있음. LEAD PITCH 100MIL(2.54mm), PKG WIDTH 300/400/600MIL(PIN 삽입 HOLE의 WIDTH임), PIN 수는 6~64.

P-DIP(PLASTIC DIP)

MOLD 재료(봉지재)가 PLASTIC(열 경화성 EPOXY COMPOUND)인 DIP.

C-DIP(CERAMIC DIP)

봉지재를 CERAMIC으로 사용한 DIP. LEAD, BODY, CAP으로 구성되며, GLASS로 봉지 (SEALING). 8~42PIN.

SDIP(SHRINK DIP)

P-DIP과 동일하나 LEAD PITCH가 70MIL (1.778mm).

SK-DIP(SKINNY DIP)

P-DIP과 동일하나 PKG WIDTH가 600MIL PKG를 300MIL로 줄임.

SIP(SINGLE IN-LINE PACKAGE)

LEAD가 PKG 측면에 일렬로 있어 PCB에 수 직 삽입형 PKG. LEAD PITCH 100MIL. 2~23PIN.

SSIP(SHRINK SIP)

LEAD PITCH가 70MIL인 SIP

ZIP(VDIP)
ZIG-ZAG IN-LINE PACKAGE(VETICAL DIP)

SIP와 같이 PKG 측면에 일렬의 LEAD가 있 으나, 양쪽으로 ZIG-ZAG로 FORMING된 것. LEAD PITCH 100MIL.

SOP(SMALL OUTLINE PACKAGE)

PKG 양쪽에 GULL-FORM의 LEAD가 있는 표면 실장형 PKG. LEAD PITCH 50MIL (1.27mm). 8~44PIN.

SSOP(SHRINK SOP)

LEAD PITCH가 1.0/0.8/0.65/0.5mm인
SOP 8~80PIN.

SOJ(SMALL OUTLINE J-LEADED PACKAGE)

SOP의 일종으로 LEAD가 J자 형태로
FORMING된 표면 실장형 PKG. LEAD
PITCH 50MIL. 20~40 PIN.

SOI(SMALL OUTLINE I-LEADED PACKAGE)

SOP/SOJ와 동일하나, LEAD가 I자 형태로
FORMING됨.

SVP(VPAK)
(SURFACE VERTICAL PACKAGE)

T.I의 VPAK

FUJITSU의 SVP

SIP처럼 LEAD가 PKG 한쪽면에 있으나, 직각
으로 FORMING되어 표면실장을 함.
실장면적이 SOJ의 1/7, ZIP의 1/3임. LEAD
PITCH 0.5/0.65mm. 24~32PIN.
T.I가 최초 개발하여 VPAK으로 명칭하고,
FIJITSU가 개발하여 SVP로 명명함.

SHP(SURFACE HORIZONTAL PACKAGE)

SOP의 한쪽 LEAD PIN을 없앤 형태로, 전기
신호의 고속화와 PCB 설계에 유리하게 만든
PKG.

TSOP Ⅱ

TSOP(THIN SOP)

실장시 높이가 50MIL 이하, LEAD PITCH가 50MIL 이하인 SOP. EIAJ 규격에 PKG의 짧은 쪽에 LEAD가 있는 것이 TSOP Ⅰ, 긴 쪽에 있는 것이 TSOP Ⅱ로 명기. TYPE Ⅰ은 0.6/0.55/0.5mm PITCH로 실장밀도가 올라가나, SOLDER 불량율 높음. TYPE Ⅱ는 PITCH 1.27mm.

TSSOP(THIN SHRINK SOP)

PKG BODY의 두께가 1.0mm 이하, PITCH가 0.65/0.5mm인 TSOP. 8~32 PIN. T.I JARAN에서 명칭함.

UTSOP(ULTRA THIN SOP)

PKG BODY 두께가 0.65mm 이하인 TSOP. FUJITSU가 명칭.

VSOP(VERY SOP)

SONY, FUJITSU, MITSUBISHI가 공동개발한 SSOP의 초기 명칭.

USO(ULTRA SMALL OUTLINE PACKAGE)

SON(SMALL OUTLINE NON-LEADED PKG)

FUJITSU에서 개발한 CSP의 일종으로 양쪽 끝의 LEAD가 없이 전극으로 표면 실장할 수 있게 만든 PKG(참조 QFN).

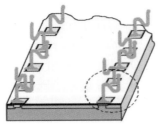

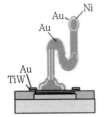

μ-SPRING(MICRO SPRING)

FORMFACTOR와 LG 반도체의 공동 개발품으로 CSP의 일종. WF LEVEL에서 GOOD DIE에만 GOLD WIRE BONDING으로 SPRING을 형성시킨 후 Au/Ni PLATING을 하여 강도와 전도성, 신뢰성을 향상시켜 실장하는 PKG 형태. 특히, 실장시 PCB의 열팽창에 의한 SOLDER 접착 신뢰성이 FLIP CHIP보다 우수하고, REPAIR가 용이하며, PCB의 RAD 위치 변경 또는 재배치에 따른 PCB 설계의 FLEXIBILITY를 증가시켰음.

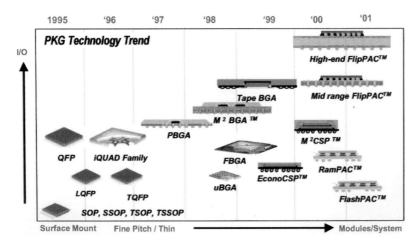

7. CHIP MOUNTER APPLICABLE COMPONENTS

부품명	부품형상	SIZE (mm)	PITCH	CP SERIES					Package width	Nozzle Recommend
				CP40L	CP40LV	CP50M	CP60L	CP45FV		
Chip Resister		0.6×0.3(0603)		○(OP)	○(OP)	○(OP)	○(OP)	○(OP)	8	SP
		1.0×0.5(1005)		○	○	○	○	○	8	N045
		1.6×0.8~3.2×2.5		○	○	○	○	○	8	N045,N08
		5.0×2.5~		○	○	○	○	○	12	N14
Chip Capacitor		0.6×0.3(0603)		○(OP)	○(OP)	○(OP)	○(OP)	○(OP)	8	SP
		1.0×0.5(1005)		○	○	○	○	○	8	N045
		1.6×0.8~3.2×2.5		○	○	○	○	○	8	N045,N08
		4.5×3.2~5.6×6.4		○	○	○	○	○	12	N14
Transistor (SOT)		1.6×0.8(1.6)		○	○	○	○	○	8	N045,N08
		SOT23=2.9×1.3(2.4)		○	○	○	○	○	8	N08,N14
		SOT143=2.9×1.6(2.8)		○	○	○	○	○	8	N08,N14
		SOT323=2.0×1.25(2.1)		○	○	○	○	○	8	N08,N14
		SOT89=4.5×2.5(4.0)		○	○	○	○	○	12	N14,N24
		SOT223=6.5×3.6(7.0)		○	○	○	○	○	12	N24,N40
Tantalum		3.2×1.6~3.5×2.8		○	○	○	○	○	8	N14
		4.3×4.3~7.3×4.3		○	○	○	○	○	12	N14,N24
Melf Resistor		1.1×2.2(D×L)~1.4×3.5		○	○	○	○	○	8	N08
		2.2×5.9(D×L)		○	○	○	○	○	12	N08,N14
Melf Diodes		1.6×3.5(D×L)		○	○	○	○	○	8	N08
		2.5×5(D×L)		○	○	○	○	○	12	N08
Resistor Array		1608×4		○	○	○	○	○	8	N14
		1608×8		○	○	○	○	○	12	N14,N24
		2012×4		○	○	○	○	○	12	N14
		2012×8		○	○	○	○	○	16	N14,N24
		3216×4		○	○	○	○	○	12	N14,N24
		3216×8		○	○	○	○	○	16	N14,N24
Rectangualar Diode		1.7×1.25~2.7×1.5		○	○	○	○	○	8	N08,N14
		4.3×2.6~4.3×3.6		○	○	○	○	○	12	N14,N24
		7.0×6.0		○	○	○	○	○	16	N24
Aluminum Capacitor		4.3×5.7(W×H)		○	○	○	○	○	12	N14,N24
		6.6×5.7		○	○	○	○	○	16	N24,N40
		8.0×10.5		○	○	○	○	○	24	N40
Inductor		1.6×0.8~3.2×2.5		○	○	○	○	○	8	N08,N14
		4.5×3.2		○	○	○	○	○	12	N14,N24
Power TR		10×6.5		○	○	○	○	○	16	N24,N40
		15×10~18.8×16		○	○	○	○	○	24	N40,N75
Chip Coil		~3.2×2.5		○	○	○	○	○	8	N14
		4.5×3.2~5.0×4.0		○	○	○	○	○	12	N14,N24
Trimmer		4.5×3.2~4.5×4.0		○	○	○	○	○	12	N14,N24
Tact Switch		6.36×6.36		○	○	○	○	○	12	N24,N40
SOP		8	1.27	○	○	○	○	○	12/ST	N24
		14,16	1.27	○	○	○	○	○	16/24/ST	N24
		18,20,24,28	1.27	○	○	○	○	○	24/ST	N24,N40
		32	1.27	○	○	○	○	○	32/44/ST	N40
		40	1.27	○	○	○	○	○	44/ST	N40
TSOP (TYPE 1)		20,24,28	0.5		○	○	○	○	24/TR	N40
		32,40,48,56	0.5		○	○	○	○	32/TR	N40

부품명	부품형상	SIZE (mm)	PITCH	CP SERIES					Package width	Nozzle Recommend
				CP40L	CP40LV	CP50M	CP60L	CP45FV		
TSOP (TYPE 2)		8,14,16	0.65	○	○	○	○	○	12/16/ST	N24,N40
		20,26	1.27	○	○	○	○	○	24/ST/TR	N40
		24,28,32	1.27	○	○	○	○	○	32/TR	N40
		40,44,50,54	0.8	○	○	○	○	○	33/TR	N40,N75
PLCC		18,20	1.27	○	○	○	○	○	16/24/ST	N24,N40
		28,32	1.27	○	○	○	○	○	24/ST	N24,N40
		44,52	1.27	○	○	○	○	○	32/ST	N40
		68,84	1.27	○	○	○	○	○	44/ST	N40,N75
QFP		44	0.8/1.0	○	○	○	○	○	TR	N75
		64	0.8/1.0	○	○	○	○	○	TR	N75,N110
		80	0.8	○	○	○	○	○	TR	N75,N110
		100	0.65		○	○		○	TR	N110
		144	0.65		○	○		○	TR	N110
		160	0.65		○	○		○	TR	N110
		208	0.5		○	○		○	TR	N110
		256	0.4		○(OP)	○(OP)		○(OP)	TR	N110
		304	0.5		○(OP)	○(OP)		○(OP)	TR	N110
TQFP		32	0.8	○	○	○	○	○	TR	N75
		44	0.8	○	○	○	○	○	TR	N75
		48	0.5		○	○		○	TR	N75
		52	0.65		○	○		○	TR	N75
		64	0.5		○	○		○	TR	N75
		64	0.8	○	○	○	○	○	TR	N75,N110
		80	0.5		○	○		○	TR	N75,N110
		80	0.65		○	○		○	TR	N75,N110
		100	0.5		○	○		○	TR	N75,N110
		120	0.4		○(OP)	○(OP)		○(OP)	TR	N75,N110
		144	0.5		○	○		○	TR	N75,N110
PBGA,CBGA, TBGA		~□17	1.27,1.5		~□32	~□52		~□55	TR	TR
CSP(μ-BGA)			0.5~		○(OP)	○(OP)		○(OP)	TR	TR
CONNECTOR (Box Type)					~□32	~75×15			TA/ST/TR	
CONNECTOR (Open Type)					~□32	~75×15			TA/ST/TR	Grip

자료 : SAMSUNG SMT TOTAL SOLUTION

19. SOLDERING

1. SOLDER의 역사

솔더(solder)는 현재 전자기기 제조에 있어서 빠져서는 안될 접합법이 되고 있다. 이 솔더링에 쓰이는 솔더는 납재(브레이징에 사용되는 재료)의 일종으로, 브레이징의 역사(아래 표)로부터 그 기원을 찾아볼 수 있다.

브레이징(솔더링)의 역사

연 대	세 계	한 국
BC 4000년경 (청동기 시대)	◀ 이집트, 그리스, 로마 등의 유적에서 브레이징의 흔적 발견	
BC 1000년경	◀ 오스트리아의 케른주에서 발굴된 청동검에서 브레이징으로 수리된 흔적 발견	
BC 300년경	◀ 남이탈리아의 베수비오화산의 분화로 매몰된 폼페이 유적에서 브레이징의 흔적 발견, 각종 장식품, 청동기구, 미술품, 수도관의 접속 등에 사용되어 있고, 요즘 사용되고 있는 솔더와 거의 동일한 성분	
AC 260~480년경	◀ 백제나 신라의 금귀고리(무녕왕릉, 금녕총), 금팔찌(경주 98호 고분), 보검 장식(미추왕릉), 금제 머리장식(경주 로서동) 등에서 동브레이징 기술(鍱金細工 혹은 粒金細工)이 사용된 것으로 믿어짐.	

2. SOLDERING의 목적

솔더링은 금속끼리 접합하여 전기를 통하게 하기 위한 경우와, 가능한 한 저온에서 금속끼리 접합하고 싶은 경우, 또 불량이 된 부품 등을 교체하고 싶은 경우에 적당한 공법이다.

솔더링을 사용하는 목적과 장점에는 아래와 같은 것들이 있다.

a. 솔더링 공법의 목적

   (1) 전기적 접속 ; 두 개의 금속끼리 접합하여 용이하게 전기를 통하게 하고 싶은 경우

   (2) 기계적 접속 ; 두 개의 금속끼리 접합하여 양쪽의 위치를 고정하고 싶은 경우

이들의 파급효과로서 밀폐효과(접합내부로 물, 공기, 기름 등의 침입을 방지)가 생긴다.

b. 솔더링 공법의 장점

   (1) 작업성 ; 저가로 용이하게 접합하는 것이 가능하다.

   (2) 부품교체 ; 고장난 부품들을 간단하게 교체(제거나 설치)하는 것이 가능하다.

   (3) 부품의 안정성 ; 저온 단시간 작업이기 때문에, 열에 약한 부품의 기능을 손상시키지 않고 접합 가능하다.

   (4) 일괄 다점, 대량 접속 ; 프린트 배선판상의 많은 접속부가 동시에 접속 가능하다.

c. 기타

   (1) 방청효과 ; 솔더도금 또는 솔더코팅하는 것에 의해 금속표면의 방청(녹방지)처리 가능

   (2) 젖음성효과 ; 금속표면을 솔더도금 또는 솔더코팅하는 것에 의해 젖음성을 향상시키는 것이 중요

3. SOLDERING의 원리

솔더링은 융점 450℃ 미만의 연납을 사용하여 금속면간의 모세관현상을 통하여 솔더를 전체에 퍼지게 해서 접합하는 것이다.

솔더링으로 접합을 행하기 위해서는 2가지 조건이 필요하다.

【제1조건】 먼저 금속면에 접촉된 용융솔더가 흐르면서 퍼져가는 것이 필요한데, 이 현상을 「젖음(wetting)」이라고 한다.

【제2조건】 용융된 솔더가 퍼지면서 금속면에 잘 용해되는 것이 필요한데, 이 현상을 「확산」이라고 한다.

금속면은 얼른 보면 매끄러운 것처럼 보이지만, 현미경으로 확대해 보면 무수한 요철이나 결정계면, 흠집 등이 존재한다. 용융솔더는 모세관현상에 의해 이같은 금속면을 따라서 흘러 들어간다. 그리고, 계면에서는 금속결합이 생기는데, 일반적인 솔더링에서는 합금층이 생성된다. 이 합금층이 금속끼리의 접합품질에 관계된다. 이것이 솔더링의 원리이다. 따라서, 이 두 개의 조건이 만족되지 않으면 솔더링으로서 접합이 되지 않는다. 이 2개의 모델을 다음 그림에 보였다.

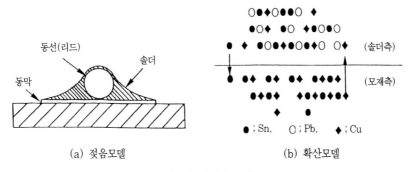

(a) 젖음모델   (b) 확산모델

젖음과 확산의 모델

4. SOLDERING M/C 핵심 기술

NO	기 술 명	기 술 내 역
1	플럭스(Chemlcal) 기술	플럭스 성분선택, 플럭스 도포 방법 선택 플럭스 비중관리, 플럭스 사용관리
2	전기적 기술	시스템 제어 방법, 프리 히터 배열과 용량 솔더 포트의 배열과 용량, 전기 자재의 사용방법(인증품 사용)
3	기계적 기술	프레임의 구조(하부 개폐), 알루미늄 레일의 변형 방지 각도 조절의 방법, 예열의 방법, 솔더 포트의 형태 횡거의 형태, 횡거 세척방법
4	전자적 기술	PCB의 설계 및 예비 솔더 도금 전자부품의 도금 및 예비 솔더 도금 자재의 보관 기간 및 방법 자재의 리드 사양 PCB에 정착 및 삽입 방법
5	열유체적 기술	프리 히터의 온도관리 및 크기 솔더 포트의 온도관리 및 크기(솔더 용량) M/C의 내부온도 관리
6	솔더 포트 웨이브 형성 기술	1) 하부흡입방법으로 안정된 웨이브의 지속적 유지 가능(맥동 현상 없을 것) 2) 1차 칩 웨이브의 특수성으로 가스 빼기와 구멍 막힘 방지로 미납 불량 최소화시킴. 3) 솔더 포트 내부의 단순구조로 솔더 포트내의 산화물 제거가 편리하고 솔더 산화량 최소화시킴.
7	접측면 조정 기술	1) 레일의 각도 조절을 손잡이를 이용하여 조정한다. 2) 솔더 포트내의 높낮이 조절은 핸들을 이용하여 조정한다. 3) 솔더 포트내의 노즐의 높이를 조절하여 조정한다.
8	Solder Pot의 동 (Cu) 제거 기술 개발	1) 솔더의 교체로 발생되는 비용을 절약할 수 있다. 2) 솔더 포트내에 용융된 동(Cu)을 온도 강하법을 사용하여 결정체로 만들어 석출한다. 3) 결정체 Cu를 적출방법을 한다. 4) Cu 함유량을 0.1%로 유지하여 최적의 솔더링 조건을 유지한다.

5. WAVE SOLDERING의 조건설정 및 관리

항 목		조건 설정 관리의 중요점
플럭서	기포의 크기	규정치(1mmø) 이하의 기포가 만들어지도록 공기량을 조절한다.
	발포의 높이	기판 뒷면의 리드가 통과할 수 있는 높이로 조정하여 오차가 없도록 한다.
	기판면과의 위치	기포 윗면과 기판면과의 위치를 규정치로 한다.(기판 두께의 1/2)
	비 중	비중계에 의하여 제조업체가 지정한 농도치를 관리한다.(2회/일 정도)
	사용공기	Dry air를 사용한다.
	발포관의 세정	IPA에 침적시켜 dry air로 건조시켜 노즐부를 세정한다.(1회/월 정도)
	포트의 세정	플럭스를 제거하고 IPA로 밑면의 먼지나 오염물을 세정한다.(1회/월 정도)
	비중계의 교정	교정법을 기준으로 정확하게 실시한다.
예열기	기판 뒷면의 온도	기판의 밑면에 열전대를 부착하여 예열온도를 측정한다. 최근에는 예열 온도, 포트 온도, 침지 시간의 측정을 reflow checker(열전대와 기록장치)를 이용하여 측정하는 방법이 주류가 되고 있다. 온도계는 1년/1회 검교정한다.
솔더포트	솔더 성분	사용중에 성분이 서서히 변하기 때문에 성분을 분석하여 교체한다.
	솔더 높이	분출 높이, 파형, 솔더포트 높이를 조정한다.
	솔더면 형태	분출면은 기포나 난류가 없이 매끄러울 것.
	유량, 유속	흐름이 정지하지 않도록 nozzle guide로 높이를 조정한다.

6. 자동 WAVE SOLDERING 머신의 선택

솔더포트	솔더 온도	표준 온도계로 측정하여 솔더 온도를 조정한다.(2회/일 정도) 온도계는 1년/1회 검교정한다.
	침지 시간	Reflow Checker로 측정하여 컨베이어 스피드를 조정한다.(2회/일 정도)
	Dross 제거	Dross 제거 기구를 사용하여 정기적으로 제거한다.(1회/일 정도)
	Center-Bar	기판 휘어짐 방지용으로 nozzle 상부에 고정시킨다.
	경사 각도	경사형 솔더포트는 일반적으로 4~6°기울게 한다.

7. SOLDER의 불순물과 악영향

불순물	솔더의 불순물과 악영향
Cu(동)	강도를 증가시킨다. 0.2%로 불용해성 화합물을 만든다. 점성을 증가시키고, 프린트 배선판에 브리지, 고드름을 만든다.
Zn(아연)	미량으로도 솔더의 유동성이 저하되고 광택이 없어진다. 프린트 배선판에서 브리지, 고드름을 만든다.
Al(알루미늄)	미량으로 솔더의 유동성이 저하되고 광택이 없어진다. 특히 산화성이 강하게 된다. Zn과 유사한 증상을 보인다.
Au(금)	기계적 인성, 충격치가 저하되고, 마무리 외관이 흰색을 띤다.
Sb(안티몬)	인장강도는 증가되지만, 취성이 생기고 전기저항이 증가된다. 경도를 증가시키기 때문에 4% 이하로 첨가하는 경우가 있다.
Bi(비쓰무쓰)	경(硬)하고 취성이 있으며, 융점이 떨어지고 광택이 나빠진다. 내한성(추위를 견디는 성질)을 증가시키기 위해 미량 첨가하는 경우가 있다.
As(비소)	솔더 표면이 검게 된다. 유동성이 저하된다.
Fe(철)	미량으로도 포화되어 솔더중에 용해되기 어렵다. 자성을 띤다.
P(인)	솔더링부를 경화(硬化)시키고 취성이 있으며, 유동성이 증가된다.
Cd(카드뮴)	취화되고 광택과 유동성이 저하된다.

8. WAVE SOLDERING시 SOLDER중 불순물의 허용량

불순물 원소	허용량(%)	불순물 원소	허용량(%)
Al	0.006	Fe	0.02
Bi	0.25	As	0.03
Cu	0.3	Sb	0.5
Ni	0.01	P	0.002
Cd	0.005	Zn	0.005

9. FLUX란?

1) 개요

Flux는 라틴어의 "Fluere(Flow)"에서 유래된 말로서 Solder의 흐름을 돕는데 사용하고 있으며 모재와 Solder가 접합할 때 자기 스스로는 반응하지 않으면서 다른 물질의 반응을 촉진시켜 주는 촉매와 같은 역할을 한다.

2) Flux 역할

① Solder 표면의 산화물 제거, 보존하여 재산화를 방지(화학적 기능).

② Solder의 표면장력을 저하시켜 퍼짐성을 좋게 한다(물리적 기능).

③ Solder와 모재간에 열을 조정 전달하여 납땜성(Solderability)을 좋게 한다(열적 기능).

3) Flux 조건

① 모재의 산화피막과 같은 불순물을 제거하고 유동성이 좋을 것.

② 청청한 금속면의 산화를 방지할 것.

③ Solder와 표면장력을 낮추어서 모재와의 친화도를 높일 것.

④ Flux의 유효온도범위와 Soldering 온도가 일치할 것.

⑤ Flux의 유효범위 안에서 탄화(Carbonization)가 되지 말것.

⑥ Soldering 후 잔사제거가 용이할 것.

⑦ 모재나 Solder에 대한 부식작용(Corrosive rxn)이 없을 것.

⑧ 환경이나 인체에 안전할 것.

4) Flux의 종류

* QQ-S-571E

Type	구분기준	특징	용도	비고
R(Rosin)	Rosin base	*Activator 첨가없이 Rosin 자체 활성력 이용	*Test용 *고온용	*Gum rosin *Wood rosin 등을 사용. Acid No가 min. 130 이상 시용
RMA(Rosin mildly activator)	Rosin+Activator	*Activator를 0.5% 이하 첨가	*S.M.T. *고신뢰용 *광범위하게 사용됨.	*No-residue
RA(Rosin activator)	Rosin+Activator	*Activator를 2.0% 이하 첨가	*Ni과 같은 Wetting성이 안 좋은 곳에 사용	*Wetting성 양호 *Cl를 사용함으로서 부식과 산화가 발생되므로 세척 필요
SA(Synthetic activator)	Synthetic activated flux	*Activator를 2.0% 이상 첨가	*Cu 등의 표면 처리가 안된 비철 금속에 사용-(Al)	*잔사는 C.F.C. 용제를 사용해야 함으로 환경적으로 불리하여 사양화되고 있슴.
WS(Water Slouble)	Salts Acids Amine	*C, F, Cs를 대체하기 위하여 개발	*고신뢰성	*부식성이 강하고 도전성이 높아서 잔사 완전제거 필요 *제조원가 절감 *강한 Flux 작용을 하며 물세척이 용이
OA(Organic Activated)	Carboxlic group을 가진 화합물 Amine hydrohalide 화합물	*RA flux보다 활성력이 큼.	*Repair work *P.W.B. 위의 Bumping에 사용	*주로 W/S로 구성됨.

5) **Paste Flux**의 구성요소/역할

① Rosin/resin.(30~60%)

- 고온에서 Paste의 유동성을 좋게 한다.

- Tacky성을 좋게 한다.

- Rheological property를 좋게 하는 System 역할을 한다.

- Activity(R type) 역할을 한다.

② Solvent(30~90%)

- 고형물질을 용해한다.

- Soldering 전까지 열적 안정성 유지

③ Activator(2~3%)

- 모재 표면을 세척하고 재산화를 방지한다.

- 납땜성(Solderability) 증가

④ Rheological agent/Thickeners/viscosity modifiers(2~5%)

- Paste 성상의 지속력 유지

- Flux 도포량 유지

- 유동성 유지

⑤ Others Ingredients(2~3%)

Ex : Surfactant, The Other agent

- 결합력 증가/이물질 제거

- 표면광택 유/무

10. 무연솔더(Pb FREE SOLDER)

Sn-Pb계 유연(有鉛) 솔더는 오랜 기간 동안 전자기기의 가장 유효한 접합재료로 사용되어 왔다. 그러나, 근년 솔더를 사용한 전자기기의 폐기 시에 산성비에 의해 솔더중에 함유된 납(Pb) 성분이 용출되어 지하수를 오염시키고 이것이 인체에 흡수되면 지능저하, 생식기능저하 등 인체에 해를 미치는 환경오염 물질로 지적되고 있다.

11. 무연솔더 후보합금의 분류

합금계	조성(wt%)	용융온도구간	젖음성	강도/열피로	비고 (실용화 등)
기존 Sn계	Sn-5Sb(공정)	최고온도계 (고상선 227℃ 이상)	불량	고강도/저연신 /우수	
	Sn-0.7Cu(공정)		보통	양호/보통	Northern Telecom, NEDO-2
	Sn-3.5Ag(공 정)	고온계(고상선 217℃ 이상)	보통	양호,고연신/ 우수	NCMS, ITRI, NEDO
Sn-Ag-Cu계	Sn-3.5Ag-0.7Cu		보통	양호/우수	ITRI, NEDO
Sn-Ag-Bi계	Sn-3Ag-(2~3)Bi	중온계(액상선 217℃ 이하)	양호	고강도,저연신 /우수	ITRI, NEDO
	Sn-3.4Ag-4.8Bi			고강도,극저연 신/좋지 않음	NCMS, ITRI, NEDO
Sn-Ag-Bi-In 계	Sn-3Ag-(0.5~3) Bi-(3~1)In		보통	양호(Bi에 의존)/양호	NCMS, ITRI, NEDO
Sn-Bi계	Sn-58Bi(공정)	저온계(고상선 약 139℃)	보통	저연신/좋지 않음	NEDO
	Sn-58Bi-1Ag			Sn58Bi보다 양호	NCMS
Sn-Zn계	Sn-8Zn-3Bi	Sn-37Pb와유사	매우 불량	양호/보통	실용화에 문제 있음
기존 Sn-Pb계	Sn-37, 40Pb(공정)	고상선 183℃	매우 양호	고연신/우수	

12. 무연솔더 추천(각 단체)

단 체 명	추천 무연 솔더
NEDO 프로젝트	Sn-3.0Ag-0.5Cu
NEMI 프로젝트	Sn-3.9Ag-0.6Cu
IDEALS 프로젝트	Sn-3.8Ag-0.7Cu Sn-3.8Ag-0.7Cu-0.5Sb
ITRI	Sn-(3.4~4.1)Ag-(0.45~0.9)Cu (Sn-4.0Ag-0.5Cu)

13. 무연솔더 추천(각 기업)

합금계	회사, 기관(국가)	합금조성(mass %)	용융온도범위*	비 고
Sn-Ag-Bi-In	Matushita(Japan)	Sn-Ag-3Bi-In	중온계	미니디스크
	Toyota(Japan)	Sn-2.5Ag-3Bi-1In-0.2Cu		
	Mtsui(Japan)	Sn-3.5Ag-2.5Bi-2.5In		
Sn-Ag-In-Bi	Toshiba(Japan)	Sn-3.5Ag-3In-Bi		
Sn-Cu	IEC electronics corp.(USA) Matushita(Japan)	Sn-0.7Cu Sn-0.7Cu-X	최고온도계	Northem Telecom용
Sn-Bi	Fujitsu(Japan)	Sn-58Bi(-1Ag)	저온계	특수용도

14. SnPb & Pb-FREE SOLDER 비교 현황

Solder	Sn-Pb VS Pb-free solder		
	구 분	융 점(℃)	특 성
Bar (Flow 공정)	Sn63-Pb37	183	저융점, 젖음성 우수
	Sn-0.7(Cu,Ni)	227	고융점, 젖음성 양호, 신뢰성 우수
	Sn-3Ag-0.5Cu	217	고융점, 젖음성 양호, 신뢰성 우수
Cream (Reflow 공정)	Sn63-Pb37	183	저융점, 젖음성 우수
	Sn-3Ag-0.5Cu	117	고융점, 젖음성 양호, 신뢰성 우수
	Sn-3.5Ag-4~8In-0.5Bi	206~210	고가, 중온, 젖음성 양호, 신뢰성 우수
	Sn-8Zn-3Bi	197	저가, 저융점, 젖음성 및 산화문제, 질소 사용, 신뢰성 문제
	Sn-8Zn-0.003Al	199	저가, 저융점, 젖음성
Wire (Wire 공정)	Sn63-Pb37	183	저융점, 젖음성 우수
	Sn-3Ag-0.5Cu	217	고융점, 젖음성 양호, 신뢰성 우수

15. Pb FREE PACKAGING Technology

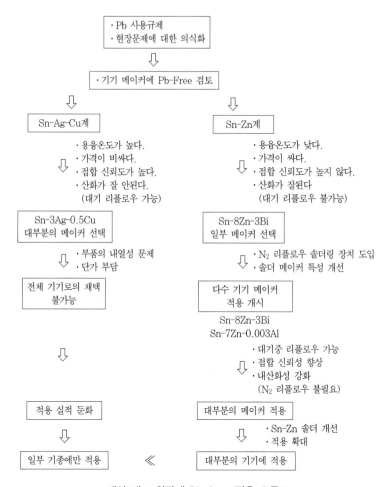

해외 제조 현장에 Pb-free 적용 흐름도

16. LEAD FREE SOLDER 적용시 문제점

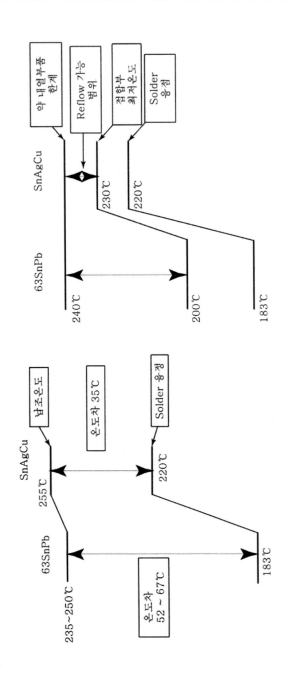

17. 납땜 작업불량 및 대책

NO	유 형	현 상	원 인	대 책
1	냉접합 부스러진 납땜	납이 굳으려는 시점에 부품이 움직일 경우에 일어나는 부스러지고 고르지 않은 땜납의 모양	납땜 작업중 부품에 외력이 가해지는 작업 순서나 작업공정	1) 납땜처리 전후에 냉각한다. 2) 납땜처리한 후 적당한 시간후에 다음 공정으로 넘기도록 공정을 개선
2	땜납 봉우리의 갈라짐		납땜 처리후 완전히 납이 식기 전에 부품의 리드선을 움직였기 때문	부스러진 납땜 경우와 같은 대책
3	고드름	땜납이 지나치게 많아서 끝이 뾰족한 원추형으로 굳어있는 모양	납온도가 지나치게 높은 경우	납땜 처리온도 255±5℃ 유지 수작업시 납땜처리 시간은 3~4초가 적당
			납땜 처리시간이 지나치게 긴 경우	
			수작업시 납땜인두의 TIP온도가 낮은 경우 인두로부터 떨어지는 방향과 같은 방향의 고드름이 생긴다.	
4	과잉 땜납	전류용량이나 납땜 접합부의 강도에 별로 공헌하는 것은 아니다.	1) 땜납 이탈 각도 PCB에 대한 땜납의 이탈각도가 부적당하면 커다란 FILLET이나 고드름이 발생한다.	용융된 땜납조에서 기판이 떨어질 때 땜납이 표면에서 흘러내려가도록 이탈 각도를 바꿈으로서 방지할 수 있다.
			2) 예열 부족 PCB의 예열이 부족하면 납땜 처리 온도가 내려가며 또한 FLUX의 활성화가 불충분하게 된다.	PRE-HEATER로 PCB 표면 온도가 70~80℃가 되도록 한다.
			3. FLUX 온도 일반적으로 FLUX의 온도가 높아지면 땜납이 흐르기 쉬워진다.	적절한 FLUX 농도 관리, 먼지·이물질이 욕조에 들어가지 않도록 관리

NO	유 형	현 상	원 인	대 책
5	땜납 거미줄	도체간의 기판 표면에 땜납이 부착하는 것에 의해 발생. 형상이 거미줄과 비슷.	SOLDER-RESIST 경화 부족 및 PRE-FLUX의 부적합	경화를 충분하게 할 것. PRE-FLUX와 상용성이 좋은 POST-FLUX 선택
			납땜의 찌꺼기	납땜욕조의 보수관리 철저
6	땜납 봉우리의 PIN HOLE/ BLOW-HOLE (기포)	통상 PIN-HOLE 밑에는 큰 공동이 숨어 있어 봉우리에 균일성이 없는 것을 말함.	1. 유기질의 오물 기판이나 리스선 위에 오물이 있을 경우. 납땜처리시 가스 발생으로 발생	오물이 없도록 할 것.
			2. 습기 PCB HOLE 속 및 표면에 있을 경우	PCB 보관조건 개선 장기간 보관된 것은 필히 POST-BAKING 후 땜납할 것.
			3. 온도의 불균형 납땜처리시간을 단축하기 위하여 처리온도를 높게 하면 기포 발생의 원인이 됨.	POST-FLUX 후 PCB를 70~80℃/30초 전후 예비 가열
			4. HOLE 속 도금 불안정	HOLE 속 도금 두께 MIN 10㎛ 이상이면 발생 안함(단, HOLE 속 도금이 균일해야 함.).
			근본적인 원인은 땜납 봉우리의 열의 불균형에 의한 것임.	

18. REFLOW SOLDERING 불량 및 대책

18. REFLOW SOLDERING 불량 및 대책

Reflow Soldering시 발생하는 불량은

① Solder 미용융

② Solder 부족

③ Solder 젖음 불량

④ Solder Bridge

⑤ Solder Ball/side ball

⑥ 부품 틀어짐

⑦ Manhattan(tombstone) 현상

⑧ Wicking 현상

등을 들 수 있다.

최근 프린트기판 및 각종 전자부품이 Fine Pitch화 되갈수록 불량이 증가하며 마이크로 솔더링 기술이 더욱더 중요하게 된다. 마이크로 솔더링에서는 기판의 RAD 설계, 부품 및 기판의 청결유지, Solder Paste, Mounter, Reflow 온도관리 등의 최적 조건 유지가 필수적이다. 또한 불량 발생시 각각의 불량 발생 메커니즘의 이해를 통해서 원류적인 접근을 통해야 근본 해결이 가능하다.

Solder분말 SIZE와 불량 관계

입자 SIZE	10	20	30	40	50	60μm
빠짐성		GOOD				NG
Solder Ball	NG			GOOD		

* Fine pitch용으로 통상 20~40μm 크기의 것을 사용.

대표적인 Solder Paste

Solder 조성	고상선	액상선	용 도
63Sn/37Pb	183℃	183℃	공정솔더
62Sn/36Pb/2Ag	179℃	190℃(179℃)	금(은) 침식방지
60Sn/37Pb/3Bi	172℃	182℃	저온용
96.5Sn/3.5Ag	221℃	221℃	고강도 Pb Free솔더

1) REFLOW 온도 PROFILE

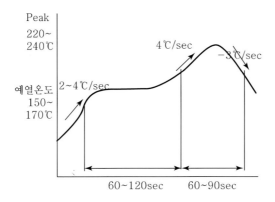

Solder Paste 입장에서는 용융온도가 높을수록 납땜성이 좋고 유리하지만, 부품측면에서는 온도가 낮을수록 열에 의한 영향이 적어 유리하다. 따라서 기판 전체를 고르게 승온하는 것이 유리하며 적정 온도 곡선은 솔더 메이커에서 권장하는 곡선을 기준으로 불량 발생상황에 따라 임의 조정 가능하다.

① 승온부 : 표준 승온 온도는 2~4℃

상온에서 예열 온도까지 가열하는 구간으로 리플로우로내에서 자연적으로 승온됨. 급격한 승온은 Solder Paste에 수분이 흡수된 경우 突沸가 일어나 Solder 분말이 비산하여 Solder Ball 발생의 원인이 된다.

② 예열부 : 150~170℃/60~120sec의 등온가열

Flux의 일부를 활성화하여 전극과 솔더분말의 산화막을 제거하고 재산화를 방지함. 용제를 증발시켜 산소를 차단하고 solder paste의 퍼짐 방지. 기판 전체를 가열하여 열편차를 줄인다.

③ 본가열부 : Peak온도 220~240℃, 200℃ 이상

40s 내외 Solder를 용융하는 구간. 금속표면의 산학막은 활성제에 의해 제거되고 접합을 완성한다. 기판내 각 부분의 열용량에 의한 승온

속도의 차이로 Peak온도가 10~20℃까지 차이를 보이기도 함(Δt).
급격한 승온은 맨하탄 불량을 유발하므로 승온속도는 4℃ 이하로 유지
한다.

④ 냉각부 : 하강속도 −3℃/sec 이하

급격한 냉각은 Solder의 결정 성장의 진행을 방지하고, 미세하고
깅긴한 집합 조성을 형성한다.

2) SOLDER량 부족

① Solder량 부족이 발생한 개소가 충분히 젖어 있어 납땜 상태는 양
호하고 납량만 적은 경우 : Solder Paste의 인쇄 문제로 Solder
Paste의 인쇄성이 나쁘거나 인쇄기(Screen Printer)의 설정 조
건에 문제가 있다.

※ CHECK POINT

인쇄 후 M/Mask 위에 잔사가 있다.	- 인쇄 압력이 낮다. - Squeegee. Mask, 기판의 평형도 확인
M/Mask 개구부에 Solder가 남거나 막힌다.	- Solder의 열화로 점도 상승(온도가 낮거나 산화) - 마스크 개구부의 사양 혹은 Solder 입자 size 재검토
M/Mask 개구부 벽면의 요철(凹凸)	- Lazer 가공 후 전해 연마 실시
우레탄 고무의 경도 문제	- Squeegee 경도가 낮거나 압력이 세면 개구 부가 파먹힘으로 Solder량 감소 - Squeegee 경도를 올리거나 메탈Sq로 변경
Rolling 부족	- Squeegee 각도, 스피드 재검토 - Solder 점도 CHECK - M/Mask 위에 납량 과다 or 과소시 Rolling 불량 발생

② Solder량 부족이 발생한 장소가 젖음성이 나쁜 경우 : 다음의 젖음
불량에 대한 대책을 먼저 수립 후 남는 문제를 해결

3) SOLDER 미용융

① 일정한 장소에서 미용융이 발생한 경우 : Soldering에 있어서 솔더링되는 모재, 솔더, 적정온도의 삼박자가 맞으면 적정한 솔더링이 가능하다. 일정한 장소에서만 발생한 경우는 solder의 문제가 아님. 모재가 나쁜 경우는 미용융이 발생하지 않고 젖음 불량이 발생한다. 따라서 적정온도가 아닌 것이 추정 가능. 미용융 발생 장소의 온도를 CHECK한다.

※ CHECK POINT

ⓐ 미용융이 발생하고 있는 부품이 열용량이 큰 부품은 아닌지?

ⓑ 기판 뒷면에 열용량이 큰 부품이 탑재되어 열 전달이 어려운 구조는 아닌지?

ⓒ 미용융 발생 부품 근처에 열용량이 큰 부품이 탑재되어 있지 않은지?

ⓓ 미용융 발생 부품 근처에 커다란 부품이 가려 있어 열풍이나 원적외선이 다다르기 어려운 구조가 아닌지?

② 장소가 일정하지 않고 random하게 발생한 경우 : 부품(모재)의 문제라면 특정한 장소, 온도의 문제라면 전체적으로 일정한 장소에서 발생한다. 따라서 random하게 발생하면 Solder Paste의 문제일 가능성이 크다.

※ CHECK POINT

ⓐ Solder Paste의 보관상태(밀폐), 보관 온도가 적정한지?

ⓑ Solder Paste의 사용기간 및 냉장고에서 꺼낸 시간, 사용방법은 적당한지?

ⓒ 교반은 충분히 했는지?

ⓓ 한번 사용한 Solder Paste를 재사용하는 것은 아닌지?

ⓔ 산화된 Solder Paste(장시간 사용, 마른 솔더, 주걱, 마스크 주변 등)를 사용하는 것은 아닌지?

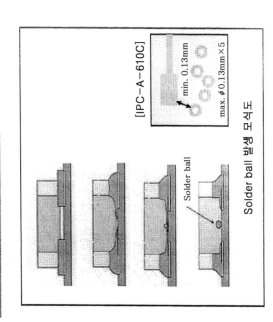

[IPC-A-610C]

min. 0.13mm

max. φ 0.13mm ×5

Solder ball

Solder ball 발생 모식도

4) Solder Ball 불량

① 대응 방안

- 가열 속도 최적화
  (Flux 내 solvent 및 수분의 급격한 증발 억제,
  solder 산화 방지)

- 기판의 outgassing 최소화
  (원판 흡수율, gas 방출량 최소화,
  TH 최소 도금 두께 유지, Void 제거)

- Mask 설계 변경
  (부품 하부 solder량 제어)

- Solder paste 특성 개선
  (인쇄성, Slump성, smear 방지)

● SOLDER BALL/SIDE BALL

○ Solder Ball

Solder Ball은 Solder Paste를 인쇄하고 Reflow한 후에 전극 주위에 발생하는 직경 10~100μm 정도의 작은 Solder 입자이다(JIS에서는 직경 75μm 이상의 것을 Solder Ball이라고 함).

실장밀도가 높은 프린트 기판에서 Pattern 사이에 Solder Ball이 잔류하여 Short 등의 불량을 발생시킬 위험이 있다. Solder Ball의 발생은 주로 Solder Paste의 열화나 Reflow 조건의 부적절을 의미하는 것으로 접합강도 저하나 신뢰성의 저하도 예상할 수 있다. 무세척 실장에서는 활성력이 낮은 Flux를 사용하는 추세에 따라 Solder Ball의 발생 가능성이 점점 증가하고 있다.

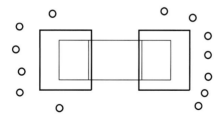

○ 발생원인은

① Solder Paste가 수분을 흡수한 경우 수분의 突沸, 용제의 突沸, Solder Paste 표면의 산화 등이 원인이 되어 Reflow시 일종의 폭발로 Solder가 비산한 것(입자가 작다).

② Solder Paste의 인쇄 Miss, 인쇄 후 퍼짐 등의 원인으로 Solder Paste가 Land 이외의 장소에 고립된 것

③ Solder Paste의 열화로 Flux의 활성력이 부족하게 되고 Solder Paste의 응집력이 저하되어, 응집 탈락으로 Solder가 고립된 것. 이것은 활성력의 부족과 산화에 의한 상대적 활성력 저하가 원인으

로 응집력의 저하로 인쇄된 Solder 입자가 서로 융합하지 않은 것을 나타낸다. Solder Ball의 방지는 Solder Paste의 정확한 인쇄와 Solder Paste의 열화를 억제하는 대책과 수분 및 용제의 突沸를 억제하는 대책이 필요하다.

구체적으로는 Solder Paste의 보관조건, 사용방법 준수, 인쇄환경과 Reflow 조건의 저정화가 필요하다. Reflow시 Solder입자가 산회되기 어려운 N2 Reflow나 VPS방식이 유리하다 Hot Air방식에서는 풍속을 떨어뜨림으로서 Solder Ball의 발생을 억제할 수 있으며, 예열 구간을 활성제가 활성화하는 온도 80℃에서 Solder가 용융할 때까지의 시간을 2분 이내가 되도록 억제한다.

○SIDE BALL

Side Ball은 각 부품 측면에 발생하는 직경 100~300μm 크기의 금속입자로 통상 Chip 부품 측면에 1개 혹은 양쪽에 하나씩 발생한다. 실장밀도가 높은 기판에서 Short 불량의 발생 위험이 있다. 발생원인은 Solder Paste가 Chip 부품 장착시 눌려 부품 측면으로 이동하여 독립적으로 용융하여 Ball로 된 것이다. Solder Paste는 예열시 점성이 낮아지기 때문에 Solder Paste가 Chip부품과 기판 사이의 모세관 현상에 의해 침입하여, Reflow시의 용융에 의한 부품의 낙하하는 힘에 의해 Chip부품 측면으로 Solder Ball이 분리독립되어진다.

M/mask의 개구부 형상을 Solder가 눌려도 측면으로 넘치지 않도록 변경하는 방법도 유효함.

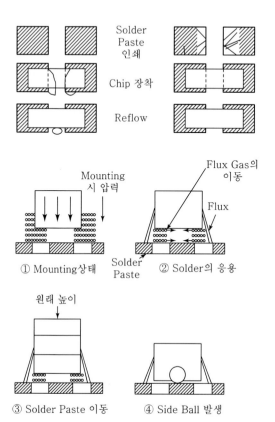

Solder Paste 인쇄

Chip 장착

Reflow

① Mounting상태

Solder Paste

② Solder의 응용

Mounting 시 압력

Flux Gas의 이동

Flux

원래 높이

③ Solder Paste 이동

④ Side Ball 발생

5) Bridge 불량

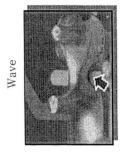

Wave

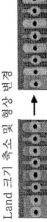

Reflow

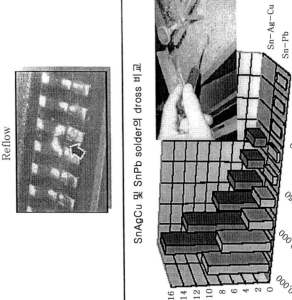

SnAgCu 및 SnPb solder의 dross 비교

Solder dross (kg)

Oxygen density (ppm)

·Solder 온도 : 250℃(8 hours)

Sn–Ag–Cu
Sn–Pb

① 대응 방안
- Bath내 dross, 금속간 화합물 부유 억제
  (산화방지제 투입, bath 온도, wave 높이,
  flow 압력 조정, 특수 nozzle 적용)
- Flux 고형분 함유량 증대
- Land 크기 축소 및 형상 변경
- Lead 길이 최소화
- Solder paste 특성 개선
  (인쇄성, Slump성, smear 방지)

● SOLDER BRIDGE

Solder Bridge는 일반적으로 Solder Paste의 과다 공급에 의해 발생하지만 Solder의 젖음 불량으로 인한 납땜되는 면적이 작아졌을 때 부분적으로 납량이 과다해져서 발생하기도 한다. 따라서 젖음 불량으로 납땜되는 면적이 작아지면 정상적인 납량을 공급해도 Solder의 과다공급이 되므로 납땜상태를 잘 관찰해야 한다. 납땜불량을 관찰하여 젖음 불량이 발견되면 젖음 불량 대책을 먼저 실시하고, 만약 납땜 상태가 양호하면 Solder의 과다 공급으로 판단하여 인쇄 Process를 CHECK한다. 인쇄 항목 외에 부품 장착시 압력 과다 및 노즐 하사점에 의한 Solder의 눌림문제로 Bridge가 발생하기도 하므로 Mounter 관리도 필요함.

※ 인쇄기 CHECK 항목

ⓐ 기판과 마스크의 GAP	- 기판의 휨 방지 - 기판의 평탄도 - BLOCK의 평탄도
ⓑ Squeegee 평탄도	- Floating기능이 있는 것이 유리
ⓒ Sq.속도	- Sq.속도가 너무 빠르면 Rolling에 의한 점도 저하, 점도가 회복되지 않은 상태로 분리하면 퍼짐 불량 발생
ⓓ 마스크 밑면의 Flux. Solder	- 개구부가 PAD보다 작은지 확인 - 마스크와 기판 사이의 Gap 없앨 것
ⓔ 우레탄 Sq. 사용시 높은 인압	- Sq.경도가 약하면 파임 현상 - 경도를 높이거나 압력 조정
ⓕ 인쇄기 인쇄조건	- Sq.각도를 60~70°
ⓖ 인쇄기 납량상태	- 인쇄기 납량을 적당하게 한다. - 과다시 용제 증발, Rolling 불량 - 과소시 Rolling 불량 발생

● BRIDGE 발생 메카니즘

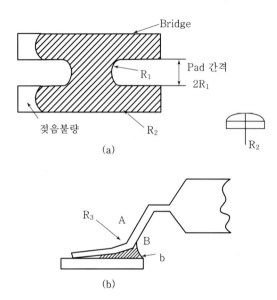

(a)

(b)

◦Solder의 접속 현상은 응고 직전의 액체상태에서 결정

액체상태의 현상은 작용하는 각종 작용력의 balance에 의해 결정된다. 그림의 R_1, R_2, R_3는 용융Solder에 의해 생긴 곡률반경으로 Solder의 외측에 형성되는 R_1, R_2는 負(-)이다. 그림 (a)의 예로 보면 Bridge 발생 초기 용융상태에 있는 Bridge는 거의 인쇄 틀어짐, 인쇄 퍼짐 등에 의해 Pad 사이에 걸쳐진 Solder Paste가 용융하면서 발생한다. 그림에서 Pad 사이에 형성된 Bridge의 용융Solder의 내압 ΔPb는 $\Delta Pb = -r/R_1$로 되고, Bridge부의 용융Solder의 내압은 부압으로 있는 것에 대해 Pad상의 용융 Solder내압은 $\Delta P_2 = r/R_2$로 되어 정압이 된다. 따라서 일단 Bridge가 발생하면 bridge부의 내압이 낮고 Pad부의 내압이 높기 때문에 용융솔더는 Pad부에서 Bridge부로 점점 이동한다. 그림 (b)의 경우 Pad코너 A의 용융상태의 내압 $\Delta P_A = r/R_3$로 부압으로 되어 있기 때문에 Bridge내의 용융솔더는 Pad의 코너부분 A로 이동하고 정착하게 된다.

Fine pitch가 되면 R_1, R_2가 작아지기 때문에 Bridge 발생이 쉽게 된다. 표면장력 r이 작아지면 Bridge 발생의 억제가 가능하다.

표면장력을 줄이는 방법 : ⅰ) Bi 함유된 Solder 사용

ⅱ) Solder 인쇄량 감소,

ⅲ) Reflow 설비로는 VPS < Hot Air < N_2

6) 젖음성 부족 불량

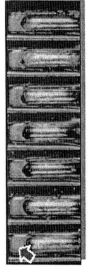

① 대응 방안
- Peak 온도 및 용융 시간 증대 (Solder 유동성 증대)
- 기판 표면처리 변경
  (예일 OSP, Ni:Au 도금, Immersion Sn 도금 등)

OSP → Au

- Land 크기 축소 및 Solder resist 미도포

S/R Land 도포   미도포   Land 축소

- Mask 개구율 증대 및 land 외과 round 처리

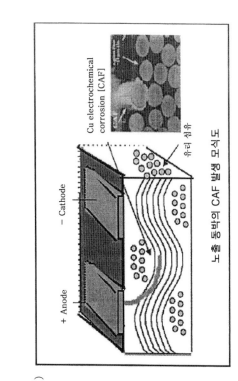

Sn37Pb

+ Anode   − Cathode

Cu electrochemical corrosion [CAF]

유리 섬유

노출 동박의 CAF 발생 모식도

● 젖음 또는 젖음성이란 무엇인가?

왁스로 닦은 자동차에 빗물이 떨어지면 구슬과 같은 물방울이 되어 흐른다. 그러나 왁스를 바르지 않으면 빗물은 막과 같이 퍼지면서 자동차를 덮는다. 이처럼 고체에 접촉된 액체가 흘러서 퍼져 가는 것을 「젖음」이라고 한다. 「젖음성」이란 이 퍼지기 쉬운 정도를 나타내는 금속표면의 성질을 말한다.

젖음성은 금속의 종류(산화되기 쉬운가 아닌가 등), 플럭스의 종류(산화물의 제거능력), 또 금속표면의 오염물이나 표면 거칠기의 상태 등에 의해서도 변한다.

그림은 젖음의 상태를 모델화해서 보인 것이다.

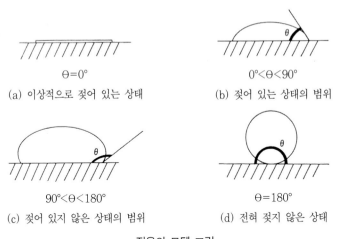

$\theta=0°$

(a) 이상적으로 젖어 있는 상태

$0°<\theta<90°$

(b) 젖어 있는 상태의 범위

$90°<\theta<180°$

(c) 젖어 있지 않은 상태의 범위

$\theta=180°$

(d) 전혀 젖지 않은 상태

젖음의 모델 그림

【참고】

(1) 접촉각 ; 젖음의 정도를 나타내는 척도로서 통상 접촉각 θ가 쓰인다. 접촉각
θ의 값이 작을수록 잘 적셔진다. 아래에 접촉각 θ의 값을 참고로 보였다.

접촉각 θ=0°   ; 이론상 이상적인 젖음(무한히 평행한 젖음).

θ=20°이하   ; 잘 적셔져 있다.

θ=60°~20° ; 실제의 젖음 범위.

θ=90°~60° ; 그다지 젖지 않음.

θ=90°이상 ; 젖지 않음.

θ=180°   ; 전혀 젖지 않음(완전히 구형으로 된다).

● Solder의 젖음 불량

Solder의 젖음 불량은 심각한 문제로 젖음 불량이 발생하면 Solder의
표면장력에 의한 Self-alignment 효과도 떨어지고 부품에 대한 접착력 확
보도 부족하게 된다. 따라서, 부품 틀어짐, 결품, Solder 부족, Bridge 등
의 다양한 불량이 발생하여 복잡한 불량이 된다.

① 특정한 장소에 집중하는지, Random하게 발생하는지 구분하여 대책
수립

② Solder Paste. Reflow 온도 Profile을 중심으로 전체 Process를
재검토하여 Reflow 온도 Curve가 적정 Curve를 나타내고 있는지
확인하고 충분한 예열 및 Reflow 용융구간을 확보한다.

③ Solder Paste, Reflow 온도 Profile에 문제가 없는 경우에는 부품
및 기판의 표면 산화에 문제가 있을 수 있다. 이 경우는 대개 납땜되
는 표면의 산화가 원인이 된다. 약간의 산화막은 SOLDER PASTE
에 포함되는 FLUX에 활성에 의해 제거되지만 산화정도가 심하거나
FLUX의 활성이 저하되면 산화막 제거가 어렵게 된다. 대표적인 예
로 IC나 TR의 Lead 산화에 의한 납땜불량이 많다.

○ HASL 처리 기판의 Solder Coating이 불균일하고 얇게 되면 얇은 부분에서 금속간 화합물이 노출되어 산화되기 쉽다.

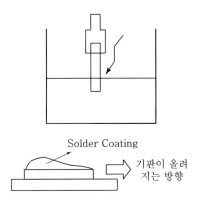

Solder Coating

기판이 올려 지는 방향

- 기판이 올라가는 뒷편에는 Solder Coating이 두껍고 앞쪽은 얇다.
- Hot AIR를 불어주는 Air Knife가 불균일하면 Solder Coating 두께가 불균일해진다.

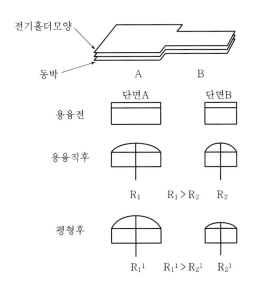

전기홀더모양

동박

A   B

단면A   단면B

용융전

용융직후

R_1 $R_1 > R_2$ R_2

평형후

R_1^1 $R_1^1 > R_2^1$ R_2^1

7) Void 불량

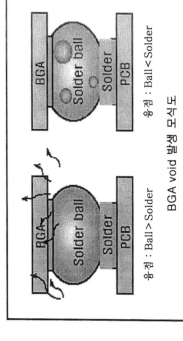

BGA void 발생 모식도

융점 : Ball > Solder   융점 : Ball < Solder

① 대응 방안
 – 승온 속도 감소 및 예열 시간 증대
  (충분한 flux outgassing 시간 확보)
 – Peak 온도 및 용융 시간 증대
 – 냉각 속도 제어
  (급속 냉각으로 Shrinkage 최소화)
 – Pd free BGA ball 적용 (Ball 융점 증대)
 – Solder paste power 크기 및 분포 제어
  (충분한 flux outgassing 공간 확보)

8) 부품 위치 틀어짐

이 경우 Solder의 젖음 불량과의 복합 불량인지 확인한다.

부품 틀어짐이 발생한 개소의 Soldering 상태를 관찰하여 젖음 상태가 양호하면 다소 부품이 틀어지더라도 Self Alignment 기능에 의해 정위치를 찾아가지만, 젖음 불량의 흔적이 발생되면 먼저, 젖음 불량의 대책을 수립한다.

Soldering 상태가 양호해도 부품의 틀어짐이 발생하면 다음의 경로로 분석한다.

○ Reflow Soldering 전에 틀어짐 발생

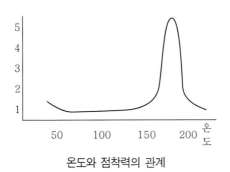

온도와 점착력의 관계

Reflow 전에 부품 틀어짐이 발생하면 Solder Paste의 점착력이 약하던지 점착력 이상의 힘이 가해진 것이다. 따라서 부품의 점착력을 Check하여 점착력이 약하면 Solder Paste 문제이고, 점착력의 문제가 아니면 Mounter의 장착정도를 Check한다.

○Reflow Soldering 후에 틀어짐 발생

Solder의 젖음 상태도 양호하고 Self Alignment 효과도 기대 가능한 상태에서도 부품이 틀어져 있는 경우는 Reflow에서의 기판 이송시 Conveyor의 진동관계를 Check한다.

Reflow에 문제가 있으면 Manhattan과 같은 현상으로 Land 내의 용융Solder의 표면장력 차이로 발생한 것으로 추정 가능하다.

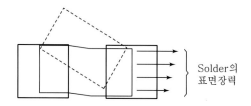

우측의 Solder가 먼저 용융했을 때 용융Solder의 표면장력이 그림처럼 Unbalance하면 부품이 회전하여 위치 틀어짐이 발생한다.

※ CHECK POINT

Reflow M/C 들어가기 전에 부품 틀어짐	- 장착기의 부품흡착, 장착상태를 Check하여 Mounter 점검 - Solder Paste의 점착특성을 Check - 장착기에서 Reflow M/C까지의 이송상태 확인
Reflow M/C에서 틀어짐	- 온도 Prifile을 Check하여 예열 시간이 충분히 확보되어 있는지 확인 - Reflow M/C의 진동을 Check하여 문제가 있으면 재조정 - 예열시간이 너무 길어 활성제의 활성력이 저하되면 약간의 젖음 불량의 기미에서도 부품 틀어짐 발생
도포된 Solder량이 너무 많지 않은지	- Solder Paste량 조정
Land가 적정하게 설계되어 있는지	- Land 형태 및 Solder 공급 형태에 따라 표면장력의 차이 발생

9) Manhattan 현상-(1)

종래의 대형부품, 예를 들어 3216 등의 부품은 예열 등의 방법으로 제어가 가능했던 Manhattan 현상이 부품의 소형화(1608, 1005) 진행에 따라 예열 등의 방법으로 제어하기 어려운 문제로 나타나고 있다. 한때는 VPS 특유의 현상으로 보였던 Manhattan 현상이 IR Reflow, Hot Air Reflow에서 더 많이 발생하고 있다(H.A. Reflow보다 N_2 Reflow에서 납의 표면장력이 증가함).

Manhattan 현상은 reflow중의 어느 순간 chip 부품을 세우려고 하는 회전모멘트(M_3)가 그것을 억제하려는 복원모멘트(M_1, M_2)를 누를 때 발생하는 현상으로 용융 solder는 물론 chip부품에 작용하는 힘의 해석이 중요하다.

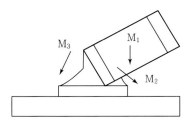

M_1 : CHIP 부품의 자중에 의한 모멘트
M_2 : Solder의 표면장력에 의한 복원 모멘트
M_3 : Solder의 표면 장력에 의한 발생 모멘트

① Manhattan으로 작용하는 힘
 - Chip 부품 자중(自重)
 - 인쇄된 Solder Paste가 용융하여 1/2의 높이로 될 때의 낙차
 - 전극과 Land 사이의 젖음력
 - Flux에서 발생하는 Gas에 의한 부력과 Flux의 부력

② 가속하는 힘
 - Land의 온도상승의 시간차
 - Chip 부품의 형상
 - Chip 부품의 전극 길이
 - C/V 진동
 - Reflow로 내의 기류의 상승
 - 온도 Profile Chip 부품 아래의 기판의 요철
 - Chip 부품 아래 기판의 Hole
 - Solder Paste의 합금 성분

③ 발생 메커니즘

ⓐ의 상태로 Chip이 장착된 기판이 Reflow M/C으로 들러가면 Reflow M/C에서는 균일한 열이 가해지지만, 어떠한 문제로 인해 A가 B보다 먼저 온도가 상승한다고 가정하면 기판 ASS′Y에서는 기판보다 CHIP 부품이 먼저 온도가 상승하고 작은 부품일수록 온도가 빨리 올라간다(CHIP 부품 상면이 먼저 온도가 상승). CHIP 부품의 전극부에서 온도가 올라가면 그것에 접해 있는 SOLDER PASTE중의 FLUX의 온도가 상승하여 그 부분의 점성이 낮아져 흐르기 쉽게 된다. 액체는 점성이 큰 쪽에서 낮은 쪽으로 흐르기 쉬운 성질이 있기 때문에 온도가 높은 측에 있는 전극의 상부를 향해 FLUX가 타고 올라간다. 다음으로 고온측으로 ASS′Y가 이동하면 Solder Land에 인쇄된 외측부터 용융이 시작되고 용융이 되면 Solder의 높이는 1/2이 되어 여기에서 Chip은 1/2의 낙차에 의해 경사지게 되면서 동시에 전극에서 젖음이 시작하기 때문에 Land측은 용융 Solder를 잡아당기는 작용이 일어난다. 이렇게, 해서 Chip은 A Land로 틀어져 있기 때문에 B측의 전극은 떠 있는 상태로 되어 용융 Solder는 전극과 접촉을 못하게 된다. A, B 양쪽 Land의 Solder에서 유출된 Flux는 2배의 양으로 되어 Chip 밑면으로부터 들뜨게 하는 힘으로 작용한다.

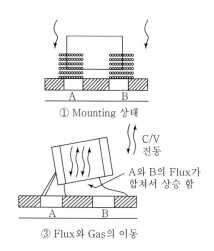

① Mounting 상태

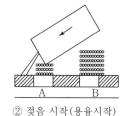

② 젖음 시작(용융시작)

③ Flux와 Gas의 이동

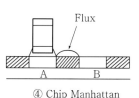

④ Chip Manhattan

④ 대책으로는

　㉮ Reflow 장치

　㉯ Land 설계

　㉰ 부품

　㉱ Solder Paste

　㉲ Mounter

의 5항목에 유의한다.

　Reflow로에서 균일한 예비가열

　급격한 온도 상승을 피하고 완만한 온도 상승

　Reflow 통과시 진동이 없을 것

　Land의 부품 끝에서의 Land 길이를 짧게 한다.

　Land 폭을 좁게 한다(표면장력이 작용하는 폭을 작게 한다).

　부품 하면의 전극폭의 편차가 작을 것(1608 저항부품의 전극폭은 0.3mm 이상).

　Solder 인쇄시 좌, 우의 Solder량을 같게 한다.

　Solder 도포 두께를 얇게 한다.

점착력이 강한 Solder를 사용한다.

용융구간이 있는 Solder를 사용한다(Bi, Ag 함유 Solder).

Chip 장착시 부품과 Solder의 위치 틀어짐이 없을 것.

기판이 얇을수록 온도분포의 편차가 적다.

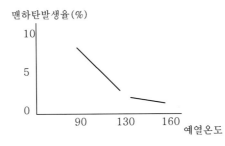

Solder Paste 인쇄 두께	불량 발생율
200μm	6.6%
100μm	0.8%

9) WICKING 현상-(2)

Manhattan 현상이 수평방향의 온도 차이에 의해 발생하는 것에 비해 Wicking 현상은 수직방향의 온도 차이로 인해 발생한다. Wicking 현상이 발생한 장소를 확인하여 납땜부위에서 젖음불량의 문제가 발생하면 여분의 Solder가 유출하여 Wicking 현상처럼 보이기도 한다. 이럴 때에는 젖음불량의 대책을 먼저 수립한다.

젖음불량의 기미가 없이 Wicking 현상이 발생하면 위킹현상이 발생한 개소의 Lead 온도가 Soldering부의 온도보다 높다고 볼 수 있다. 용융 Solder는 보다 고온측으로 이동하려는 경향이 있다. 따라서 부품 Lead의 온도가 Soldering부위보다 높은 경우 용융 Solder는 부품의 Lead부로 이동하여 Wicking 현상이 발생한다. 대책으로는 Reflow 온도 Profile을 통해 고른 열이 공급되도록 충분한 예열구간을 확보하고 기판하면 히터를 이용하여 하면을 먼저 가열한다. 지효성(遲效性) Solder를 사용하는 것도 하나의 방법이다.

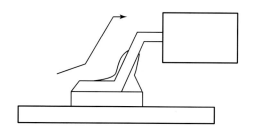

9) Tombstone 불량–(3)

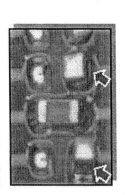

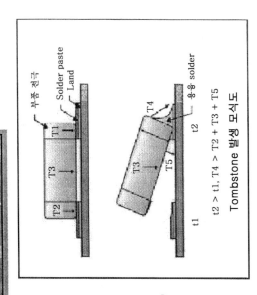

부품 전극
Solder paste
Land

T1
T'3
T'2

$t2 > t1$, T4 > T2 + T3 + T5

T4
T'3
T5
용융 solder
t2
t1

Tombstone 발생 모식도

① 대응 방안

– Land 설계 변경
  (동일 열용량 유지, solder량 조절)

– Mask 설계 변경
  (Land 대비 solder 내부 인쇄)

– Solder 특성 개선
  (상변이 온도구간(액상선–고상선 온도차) 확보, 점성력 증대)

– Land 및 부품 전극 젖음성 향상

– Solder resist 인쇄 두께 제어

10) 동박 박리 불량

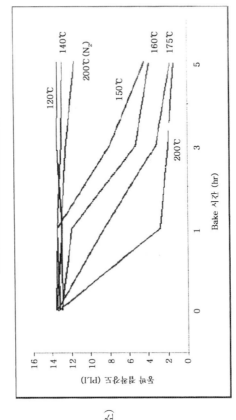

① 대응 방안
- Reflow 설비 heating 능력 증대
  (기판 국부 승온 방지)
- 패들 원판 특성 개선
  (동박 접착제 내열성 향상, 흡수율 감소)
- 기판 제조공정에서의 bake 최소화
  (STH 공정, IR ink 경화공정 관리)

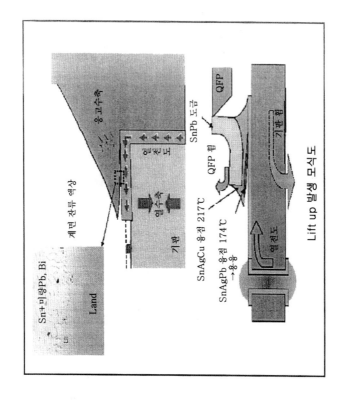

11) Lift off 불량

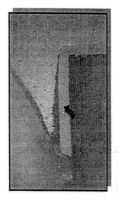

① 대응 방안

- Solder 용융시간 최소화
  (상변이 온도구간 최소화, 기판 열용량 관리, 급속냉각)

- Solder bath 불순물 관리(Pb, Bi 농도)

- Land 크기 증대 및 Solder resist land 도포

Solder resist 도포

- 부품 전극 및 기판 표면처리 변경
  (저융점 원소 불포함)

12) Whisker 불량

직경 : 2㎛
길이 : ~10mm

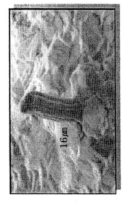

16㎛

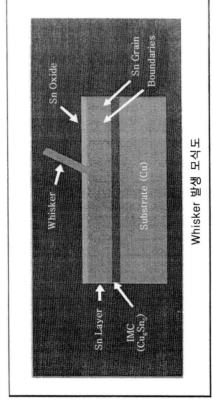

Whisker 발생 모식도

Sn Oxide
Sn Grain Boundaries
Whisker
Substrate (Cu)
Sn Layer
IMC (Cu$_6$Sn$_5$)

① 대응 방안
- 잔류응력 제거(열처리)
- 합금원소 첨가(Bi 등)
- Barrier 도금(Ni)
- 냉각 속도 최적화
  (Sn 편석 억제)
- 기계적 응력 발생 최소화
  (Low CTE 기판, 부품 채용)

13) 열충격 CRACK 불량

① 사례2 : 양면 FR-4 기판 OFP reflow soldering 후 −40℃↔125℃ 열충격 500cycle

② 대응 방안
  − CTE差 최소화
    (부품 몰딩제, 리드제질, 기판 선정)
  − Land/hole 크기 설계 최적화
    (열충격 시험 후 인장강도 평가)
  − 열충격 시험 조건 재검토

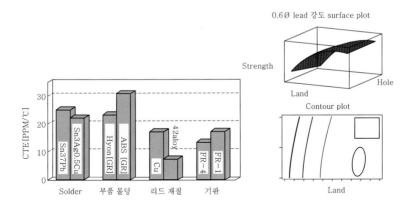

14) 확산

물에 그림물감을 떨어뜨려 교반하지 않고 방치하면 그림물감은 서서히 그 주위로 퍼져간다. 이 퍼지는 속도는 물의 온도가 높을수록 빨라진다.

고체 금속내에서는 결정격자 내의 금속원자가 통상 열진동하고 있고, 온도가 충분히 높아지면 어떤 격자점으로부터 다른 격자점으로 자유롭게 이동한다. 이 현상을 일반적으로 확산이라고 부른다.

확산은 솔더의 조성·성분이나 모재, 가열온도에 따라 다르고, 자기 (自己)확산과 반응확산으로 분류된다. 자기확산은 같은 종류의 금속간에 일어나는 확산이고, 반응확산은 이종(異種)금속간의 확산을 말한다. 상호확산은 반응확산에 포함된다.

확산을 현상면에서 보면 다음과 같은 형태로 분류할 수 있다.

(1) 표면확산 ; 금속결정의 표면을 따라 솔더가 확산하는 것

(2) 입계확산 ; 금속결정의 입계로 솔더가 확산하는 것

(3) 체(體)확산 ; 금속결정립으로 솔더가 확산하는 것

(4) 선택확산 ; 납재성분이 2종류 이상의 금속원소로 되어 있는 경우, 어떤 원소만 확산하고 다른 원소는 확산하지 않는 것(예 Sn ; 확산, Pb ; 확산 안됨)

이 각종 확산 모델을 그림에 보였다.

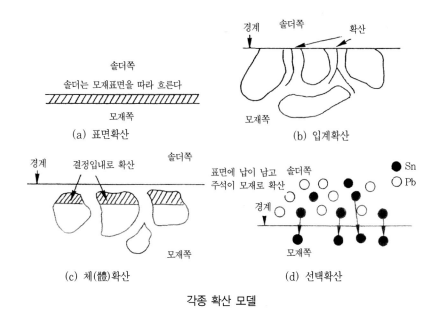

각종 확산 모델

15) 용해(리칭, leaching)

설탕을 그대로 녹이는 것은 꽤 온도가 필요하지만, 물에 설탕을 넣으면 상온에서도 간단하게 녹아버린다. 금속에서도 마찬가지 현상이 일어나는데, 고체금속 고유의 융점으로 올리지 않아도 용융 액체에 담그는 것만으로 고체금속이 액체금속으로 녹아 나오는 것을 알 수 있다. 이 현상을 「용해」라고 한다.

자주 「솔더 용식」, 「은 용식」, 「구리 용식」이란 단어를 들었겠지만, 이들이 바로 용해에 해당된다.

용해현상은 특히 마이크로 솔더링과 같이 미소 접합에 잘 발생되어 패드(pad) 소실 등의 문제를 일으키기 때문에 설계를 포함하여 주의할 필요가 있다. 여기서는 은(Ag)-팔라듐(Pd) 도체의 용해 모델을 그림에 보인다. 이것은 「은 용식」을 나타낸다.

용해를 감소시키는 대책으로는, 용해량이 적은 금속을 일정량 솔더에

혼입시킴으로써 어느 정도 방지할 수 있다.

　(예) 동 세선(細線)의 용식 ; 동(Cu)이 들어간 솔더를 사용하는 것으로 저감할 수 있다.

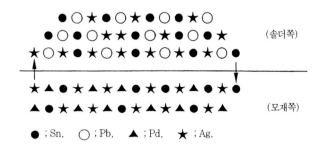

● ; Sn,　○ ; Pb,　▲ ; Pd,　★ ; Ag,

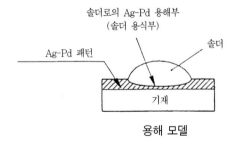

용해 모델

【참고】

(1) Sn-Pb계의 솔더에서 중요한 금속의 용해속도를 큰 순서대로 열거하면 다음과 같다.

주석(Sn) > 금(Au) > 은(Ag) > 동(Cu) > 팔라듐(Pd) > 백금(Pt) > 니켈(Ni)

16) 솔더링성(solderbility)

솔더링성이란, 용융된 솔더가 고체금속의 표면에 잘 젖고, 확산하는 것에 의해 강한 금속결합(적절한 두께의 합금층)이 가능하도록 물리적, 화학적 조건을 만족시키는가 아닌가의 척도를 말한다.

또 수작업이나 자동공정에서 단시간에 잘 젖고 양호한 솔더링 결과가 언어지면 「솔더링성이 좋다」라고 말하며, 소위 작업의 척도로도 된다.

더불어 솔더링이란 「젖는다」라는 현상만이 아니고, 접합계면의 기계적 특성, 바꿔 말하면 합금층(금속간 화합물)의 적정한 두께의 생성이라고 하는 접합성(bondability)의 정도라는 의미도 포함되어 있다.

> 솔더링성 = 젖음성(wettability) + 접합성(bondability)

※ 경우에 따라서는 신뢰성(reliability)까지 포함하는 경우도 있다.

솔더링성에서 본 솔더링 공정의 최적 가열조건은 접합 금속면을 「적시는」데 필요한 열량과 심하게 산화시키지 않는 온도 및 시간으로 솔더링하는 것이 절대조건이다.

20. DIGITAL 용어

NO	용 어	원 어	설 명
1	ADC	Analog To Digital Converter A-D Converter	1. 아날로그-디지털 변환기 2. 아날로그 신호를 디지털 신호로 바꾸는 변환기 3. 반대로 디지털 신호를 아날로그 신호로 바꾸는 장치를 디지털-아날로그 변환기라고 함 (DAC).
2	ADSL	Asymmetric Digital Subscriber Line	1. 비대칭 디지털 가입자회선 2. 기존의 2선식 가입자 전화 회선을 이용하여 전화국에서 가정으로 1.5Mbps, 가정에서 전화국으로 16kbps의 통신(비대칭)을 실현할 수 있는 기술
3	에드웨어		1. 스파이웨어(SPY-WARE)라고도 함. 2. 마케팅이나 상품광고를 노린 업체의 인터넷 사이트에서 다운로드된 불법 프로그램 3. 메신저프로그램, 비디오 플레이어, 파일공유 프로그램 등을 내려 받을 때 덩달아 다운로드 되는 경우가 많다. 4. 일반 팝업(POP-UP)광고와 달리 광고창을 지속적으로 띄우거나, 임의로 특정 웹사이트에 연결하기도 함.
4	ASP	APPLICATION SERVICE PROVIDER	1. 값비싼 S/W를 초고속 인터넷망을 이용해 보다 저렴하게 사용할 수 있도록 해주는 서비스 2. 통상 S/W 온라인 임대라고 한다. 3. S/W를 제품 형식으로 포장해 구매자에게 제공하는 대신 사용자가 인터넷으로 접속해 필요할 때마다 활용하는 방식 4. 장점 ① 편리한 것도 있지만 판매자나 구매자 모두 비용절감이 가능 ② S/W기업 처지에서는 값비싼 포장 비용과 공급문제 해결 ③ 물류비용과 포장 CD롬 제작 등에 들어가는 비용이 모두 없어짐. 5. 국내 통신업체들이 적극적으로 추진하고 있는 소기업 N/W화 사업이다.
5	ATM	ASYNCHRONOUS TRANSFER MODE	1. 비동기 전송방식 2. ITU-T에서 1988년에 광대역 종합정보통신 망(B-ISDN)의 전송방식으로 결정하여 B-ISDN의 핵심이 되는 전송·교환기술. 모든 정보를 ATM셀이라는 고정길이의 블록으로 분할하여 이것을 차례로 전송하는 방식.

NO	용 어	원 어	설 명
6	2차전지		1. 2차전지와 1차전지의 차이점은 충전여부에 달려 있다. 2. 1차전지→충전이 불가능해 1회용으로 사용하는 전지→우리가 사용하는 건전지 3. 2차전지→반복해서 충전해 사용할 수 있는 전지. 니켈-카드뮴, 니켈-수소, 리튬이온 리튬이온폴리머 연료전지 등 4. 2차선시도 반영구석으로 사용불가 5. 리튬 이온계 2차전지는 수명이 길고 저절로 방전되는 전류가 적어 휴대폰, 노트북 등 IT 기기에 많이 사용. 크게 원통형과 각형으로 구분 6. 연료전지는 수소와 산소를 결합시켜 전기를 생산 7. 재충전 없이 카트리지 형태여서 용기만 교환하면 지속적 사용 가능
7	버스정보 시스템 BIS	BUS INFORMATION SYSTEM	1. 버스운행사항을 실시간으로 파악해 고객들에게 해당정보를 제공함으로써 효율적인 버스 운행을 유도하는 시스템 2. 버스에 달린 GPS와 위성을 통해 센터 상황실과 버스회사간 실시간 통신이 가능하고 버스정류장마다 디지털 안내판이 설치돼 승객들은 몇분 후에 버스를 탈 수 있는지 확인이 가능 3. 정보화 시스템 표 참조

표: 정보화 시스템

구 분	내 용
시민	정류장 대기시간 안내 버스도착 시간안내 웹 서비스 제공
운전자	차량 간격, 배차차량, 돌발상황
교통센터	배차시간 준수 위반사항 실시간 위치 돌발상황
버스회사	배차시간 준수 위반사항 버스고장 파악

NO	용 어	원 어	설 명
8	6축기술		1. 공간상의 움직임을 인식하는 가속도 센서 3축(X, Y, Z)과 방향성을 감지하는 지자기 센서 3축(X, Y, Z)을 활용한 기술 2. 단일동작만 인식하던 기존의 3축기술 수준을 넘어서 연속동작도 인식하는 최신기술 3. 6축기술 알고리즘 4. 연속동작 인식 휴대폰에 채택
9	지그비		1. 근거리 무선통신 규격 2. AA Battery 두 개로 몇 년을 버틸 수 있는 만큼 저전력 소비를 자랑 3. 용량이 적은 Data를 주고받기 편해 반경 30m 이내의 가전을 제어하거나, 혈당이나 체온을 측정해 이 자료를 주고받을 수 있다.
10	BcN		1. 광대역 통합망 KT BcN 주요 서비스

KT BcN 주요 서비스

서비스명	서비스 내역
IP미디어	WDM-PON용 기반의 IP미디어 서비스, 시간 이동방송(N-PVR)
프리미엄보이스	광대역 통합망 환경에서 원음 수준의 음질을 제공하는 고품질 통화서비스
유무선 연동	KTF WCDMA단말기-KT영상전화 간의 연동통화
MMCID/ MMRB	멀티미디어 콘텐츠를 착신자에게 발신정보로 제공하고, 발신자에게 통화 연결음으로 제공하는 서비스
B-러닝	영상단말기를 기반으로 푸시형 학습 콘텐츠 제공
B-헬스케어	생체신호를 영상단말의 측정기를 통해 측정·전달하고, 의료기관을 통해 건강관리, 환자감시 및 응급의료기능 등을 제공
비디오 뱅킹	오디오·비디오 기반으로 폰뱅킹 기능을 제공
멀티미디어 스트리밍	멀티미디어 콘텐츠 뿐만 아니라 매직엔 같은 텍스트 기반 콘텐츠를 영상단말기에서 제공
B-게임	영상 단말기를 기반으로 BcN 가입자 뿐만 아니라 이동망 가입자와도 즐길 수 있는 온라인 게임
QoS솔루션	엔드투엔드 QoS 및 CAC(호 수락 제어) 제공

NO	용 어	원 어	설 명
			네스팟 매니저: 댁내 네스팟 AP를 활용해 휴대폰, PC, 네스팟 단말기로 댁내 무선 기반의 가전기기를 제어할 수 있는 무선 홈네트워킹 서비스 개방형 공동 관람 서비스: 이용자가 등록한 단말기 상태정보를 기반으로 관람자들이 동일한 콘텐츠를 원격에서 공동 관람하는 서비스 2. 단계별 시범사업 추진계획

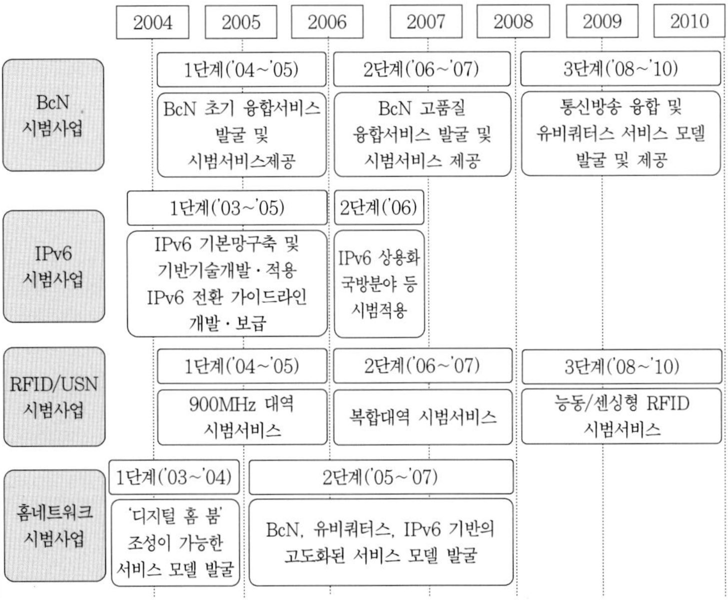
2004
2005
2006
2007
2008
2009
2010
BcN 시범사업
1단계('04~'05)
BcN 초기 융합서비스 발굴 및 시범서비스제공
2단계('06~'07)
BcN 고품질 융합서비스 발굴 및 시범서비스 제공
3단계('08~'10)
통신방송 융합 및 유비쿼터스 서비스 모델 발굴 및 제공
IPv6 시범사업
1단계('03~'05)
IPv6 기본망구축 및 기반기술개발·적용 IPv6 전환 가이드라인 개발·보급
2단계('06)
IPv6 상용화 국방분야 등 시범적용
RFID/USN 시범사업
1단계('04~'05)
900MHz 대역 시범서비스
2단계('06~'07)
복합대역 시범서비스
3단계('08~'10)
능동/센싱형 RFID 시범서비스
홈네트워크 시범사업
1단계('03~'04)
'디지털 홈 붐' 조성이 가능한 서비스 모델 발굴
2단계('05~'07)
BcN, 유비쿼터스, IPv6 기반의 고도화된 서비스 모델 발굴

NO	용 어	원 어	설 명
11	BL DISK	BLUE LAY DISK	1. DVD를 대체할 차세대 저장매체 2. 25GB 분량 DATA 저장 3. CD나 DVD가 붉은색 레이저를 사용하는데 비해 블루레이디스크는 파장이 짧은 푸른색 레이저로 기록하고 읽기 때문에 고해상도의 영상과 이미지 음향을 구현할 수 있음.
12	B-ISDN	BROADBAND INTEGRATED SERVICES DIGITAL NETWORK	1. 광대역 종합 정보 통신망 2. 기존의 종합 정보 통신망(isdn) 서비스의 대역을 초과하는 화상이나 고속 데이터 전송에 소요되는 대역을 갖는 ISDN

NO	용 어	원 어	설 명
13	BLUE TOOTH		무선 통신 기기간에 근거리에서 저전력으로 무선 통신을 하기 위한 표준
14	BWLL	BROADBAND WIRELESS LOCAL LOOP	1. 광대역 무선 가입자 회선 2. 하나의 작은셀 지역을 대상으로 24~28GHz 대의 주파수를 사용하여 다양한 멀티미디어 서비스를 제공하는 광대역 고정 무선 통신 시스템
15	CAS	CONDITIONAL ACCESS SYSTEM	1. 수신제한기능과 지역제한기능을 수행 2. 수신제한기능은 가입자 관리시스템과 함께 유료서비스를 위한 방송시스템의 핵심적인 역할을 수행하는 SYSTEM 3. 불특정다수의 수신자에게 프로그램을 전송하는 일반방송과 달리 가입자에게 개별주소 및 그룹주소를 부여해 가입자가 원하는 서비스를 정확하고 편리하게 제공받을 수 있도록 한다. 4. PPV(PAY PER VIEW), 유사 주문형 비디오(NVOD : NEAR VIDEO ON DEMAND) 등과 같은 다양한 부가적 서비스를 지원
16	카테고리 킬러	CATEGORY KILLER	1. 한 카테고리(종류)의 물건을 싼 값에 대량으로 판매한다는 의미 2. 살인자를 뜻하는 킬러가 붙은 것은 그만큼 업체들 사이의 경쟁이 치열하다는 뜻 3. 외국에서는 교외에 대형매장을 두고 완구, 가전제품 등을 판매하는 업체들이 많다.
17	셀	CELL	1. IBM, 소니, 도시바 등 3사 공동으로 개발한 신형 컴퓨터 칩 2. 기존의 PC용 칩보다 최대 10배 이상 빠른 연산속도를 자랑 3. 셀을 이용한 소프트웨어는 10개의 명령을 동시에 수행할 수 있어 동시명령처리가 2개에 불과한 인텔칩보다 우수한 평가
18	CSDC	CIRCUIT SWITCHED DIGITAL CAPACITY	1. 회선 교환 디지털 송신 2. 아날로그 교환기를 사용하여 대량의 디지털 데이터를 송신하는 기능
19	CT	CORDLESS TELEPHONE	1. 무선전화 2. 가입전화기의 송수화기와 본체를 연결하는 코드를 무선 링크로 대치하여 실내 등의 짧은 거리범위에서 음성신호를 본체로 송수신하여 통화할 수 있는 전화
20	케이블 플러스 DTV	CABLE PLUS DTV	1. 미국의 케이블 TV와 유사한 개념 2. 디지털 케이블 방송수신이 가능한 디지털 TV

NO	용 어	원 어	설 명
21	COA	COLOR FILTER ON ARRAY	1. 대면적 합착 불량율은 크게 낮추고 적은 소비 전력으로도 밝기를 유지할 수 있는 기술 2. 이 기술은 6세대, 7세대 등 유리기판 사이즈 가 확대될수록 발생 가능성이 높은 박막트랜 지스터 유리기판과 컬러필터 기판의 합착불량 을 최소화할 수 있는데다가 개구율을 높여 소 비전력을 줄일 수 있는 차세대 LCD 신공법 3. TFT LCD 생산방식 **종전**: 하나의 유리기판 위에 TFT를 입힌 TFT기판 과 별도의 공정을 통해 생산되는 컬러필터 유리 를합착해 그 사이에 액 정을 주입하고 액정에 전류를 가함으로써 빛과 색상을 내는 방식 / **COA 적용**: 하나의 원판 위에서TFT 공정을 거친 후 바로 컬 러필터 공정까지 작업하 고 전면유리는 단순히 ITO 코팅처리만 함으로 써 TFT LCD를 제작할 수 있음.
22	CDMA	CODE DIVISION MULTIPLE ACCESS	1. 부호분할 다중접속 2. 휴대전화 이용자가 전화기에 대고 한 말(음성 데이터)을 여러 개의 디지털 부호(코드)로 나 누어 전파를 타고 상대방에게 전달하게 하는 첨단이동통신기술 3. 아날로그 방식(AMPS)보다 용량이 크고 통 화품질이 우수 4. 미국 퀄컴사가 핵심칩을 개발했으나 상용화 (교환기, 기지국 관련 장비) 기술은 우리가 세계 최초로 성공
23	크로스 라이센스	CROSS LICENSE	1. 서로 갖고 있는 특허를 공유함으로써 쌍방이 경쟁력을 높이고 다른 업체의 기술 특허 분쟁 에 대처하기 위한 전자·반도체 업체의 특허 전략 2. 급변하는 디지털시대에 기술표준화를 주도하 면서 날로 격화되는 특허분쟁에서 "안전지대" 를 만들겠다는 의도
24	DB	DATA BASE	1. 데이터 베이스 2. 자료기지 또는 자료틀
25	DDR3	DOUBLE DATA RATE 3	1. 현재의 D램보다 동작속도가 최고 4배 빠르면 서 전력소모는 더 낮다. 2. 동작속도가 1.066Gbps로, DDR D램에 비 해서 4배, 최근 주력제품으로 떠오르고 있는 DDR 2보다 2배나 속도가 빠르다. 3. 구동기 자동보정기술, 데이터 전동동기화기술 등 신기술 적용 4. 80나노공정을 이용한 512Mb의 대용량 5. 2007년 본격양산

NO	용 어	원 어	설 명
26	DHL	DELIVERY HOT LINE	긴급 송배달 SYSTEM. 국내보다는 해외 긴급수화물 취급
27	DMB	DIGITAL MULTIMEDIA BROAD- CASTING	(설명 아래 참조)

27. DMB — 설명

1. 이동하면서 휴대단말기나 차량용 단말기를 이용해 다채널 DIGITAL TV를 시청할 수 있도록 해 주는 통신, 방송 융합 서비스
2. 10개 이상 영상 채널을 비롯해 오디오, 데이터 채널까지 서비스함.
3. 고속 이동중에도 시청이 가능한 손 안의 TV
4. 위성 DMB→위성에서 가입자 단말기로 직접 전파를 쓰는 것
5. SK 텔레콤 자회사인 TU미디어가 9월 시범 서비스, 10월 상용 서비스
6. 지상파 DMB→기존 방송사 송신탑에서 전파를 쓰는 것. 연말께 시범서비스 예정이며 영상 채널 6~12개와 여러 개 오디오, 데이터 채널이 나온다.
7. 지상파·위성DMB 서비스 개요

항목	지상파 DMB	위성 DMB
사업자 선정 시기	2005년 3월 초	2004년 12월 14일
본방송 일정	2005년 상반기 예상	2005년 5월 1일
사업자 수	6개	1개(티유미디어)
채널	사업자별 TV 1개, 라디오 3~4개, 데이터 1개	TV 14개, 라디오 24개
방송권역	서울·수도권	전국
수신료	무료	유료(가입비 2만원, 수신료 월 1만3000원)
2010년 가입자 전망 (ETRI)	1142만명	457만명

8. DMB 산업의 국민경제 파급 효과

구분	2005년	2006년	2007년	2008년	2009년	2010년
생산유발 효과(억원)	5,924	11,995	20,496	27,886	36,917	43,660
고용유발 효과(천명)	6.8	13.7	23.1	31.1	40.9	48.0

자료 : ETRI

NO	용 어	원 어	설 명
28	DOMAIN		INTERNET의 주소를 표시하는 이름
29	DRM	DIGITAL RIGHTS MANAGEMENT	1. 디지털 콘텐츠 불법복제와 유포를 막고 저작권 보유자의 이익과 권리를 보호해주는 기술과 서비스 2. DRM은 사용료 부과를 통해 콘텐츠 유통과 관리를 지원 3. 파일에 콘텐츠를 식별할 수 있는 번호를 부여하고 불법 복제와 변조 방지를 위해 저작권자를 확인할 수 있는 워터마킹기술 탑재 4. 지불결제 기술이 더해져 정당하게 사용권을 구입한 사용자만 디지털 파일을 내려받고 사용할 수 있도록 인증 5. 음악, 책, 영화 등 다양한 콘텐츠가 디지털화되며 저작권 보호
30	디지털 TV	DIGITAL TV	1. 영상, 음성, 문자 등을 0과 1의 디지털 신호로 처리하는 TV방송 시스템 2. 신호를 압축할 수 있어 보다 많은 정보량을 전송 3. 양방향 서비스가 가능해 TV라는 매개체를 사이에 두고 시청자와 방송사가 실시간으로 정보를 주고받을 수가 있다. 4. 미국식, 유럽식 차이

구분	미국식	유럽식
화질(선명도)	아날로그의 5배	아날로그의 2.5배
이동중 수신	불가	가능
전송률	19.39Mbps	23Mbps
비디오·오디오 압축방식	MPEG2 돌비디지털	MPEG2 돌비디지털

5. 고정식 DTV 추진일정

일시	내용
1997.11	정통부, 미국식(ATSC)을 한국DTV전송표준으로 결정
2000.8	언노련 등 시민단체가 전송방식 재검토 요구
2001.9~11	MBC, 유럽식 미국식 전송방식 비교시험 실시
2003.11	해외실태조사단 8개국 파견
2004.1	방송위, 광역시 디지털TV 개시 시한을 8월로 연기

NO	용 어	원 어	설 명
			<table><tr><td>2004.6</td><td>미국 싱클레어 방송그룹, 미국식 약점인 수신율 대폭 개선</td></tr><tr><td>2004.7</td><td>미국식 유지키로 최종 합의, 광역시 대상 서비스(전체인구 75%)</td></tr><tr><td>2004.12</td><td>도청 소재지까지 서비스 완료(전체인구 80%)</td></tr><tr><td>2005.12</td><td>시·군지역 포함한 전국 서비스</td></tr></table>
31	EDPS	ELECTRONICS DATA PROCESSING SYSTEM	1. 전자 정보 처리 SYSTEM 2. 컴퓨터를 이용하여 사무나 경영관리를 위한 DATA를 처리하는 SYSTEM
32	일릭서	ELIXIR	1. 중세 연금술사들이 비금속을 금으로 바꿀 수 있는 재료라고 여겼던 연금약액 2. MS사는 오피스 프로그램은 물론 장기적으로는 윈도운영체계(OS)의 판매를 촉진하기 위해 개발중인 제품의 코드명으로 이를 차용
33	E-MAIL		전자우편 원거리에서 컴퓨터로 문서를 교신할 때 쓰이는 컴퓨터 방식의 일종
34	E-TDMA	EXTENDED TIME DIVISION MULTIPLE ACCESS	1. 확장된 시분할 다중접속 2. 시분할 다중접속 방식의 하나
35	EOP (일반환경기술)	END OF PIPE	개념 : 제품 생산과정에서 나오는 폐기물 처리에 집중된 기술 특징 : 폐기물 처리 과정에서 생기는 다이옥신 등 2차오염물질 발생. 초기 투자비용 낮지만 지속적인 비용부담으로 작용
36	임베디드 소프트웨어	EMBEDDED SOFTWARE	1. 다양한 디지털기기에 탑재돼 제품을 구동시키는 PROGRAM 2. PC처럼 별도의 운영체계를 가지고 그 위에 S/W를 따로 설치에 사용하는 것이 아니라 제품 자체에 끼워져 있다는 의미에서 따로 구분 3. DVD PLAYER 등 대부분의 전자제품을 PC와 달리 장시간의 부팅단계 없이 바로 사용할 수 있는 것은 임베디드 S/W가 내장되어 있기 때문이다. 4. 셋톱박스, 휴대폰, 디지털TV, 게임기 등 거의 모든 디지털 제품에 내장되는 고부가가치 S/W기술

NO	용 어	원 어	설 명
			5. 유비쿼터스 시대를 맞아 향후 모든 전자제품에 N/W 연동 등을 위해 임베디드 S/W가 탑재될 전망임.
37	EPON		1. 인터넷 광가입자망 2. VDSL보다 20배 빠른 광통신을 일반 가정까지 제공할 수 있는 수동형 가입자망
38	FF CARD	FREE FORM CARD	1. 애완견, 악기, 나뭇잎 등 7개분야 60종으로 디자인된 CARD 2. 기존의 직사각형을 탈피한 다양한 모양을 구현한 CARD
39	FTTH	FIBER TO THE HOME	1. 전화국까지만 사용되는 광 케이블을 일반가정까지 연장해 구축한 멀티미디어 통신 인프라스트럭처를 말함. 2. 기존 초고속 인터넷(ADSL)이나 HFC(광동축 복합) 등을 대체해 광대역 통합망(BCN), 100Mbps 이상 초고속 인터넷 서비스, 주문형 비디오 양방향 데이터방송, 인터넷 전화 등 방송과 통신을 융합한 서비스를 가능하게 한다. 3. 가정내 광케이블 4. 기존 전화선보다 정보전송속도가 20배 빠르다.
40	FOP (청정생산기술)	FRONT OF PIPE	개념 : 제품기획부터 판매, 소비까지 전 과정에 걸친 친환경기술 특징 : 제품 생산 전과정에 걸쳐 오염물질 배출을 줄여 환경문제 근본 해결. 초기설비투자 필요하지만 단기간내 투자금액 회수 가능.
41	가스캐비닛	GAS CABINET	1. 반도체 공정에서 필요한 특수가스를 적당한 압력으로 안전하고 정확하게 공급하는 장치 2. 첨단기술이 많이 사용되지 않기 때문에 생산업체가 많아 범용화된 장비
42	4G 이동통신	4 GENERATION	1. 4세대 이동통신 SYSTEM 2. 연도별 현황 | 1980	1990	2000	이 후
------	------	------	------
서비스 시작	2세대 디지털 통신 시대	3세대 UMT-2000	4세대 IMT-2000 이후 SYSTEM | 3. 특징 → 셀룰러 system, 고정 무선 랜 방송 등의 융합 서비스 제공 4. 4G 휴대폰은 고선명 에니메이션을 전송할 수 있으며 블루투스나 무선 홈 링크, 디지털 방송과 연동

NO	용어	원어	설명
			5. 현재까지는 기본 개념과 기술개발 표준화 과제 정도까지만 진행됨. 실용화 연구와 규격화는 2005년부터 시작되어 2010년쯤 상용화 가능 6. 4G와 3G 비교

구분	3G	4G
전송속도	144K~2Mbps	2M~150Mbps
서비스	음성 저속 멀티미디어	고속 멀티미디어
주파수이용 효율	70%	100%
로밍	제한적 로밍	글로벌 로밍

NO	용어	원어	설명
43	GBM	GLOBAL BUSINESS MANAGEMENT	1. 어떤 사업을 처음부터 끝까지 다 해보게 함으로써 차세대 경영자를 육성하는 인큐베이터로 활용하는 목적 2. GBM장은 예산과 인력 할 것 없이 경영자원을 마음대로 쓰는 대신 책임도 무한하다.
44	GIS	GEOGRAPH-ICAL INFORMATION SYSTEM	1. 지리 정보 시스템 2. 지도에 관한 속성 정보를 컴퓨터를 이용해서 해석하는 시스템
45	GPS	GLOBAL POSITIONING SYSTEM	1. 위성 위치추적 시스템 2. 자동차, 비행기, 선박 등 세계 어느 곳에서나 인공위성을 이용해 위치를 정확하게 파악할 수 있는 시스템 3. 위치정보는 GPS수신기로 3개 이상의 위성에서 정확한 시간과 거리를 측정해 추적 4. 단순한 위치정보 제공에서부터 자동항법 정밀측량 등 광범위한 분야에서 응용 5. GPS 수신기도 개인 휴대용에서 위성 탑재용까지 다양하게 개발
46	GSM	GLOBAL SYSTEM FOR MOBILE COMMUNI-CATION	1. 유럽에서 서비스하고 있는 이동통신 기술방식 2. CDMA(부호분할 다중접속)방식 기술과 대응되는 개념 3. CDMA→위성을 통해 기지국마다 시간을 맞추는 동기식으로 할당받는 주파수 1개만을 사용하는 SYSTEM 4. GSM→시간을 맞추지 않고 통화를 할 때마다 주파수를 일일이 할당받는 방식 5. GSM은 82년 유럽전기통신 주관청회의 산하 GSM에서 디지털·셀룰러 SYSTEM 규격을 설정한 것이 효시

NO	용 어	원 어	설 명
			6. 89년 유럽전기통신 표준협회로 이관돼 범유럽 표준규격으로 제정되었으며 유럽 전체를 단일 통화권으로 묶음. 7. 91년부터 상용화 시작됨. 8. 기존 아날로그 방식과는 호환성이 없으며 유럽내 모든 국가가 자유롭게 통선할 수 있도록 설계된 미래 이동 셀룰라 전화 서비스에 바탕을 두고 있음. 9. GSM, CDMA 비교

구분	GSM	CDMA
주도업체	노키아 등 다수	켈컴
사용국가	유럽	한국, 미국
기술특징	모델 접속 않고도 이동 DATA 서비스 추진	GPS 사용 통화 품질 우수
세계시장 점유율	30%	70%

NO	용 어	원 어	설 명
47	금발머리	GOLDILOCKS	GOLD와 LOCK(머리카락) 합성어로 금발머리의 뜻임. 경제용어로는 고성장에도 불구하고 물가 상승이 없는 상태
48	그리드 컴퓨팅	GRID COMPUTING	1. 지리적으로 분산된 컴퓨터 자원을 네트워크로 연결해 상호 공유할 수 있도록 하는 차세대 인터넷 서비스 2. GRID의 의미는 격자이다. 컴퓨터 자원을 초고속 인터넷망을 통해 격자구조로 연결한다는 의미에서 그리드 컴퓨팅으로 불림. 3. 전세계에 흩어진 남아도는 컴퓨터 자원을 효과적으로 끌어 쓰자는 아이디어에서 출발 4. 사용하지 않는 시간대에 있는 컴퓨터들을 그리드에 계속 연결해 수만대의 PC를 하나의 고성능 컴퓨터처럼 사용하는게 대표적임. 5. 생명과학 연구나 기상 시뮬레이션처럼 엄청난 계산능력을 요구하는 프로젝트에 초고가의 슈퍼 컴퓨터가 필요하지만 그리드 컴퓨팅으로 흩어져 있는 컴퓨터의 성능을 모아 쓰면 저렴하게 슈퍼 컴퓨터와 같은 효과를 낼 수 있다. 6. 정보기술(IT) 비용을 낮추려는 분위기에 따라 그리드 컴퓨팅이 일반 기업으로 확산됨.
49	HFC 광동축 복합		1. 광CABLE과 동축CABLE을 혼합한 선로기술 2. CABLE TV망에 광CABLE을 도입한 양방향 CABLE TV망

NO	용 어	원 어	설 명
			3. 방송국에서 광분배점까지 광CABLE로 연결하고 광분배점에서 가입자까지의 선로를 동축 CABLE로 연결한다. 4. FTTH(ATM 기반의 초고속 광CABLE망)로 진화하는 과도기의 대안
50	HSDPA 고속하향 패킷접속	HIGH SPEED DOWNLINK PACKET ACCESS	1. W CDMA(광대역 코드 분할 다중접속) 휴대폰을 통해 동영상을 주고 받을 수 있도록 해주는 3G 이동통신 서비스 2. W CDMA 서비스를 업그레이드(성능향상)시켜 데이터 내려받는 속도를 크게 높인 서비스 3. 2005년말 개발, 2006년 상용화 예정 4. 이 서비스의 데이터, 동영상 전송속도는 최대 14Mbps로 현재 일반 가정에서 유선으로 이용하는 초고속 인터넷보다 빠르다. 5. 휴대폰으로 몇 초만에 영화 한편을 내려받을 수 있도록 해 줄 차세대 이동통신인 4G 휴대전화로 가는 징검다리 역할 6. NOKIA→초보단계기술, NTT 도코모→2005년 서비스 도입 7. 미국퀄컴, 삼성전자, LG전자, 한국전자통신연구원(ETRI)이 관련 기술 개발
51	홈 네트워크	HOME NET-WORK	1. 디지털 가전들을 통신망으로 연결해 가입자들이 편리하게 다양한 서비스를 누리도록 해주는 솔루션 2. 유비 쿼터스를 여는 한 축이 됨. 3. 외부에서 노트북 컴퓨터 휴대폰 개인정보 단말기(PDA)로 집안을 확인할 수 있고 세탁기, 냉장고, 에어컨, 오디오, 조명 등을 작동시킬 수 있다. 4. 홈 게이트 웨이라는 장치가 가전과 외부 인터넷망을 연결하는 구실을 함. 지능형 홈 네트워크 서비스 표: 서비스 구분 / 유형 홈 엔터테인먼트 / HDTV급 방송 유무선 스트리밍 주문형 비디오(VoD), 게임 홈 데이터 / 전자메일, 인터넷검색, 홈쇼핑, 전자정부, 인터넷앨범, 파일공유 등 홈 오토메이션 / 원격제어, 홈시큐리티, 방범방재, 에너지 관리 헬스케어 / 원격진료, 실버케어, 응급구난.

NO	용 어	원 어	설 명
52	핫스폿	HOT SPOT	1. 무선랜이 가능한 지역 2. 노트북 등 디지털 기기에서 무선랜 접속을 위해 전파를 중계해주는 AP가 설치되어 있는 지역(AP=Access POINT) 3. AP가 전달하는 신호의 도달거리는 보통 100m 안팎으로 제한적임. 4. 핫스폿이 주로 사람이 많이 몰리는 도시의 중심가나 유동인구가 많은 건물 등에 설치되는 것도 이때문임. 5. 유비쿼터스 시대가 본격화되면 가능함.
53	IMT-2000	INTERNA-TIONAL MOBILE TELECOMMU-NICATION 2000	1. 국제 이동통신 2000 2. 미래 공중 육상 이동통신 시스템을 우리나라에서 부르는 이름
54	INTERNET		여러 통신망들이 합쳐져 만들어진 망들의 종합망
55	ISDN	INTEGRATED SERVICE DIGITAL NETWORK	1. 종합정보통신망 2. 전화, 전신, DATA 등 성격이 다른 서비스를 종합적으로 취급하는 디지털 통신망
56	인터넷 전화	INTERNET TELEPHONE	1. 기존 전화망 대신 인터넷망을 통해 음성신호를 주고 받는 서비스 2. 인터넷망을 이용하기 때문에 이론적으로 인터넷이 연결되는 곳이면 어디서든지 통화가 가능 3. 인터넷 이용료가 저렴하기 때문에 전화요금도 일반 유선전화에 비해 저렴함.
57	IPv6	INTERNET PROTOCOL VERSION 4	1. 인터넷 통신규약 버전 4 2. 점을 구분으로 8토막으로 되어 있으며 모두 43억×43억×43억×43억개의 주소로 생성한다. 거의 무한대다. 3. 인터넷 주소의 고갈로 버전시킨 것임. 4. 인터넷 주소는 현재 3,000만개 이상 쓰이며, 2010년에는 2억개 이상이 필요 5. 일본→2002년 도입, 미국→2004년 채택예정 6. IPv4 : 주소 고갈 ① 2004년 12월 1일 현재 IPv4 주소는 모두 3408만 1024개이며 3397만 4528개가 할당돼 사용되고 있음. ② 국제인터넷주소 관리기구(ICANN) 산하의 인터넷주소 배정국인 IANA가 보유하고 있는 IPv4 주소수는 약 43억개 가운데 17억개(40%)임.

NO	용 어	원 어	설 명
			7. 세계 인터넷주소자원(IPv4/IPv6 주소) 현황 (기준일 : 2004.12.01)
			<table><tr><td colspan="3">국가별 IPv4 주소 현황</td></tr><tr><td>순위</td><td>국가명</td><td>IPv4수(/32)</td></tr><tr><td>1</td><td>미 국</td><td>1,281,905,152</td></tr><tr><td>2</td><td>일 본</td><td>119,730,688</td></tr><tr><td>3</td><td>유럽연합</td><td>115,670,396</td></tr><tr><td>4</td><td>캐나다</td><td>64,327,168</td></tr><tr><td>5</td><td>영 국</td><td>63,288,536</td></tr><tr><td>6</td><td>중 국</td><td>55,659,008</td></tr><tr><td>7</td><td>독 일</td><td>46,597,840</td></tr><tr><td>8</td><td>대한민국</td><td>34,081,024</td></tr><tr><td>9</td><td>프랑스</td><td>32,565,504</td></tr><tr><td>10</td><td>호 주</td><td>25,140,736</td></tr><tr><td colspan="2">합 계</td><td>2,047,349,994</td></tr><tr><td colspan="3">국가별 IPv6 주소 현황</td></tr><tr><td>순위</td><td>국가명</td><td>IPv4수(/32)</td></tr><tr><td>1</td><td>유럽연합</td><td>6,162</td></tr><tr><td>2</td><td>네덜란드</td><td>555</td></tr><tr><td>3</td><td>노르웨이</td><td>263</td></tr><tr><td>4</td><td>미 국</td><td>99</td></tr><tr><td>5</td><td>일 본</td><td>91</td></tr><tr><td>6</td><td>독 일</td><td>70</td></tr><tr><td>7</td><td>스위스</td><td>47</td></tr><tr><td>8</td><td>영 국</td><td>40</td></tr><tr><td>9</td><td>대한민국</td><td>31</td></tr><tr><td>10</td><td>이탈리아</td><td>25</td></tr><tr><td colspan="2">합 계</td><td>7,707</td></tr></table> 출처 : 한국인터넷진흥원(NIDA)
58	IrDA		1. 적외선 통신 2. 휴대폰을 리모컨으로 이용할 수 있음. 3. 4Mbps의 속도로 프린터 같은 주변기기로 Data 전송
59	7세대 LCD	LIQUID CRYSTAL DISPLAY	1. 액정 표시 장치 2. LCD란 유리 기판과 컬러 필터 사이를 액정으로 채운 후 램프의 빛에 의해 고해상도 화면을 형성하는 평판 디스플레이의 일종 3. 휴대폰→1.5인치 TV→57인치급까지 있다.

NO	용 어	원 어	설 명

4. 구분

※ 40인치 기준

구분 \ 세대	기판 면적	TV용 패널수	비 고
5세대	1100× 1250m/m	2	LG 1000× 120m/m
6세대	1500× 1850m/m	4	
7세대	1870× 2200m/m	8	LG 1950× 2250m/m

5. LCD 빅3 차세대 현황

업체명 \ 구 분	삼성전자	LG 필립스	샤프
차기 라인 규격 (m/m)	1870× 2200	1950× 2250	2160× 2400
주력 사이즈	40(8장) 46(6장)	42(8장) 47(6장)	42(8장) 52(6장)
약 점	50인치대, 37인치 50인치(3장)	50인치대, 37인치 50인치(3장), 37인치(8장)	40인치 중반 50인치 후반 40인치(6장)
가동시기	2006년초	2006년초	2006년말

NO	용 어	원 어	설 명
60	LBS	LOCATION BASED SERVICE	1. 위치 기반 서비스 2. 이동통신 기지국과 위성을 모두 이용해 사람이나 차량위치를 반경 10m까지 정확히 집어내 긴급구조, 교통정보 등에 활용하는 서비스 3. 미국에서 발사한 GPS위성 26개가 전송하는 정보와 이동통신 기지국에 탑재된 LBS 수신 장치가 수집한 정보를 활용
61	린 경영	LEAN MANAGEMENT	1. 얇은 이란 뜻을 지닌 린이란 단어에서 출발한 신경영기법 2. 모태는 도요타 자동차 생산 시스템이 배경 3. 1990년 경영학자인 위맥&존스가 처음 사용한 용어로 1996년 MIT가 중심이 돼 TPS를 미국에 맞게 재구성한 경영기법 4. TPS가 생산에 초점을 맞췄다면 린은 구매에서 생산, 관리, 판매, 물류에 이르는 전사적 과정에서 낭비요소를 제거해 생산성을 제고한다는 개념

NO	용 어	원 어	설 명
62	LAN	LOCAL AREA NETWORK	1. 구내 정보 통신망 2. 근거리 통신망
63	메가픽셀	MEGAPIXEL	1. 메가 픽셀은 100만을 뜻하는 MEGA와 디지털 사진의 최소 단위인 화소(PIXEL)를 결합한 용어 2. 카메라 폰은 본격적인 메가픽셀 시대 3. 카메라 폰 대부분에 메가픽셀급 렌즈 장착 4. 메가픽셀 경쟁이 치열한 것은 화소수가 많을수록 사진이 정교해지기 때문 5. 화소는 디지털 사진이나 TV모니터에서 영상을 이루는 최소 단위로 점과 같은 형태를 띠고 있음. 이런 점들이 모여 하나의 영상을 만들어 낸다. 6. 화소가 많아야 영상물의 표현이 더욱 세밀해지고 사진도 더욱 뚜렷해진다.
64	미들 웨어	MIDDLE WARE	다양한 하드웨어 네트워크 프로토콜 응용 프로그램. 근거리 통신망환경 등 운영체제의 차이를 메워주는 소프트웨어 종류
65	모블로그	MOBILE BLOG의 합성어	1. 휴대전화 무선 인터넷을 통해 블로그를 관리하는 서비스 2. 블로그란→1인 미디어를 뜻하며 WEB과 기록을 뜻하는 LOG의 합성어 4. 최근 언제 어디서든 기기에 구애받지 않고 블로깅(블로그 하는 것)할 수 있는 환경을 구현하려는 시도가 계속되면서 등장
66	M2M	MOBILE TO MACHINE	산업현장에서도 무선랜이나 GPS, CDMA 등 무선기술을 이용해 장비를 제어하고 정보교환이 필요하다는 것을 강조한 개념
67	동영상 압축저장·전송	MPEG	1. 컴퓨터나 이동통신 단말기 등에서 영화나 동영상을 표현하는 멀티미디어 데이터를 압축, 저장, 전송하는 표준 기술 2. 우리나라는 모두 91개 MPEG기술을 국제 표준으로 인정 받음.

NO	용 어	원 어	설 명
			① MPEG-2 3건(표준기술 점유율 4%) ② MPEG-4 35건(표준기술 점유율 18%) ③ MPEG-7 22건(표준기술 점유율 20%) ※ 전체 MPEG 표준기술의 15~20%를 한 국이 인정받음(세계 3강)
68	MMC 멀티미디어 카드	MULTIMEDIA CARD	1. 손톱만한 크기의 초소형 플래시 메모리 카드 2. 휴대전화, 디지털 카메라 등에 장착할 수 있 는 기록장치 3. 차세대 메모리 카드
69	60나노 8기가 플래시 메모리	60NANO 8G	1. 나노→10억분의 1을 뜻하는 단위표시 2. 기가→10억배 ※ 그리스 신화에 나오는 나노스(난장이)와 기가 스(거인)에서 유래한 말 3. 60나노 8기가→60나노미터 공정으로 만들 어 낸 8기가 비트 용량의 반도체 칩 4. 60나노미터→10억분의 60m까지 가늘다는 것(머리카락을 2000가락 쪼갠 것) 5. 8기가 반도체→미세한 정밀기술로 만든 것 (TRANSISTOR 80억개 용량) 6. 8비트가 모여 1BITE가 됨. 7. 8기가 반도체 칩은 최대 16기가 바이트 메모 리 카드를 만들 수 있음. 8. 16기가급 메모리 카드는 높은 해상도 사진은 1만 6000장 MP3 파일은 4000ea 저장 단 행본 2만권 DVD급 영화 10편 저장 9. 플래시 메모리 기술 향상 과정 | 년도	회로기술	집적도 | |---|---|---| | 1999 | 0.22μ | 250Mb | | 2000 | 0.15μ | 512Mb | | 2001 | 0.12μ | 1Gb | | 2002 | 90나노 | 2Gb | | 2003 | 70나노 | 4Gb | | 2004 | 60나노 | 8Gb |
70	나노 메카트로닉스	NANO MECATRONICS	1. 메카트로닉스 기술의 근간을 이루는 기계·전 자공학과 나노과학의 융합기술로 나노소자나 제품을 생산할 수 있는 100^{-10}nm급 나노공 정기술과 장비기술 2. 나노기술의 발달과 더불어 국제경쟁이 더욱 치열해지고 있는 생명과학, 광전자기술, 전자 공학, 마이크로 시스템기술 등 많은 분야에서 생존하기 위한 필수적인 전제조건으로 꼽힘.

NO	용 어	원 어	설 명
71	근거리무선통신 NFC	NEAR FIELD COMMUNI-CATION	1. 필립스 기술 기반의 휴대폰에 사용 2. 교통카드 기능을 갖춘 효대폰 시스템 3. NFC CHIP을 탑재한 제품이 기존의 스마트 카드형 교통카드 지불 결제 서비스를 대체
72	NETIZEN	NETWORK CITIZEN	1. 통신망→NETWORK, 시민→CITIZEN(합성어) 2. 정보통신망이 제공하는 새로운 세계에서 마치 그 세계의 시민처럼 활동하는 사람 3. NETIZEN은 ANTIZEN, 색TIZEN, 노TIZEN 등 다양한 표현으로 연결 4. 네티즌의 우리말 대체 누리꾼→인터넷을 뜻하는 누리그물에 사람을 뜻하는 끝까지 꾼을 보탠 말
73	NC	NETWORK COMPUTER	1. 네트워크 단말기 2. HDD 등 보조기억장치가 없는 컴퓨터 3. 보통회사의 중앙컴퓨터에 연결해서 사용 4. 자신의 컴퓨터로 작업하는 모든 DATA가 중앙 컴퓨터에 저장된다.
74	NANO Tech	나노 테크놀로지	1. 나노란 10억분의 1을 나타내는 단위 2. 희랍어 나노스(NANOS 난쟁이)에서 유래 3. 기존기술이 미세화를 위해 덩어리를 자르고 세분하는 방식으로 접근했다면 나노기술은 원자나 분자들을 결합해 미세구조를 만드는 방식을 취하고 있는 것이 특징 4. 전자 재료, 의약, 농업, 화학 등 거의 모든 기술분야에 응용할 수 있어 상용화가 이뤄지면 산업에 혁명적 변화가 올 것으로 예상 5. 원자와 분자 단위로 물질을 규명하고 제어하는 기술로 원자, 분자를 적절히 결합함으로써 기존 물질특성을 개선하고 신물질을 창출
75	ONE NAND	원 낸드	1. 낸드플래시의 저원가 구조를 갖고 있음. 2. 노어플래시의 고속동작 이동시 가능 3. 낸드플래시 읽기 속도의 3배, 노어플래시 쓰기 속도의 20배
76	OLED 유기 발광 다이오드	ORGANIC LIGHT EMITING DIODES	1. 차세대 DISPLAY 2. LCD와 PDP보다 한단계 진화된 것. 3. LCD와 PDP는 유리기판 사이에 액정이나 가스를 채운 후 뒷면에서 빛을 쏘아주면 영상이 나오는 방식 때문에 유리기판 뒷면에 LAMP를 별도로 설치해야 한다. 브라운관보다는 얇지만 일정한 두께가 필요함.

NO	용 어	원 어	설 명
			4. OLED는 유리기판 사이에 스스로 빛을 내는 형광성 유기물질을 집어넣는 것이 결정적 차 이점임. 전류만 흘려주면 형광물질이 빛을 내 영상이 나오는 것. 5. LAMP판이 필요없기 때문에 두께가 1~2m/m에 불과함. 6. 가볍고 제조원가도 훨씬 싸다. 7. 차세대 DISPLAY 비교현황

구 분	LCD	LED	PDP
주용도	휴대폰 노트북 PC 모니터	휴대폰	TV
장 점	높은 해상도 저소비전력	광시야각 빠른 응답속도 고해상도 저소비전력	밝기와 명암비 좋음 빠른 응답속도 낮은 투자비
단 점	좁은 시야각 대규모 투자비	대형화 어려움	화면 전환시 끊김 현상

8. 세계 OLED 개발현황

업체명	SIZE	연 도	특 징
LG 필립스	20.1인치	2004	단일 유리기판 저온폴리실리콘 능동형 1280×800 해상도 300만화소
삼성 SDI	17인치	2004	단일 유리기판 저온폴리실리콘 능동형 1600×1200해상도 576만화소
SONY	24.2인치	2003	12.1인치 패널 4장 이어서 제작
삼성 전자	14.1인치	2004	아몰포스 실리콘 방식
CMO (대만)	20인치	2003	아몰포스 실리콘 방식 신뢰성 문제로 도중 철수

NO	용 어	원 어	설 명
77	ODM	ORIGINAL DEVELOPMENT MANUFAC- TURING 또는 ORIGINAL DESIGN MANUFAC- TURING	OEM→단순한 수탁개념으로 제품을 생산납품하는 단계 ODM→개발력을 갖춘 회사가 판매망을 갖춘 회사에 상품과 재화를 제공하는 방식으로 토탈서비스를 실현하는 개념
78	PDA	PERSONAL DIGITAL ASSISTANT	1. 개인 휴대 정보 단말기 2. 무선통신과 정보처리 기능을 결합한 개인휴대 기기

NO	용 어	원 어	설 명
79	PE-CVD		반도체 전(前)공정 장비로 웨이퍼 표면에 원료가 되는 가스를 공급한 뒤 열과 플라즈마를 이용해 화학적 반응을 일으켜 산화막과 금속막 등을 증착시키는 장비로 고난도의 기술을 필요로 함.
80	PLC	POWER LINE COMMUNI-CATION	1. 전력선 통신 2. 전용 통신 회선을 이용하는 것이 아니라 가정에 배선된 전력선을 통해 통신을 하는 기술 3. 전력선에다 수백K~수십MHz의 고주파 신호를 실어 통신
81	PMP	PORTABLE MULTIMEDIA PLAYER	1. 휴대형 멀티미디어기기 2. 손안의 TV
82	PMC	PORTABLE MULTIMEDIA CENTER	3. 영화도 보여주고 음악도 들려주고　⎬ 멀티미디어 기기 컴퓨터 기능도 하고
83	피싱	PHISHING	1. 개인정보(PRIVATE DATA)와 낚시(FISHING)의 합성어 2. 유명 회사의 홈페이지를 위조한 뒤 인터넷 이용자에게 E-MAIL을 보내 위조된 홈페이지에 계좌번호나 주민등록번호 등 개인정보를 보내도록 유인하는 사기 행위
84	P램	P-RAM	1. 차세대 메모리 반도체→P램, F램, M램 2. D램, S램→플래시 메모리의 장점인 고직접, 초고속, 비휘발성을 모두 구현하면서도 단점으로 꼽히던 속도나 내구성 문제 극복 3. 차세대 메모리는 기존의 비휘발성 메모리인 플래시 메모리보다 내구성이 1000배 이상 4. D램 설비를 그대로 이용하면서 오히려 생산공정은 줄어드는 장점이 있고 생산비도 대폭 절감된다. 5. P램→게르마늄 안티몬 텔룰라이트($Ge_2Sb_2Te_5$)라는 상연화 물질이 결정질 상태로 변화될 때 IBIT를 얻는 방식으로 동작하는 신개념 반도체 6. 차세대 반도체 중 가장 많은 주목을 받는 것이 P램 7. 삼성전자→세계 최초로 64Mb 용량의 P램 신제품 개발

NO	용 어	원 어	설 명
			8. 차세대 메모리 반도체 비교
85	파밍	PHARMING	합법적으로 소유하고 있던 사용자의 도메인을 탈취하거나 도메인 네임 시스템 이름을 속여 사용자들이 진짜 사이트로 오인하도록 유도, 개인정보를 훔치는 새로운 수법
86	PTT폰	PUSH TO TACK	1. 삼성전자에서 개발 2. 여러 사람에게 동시에 메시지를 보내거나 받을 수 있는 휴대폰, 일명 무전기폰. 3. 제품 측면에 있는 PTT용 버튼을 누르면 사용자가 임의로 지정한 최대 100명까지 동시 통화 가능 4. 대규모 행사장에서 진행요원들에게 전달사항을 알리거나 여러 곳에 흩어져 있는 사업장에서도 동시에 많은 인원이 의사소통을 할 수 있다.
87	PTV	PUSH TO VIEW	1. 동시에 여러명에게 실시간으로 자신의 라이브 비디오를 전송할 수 있는 기술 2. 마치 동영상 콘퍼런스와 같은 기능을 하지만 단방향 전송이라는 것이 일반적인 동영상 콘퍼런스와 구분된다. 3. 마치 PC의 메신저와 같이 사용자 그룹관리 및 상대방의 수신 가능 여부 등을 알 수 있어 다수의 사람을 지정, 동영상 콘퍼런스를 할 수 있을 뿐 아니라 한 사용자가 동영상을 공유하는 동안 다른 사용자가 동영상을 전송하지 못하도록 하는 발언권 제어기능도 가능 4. 네트워크 기술과 동영상 멀티미디어 기술이 접목된 휴대폰 멀티미디어 기술의 집합체로 평가
88	QOS	QUALITY OF SERVICE	1. 서비스 품질 2. 기존 가입자망과 백본망을 고도화하고 IP 프리미엄망을 추가하는 것으로 영상전화(VoIP)와 인터넷 프로토콜 방송(IPTV) 양방향 서비스 등 통방 융합서비스의 안정적 제공을 목표로 함.

표 내부 (NO 85 행 상단):

구분	P램	F램	M램
장점	비휘발성 고속 고직접화 용이	비휘발성 고속 저전력	비휘발성 반복사용 내구성
단점	쓰기시간	고직접화 어려움 내구성 취약	고직접화 어려움 고비용
비고	강유전메모리	강유전메모리	강자성메모리

NO	용 어	원 어	설 명
89	RF	RADIO FREQUENCY	1. 무선주파수 2. 전자파가 점유하는 전체 주파수범위 중에서 전파가 점유하는 주파수
90	RFID	RADIO FREQUENCY IDENTIFI-CATION	1. 주파수를 이용해 ID를 식별하는 SYSTEM 2. 일명 전자태그로 불림. 3. 바코드가 진화된 것. 4. 전자태그가 도입되면 물류 뿐만 아니라 유통 보완 위폐방지, HOME NET-WORK, 텔레매틱스 동물 추적, 환자 관리 등 일상생활 전반에 큰 변화 발생 ・RFID 기술이 주도하는 발전상

분 야	현재 모습	RFID/USN 기술 적용 후 모습
식품관리	유효기간 등 상품 정보가 바코드 문자로 표기	RFID 칩에 제조사, 유효기간, 생산일자, 유통과정, 식품요리 방법 등을 기록
고령자・장애자 유도	신호등, 기둥, 도로 표지판 등 음성안내 및 인도의 보도블록 유도	보도나 지하도 등의 보행공간, 주소표시판 등에 RFID를 부착하여 위치정보 제공
위조방지	복사방지를 위해 광간섭무늬 등을 사용	사물의 정보가 내장된 전자태그 칩을 이용하여 위조방지
폐기물 관리	폐기물의 전과정 (보관, 운반, 멸균, 분쇄, 소각, 화장, 재활용 등) 수작업 관리	폐기물의 발생부터 폐기까지 전과정 실시간 추적관리
물류/유통	・출하부터, 중계지, 목적지까지 실시간 연계관리 불능 ・물류 유통 과정 실시간 추적관리 불가	・출하부터 목적지까지 실시간 연계 관리 가능 ・유통과정 실시간 추적 관리, 출하분실, 오배송의 방지
교통안전	육안 또는 측정 기기를 이용하여 자동차 상태를 파악	・텔레매틱스 서비스 제공 ・RFID가 부착된 타이어로부터 실시간 공기압 조회가능, 교통사고 예방

NO	용 어	원 어	설 명
91	RTE	REAL TIME ENTERPRISE	1. 회사의 주요 경영정보를 통합관리하는 실시간 기업의 기업경영 새 시스템 2. 전사적 자원관리(ERP) 판매망관리(SCM) 고객관리(CRM) 등 부문별 전산화에서 한발 나아가 회사 전 부문의 정보를 하나로 통합하므로써 경영자의 빠른 의사결정을 이끌어 내려는 목적 3. 기업활동이 글로벌화되고 기술의 발전으로 제품 수명이 짧아지는 현실에 대응 4. 전략 ① 기업 시스템을 하나의 신경체계로 만들어라. ② 기업활동 전체에서 발생하는 사안에 즉각 대응하라. ③ 초스피드 정보 신경망 구축 ④ 사내 정보통합 관리로 한발 빠른 경영
92	스마트폰 다기능 지능형 복합단말기	SMART PHONE	1. 휴대폰에 개인휴대 단말기(PDA)와 여러 디지털 기기 기능을 한데 묶은 제품 2. 계산이나 정보저장 검색기능을 갖춘 휴대형 컴퓨터 일종인 PDA 외형과 비슷 3. 휴대폰기능은 물론 TV 등 동영상 서비스와 카메라, 캠코더, MP3에 무전기 기능까지 4. 간단한 문서작성은 물론 메신저 서비스까지 받음. 5. 네비게이션이 포함됐을 때는 차로 어느 곳이나 쉽게 찾아갈 수 있음. 6. 일반 휴대폰과의 차이점은 PC처럼 운영체계(OS)가 깔려 있다.
93	SACD	SUPER AUDIO COMPACT DISC	1. 용량이 4.7GB로 CD의 7배 2. 음질은 오디오 CD의 4~5배 3. CD는 1.6비트/44.1KHz에 스테레오 2채널을 지원. SACD는 최대 24비트/2.82MHz 가능
94	SOP	SYSTEM ON PANEL	1. CPU·메모리·반도체·구동회로 등 화면을 구동하는데 필요한 부품과 회로를 OLED 패널 위에 집적시키는 첨단기술 2. 별도의 기판을 사용할 때보다 비용과 크기를 획기적으로 줄일 수 있다. 3. SOP기술을 적용하면 OLED 패널만으로 디스플레이를 구현, 얇고 가벼운 휴대폰 디자인이 가능하고 4~5달러 정도 원가절감 가능 4. 패널과 구동회로를 동시에 설계, 생산기간도 기존보다 5개월 단축 가능

NO	용 어	원 어	설 명
			5. SOP 기술을 처음으로 OLED에 적용 회로선 폭을 기존 $4M$에서 $2M$로 줄인 휴대전화용 2.5인치 능동형(AM) OLED 상용화 성공→ 삼성SDI
95	스핀 트로닉스	SPIN STRONICS	기존 반도체가 전자의 흐름 즉 전하만을 이용하는 반면 전자가 가진 전하와 회전(SPIN)으로 인한 자성을 동시에 활용하는 기술. 스핀 트로닉스 기술을 기반으로 한 전계효과와 트랜지스터 (FET) 개발중.
96	스탬핑 금형	STAMPPING JIG	1. 초박형 FPCB를 만들 수 있는 금형 2. 금형 위아래틀 사이에 소재를 넣고 소재에 요철을 만들어 내는 방식 3. 0.15m/m 지름의 핀을 가공할 수 있으며 표면거칠기는 평균값 0.2μ, 최대 0.4μ 이하 유지 가능
97	스트리밍	STREAMING	1. 초고속 인터넷망이 아무리 발달했어도 대용량 멀티미디어 파일을 내려 받는 것은 아직 상당한 인내심을 요구한다. 동영상 파일 하나 받는데 수십분씩 걸릴 수 있기 때문. 2. 위의 문제를 해결하기 위한 기술임. 3. 인터넷에서 영상이나 음악파일을 실시간으로 볼 수 있게 해주는 것이 특징. 4. 기존에는 파일이 사용자 컴퓨터에 완전히 전송 완료돼야 재생이 가능했지만 스트리밍은 데이터가 전송되고 있는 과정에서 재생이 가능. 5. 전송되는 데이터가 흐르듯 처리된다는 의미. 6. 인터넷 방송이나 인터넷 주문형 비디오 서비스 대부분이 스트리밍 방식으로 서비스하고 있음.
98	반도체	SEMI- CONDUCTOR	1. 반도체란 무엇인가? 전기를 기준으로 하면 세상에는 크게 두 종류의 물질이 있다. 전기가 통하는 도체(導體)와 전기가 통하지 않는 부도체(不導體)다. 백금 구리 등 금속물질은 대부분 도체고 나무바위 옷감 등은 부도체다. 사람들은 오랫동안 자연에 도체와 부도체만 있는 줄 알았다. 도체와 부도체의 중간에 반도체(半導體)가 존재한다는 사실을 알게 된 것은 비교적 최근의 일이다. 반도체는 말 그대로 도체와 부도체의 중간특성을 가진 물질이다. 실리콘(Si), 게르마늄 (Ge) 등이 여기에 속한다. 자유전자를 가진 물질만 전기가 통하고 자유전자가 없는 부도체는 전기가 안 통한다.

NO	용 어	원 어	설 명
			반면 반도체에는 평상시에 자유전자가 없으나 반도체에 열을 가하거나 특정한 불순물을 넣으면 자유전자가 조금 생겨나 전기가 통하게 된다.
			반도체를 이용한 트랜지스터가 발명되기 전까지는 전류의 흐름을 조절하기 위해 진공관을 사용했다.
			2. 집적회로의 개발
			패어차일드 반도체 회사는 1959년 말에 실리콘을 이용한 최초의 상업용 트랜지스터를 생산하기 시작했다. 트랜지스터를 사용하면서 집 채만하던 컴퓨터가 옷장 크기로 줄어들었다. 1958년 텍사스 인스트루먼츠의 전자공학자 킬비는 트랜지스터 1개, 저항기 3개, 캐패시터 1개 등 모두 5개의 소자를 하나의 반도체 기판 위에 모아 놓은 최초의 집적 회로를 개발했다. 그 뒤 트랜지스터 100여개를 집적한 소규모 집적회로, 100~1000개를 집적한 중규모 집적회로, 1만개 정도를 집적한 대규모 집적회로, 10만개 정도를 집적한 초대규모집적회로로 발전했다. 최초의 초대규모 집적회로는 가로 6mm, 세로 6mm 기판에 트랜지스터 15만6000개를 집적시켰다. 그리고 1990년대에는 트랜지스터 400만개 정도가 집적된 64M D램과 같은 극초대규모 집적회로를 개발하기에 이르렀다.
			3. 핵심기술은 선폭줄이기
			1개의 웨이퍼에 얼마나 많은 수의 칩을 찍을 수 있는가, 또 같은 수의 칩이 찍힌 웨이퍼에서 얼마나 불량률을 줄이고 많은 칩을 만들어낼 수 있는가에 따라 D램 1개를 만드는 데드는 비용이 다르다. 1개의 웨이퍼에 더 많은 칩을 찍기 위해서는 회로의 선폭을 축소해 칩의 크기를 최대한 줄여야 한다. 이렇듯 작은 면적에 많은 선을 그려 넣어야 하기 때문에 반도체 제작에서는 선폭이 매우 중요하다. 선폭을 좁히기 위해서는 우수한 설계기술과 정밀 가공기술이 필요하다. 기술수준이 같다면 생산과정에서 불량률을 줄이는 것이 중요하다. D램은 머리카락 한 올의 수천분의 1정도인 0.1마이크로미터 미만으로 미세하게 처리하는 공정을 수십 번 반복해 생산된다.
			4. 반도체의 종류
			정보저장기능이 있는 반도체를 메모리 반도체, 그렇지 않은 반도체를 비메모리 반도체라고 한다.

NO	용 어	원 어	설 명
			메모리 반도체는 정보를 기록하고 기록해 둔 정보를 읽거나 내용을 바꿔 써 넣을 수 있는 램(RAM)과 기록된 정보를 읽을 수만 있고 바꿀 수 없는 롬(ROM·Read Only Memory)이 있다. 롬과 달리 램은 전원이 끊기면 기록해 둔 자료가 사라지는 것이 특징이다. 램에는 S램과 D램이 있다. S램은 전원이 끊기지 않는 한 기록된 정보를 유지하는 특성이 있다. 플래시메모리는 D램이나 S램과 달리 전원이 끊긴 뒤에도 정보가 계속 남아 있는 반도체다. 플래시메모리를 쓰면 램과 같이 빠른 속도로 정보를 읽고 쓸 수 있고 하드디스크 같이 전원과 무관하게 정보도 저장할 수 있다.

5. 세계 반도체업계 분야별 순위

(단위=%)

품목 / 순위	반도체시장 점유율		플래시메모리시장 점유율	
	기 업	%	기 업	%
1	인텔	15	삼성	21
2	삼성	6	AMD	16
3	르네사스테크놀로지	4	인텔	15
4	텍사스 인스트루먼츠	4	도시바	14
5	도시바	4	르네사스 테크놀로지	9
6	ST마이크로 일렉트로닉스	4	ST마이크로일렉트로닉스	7
7	인피니온 테크놀로지스	4	샤프	5
8	NEC 일렉트로닉스	4	샌 디스크	5
9	모토롤라	3	실리콘 스토리지 테크놀로지	2
10	필립스 세미컨딕터	3	매크로닉스 인터내셔널	2

※ 자료=데이터퀘스트(2004년 3월)

6. 낸드플래시→MP3 플레이어나 디지털 카메라용 메모리 카드로 사용

NO	용 어	원 어	설 명
			7. 8기가 낸드플래시→최대 16기가 바이트 메모리 카드를 만들 수 있다. 최신 MP3 플레이어나 메모리카드의 용량이 512메가바이트에서 1기가 바이트 수준임. 저장능력 : DVD급 화질로 영화 10편 　　　　　MP3 파일로는 노래 4000곡 　　　　　신문으로는 102만 4000장 8. PDA(개인휴대용 단말기, 스마트폰 등 최근 각광받는 차세대 모바일기기 성능을 크게 높일 수 있는 제품으로 꼽힌다) 9. 8기가 낸드플래시→100억 달러 　　2기가 DDR2 D램→130억 달러(상품가치) 10. 반도체 능력 현재 쥐라면 20년 이내 사람 수준 될 것.
99	TD-SCDMA	TIME DIVISION-SYNCHRONOUS CDMA	1. 시분할 연동코드 분할 다중접속 2. 중국 고유 3세대 이동통신서비스 방식 3. 이제까지 TD-SCDMA 단말기는 모뎀칩 이전 단계인 보드상태의 부품(FPGA)을 사용했지만, 이번 삼성 휴대폰은 직접화에 성공한 전용 모뎀칩을 탑재한 것.
100	TDMA	TIME DIVISION MULTIPLE ACCESS	1. 시분할 다중접속 2. 하나의 전송용량을 다수의 사용자가 시간을 배정받아 접속하는 다중접속방식
101	TRS	TRUNKED RADIO SYSTEM	1. 주파수 공용 통신 시스템 2. 다수의 이용자가 복수의 무선채널을 일정한 제어하에 공동이용하는 이동통신 시스템
102	싱크탱크	THINK TANK	1. 두뇌집단 2. 각 분야 전문가를 조직적으로 결집해 조사나 분석, 연구개발을 수행하는 조직 3. 세계적인 싱크탱크→미국의 브룩킹스연구소, 해리티지재단 4. 한국의 싱크탱크→과학기술연구원(KIST)
103	텔레매틱스	TELEMATICS	1. 통신(TELE COMMUNICATION)과 정보과학(INFORMATICS)의 합성어 2. 카 내비게이션에다 뉴스도 보고 게임도 하고 주식, 금융거래를 할 수 있는 기능을 넣어서 차안에서 인터넷에 접속해 호텔도 예약하고 영화도 볼 수 있는 SYSTEM 3. 자동차, 항공기, 선박 등에 컴퓨터 무선통신 위성항법 기능을 모두 갖춘 장치를 달아 각종 DATA 영상 정보를 주고 받을 수 있게 해주는 서비스

NO	용 어	원 어	설 명

설명 (continued):

4. 자동차에 적용하면 앞 모니터를 통해 E-MAIL을 주고 받고 지도를 검색할 수 있으며, 뒷자석 모니터로는 컴퓨터 게임을 즐길 수도 있다.

5. 텔레매틱스 기술발전 로드맵

	2003	2004	2005	2006	2007
차량관리	원격 사고 정보 처리 기술		차량 상태 센싱 기술		
안전보안	주행안전검지센터 기술 (운전자 센싱/차선 센싱)		ECU 연계 기술		
			자동차용 블랙박스 기술		
	단순 차량 위치 측위 기술		차량간 통신통합 기술 (AD-hoc, P2P 등)		
		고정밀 차량 위치 측위 기술			
정보 컨텐츠	최적 경로 탐색 기술	교통정보 통합기술	교통/위치 데이터 마이닝 기술		
		실시간 교통정보 기반 경로 탐색기술			
	임베디드 OS기술	개방형 서버 플랫폼 및 프로토콜 기술	이동 멀티미디어 스트리밍 기술		
		단말 S/W 플랫폼 기술	HMI 기술		
		차량-센터간 통신기술 (셀룰러/DMB 통합 등)	차내 네트워크 통합기술		
의사소통		텔레매틱스용 음성인식 기술			
상거래		차량 기반 고객 관계 관리 (VRM) 기술			

6. 시장성

단위 : 달러

연도\구분	2002	2004	2010	신장율
국내	6000만	1억1000만	58억2000만	연평균 77.1%
국외	90억	113억	582억	26.3%

7. 수익성, 성장성과 서비스의 확장성, 투자대비 수익률 등 우수함.

| 104 | TPS | TRIPLE PLAY SERVICE | 1. 초고속인터넷, 전화, 방송 3가지를 한꺼번에 이용할 수 있도록 해주는 통신방송 융합서비스
2. 서비스에 가입하면 일정액만 내고 TV로 케이블, 위성방송을 시청하면서 동시에 데스크 새TOP이나 노트북 PC로 초고속 인터넷을 이용할 수 있음. |

NO	용 어	원 어	설 명
			3. 일반 전화기로 인터넷 음성전화 가능 4. 디지털 TV화면에서 인터넷을 즐기고 상대방 얼굴을 보며 동영상 전화도 가능 5. KT의 무선랜, 무선 인터넷, 이동전화 결합한 상품. SK텔레콤의 휴대전화, 위성 DMB방송 인터넷 통합상품 등 TPS로 볼 수 있다. 6. 데이콤과 하나로 텔레콤이 종합 유선방송 사업자(SO)들과 함께 시범서비스중 7. TPS에 이동통신 기능을 추가한 QPS (QUADRUPLE PLAY SERVICE)도 머지않아 등장 예정
105	T-커머스	TV COMMERCE	1. TV와 COMMERCE가 결합한 단어로 TV를 이용한 전자상거래 2. T-커머스 개념도 위성방송 케이블 초고속인터넷방송　지상파방송　인증 게이트웨이 송출　·위성 ·지상파 ·케이블인터넷　·전화선 ·초고속 ·통신망 주문 ·무선망 쇼핑 은행거래 e러닝 3. DIGITAL TV 보급 본격화 시청자가 바로 소비자 바보상자가 만능상자로 대변신 4. KBS 등 방송사들은 연말께 T-커머스 상용서비스 실시 5. SK 텔레콤이 주도하고 LG전자, 하나로 통신, SBS 등이 참여하는 디지털 홈 서비스 컨소시엄도 연내에 T-커머스 서비스를 실시예정
106	튜리온	TURION	1. AMD가 개발한 모바일 노트북 PC용 CHIP 2. 인텔이 내놓은 센트리노에 대응하기 위해 개발한 것 3. 얇고 가벼운 노트북 PC에 적합하도록 설계됐으며 배터리 전력소모도 크게 줄었다.

NO	용어	원어	설명
107	UHF	ULTRA HIGH FREQUENCY	1. 극초단파 2. 무선주파수 스펙트럼 중에서 초단파(폴)보다 높은 주파수대의 명칭
108	URC 지능형 서비스 로봇	UBIQUITOUS ROBOTIC COMPANION	1. 언제 어디서나 이용자의 요구에 따라 각종 정보기술(IT) 서비스를 하는 로봇 2. 2005년 → 아파트 400가구, 우체국 200곳 시범설치 3. 2006년 → 상용화 예정 4. 2013년 → 생산 13조, 수출 $200억 목표 5. 각 로봇에 정보를 담기보다는 아파트 단지에 중앙서버를 두고 각 가정의 로봇들이 정보를 받아 이용하는 방식을 도입
109	유비 쿼터스	UBIQUITOUS	1. 만능 정보 통신망 2. 언제 어디서나 어떤 단말기로든 각종 콘텐츠를 자유자재로 이용할 수 있는 네트워크 환경 3. 유비쿼터스 환경을 구축하기 위해선 네트워크 기술과 단말기 기술 보안과 인증기술 소프트웨어와 콘텐츠 기술 등이 필요함. 4. 백본 네트워크의 전송용량도 현행 테라급(Tbps·초당·1테라비트)보다 1천배 빠른 페타급(Pbps·초당 1페타비트)에 달함. 5. 외국의 유비쿼터스 프로젝트

프로젝트	핵심기술	특성	비고
이지리빙 (마이크로소프트)	센서기술	이동성+지능형	자율센싱 상황인식
스마트ITS (EU 등)	소형칩기술	무선통신+상황인식	〃
스마트 더스트(미국 버클리대)	마이크로전자기계시스템(MEMS)	자율센싱+통신플랫폼	통신·인터넷
쿨타운(HP)	근거리 무선기술	사람+사물+장소의공존 (리얼웹)	〃
오토ID (미국 MIT)	복합기술	지능+ID+인터넷 연결성	이동성 강조

자료 : 한국전자통신연구원

NO	용 어	원 어	설 명
			6. 2010년 U(유비쿼터스) 사회는 이런 모습 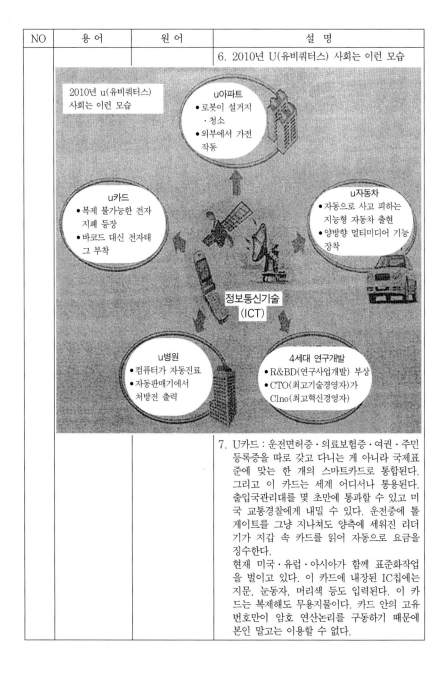 7. U카드 : 운전면허증·의료보험증·여권·주민 등록증을 따로 갖고 다니는 게 아니라 국제표준에 맞는 한 개의 스마트카드로 통합된다. 그리고 이 카드는 세계 어디서나 통용된다. 출입국관리대를 몇 초만에 통과할 수 있고 미국 교통경찰에게 내밀 수 있다. 운전중에 톨게이트를 그냥 지나쳐도 양측에 세워진 리더기가 지갑 속 카드를 읽어 자동으로 요금을 징수한다. 현재 미국·유럽·아시아가 함께 표준화작업을 벌이고 있다. 이 카드에 내장된 IC칩에는 지문, 눈동자, 머리색 등도 입력된다. 이 카드는 복제해도 무용지물이다. 카드 안의 고유 번호만이 암호 연산논리를 구동하기 때문에 본인 말고는 이용할 수 없다.

NO	용 어	원 어	설 명
			8. U병원 : 의사가 아니라 컴퓨터가 환자 진료 기록을 분석해 진단서를 내놓는다. 수술에는 많은 첨단 로봇이 동원된다. 접수처가 아니라 그냥 자동지급기에 신용카드를 긁으면 처방전이 나온다. 병원에 전자차트(EMR) 시스템이 일반화된다. 전자차트는 병원 업무를 자동화한다. 가령 내과의사가 외래환자를 검진할 때 의사는 더블 클릭하면 컴퓨터 화면이 1400가지 유형의 환자진료 정보를 제공한다. 의사는 혈액검사·심전도검사·단층촬영이 필요하다고 보고 주문을 입력한 뒤 자신의 ID와 비밀번호를 쳐 전자서명한다. 혈액 샘플에는 바코드가 붙고 샘플은 자동으로 연구실로 보내진다. 환자는 한 번의 클릭으로 EMR에 접속해 자신의 진료정보를 검색한다. 노인성 전립선 질환은 900MHz 전자태그로 관리할 수 있다. 환자가 몇 번 화장실 가는지, 주방 침실에서 어떤 행동 패턴을 보이는지를 점검해 치료에 활용한다. 노인들이 달고 있는 스마트배지는 아파트 열쇠도 되고 위치 추적이나 긴급구호에 사용된다. 9. U자동차 : U시대 자동차는 '모바일 오피스(움직이는 사무실)'라 할 수 있다. 차가 지능을 갖추고 있어서 목적지를 설정해 놓으면 안전하게 알아서 간다. 운전자는 안에서 업무도 보고 방송·영화·게임 등 다양한 멀티미디어 서비스를 누린다. 차안 전자상거래인 M커머스도 가능하다. 자동차가 정보통신과 결합하면서 문화·휴식·업무공간으로 바뀐 것이다. 환경과 에너지측면에선 초연비 무공해 기술이 적용된다. 자동항법장치나 텔레매틱스 기술이 빠르게 진화하면서 자동으로 사고를 피하는 지능형 자동차가 각광받을 것이다. 10. U아파트(삼성물산 정승열 팀장) : 아파트 가정마다 로봇 도우미를 한 명(?)씩 두게 된다. 로봇은 뉴스·날씨·요리 등을 영상으로 제공하고 어린이나 노인의 벗이 된다. 음료, 리모컨, 서류 등을 갖다 주고 애완동물 밥도 준다. 청소는 기본이다. 정전때는 촛불 역할도 한다. U시대 아파트는 '지능을 갖춘, 이동성이 보장된 아파트'일 것이다. 단지 안에 무선환경이 구축된다. 집 밖에서도 인터넷을 이용할 수 있다. 사이버마을이 생겨 사이버 공간에서 교육·의료 등 각종 서비스를 받을 수 있다.

NO	용 어	원 어	설 명
			에너지를 줄일 수 있는 기술이 많이 적용될 것이다. 댁내 광가입자망(FTTH)과 무선LAN 구축이 완료된다. 무선 이동식 컴퓨터인 웹패드가 제공되고 홈 네트워크 시스템을 통해 가전기기를 원격으로 작동시킬 수 있다. 가스밸브, 조명, 전기밥솥 등을 외부에서 켜거나 끈다. 11. 4세대 연구개발 : 2010년 연구개발 형태는 최고기술경영자(CTO) 중심의 단순한 연구개발(R&D)이 아닌 최고혁신담당자(CInO) 중심의 연구사업개발(R&BD)이 될 것 같다. 바로 4세대 R&D인데 고객의 잠재욕구를 만족시키는 혁신적인 제품, 마케팅과 일체화된 연구개발 시스템 등이 근간이 된다. 4세대 연구개발 조직에선 최고 경영자(CEO) 밑에 위치한 최고 혁신 담당자를 두고 미래 신종 사업을 창출하기 위한 중장기전략을 수립케 한다. 최고지식경영자(CKO)는 지식경영을 파급·정착시키고 최고운영책임자(COO)는 마케팅·제품개발·생산판매·서비스 등의 활동을 맡는다. 기업은 지시대로만 일하는 병사(soldier)가 아닌 해야 할 일을 하는 프로인 전사(warrior)를 많이 육성할 것이다. 이 때는 연구개발·과제·기획단계부터 고객 의견을 반영해야만 '죽음의 계곡(기술개발과 사업화 사이의 불연속성)'을 뛰어넘을 수 있다.
110	UWB	ULTRA WIRE BAND	1. 초고속 무선 근거리 통신망 2. 제2의 와이브로 3. 디지털 홈용 기술 4. 가정에서 치렁치렁 늘어뜨렸던 유선을 모두 없애고 홈서버와 LCD TV 등 각 가정용 기기들을 모두 무선으로 연결해서 사용
111	VAN		1. 부가가치통신망 2. 회선을 직접 보유하거나 통신사업자의 회선을 통해 단순한 전송이 아닌 정보축적, 가공, 변화처리 등의 부가가치를 부여한 음성 또는 데이터 정보를 제공하는 서비스 3. 프로토콜, 부호, 형태, 미디어, 속도 등의 변환을 전송과정에 부가하여 행하는 통신
112	VDSL	VERY HIGH DATA RATE DIGITAL SUBSCRIBER LINE	1. 초고속 디지털 가입자 회선 2. 전화선을 이용한 고속 디지털 전송 기술의 하나

NO	용 어	원 어	설 명
113	ViP	버추얼 플랫폼	1. 설계 기간을 40%까지 줄일 수 있는 비메모리 반도체 분야의 새로운 설계기법 2. 비메모리 반도체인 SoC의 설계단계에서 칩의 하드웨어 및 소프트웨어 최적화를 위한 성능 검증용 시뮬레이션 설계기법으로 고속 시뮬레이션이 가능

114	VoIP	VOICE OVER INTERNET PROTOCOL	1. 인터넷 전화
			2. 일반 전화망이 아닌 인터넷망을 이용해 값싸게 음성 통화를 하게 해주는 서비스
			3. 일반 전화선
			  ① 철도 인터넷망은 도로에 비유된다.
			  ② 상대편과 1 : 1로 공간을 내통화한다.
			  ③ 여러 음성 신호들이 정확히 도착한다.
			  ④ 통화 품질이 좋고 비싸다.
			4. 인터넷 전화
			  ① 데이터 신호로 바뀐 음성 신호들이 각각 비어있는 길을 찾아 달린다.
			  ② 효율성이 높고 싸다.
			  ③ 정체가 심한 구간이 있어 늦게 도착하는 신호가 생기며 통화품질이 떨어진다.
			5. 정보통신부→9월경 인터넷 전화에 ONO 형태 착신 번호를 부여하면 본격적으로 VoIP 시대가 열린다.

115	VMS		1. 운항선박 위치 추적 시스템 2. 세계 어느 해역에서든 우리나라 선박에 조난이 발생하면 구조요청신호를 자동으로 접수해 조난선박위치를 추적할 수 있는 시스템 3. AIS→육지에서 100km 이내에 운행중인 선박은 선박 자동 식별 시스템과 이동통신 사용 가능 SSB→100~300km 내에서 운행중인 선박은 SSB 위성통신 사용 300km를 넘는 원양해역을 운항중인 선박은 위성통신을 이용해 선박위치 파악
116	메신저폰	VOICE OVER INTERNET PROTOCOL	1. 인터넷에서 무료 S/W를 다운로드하면 인스턴트 메신저처럼 작동하면서 일반전화망과 상관없이 운용돼 외국에 거주하는 사람과도 무료로 통화 가능 2. VoIP의 최대 난점이었던 음질문제를 해결한데다 메신저와 VoIP기능 모두 활용 3. 다이얼 패드 신화를 만들 정도로 폭발적 인기를 끌었던 웹투폰과는 비교해 착신번호가 있고 통화 품질을 대폭 개선 4. 방화벽을 우회하기 때문에 웹상에서는 언제나 통화가 가능

NO	용어	원어	설명
117	젠	XEN	1. 오픈소스 기반의 가상화 SW다. 2. 하나의 컴퓨터에서 여러 종류의 운용체제(OS)를 사용할 수 있게 하는 SW로 한가지 단점은 OS를 수정해야 한다는 점 3. 인텔의 밴더풀(VANDERPOOL)이나 VT 기술을 적용할 경우 OS 수정이 필요하지 않은 것으로 보여 빠른 확산 예상
118	XDR D램		1. DDR D램보다 10배 이상, 범용 램버스 D램(PC 800모델)보다 5배 빠른 256Mb(메가비트) 2. 기존 램버스 D램의 계보를 잇는 차세대 제품으로 1초에 8GB의 속도로 신문 50만장 이상이나 단행복 약 1만권에 해당하는 대용량 데이터를 처리 3. 이 제품을 쓰면 게임기, 디지털 TV 서버, 워크스테이션 등 차세대 멀티미디어 기기에서 고화질 동영상 등을 볼 수 있음. 4. 한 번의 전기신호에 8개 데이터의 입출력을 가능하게 하는 ODR 기술. 고속에서도 데이터를 안정적으로 전송하게 하는 초저전압 신호처리기술인 DRSL 등 신기술이 적용됨.
119	300m/m WAFER		1. WAFER의 지름 크기를 말함. 2. WAFER란 규소(Si)라고 알려진 SILICON을 정제해 결정체를 만든 다음 0.3m/m 이하 두께로 층층이 자른 후 표면을 매끈하게 다듬은 둥근 SILICON 원판 3. 반도체란 WAFER 위에 회로를 그리고 전자소자를 쌓아 놓은 것 4. 300m/m WAFER는 200m/m보다 2.25배, 150m/m보다 4배 생산량이 향상됨. 5. 80년대→150m/m 주종 90년대→200m/m로 확대 2001년→300m/m 기술도입 6. 투자금액 200m/m→3조 300m/m→5조 7. 생산능력 삼성전자→55,000장~80,000장/월
120	휴대 인터넷	WIRELESS BROADBAND (와이브로) 무선광대역 인터넷	1. 가정이나 사무실에서 초고속 인터넷을 설치하며 대용량 동영상을 주고받고 영화도 볼 수 있다. 이런 서비스를 시속 60km 이내 중저속으로 이동하면서 휴대 단말기를 통해 누릴 수 있게 해주는 서비스이다.

NO	용 어	원 어	설 명
			2. 가입자는 NOTE PC나 개인 휴대 단말기 (PDA), 차량용 수신기를 이용해 방송, 게임, 위치정보, 계좌이체 등의 서비스를 받을 수 있다. 3. 2006년부터 서비스를 시작한다. 4. 전송속도는 가입자당 1Mbps급이며 최대 30Mbps까지 구현돼 고화질 방송시청이 가능하다.
121	WIPI(위피)	WIRELESS INTERNET PLATFORM FOR INTEROPERA BILITY(호환성 있는 무선인터넷 플랫폼)	1. 빌 게이츠의 윈도라는 운영체계 덕에 누구나 쉽게 다양한 프로그램들을 이용 2. 휴대폰도 운영체계가 깔려야 문자 메시지를 주고받고 게임도 하고 주가도 조회할 수 있다. 휴대폰 운영체계는 무선 인터넷 플랫폼이라고 부르는데 한국이 독자적으로 개발한 플랫폼 3. 2005년 4월부터는 국내에서 출시되는 휴대폰은 모두 WIPI를 탑재해야 함.
122	WiMAX	WORLD WIDE INTEROPER-ABILITY FOR MICROWAVE	1. 2001년 IEEE 802.16표준을 적용한 제품간의 호환성을 높이기 위해 구성된 것 2. 광대역 무선인터넷 제품의 표준화 작업과 호환성 TEST를 진행
123	W-CDMA	WIDEBAND CODE DIVISION MULTIPLE ACCESS	1. 비동기식 3세대 이동통신 시스템 2. 3세대 이동통신 방식은 W-CDMA와 CDMA-2000으로 나뉜다. 3. CDMA-2000→미국, 캐나다에서 주도한 동기식 W CDMA→유럽이 만든 비동기식 4. 양 방식의 큰 차이점은 위성사용 여부 5. 3세대 이동통신 비교

3세대 이동통신 비교표:

구 분	W-CDMA	CDMA 2000
주도지역	유럽	북미
기지국간동기	×	○
위성사용	×	○
채택율	80%	20%
특 징	글로벌로밍 호환성 우수	광대역은 물론 협대역 채널도 사용
기 타	지구촌 어디서나 동일한 단말기로 통화 가능	CDMA 시스템 자체가 위성을 통해서 기지국과 동기화시켜 개인이 단말기를 켤 때마다 기지국과 시간을 맞추고 있음.

NO	용 어	원 어	설 명
			6. WCDMA 가입자 추이
124	WDMPON		1. 파장분할 다중화방식 수동 광 네트워크 2. 초고속 인터넷 시험서비스 3. 한가닥의 광CABLE을 여러 파장으로 나눠서 가입자 각자에게 독립된 파장을 부여하는 통신방식 4. 한꺼번에 아무리 많은 가입자가 몰려도 초당 100메가비트의 속도가 유지
125	IP	INTERNET PROTOCOL	1. 인터넷주소 2. PC나 휴대전화를 인터넷에 연결할 때 네트워크 프로그램에 꼭 입력해야 하는 개인위치번호 3. 일종의 사이버상의 주소와 같다.
126	Green Mail	그린메일	지배구조에 허점이 있어 낮게 평가된 기업의 주식을 사들여 경영권을 넘보겠다고 위협한 뒤 보유주식을 비싸게 되파는 투기수법
127	UoC	UBIQUITOUS COMPUTING ON CHIP	1. 반도체 칩 트랜드가 SoC에서 UoC로 옮겨가고 있음 2. 프로세싱 능력의 고집적도 기술에만 의존했던 기존 SoC에 자동 상황인지 기술과 같은 유비쿼터스 컴퓨팅 요소기술들을 접목해 칩화하는 것 3. 칩 스스로 주변환경과 상황을 인식하고 이에 따라 사람의 활동을 최적으로 예측해 제공하는 것, 또 상황에 맞게 스스로 작동하는 개념을 포함한다. 4. 유비쿼터스 칩은 반도체 안에 컴퓨터를 모두 담는 개념
128	SBC	SERVER BASED COMPUTING	1. 서버 기반 컴퓨팅 2. 분산된 업무용 개인컴퓨터의 애플리케이션을 중앙서버 한 곳에서 관리하는 서버기판 컴퓨팅

WCDMA 가입자 추이 표:

NO	년도	가입자
1	2005	133,000
2	2006	412,000
3	2007	1,000,000
4	2008	2,000,000
5	2009	3,500,000

NO	용 어	원 어	설 명
129	EM64T	EXTENSION MEMORY 64 TECHNOLOGY	1. 64비트 서버 CPU에서 적용된 적이 있지만 최근 인텔이 출시한 데스크톱 PC용 64비트 CPU에 장착되면서 새롭게 각광받기 시작한 기술 2. 64비트로 확장된 메모리 기술 3. 32비트 체계를 기반으로 64비트와 호환이 가능한 기술로, 이를 적용하면 64비트 컴퓨팅 환경에서 32비트 S/W가 원활히 돌아갈 수 있도록 도와준다.
130	PODCASTING	1POD+ BROAD CASTING	1. 개인방송, 맞춤형 라디오 2. 오디오 프로그램을 원하는 시간과 장소에서 편하게 들을 수 있다. 3. 기존 라디오와 달리 방송시간에 맞춰 접속해 들을 필요없이 관심있는 프로그램을 내려받아 이동중에도 들을 수 있다. 4. PC와 마이크 등 간단한 장비만으로 누구나 집에서도 MP3 파일을 만들어 인터넷에 올릴 수 있다.
131	MMIC (Monolithic Microwave Integrated Circuit)		MMIC는 Monolithic Microwave Integrated Circuit의 약자로 단말기 내의 고주파부(R/F)를 구성하고 있는 각종 개별 소자를 고집적화한 단일칩 고주파 집적회로를 말한다. MMIC는 고주파 특성이 우수하고 RF단의 여러 부품을 단칠칩에 집적함으로써 통신기기를 획기적으로 소형화할 수 있는 통신부품이다. 오늘날에는 통신기기 RF 부문의 MMIC화가 지속적으로 확산되는 추세여서 기존 반도체 업체들은 물론 반도체 사업 신규참여 업체, 정보통신용 부품사업을 강화하고 있는 종합부품업체 등이 이 MMIC를 최우선 대상품목으로 선정해 적극적으로 사업을 추진하고 있다.
132	Sputtering		스퍼터링(Sputtering)은 진공상태의 용기 안에 헬륨 등 불활성기체를 채워 코팅재료(타깃)에 고전압을 걸어 방전시키면 이온화된 불활성기체가 코팅재료에 충돌하게 되고, 이 때 타깃물질의 이온이 튀어나와 기판(코팅하기 위한 대상물)에 달라붙어 코팅이 되는 원리를 이용한 일종의 물리 증착기술을 말한다. Sputtering 기술은 각종 기계와 공구의 표면코팅 뿐만 아니라 장식품과 전자재료 및 반도체의 금속코팅 등에 이르기까지 응용범위가 매우 다양하다.

NO	용 어	원 어	설 명
133	Opto-electronic (ntegrated Circuit,		광 소자와 전자 소자를 동일 기판에 집적한 집적 회로. 반도체 재료로 만들어진 모노리시크 회로 이고, 하나 이상의 발광 소자 혹은 수광 소자와 전기신호를 처리하는 회로를 집적한 것 또는 이 것들의 3자를 집적한 것을 가리킨다. Si 기판 상에 포토 다이오드와 신호 처리 회로를 집적한 CCD 칩 등도 포함된다. 그러나 일반적으로는 GaAs 또는 InP 기판을 사용한 것을 OEIC라고 하는 것이 많다. 주로 광 섬유 통신의 송신용, 수신용, 중계기용 또는 광 디스크용 반도체 레저 모듈(구동 회로 내장) 등이 시험적으로 만들어지고 있다. 광 통신용은 전송 속도 2Gb/초가 가능한 송신용, 수신용 칩이 시험적으로 만들어지고 있다.
134	환경용어		(표 아래 참조)

환경용어 (134번 설명 표):

No	용어	원어	내용	규제대상
1	생산자책임 재활용제도 EPR	EXTENDED PRODUCT RESPONSI- BILITY	1. 2003년부터 15개 품목에 대해 적용 ① 전자제품 5 ② 전지 5 ③ 포장재 4 ④ 타이어 ⑤ 윤활유 2. 2004년 → 형광등과 필름포장재 3. 2005년 → 오디오, 이동전화 단말기 등 대부분의 제품에 적용	
2	폐자동차의 의무 재활용에 관한 규제 ELV	EUROPEAN UNION'S END-OF- LIFE-Vehicle DIRECTION	자동차 제조업체가 폐자동차를 회수하도록 하는 규제	자동차
3	전기 전자 기기 폐기물 지령 WEEE	WASTE ELECTRICAL And ELECTRONIC EQUIPMENT	1. EU가 제정 2. 2006년 7월부터 시행 3. 폐전기 전자제품의 재활용 비용을 생산자가 부담하는 제도	전자, 자동차
4	전기 전자 기기에 포함된 특정 유해물질 제한 사용 RoHS	The Restriction Of the use Of catain Hazardous Substance In Electrical And Electronic Equipment	1. EU가 제정 2. 2006년 7월 1일부터 사용금지 3. 납, 수은, 카드뮴, 육가크롬 등 사용규제	전자, 자동차

NO	용 어	원 어	설 명			

			5	전자, 전기 장비 환경성 평가지침 (EEE)		전자기기 부품, 소재
			6	자동차 배기가스 규제 (EURO Ⅳ)		자동차
			7	신화학물질관리정책 (REACH)		석유화학, 가전, 완구
			8	에너지소비량 규제		전자
			9	에코디자인		전기전자
			10	온실가스 배출량규제		자동차
			11	포장재 및 포장폐기물 재활용		전 산업

NO	용 어	원 어	No	항 목	내 용
135		6대 핵심 모바일 솔루션 현황	1	모바일 메모리	용량, 전력소모, 제품사이즈면에서 모바일 기기용 메인/버퍼 메모리로는 최적의 제품으로 평가받고 있는 모바일 D램은 현재 512Mb 용량의 제품이 양산되고 있다. 향후 2005년을 전후해 속도면에서 한층 향상된 모바일 DDR이 출시될 예정
			2	플래시 메모리	2003년 업계 최초로 개발한 70나노 4Gb 낸드플래시 메모리는 90나노 벽을 넘어 최소선폭을 적용한 세계 최대 용량 메모리 제품. 차세대 70나노기술 업계최초 적용 0.025m 2셀 사이즈 구현
			3	디스플레이 구동칩	세계 최초로 휴대폰용 26만 자연색 TFT L야 원칩 기술력을 바탕으로 DDI 세계시장 점유율 2년 연속 1위로 시장을 주도. 특히 LCD 모듈과 디스플레이 구동칩의 수직 계열화에 의한 시너지로 STN, TFT, 유기EL 등 각종 디스플레이 방식과 고객의 요구에 부응하는 다양한 해상도의 모바일용 컬러 디스플레이 구동칩을 구비하여 스마트폰, 카메라폰, PDA 등 모바일 기기 디스플레이 분야의 토탈 솔루션을 제시함.

NO	용 어	원 어	설 명		
			4	모바일 프로세서	업계 초고속 533MHz의 저소 비전력 모바일 프로세서를 주축 으로 멀티미디어 및 그래픽 기 능을 강화하고 카메라 인터페이 스를 지원하는 200~533MHz 의 폭넓은 제품 확보로 스마트 폰, 카메라폰, PDA커스터머의 선택폭을 확대
			5	CMOS 이미지 센서	세계 최저 피사체 조도(2Lux, CCD 수준)의 고화질 130만화 소 CMOS 이미지 센서(CIS) 기술력으로 VGA, SXGA 이미 지 센서 뿐만 아니라 영상처리 전문의 이미지 프로세서(ISP) 를 함께 제공함으로써 고객들의 세트개발기간 단축이 가능
			6	모바일 TFT LCD	삼성전자가 업계 최초로 상용화 하여 양산을 시작한 1칩 구동 듀얼 TFT LCD는 하나의 IC 칩으로 휴대폰의 내외부창을 동 시에 구동, 기존 두 개의 칩과 백라이트로 구동되던 TFT LCD 대비 두께를 1mm 이상 줄일 수 있어 휴대폰 성능 향상과 슬 림화 됨.
136	정부 신기술 인증제 현황		정부는 신기술 개발 기업의 연구개발을 촉진하고 기술 실용화를 앞당기기 위해 ① NT(New Technology 신기술) ② EM(Excellent Machinery, Mechanism & Materials) 두 가지의 기술과 제품에 대한 인증마크제도 운영		

신기술 인증제 현황

비교 항목	산자부 기술 표준원	과기부 산업기술 진흥협회	정통부 정보통신 연구 진흥원	건교부 건설교통 기술 평가원	환경부 환경관리 공단
	신기술 (NT), 우수품질 (EM, EEC)	신기술 (KT)	우수 신기술 (IT)	건설 신기술 (CT)	환경 신기술 (ET)
근거 법	산업발전 법	기술개발 촉진법	정보화 촉진 기본법	건설기술 관리법	환경기술 개발 및 지원법
인증 구분	(생산) 기술제품	기술	기술	(시공) 기술	(공정) 기술
	인증	인정	지정	지정	지정

NO	용 어	원 어	설 명

137	COM 10년	인터넷 10년
		① 초고속 인터넷
		  가입자수 세계
		  1위
		② 인터넷 이용율
		  세계 2위
		③ 정보화 지수
		  세계 7위
			<table><tr><td>년도</td><td>내 용</td></tr><tr><td>1994</td><td>KT 인터넷 상용서비스 개시</td></tr><tr><td>1995</td><td>다음, 야후코리아 등 닷컴기업 출범
			인터넷 인구 → 36만명
			인터넷 최고속도(데이터를 주고받은 시간)
			 → 초당 28.8KBIT(1메가바이트 사진 한
			  컷 내려받는데 4분 36초 걸림)
			인터넷 서비스 → 전화 모뎀을 사용해 속도
			  가 느림
			주고받는 콘텐츠는 대부분 문자로만 구성</td></tr><tr><td>1998</td><td>두루넷 초고속 인터넷 서비스 개시</td></tr><tr><td>1999</td><td>KT, 하나로 초고속 인터넷 서비스 개시
			무선 인터넷 서비스 개시</td></tr><tr><td>2000</td><td>인터넷 인구 1000만명 돌파</td></tr><tr><td>2002</td><td>월드컵 붉은악마의 "대-한민국"과 촛불시위</td></tr><tr><td>2004</td><td>인터넷인구 3158만명
			최고속도 → 초당 50메가비트
			인터넷 속도가 약 1700배 빨라졌다.
			인터넷으로 영화 한편을 끊김없이 보고 그
			래픽이 화려한 첨단 온라인 게임을 즐긴다.
			쌍방향 온라인 교육 서비스는 오프라인 강
			의 못지않게 생생</td></tr><tr><td>2005</td><td>휴대 인터넷 시험서비스
			KT 가정내 광케이블(FTTH) 시험가설
			휴대인터넷/홈네트워크
			디지털 멀티미디어 방송(DMB)
			인터넷 전화 등 첨단 무선 인터넷</td></tr></table>

138	CPU	CENTRAL
		PROCESSING
		UNIT
		(중앙처리장치)
			1. 컴퓨터의 가장 중요한 부분으로 프로그램의
			  명령을 해독하여 그에 따라 실행하는 장치
			2. 컴퓨터에서 구성단위 중 기억, 연산, 제어의
			  3대 기능을 종합한 것
			3. 입출력장치, 외부기억장치와 더불어 컴퓨터
			  시스템을 구성
			4. 데스크톱 PC 메인 프로세서 변천사
			
			<table><tr><td rowspan="2">년 도</td><td colspan="2">내 용</td></tr><tr><td>회사명</td><td>용 량</td></tr><tr><td>1976</td><td>애플컴퓨터</td><td>8비트</td></tr><tr><td>1981</td><td>IBM</td><td>16비트 XT</td></tr><tr><td>1983</td><td>인 텔</td><td>16비트 286 CPU</td></tr><tr><td>1985</td><td>인 텔</td><td>32비트 386 CPU</td></tr><tr><td>2003</td><td>AMD</td><td>64비트 애슬론 64</td></tr><tr><td>2004 2월</td><td>인 텔</td><td>64비트 펜티엄4 6XX
			시리즈</td></tr></table>

NO	용 어	원 어	설 명
			5. 인텔 64비트 CPU 주요사양

5. 인텔 64비트 CPU 주요사양

구 분	내 용
프로세서 이름	펜티엄4 6XX 시리즈
코드명	P4P
기 능	EM64T-64비트 확장코드 지원 셀러폰 포함
	2MBL2 캐시 장착 기존 펜티엄4 5XX 시리즈가 1MB인 데 비해 2MB로 성능향상
	스피드 스텝-CPU 발열과 소음 해소
	XD BIT-윈도XP 악성바이러스와 악 성코드 방지

139 단위용어

1. 기본단위

NO	구 분	단 위	비 고
1	길 이	m 또는 cm	
2	질 량	kg 또는 g	
3	시 간	S	
4	전 류	A	국제 단위계 기본단위
5	열역학적 온도	K	국제단위계, 절대온도
6	물질량	MOL	국제단위
7	광 도	Cd	국제단위

2. 보조단위
기본단위만으로 너무 크거나 작은 양을 효율적으로 측정하기 어려워 기본 단위를 더 작게 나누거나 몇 배로 늘린 보조단위.
기본 단위인 m의 경우 mm, cm, km 등의 방식으로 나타냄.

미터계 보조단위 접두어		
접두사	배율	기호
아토(atto)	1/백경 10^{-18}	a
펨토(femto)	1/천조 10^{-15}	f
피코(pico)	1/조 10^{-12}	p
나노(nano)	1/십억 10^{-9}	n
마이크로(micro)	1/백만 10^{-6}	μ
밀리(mili)	1/천 10^{-3}	m
센티(centi)	1/백 10^{-2}	c
데시(deci)	1/십 10^{-1}	d

NO	용 어	원 어	설 명
			(see below)

접두사	배율		기호
	1		
데카(deca)	십	10^1	da
헥토(hecto)	백	10^2	h
킬로(kilo)	천	10^3	k
메가(mega)	백만	10^6	M
기가(giga)	십억	10^9	G
테라(tera)	조	10^{12}	T
페타(peta)	천조	10^{15}	P
엑사(exa)	백경	10^{18}	E

※ 사용례 : Mm(메가미터), mg(밀리그램), dl(데시리
터), ha(헥타르) 등.

3. 유도단위 → 기본단위에 의해 유도된 단위
　넓이의 경우 : 길이×길이(cm^2, m^2, km^2)
　속도는 : 거리/시간이므로 km/시 m/분 cm/
　초 등으로 표현
4. 전통단위 → 표준단위가 도입되기 전부터 나라
　마다 여러 가지 단위를 만들어 사용
　우리나라 전통단위 :
　　길이단위 → 자, 리
　　넓이단위 → 평(6자×6자), 정보
　　무게단위 → 돈, 근, 관
　　부피단위 → 홉($180cm^3$), 되(10홉), 말(10
　　　되), 섬
5. 기타단위

길이	야드(yd)	1야드(3피트)=0.9144m, 1피트(12인치)=0.30479m, 1인치=2.5399cm
	마일(mi)	1마일(1760야드)=1.609344km
	광년(LY)	빛(초속 30만km)이 1년 동안 간 거리=9.4608Pm
넓이	평(坪)	1평=약 $3.305m^2$(6자×6자) 1자=30.3cm
	아르(a)	1아르=$100m^2$, 1헥타르(ha)= 약 1정보(3000평)
	에이커(ac)	1에이커=4840제곱야드, 황소가 하루에 갈 수 있는 땅 면적
부피	배럴(bbl)	석유 1배럴(42미국갤런)=158.9l 미국 갤런은 3.785l

NO	용 어	원 어	설 명	
			무 게	돈	1돈=3.75g, 1000돈=100냥=1관(3.75kg)

<table>
<tr><th>NO</th><th>용 어</th><th>원 어</th><th colspan="3">설 명</th></tr>
<tr><td rowspan="16"></td><td rowspan="16"></td><td rowspan="16"></td><td rowspan="5">무
게</td><td>돈</td><td>1돈=3.75g, 1000돈=100냥=
1관(3.75kg)</td></tr>
<tr><td>근</td><td>1근(16냥)=600g</td></tr>
<tr><td>파운드(lb)</td><td>1파운드(16온스)=0.4536kg,
1온스(oz)=28.35g</td></tr>
<tr><td>캐럿(ct)</td><td>보석 1캐럿=200mg
금의 순도를 표시할 때는 순수한 금이 24캐럿(k).
18캐럿은 24분의 18의 금을 함유하는 합금</td></tr>
<tr><td>기
압</td><td>헥토파스칼
(hPa)</td><td>1헥토파스칼은 1밀리바(mb)와 같음. 즉, cm²에 1000다인(dyn)의 힘을 받을 때의 압력</td></tr>
<tr><td rowspan="2">온
도</td><td>화씨(F)</td><td>물의 어느 점을 32°F로 하고, 끓는 점을 212°F로 해 이를 180등분한 온도. 섭씨로 변환하는 식은 ℃=5/9(°F−32)</td></tr>
<tr><td>절대온도
(K)</td><td>섭씨 영하 273.16도(더이상 영하로 내려갈 수 없는 온도, 절대영도)를 기점으로 섭씨온도계와 같은 눈금으로 잰 온도</td></tr>
<tr><td>열
량</td><td>칼로리
(cal)</td><td>증류수 1g을 1℃(14.5→15.5)올리는 데 필요한 열량
식품의 열량값을 측정할 때는 킬로칼로리(kcal)를 사용</td></tr>
<tr><td rowspan="4">기
타</td><td>바이트</td><td>컴퓨터가 처리하는 정보량의 기본단위로 영문자 한자의 표기능력 단위.
1바이트(byte)=8비트(bit)</td></tr>
<tr><td>피피엠
(ppm)</td><td>100만분율(parts per million·만분의 1%).
미량 분석의 정량 범위 및 검출한계 등을 수적으로 표현할 때 쓰임.
피피비(ppb)는 10억분율(천만분의 1%)</td></tr>
<tr><td>데시벨
(dB)</td><td>소리의 세기를 나타내는 단위.
도로 주변 아파트의 소음 허용 기준치는 최대 75dB. 생활 환경 소음 기준치는 65dB.</td></tr>
<tr><td>피코큐리
(pCi)</td><td>1조분의 1큐리.
1큐리는 라돈 1g이 1초 동안 방출하는 방사능의 양.
미국의 라돈 농도 허용 기준치는 ℓ당 4pCi</td></tr>
</table>

NO	용 어	원 어	설 명		
140		신문에 자주 나오는 약어	NATO	North Atlantic Treaty Organization	북대서양조약기구
			SOFA	The ROK-US Agreement on Status of Force in Korea	한·미 주둔군지위협정
			GDP	Gross Domestic Product	국내총생산
			M&A	Merger and Acquisition	기업 인수·합병
			NGO	Non-Governmental Organization	비정부기구
			WHO	World Health Organization	세계보건기구
			NEIS	National Education Information System	교육행정정보 시스템
			UNESCO	United Nations Educational, Scientific and Cultural Organization	유엔교육과학문화 기구
			DNA	Deoxyribo Nucleic Acid	디옥시리보 핵산 (유전자의 본체)
			GPS	Global Positioning System	위성 위치확인시스템
			PDA	Personal Digital Assistant	개인 휴대단말기
			LPGA	Ladies Professional Golf Association	미국 여자골프협회
			NBA	National Basketball Association	미국 프로농구협회
			BBC	British Broadcasting Corporation	영국의 공영방송

NO	용 어	원 어	설 명		
			NYT	The New York Times	뉴욕타임스 (미국의 일간지)
			NSC	National Security Council	국가안전보장회
			MBA	Master of Business Administration	경영학석사학위
			NIMBY	Not in my back yard	지역이기주의
			HIV	Human Immunodeficiency Virus	에이즈 바이러스
			디카		디지털 카메라
			야자		야간자율학습
			전경련		전국경제인연합회

참고문헌

1. PCB 핵심 기술핸드북(장동규, 신영의, 최명기, 홍태환 공저)
2. PCB 실무공정 관리기술(〃   )
3. 2003년 일본 실장기술 ROAD-MAP
4. 2004년 JPCA SHOW 자료(일본 PCB 회사 11개 회사)
5. 마이크로 솔더링의 기초(신영의, 정재필 공역)
6. KPCA HAND BOOK, PCB 산업용어집
7. 인쇄회로 기판 용어사전(도서출판 태양)
8. 한국과학기술 정보연구원 "전자패키지 기술동향 분석보고서"
9. 한국 PCB 회사 인터넷 기술자료
10. KMJA 기술자료 "무연 솔더 실장기술"
11. 한국 산업기술협회 기술연구자료
    11-1 SMT KOREA(이어화 사장)
    11-2 신동아전자(고민관 이사)
    11-3 단양 솔택(전주선 사장)
    11-4 한국 산업기술협회(최명기 실장)
12. 매일경제신문, 한국경제신문, 중앙일보, 전자신문
13. 삼성전기 catalog
14. SMT 한국판, 표면 실장기술 → (주)첨단
15. PRINT 배선판 규격과 시험법 → 일본 합성수지 공업협회 제작
16. 각국 PCB 업체 방문 후 기술 보고자료
17. SAMSUNG SMT SOLUTION
18. DUAL-LINE CO., LTD
19. FPC의 기능설계 → NANO FLEX
20. KETI 주간전자정보
21. KAIST FPC 교육자료

저자약력

장동규

- 학력 : 명지대학교 경영학과 졸업, 숭실대학원 AMP 과정 수료
- 경력 : FAIRCHILD SEMICONDUCTOR(KOREA) → 반도체
  대우통신(주) → 통신
  대덕전자(주) ⎫
  (주)하이테크 전자 ⎭ → PCB
- 현재 : 한국 산업기술협회 PCB 분과 수석교수,
  한국 마이크로 조이닝협회 부회장
  PSP 경영기술 연구소장(PCB, SMT, PACKAGE)
- 저서 : PCB 핵심기술 HAND BOOK
  PCB 실무공정 관리기술
  PCB 품질관리
  생산성향상/TPS 생산방식
  Pb FREE, LEAD FREE, HALOGEN FREE 채택에 의한
  GREEB PCB 등

신영의

- 학력 : Nihon University 정밀기계공학석사
  Osaka University 마이크로 접합 공학박사
- 경력 : 대우중공업 기술연구소 연구원,
  Osaka University 공학부 연구원,
  삼성전자연구소 수석 연구원
- 현재 : 산업자원부, 공업진흥청, 특허청 자문위원, 대한기계학회 간사,
  과학재단 마이크로접합 위원장,
  중앙대학교 기계공학부 교수(학부장), 한국마이크로조이닝협회 회장

최명기

- 학력 : 성균관대학교 금속공학석사, 성균관대학교 신소재 공학박사
- 경력 : (주)퍼시픽콘트롤즈 기술연구소 책임연구원,
  국제산업정보실 기술개발실 연구소장
- 현재 : 한국산업기술협회 교수, 한국마이크로조이닝협회 이사,
  한국산업기술연구소 수석연구원, 한국플랜트정보기술협회 감사,
  한국산업인력공단 수석위원, 산자부 기술표준원 NT 마크 심사위원
  중앙대학교 기계공학부 겸임교수, 용접기술사(Welding PE)

남원기

- 학력 : 인하대학교 화학공학과 졸업, 인하대학교 화학공학과 박사과정
- 경력 : SINKO 전기 근무(일본), LEAD FRAME 제조
  새한전자 PCB 제조 15년
- 현재 : 선진 하이엠(주) 대표이사, 혜전대학 PCB과 겸임교수

홍태환

- 학력 : 성균관대학교 금속공학석사, 성균관대학교 신소재 공학박사
- 경력 : (주)풍산 기술연구소 연구원, 충주대학교 ETP 사업단 운영위원,
  KOLAS 기술위원,
  ASM International, Membership, TMS, Members
- 현재 : 한국산업기술평가원 심의위원, 에너지관리공단 심의위원,
  기술지도대학(TRITAS) 기술위원, 국가청정기술지원센터 연구위원
  충주대학교 신소재공학과 조교수

PCB/SMT/PACKAGE/DIGITAL 용어해설집

발 행 일 | 2013년 06일 15일 재판
공   저 | 장동규 · 신영의 · 최명기 · 남원기 · 홍태환
발 행 인 | 박승합
발 행 처 | 도서출판 골드
등   록 | 제 106-99-21699 (1998년 1월 21일)
주   소 | 서울특별시 용산구 갈월동 11-50
전   화 | 02-754-1867, 0992
팩   스 | 02-753-1867
홈페이지 | http://www.enodemedia.co.kr

I S B N | 89-8458-126-7-93560

정가 50,000원

*낙장이나 파본은 교환해 드립니다.